Abbildungsnachweis:
Umschlagfoto und sämtliche Fotos Finn Allner, Ausnahmen sind im Bildnachweis ab Seite 303 aufgeführt. Illustrationen Seite 2, 3, 8, 102, 230, 262, 312: Kornelia Erlewein

ISBN 978-3-613-50936-8

Ein Unternehmen der
Paul Pietsch Verlage GmbH & Co. KG

3. Auflage 2022

Sie finden uns im Internet
unter **www.pietsch-verlag.de**

Lektorat: Ulrike Ruh, Niko Schmidt
Einbandgestaltung: Kornelia Erlewein
Layout und Satz: Kornelia Erlewein
Druck und Bindung: Graspo CZ,
76302 Zlin
Printed in Czech Republic

**HAND-
WERKZEUGE.**

Sollten Sie übrigens einmal gebeten werden, den BELLO anzureichen, wird keineswegs nach dem Hund des Hauses verlangt … *(Seite 65)*

**ELEKTRO-
WERKZEUGE.**

HAUBENTAUCHER gibt es nicht … bei Handkreissägen unterscheidet man zwischen der Pendelhaubensäge und der Tauchsäge. *(Seite 189)*

Michael Allner

WERK ZEUGE.

Das Handbuch für Deine DIY-Projekte

pietsch

SPEZIALWERKZEUGE für FAHRZEUGE.

SCHNABELTIERE:
eine rechtsschneidende, eine linksschneidende Blechschere? *(Seite 238)*

WERKZEUGE für GARTENARBEITER.

GÜRTELTIERE:
Gürtel-Tasche, mit der die Gartenschere stets griffbereit ist. *(Seite 270)*

Ein gängiger Werkzeug-Spruch lautet: »Wer billig kauft, kauft zweimal.«

Inhalt

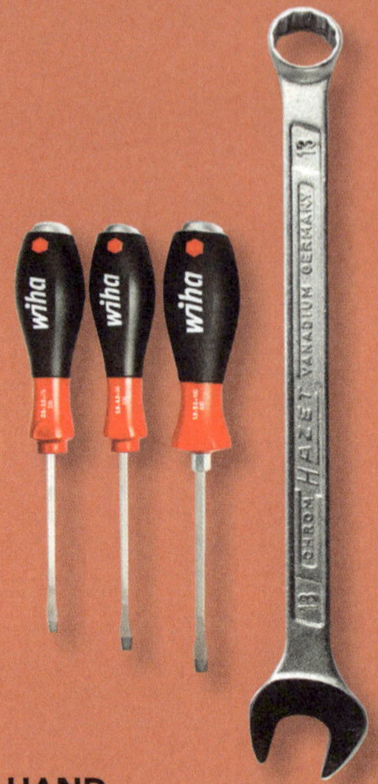

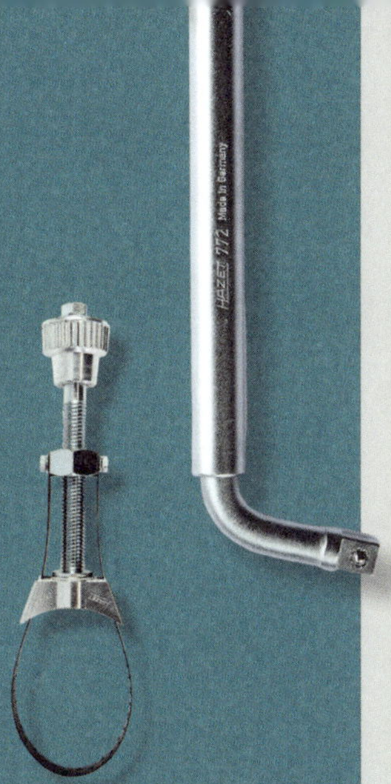

SPEZIALWERKZEUGE für FAHRZEUGE. 230

WERKZEUGE für GARTENARBEITER. 262

Anhang 300

WARUM DIESES BUCH?

Sie können ein Werkzeuggeschäft auch bei größter Willensanstrengung nicht mit leeren Händen verlassen? Sie haben einen verständnisvollen Partner, weil Sie sich immer wieder Werkzeug mit der Argumentation kaufen: »Wenn ich es mal irgendwann brauchen sollte, dann habe ich es?« Dann sind Sie hier richtig.

Sie denken, alle Kreuzschlitz-Schraubendreher sind gleich? Sie möchten sich einen Akkuschrauber kaufen, wissen aber nicht, woran Sie ein gutes Gerät erkennen und wie groß überhaupt der Akkupack sein muss? Herzlich willkommen.

Ein Gasgrill für 5000 Euro macht im Wesentlichen auch nur Hitze, eine Hifi-Anlage für 20.000 Euro spielt auch nur Musik ab, und ein Auto für 100.000 Euro kann im Prinzip auch nicht mehr als fahren. Die preistreibenden Faktoren sind hier Qualität, Langlebigkeit und Funktionalität. Ähnlich verhält es sich mit Werkzeug: Mit einem hochwertigen Akkuschrauber kann man auch nicht mehr unternehmen als zu bohren oder zu schrauben – aber das exakt und lange, die Ersatzteilversorgung ist gesichert, und Zubehör ist auch noch lieferbar. Und, ganz wesentlich: Man hat Spaß dabei.

Nach der Lektüre dieses Buches wird man nicht das perfekte Steak grillen, sich selber Lautsprecherboxen bauen oder die defekte Zylinderkopfdichtung eines Autos wechseln können. Dafür wird man wissen, welche Werkzeuge es wofür gibt, in welchen Größen man sie braucht, wie sie funktionieren, wie man gutes von weniger gutem Werkzeug unterscheiden kann, worauf man beim Kauf achten muss und wie man mit diesen Werkzeugen umgeht.

Ein gängiger Werkzeug-Spruch lautet: »Wer billig kauft, kauft zweimal.« Die Erkenntnisse aus diesem Buch, woran man gutes Werkzeug erkennen kann, lassen sich aber natürlich auch auf preisgünstigere Werkzeuge anwenden.

Darum dieses Buch.

FESTOOL
wiha
HAZET

HANDWERKZEUGE.

SCHRAUBEN-DREHER.

Der Schraubendreher ist eins der meistgenutzten Werkzeuge. Da man ihn so häufig in der Hand hat, kann eine minderwertige Variante ungeheuer viel Ärger machen: Man bekommt die Schrauben nicht vernünftig rein und raus und zieht sich dabei womöglich auch noch Blasen zu. Also: Augen auf beim Dreherkauf.

Fangen wir also damit an, dass man eventuell die Schrauben nicht vernünftig rein und raus bekommt. Dies kann schlichtweg daran liegen, dass man den falschen Schraubendreher benutzt. Grundsätzlich wird zwischen Schlitz- und Kreuzschlitzschrauben unterschieden. Eine Schlitz- von einer Kreuzschlitzschraube zu unterscheiden, ist nicht schwer, und auch die Bezeichnung von Schlitzschraubendrehern ist einfach zu verstehen: Beispielsweise bedeutet die Angabe »1,0 x 5,5 x 100 mm«, dass die Klingenspitze 1,0 Millimeter dick und 5,5 Millimeter breit ist und sich an einer 100 Millimeter langen Klinge befindet.

Darf's PH oder PZ sein?

Bei Kreuzschlitz-Schrauben wird es etwas komplizierter, denn da gibt es zwei Ausführungen: Phillips-Recess (»PH« abgekürzt) und Phillips-Pozidriv (ausgesprochen »Posidraiv«, Abkürzung »PZ«). PH-Schrauben werden meist im Metallbau eingesetzt, PZ-Schrauben eher im Holzbau. In Ergänzung mit einer Ziffer, also zum Beispiel PZ 2, wird auch die Größe ersichtlich. Gängig sind die Größen 1, 2 und 3. Kreuzschlitz ist also nicht gleich Kreuzschlitz: Ein Schraubendreher der Größe PZ 2 zum Beispiel passt zwar einigermaßen in den Kopf einer Schraube der Dimension PH 2 – aber eben nur einigermaßen, da das Profil leicht unterschiedlich ist. Kommt Kraft ins Spiel, kann aus dem Kreuz im Schraubenkopf irgendwann ein Loch werden. Wie aber sieht man einer Kreuzschlitzschraube an, welcher Schraubendreher der richtige für sie ist? Ganz einfach: Im Kopf einer PH-Schraube ist nur das Kreuz zu sehen, bei einer PZ-Schraube ist das Kreuz zusätzlich mit vier dünnen Strahlen gekennzeichnet, sodass es wie ein Stern aussieht.

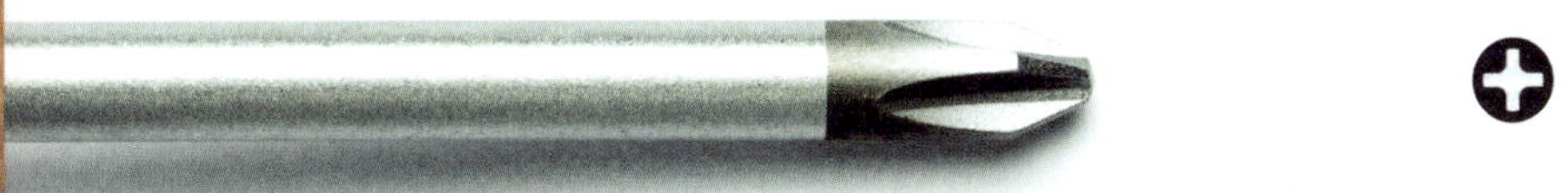

Phillips-Spitze: Abkürzung PH, wird meist im Maschinenbau eingesetzt.

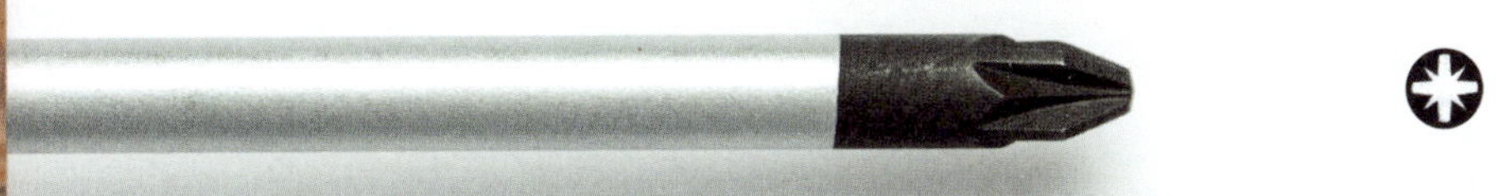

Pozidriv-Spitze: Abkürzung PZ, Verwendung meist im Holzbau.

Spitze eines Wera Schraubendrehers mit Lasertip: Die aufgeraute Oberfläche verzahnt sich besser mit dem Schraubenkopf.

Das ist noch recht einfach. Da aber nur der geübte Schrauber auf den ersten Blick erkennt, um welche Größe es sich jeweils handelt, gibt es eine Regel, die auch für Schlitzschrauben gilt: Man versucht es immer zuerst mit dem größten Schraubendreher. Passt der nicht, kommt der nächstkleinere dran – bis der passende gefunden ist.

Man hat es in der Hand

Aber abgesehen von der Spitze: Welcher Schraubendreher ist denn überhaupt der richtige? Es gibt Schraubendreher mit Kunststoffgriff oder mit Holzgriff, extra kurze Schraubendreher (»Stubby« genannt), extra lange, extra dünne und extra isolierte. Es gibt Schraubendreher mit durchgehender Klinge und einem Sechskant unter dem Griff und solche, die genau dies nicht haben. Schraubendreher mit Holzgriff haben auch meist eine durchgehende Klinge, aber den entscheidenden Nachteil, dass sie, einmal mit ölverschmierten Händen in Kontakt gekommen, bis in alle Ewigkeit dreckig bleiben. Daher werden sie meist für Holzarbeiten und nicht in der Auto-Werkstatt verwendet. Einen Stubby braucht man bei sehr beengten Platzverhältnissen, beispielsweise, um einen Vergaser einzustellen. Extra lange Schraubendreher benötigt man, um an tiefliegende Schrauben zu kommen, einen extra dünnen beispielsweise für Lüsterklemmen und extra isolierte für Elektroarbeiten an spannungsführenden Teilen (wofür man eine spezielle Berufsausbildung genossen haben sollte).

Kurz, dünn, isoliert, robust: Für jeden Einsatzzweck gibt es auch spezielle Schraubendreher.

Doch damit noch nicht genug: Für ganz spezielle Schraubfälle gibt es auch ganz spezielle Schraubendreher. Zum Beispiel solche, die vorn einen Greifer haben, damit sich für sehr schlecht erreichbare Stellen die Schraube am Schraubendreher befestigen lässt. Oder solche mit einem in Grenzen biegsamen Schaft, um so zum Beispiel besser an die ungünstig gelegene Schraube einer Schlauchschelle heranzukommen.

Für schwer zugängliche Stellen: Dieser Schraubendreher kann Schrauben mit seinem Greifer festhalten.

Praktisch für Schlauchschellen: Dieser Schraubendreher kann ein bisschen um die Ecke schrauben.

Das muss sein

Für den Anfang reicht ein Standard-Set der gängigen Größen, bestehend aus Schlitzschraubendrehern der Breiten 3,5; 4,5; 5,5 und 7 Millimeter sowie Kreuzschlitzschraubendrehern der Größen PH 1 bis 3 sowie PZ 1 bis 3 allemal aus. Um später nicht noch einmal nachkaufen zu müssen (zumindest theoretisch, denn irgendwann verschwinden Schraubendreher einfach, das scheint ein Naturphänomen zu sein), empfiehlt es sich, als Einstieg zu einer kräftigen Variante zu greifen. Dies ist eine Konstruktion, bei der die Klinge bis nach oben zum Ende des Griffs durchgezogen ist und in einer Schlagkappe endet. Das heißt, wenn man auch sonst nicht auf einen Schraubendreher mit einem Hammer schlagen sollte, weil dann zum Beispiel der Griff kaputtgehen könnte – bei dieser Sorte darf man das, weil Griff und Klinge extra dafür ausgelegt sind. Aber warum sollte man auf einen Schraubendreher überhaupt schlagen wollen? Weil sich beispielsweise festgerostete Schrauben durch einen beherzten Schlag manchmal lockern lassen. Und auch in vielen anderen Fällen ist es einfach

Robuste Typen: Für die Grundausstattung empfiehlt sich zunächst ein Satz Schraubendreher mit durchgehender Klinge und Schlagkappe.

praktisch, wenn man seine Schraubendreher nicht wie ein rohes Ei behandeln muss. Dass diese robusten Exemplare auch noch einen Sechskant unter dem Griff besitzen, um dort zur Verstärkung des Drehmoments einen Maul- oder Ringschlüssel ansetzen zu können, erweitert deren Einsatzbereich. Noch besser ist es, wenn die Klinge selbst eine Sechskantgeometrie besitzt, denn so kann man einen Schraubenschlüssel noch viel näher an der Schraube ansetzen.

Für ganz harte Fälle: Oben im Griff findet sich bei diesem Schraubendreher ein Vierkantloch mit einer Kantenlänge von 10 Millimeter, so dass hier eine 1/4-Zoll-Knarre angreifen kann.

Die Qual der Wahl

Und welches Fabrikat soll man wählen? Das liegt im wahrsten Sinne des Wortes ganz in der Hand des Anwenders. Naturgemäß beteuert zwar jeder Hersteller, dass seine Griffform die ergonomischste sei, aber das kann, ebenso naturgemäß, nicht für jede Hand gelten. Männer haben in den allermeisten Fällen größere Hände als Frauen, aber auch die Hände von Männern sind nicht genormt – von der zierlichen Hand bis zur Pranke ist alles möglich. Der Schraubendreher, der sich am besten in die jeweilige Hand fügt, also die größtmögliche Kontaktfläche des Griffs mit der Handfläche bietet, ermöglicht auch die größte Kraftübertragung und verursacht bei längerem Gebrauch im Idealfall keine Blasen. Und genau der ist dann auch der geeignetste. Nicht nur die Griff-Formen unterscheiden sich, auch bei der Wahl des Kunststoff-Materials gehen die Hersteller unterschiedliche Wege. Der eine setzt auf einen komplett weichen Griff der besseren Kraftübertragung wegen. Der andere fertigt den Griff aus unterschiedlich harten Kunststoffen (die weicheren Bestandteile sind dann meist farbig). Der harte Bereich ermöglicht ein schnelles Umgreifen, der weiche Bereich dagegen einen rutschfesten Halt in der Hand. Ein aufgerauter

Bereich kann zusätzlich den Grip bei ölverschmierten Händen erhöhen.

Ein guter Schraubendreher ist am unteren Ende des Griffs eckig ausgeformt, damit er, auf einem schrägen Untergrund abgelegt, nicht wegrollen kann. Ein Griff mit oben abgerundeter und nahtlos glatter Kappe schont durch Reibungs-Minimierung die Handfläche des Vielschraubers.

Warum ist hier eigentlich immer von »Schraubendreher« und nicht von »Schraubenzieher« die Rede?

Qual der Wahl: Jeder Hersteller hat seine eigene Form und Farbe. Und was hat der Kauf eines Schraubendrehers mit dem Schuhkauf zu tun? Passen muss es.

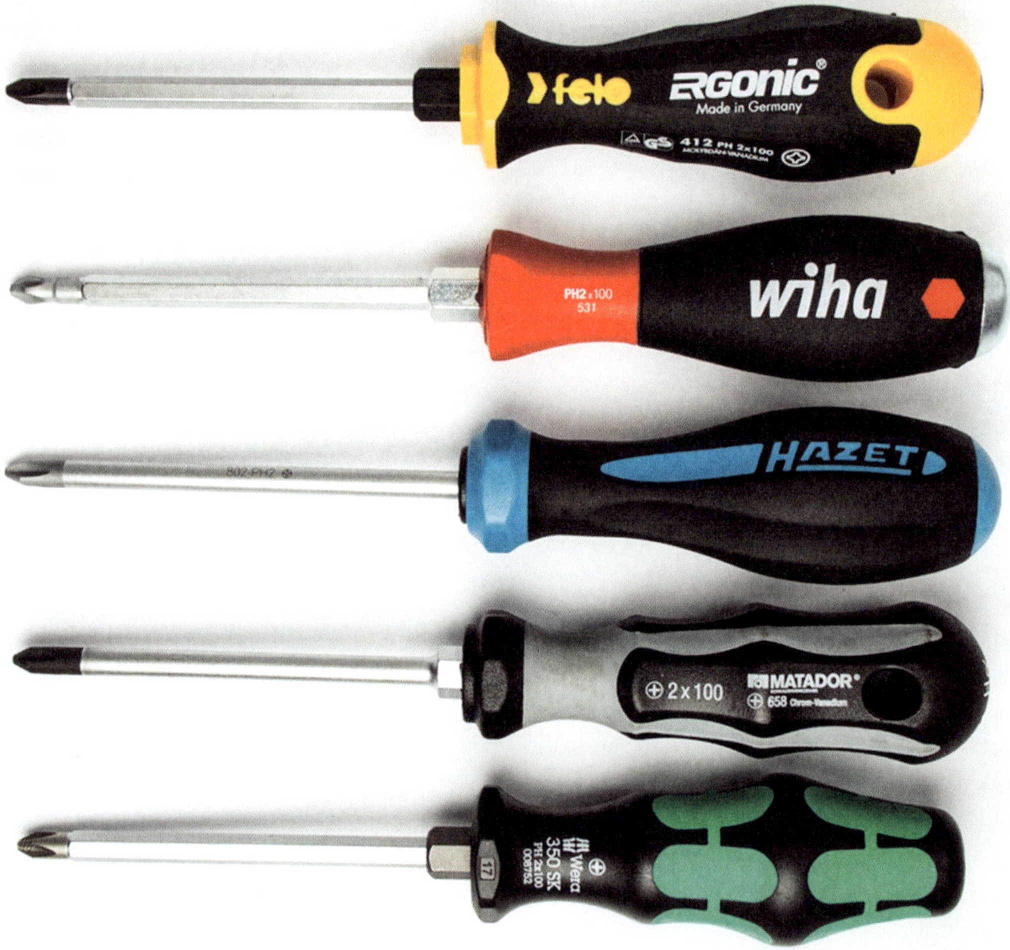

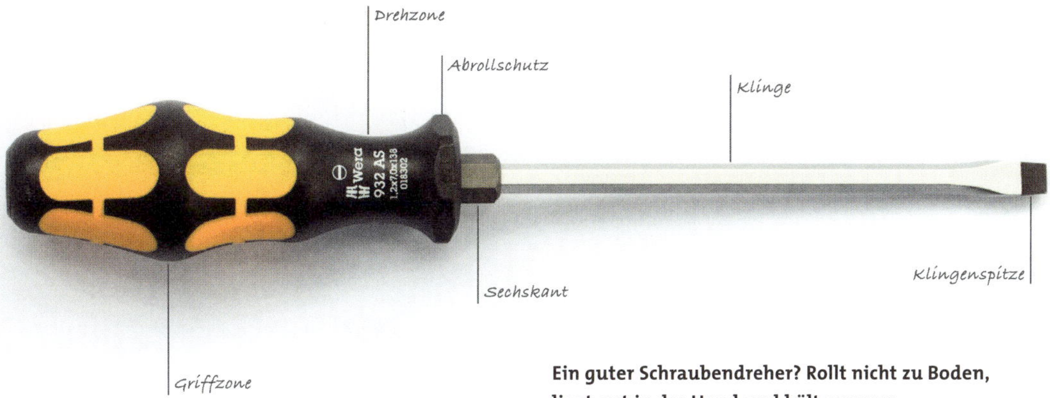

Ein guter Schraubendreher? Rollt nicht zu Boden, liegt gut in der Hand und hält was aus.

Ein Praxistest: Man umfasse den Griff eines Schraubenziehers, setze die Spitze der Klinge satt in die dafür vorgesehene Öffnung der Schraube – und jetzt ziehen, immer schön ziehen. Na, Schraube draußen? Dies ist der Grund, warum auch in allen Werkzeugkatalogen von Schraubendrehern die Rede ist. Zumindest in Deutschland, in der Schweiz ist Schraubenzieher auch in der Branche durchaus gebräuchlich.

Platzhirsch TORX®

Im Holzbereich hat in den letzten Jahren die Schraube mit TORX®-Profil recht erfolgreich die PZ-Schraube verdrängt, so dass viele Schrauben-Fachgeschäfte mangels Nachfrage schon überhaupt gar keine PZ-Schrauben mehr führen. Schuld daran ist die zunehmende Verbreitung der kräftigen Akkuschrauber, da das TORX®-Profil eine deutlich höhere Kraftübertragung als ein Kreuzschlitz zulässt. Es zeigt auch nicht die Tendenz, gerade dann ab- oder durchzurutschen, wenn´s spannend wird. Der Name ist Programm, denn TORX® leitet sich aus dem Englischen von »torque« für Drehmoment ab. Natürlich gibt es dementsprechend auch Schraubendreher mit TORX®-Spitze, hier sind die Größen TX 15, TX 20 und TX 25 gängig. Nicht verwirren lassen: Manche Hersteller lassen bei dieser Größenbezeichnung das »X« weg. Was allerdings zur Verwirrung unter den

Verdrängungswettbewerb: Das TORX®-Profil hat aus dem PZ-Profil eine Seltenheit gemacht.

Verschlossen: einfach ein Schraubendreher mit einem etwas dickem Griff.

Aufgezogen: ein Sortiment von gleich 26 verschiedenen Spitzen.

Alles im Kasten: So geht's auch – austauschbare Klingen mit doppelter Belegung. Der Griff lässt sich auch zum T-Griff klappen.

Anwendern führen kann: Es gibt zum Beispiel auch TORX®-Schrauben mit einem Sicherungsstift in der Mitte oder ein sechsflügeliges TORX-PLUS®-Profil.

Wer nur wenig schraubt oder sehr wenig Platz hat, kann auch zu einem Kombiwerkzeug greifen. Hier hat man im balligen Griff gleich etliche auswechselbare Größen zur Verfügung. Oder man wählt ein Sortiment mit auswechselbaren Klingen.

Zum Schluss dieses Kapitels noch was ganz Spezielles: Wer sich vorgenommen hat, einen Computer selbst zu bauen, benötigt im Allgemeinen folgende Schraubendreher als Grundausstattung: PH 2 200 mm, PH 2 mit 100 mm, PH 1 80 mm und die Stubbies 5,5 x 25 und PH 2. Empfehlenswert sind hier Schraubwerkzeuge in ESD-Ausführung, da die hierfür verwendeten Materialien gegen elektrostatische Auf- und Entladung gesichert sind.

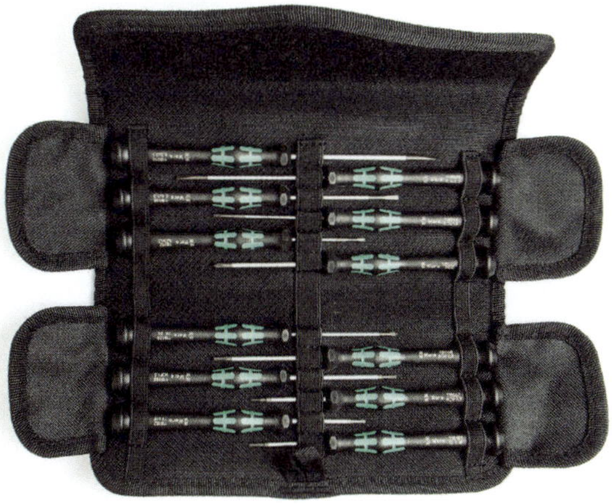

Ganz mini: Wer gerne an kleinen Sachen wie Modelleisenbahnen oder Uhren schraubt oder sich einfach nur den Gang zum Optiker sparen kann, weil er seine Brillenbügel selbst wieder festschraubt, wird mit solch einem Set glücklich.

Ein guter Schraubendreher ...

- passt perfekt in die eigene Hand,
- hat für die Basisausstattung eine durchgehende Klinge mit einer Schlagkappe oben auf dem Griff,
- hat einen Sechskant unter dem Griff oder gar eine Klinge mit Sechskantgeometrie.

Draufsicht: praktisch, wenn ein Schraubendreher von oben beschriftet ist. Hier ohne Schlagkappe.

Eigentlich klar, aber ...

- immer den zum Schraubenkopf passenden Schraubendreher wählen (von groß nach klein durchprobieren),
- Werkstück beim Schrauben nicht in der Hand halten, sondern auf einen festen Untergrund legen. Es sei denn, man liebt Schmerzen,
- den zum Lösen oder Festziehen nötigen Druck auf den Schraubenkopf möglichst vom Körper wegrichten, um Stichverletzungen zu vermeiden. Es sei denn – siehe oben,
- Schraubendreher nicht als Stemm- oder Brechwerkzeug, auch nicht als Schaber oder Dosenöffner verwenden,
- nur bei dafür geeigneten Schraubendrehern (Schlagkappe, durchgehende Klinge) mit leichten Hammerschlägen das Schraubenlösen unterstützen,
- für Arbeiten an elektrischen Anlagen müssen isolierte und VDE-geprüfte Schraubendreher verwendet werden.

SCHRAUBEN.

Wer sich ernsthaft »Schrauber« nennen möchte, sollte sich auch bei Schrauben auskennen. Hier also ein kleiner Ausflug in die Welt der Verbindungstechnik.

Das Prinzip der Schraube ist schon sehr lange bekannt. Bereits der alte Archimedes, der von 287 bis 212 vor Christus lebte, konstruierte damit eine Wasserhebeanlage. Die Schraube als Verbindungselement dagegen ist erst seit rund 400 Jahren bekannt. Damals konnte man noch nicht in allen möglichen Ländern einfach so beispielsweise eine 40 Millimeter lange M10-Schraube kaufen. Jede Schraube war ein aufwändig handgefertigtes Einzelstück, das nirgendwo anders passte. Im Lauf der Jahre wurden Schrauben zwar maschinell gefertigt, doch von einer Normung war noch nicht die Rede. Das änderte sich erst im Jahr 1841, als Joseph Withworth eine Standardisierung der Schraubengewinde vorschlug, damit fortan in Großbritannien beispielsweise Schrauben eines englischen Herstellers in schottische Muttern passen würden. Die metrische DIN-Schraube, wie wir sie heute kennen, wurde sogar erst 1919 in Deutschland entwickelt.

Zugfestigkeit: Die Zahl vor dem Punkt wird mit 100 multipliziert und ergibt die Zugfestigkeit in Newton pro Quadratmillimeter.

Ganz grob unterscheidet man zwischen Gewindeschrauben, Blechschrauben und Holzschrauben. Obwohl jede dieser Arten ein Gewinde besitzt, werden als Gewindeschraube nur solche bezeichnet, die in ein Gegengewinde passen. Nehmen wir also zum Beispiel einmal eine Sechskantschraube aus Stahl 8.8 verzinkt mit der Bezeichnung M6 x 40 unter die Lupe. Was heißt das alles? Sechskantschraube ist klar, die Betätigung erfolgt über einen Maul- oder Ringschlüssel oder über eine passende Knarre mit Nuss. Die Schraube besteht aus verzinktem Stahl der Festigkeitsklasse 8.8, was der gängigste Wert für Gewindeschrauben ist. Höher belastbare Schrauben tragen die Bezeichnung 9.8 oder gar 10.9 auf dem Kopf. M6 x 40 bedeutet, dass diese Schraube ein metrisches Gewinde (»M«) mit einem (Außen-) Durchmesser von 6 Millimetern hat und 40 Millimeter lang ist, gemessen bis zur Unterseite des Schraubenkopfs. Ob die Schraube ein Teil- oder Vollgewinde hat, lässt sich der Bezeichnung nicht entnehmen. Aber da hinter der Bezeichnung M6 x 40 nichts mehr kommt, kann man schließen, dass es sich um ein normales Gewinde mit der Steigung 1 handelt, bei einem Feingewinde würde die Bezeichnung M6 x 40 x 0,75 lauten. Steigung? Okay, jetzt erst einmal kurz Luft holen: Der Begriff Steigung bezeichnet den Weg, den

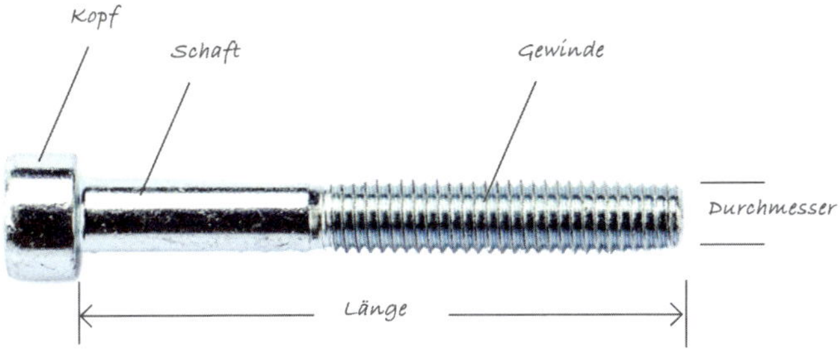

die Schraube bei einer Umdrehung zurücklegt. Heißt in diesem Fall: Die Schraube M6 x 40 legt beim Hineinoder Herausschrauben pro Umdrehung exakt einen Millimeter zurück, weil nämlich ihre Gewindespitzen auch exakt einen Millimeter voneinander entfernt sind. Die Steigung nimmt mit dem Gewindedurchmesser zu, so hat eine Gewindeschraube M8 normalerweise eine Steigung von 1,25, eine M10-Schraube schon 1,5.

Oben Sechskantschraube mit Teil- und Feingewinde, unten mit Voll- und Normalgewinde.

Üblicherweise wird eine Sechskantschraube der Größe M6 mit einem 10er-Schlüssel betätigt, für M5-Schrauben braucht man einen 8er-Schlüssel, für M7 einen 11er, für M8 einen 13er und für M10 einen 16er oder 17er. Dies sind aber nur die bevorzugten Größen, denn unter einem 11er- oder 12er-Kopf kann sich durchaus auch mal ein M6-Gewinde verbergen. Und im Kfz-Bereich werden wegen der meist beengten Platzverhältnisse auch gern kleinere Köpfe verwendet.

Bei den Gewindeformen unterscheidet man metrische Gewinde und Zollgewinde, die sich nicht nur an einer Harley-Davidson, sondern zum Beispiel auch an der Unterseite von Fotokameras zur Befestigung auf einem Stativ finden (1/4 Zoll). Und dann gibt es auch noch Gewindeschrauben mit Linksgewinde – aber jetzt ist mal Schluss mit den Gewindeschrauben.

Zusammenhang Gewinde-Durchmesser und Schlüsselweite

Gewinde	Schlüsselweite (mm)
M2	4
M2,5	5
M3	5,5
M4	7
M5	8
M6	10
M7	11
M8	13
M10	16
M12	18
M14	21
M16	24
M18	27
M20	30
M22	34

Auf der anderen Seite

Manchmal werden Schrauben in ein Gewinde im Werkstück gedreht, und manchmal ragen sie hindurch und werden auf der anderen Seite meist durch die Kombination von Unterlegscheibe, Sprengring und schließlich einer Mutter gesichert. Da gibt es

Auf der anderen Seite: Hutmutter, selbstsichernde Mutter, Kronenmutter mit Splint, Sprengring, Fächerscheibe (nicht mehr gebräuchlich), Unterlegscheibe und normale Sechskantmutter (von links nach rechts).

neben der normalen Sechskantmutter zum Beispiel die Hutmutter, die der Schraube eine runde Kappe aufsetzt, die selbstsichernde Mutter, die sich nicht losvibrieren soll oder noch sicherer (und vor allem hitzebeständig) die Kronenmutter, die nach dem Festziehen mit einem Splint durch eine Querbohrung in der Schraube gesichert wird.

Rein ins Blech

Blechschrauben sind, wer hätte das gedacht, Schrauben speziell für den Einsatz in Blech – obwohl sich auch Kunststoffteile damit hervorragend befestigen lassen, wie man an und in allen Autos feststellen kann. Das Besondere an Blechschrauben ist, dass sie sich in vorgebohrten Löchern selbst ein Gewinde schneiden, in weiche Materialien kann man sie sogar ohne Vorbohren direkt eindrehen.

Holzwürmer

Auch Holzschrauben schneiden sich ihr Gewinde beim Hineindrehen in das Holz selbst. Universeller als Holzschrauben sind Spanplattenschrauben, weshalb sie auch häufig als Universalschrauben bezeichnet werden. Bei Spanplattenschrauben ist im Vergleich zu einer Holzschraube das Kernloch kleiner – also das, was übrigbleiben würde, wenn man die scharfen Gewindegänge entfernen würde. Dadurch lässt sie sich leichter einschrauben, was durch ihre deutlich scharfkantigeren Gewindegänge noch begünstigt wird. Besondere Spanplattenschrauben sind die, auf denen SPAX® auf dem Kopf steht, denn ihr patentiertes gewelltes Gewinde am vorderen Ende der Schraube reibt das Material für die nachfolgenden Gewindegänge auf.

Der feine Unterschied: links SPAX®-Schraube, rechts Spanplattenschraube.

Kopfsalat

Den Schraubenkopf kann man sich von der Seite oder von oben ansehen. Aus der Seitenansicht zeigt sich zum Beispiel der Senkkopf mit flacher oder der Linsensenkkopf mit gewölbter Oberfläche, der Halbrundkopf mit flacher Unterseite, der breite und flache Tellerkopf oder die Zylinderform. Von oben offenbart sich der Antrieb: zum Beispiel Schlitz, Kreuzschlitz PH oder PZ, Innensechskant, TORX® oder Sechskant.

Bleibt als letztes Unterscheidungsmerkmal noch der Werkstoff, aus dem die Schraube besteht. Im Innenbereich wird Messing oder verzinkter Stahl eingesetzt, im Außenbereich sollten Schrauben aus rostfreiem Edelstahl »V2A« verwendet werden. Wer in Küstennähe wohnt, sollte zu noch höherwertigerem »V4A« greifen.

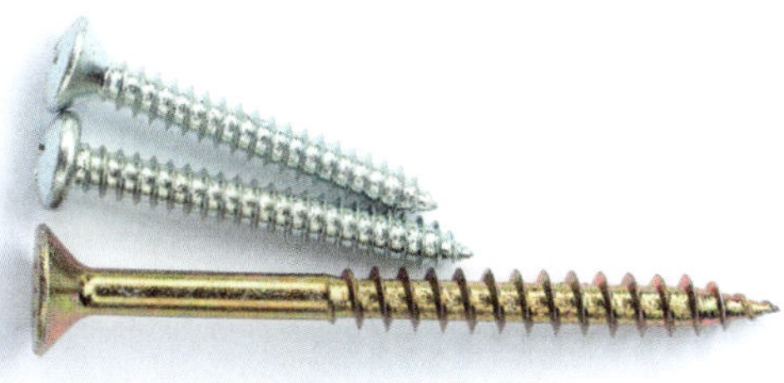

Vielfalt: oben Linsensenkkopf, Mitte Halbrundkopf, unten Senkkopf.

Draufsicht: links Kreuzschlitz PZ, Mitte das Gleiche in einer SPAX®-Schraube, rechts TORX®.

So, und beim nächsten Besuch im Schraubenfachgeschäft bestellen Sie doch einfach mal 20 Stück »TORX® Linsensenkkopf 5 x 60 x 0,75, verzinkt mit Teilgewinde in der Festigkeitsklasse 10.9«. Vermutlich werden Sie diese Schrauben nie gebrauchen können. Aber das Gesicht des Verkäufers war es sicher wert.

ZANGEN.

Erste Darstellungen der Handhabung von Zangen sind schon auf altägyptischen Reliefs zu finden. Die Germanen nannten die Gelenkzange »Zanga«, was »die Beißerin« bedeutete. Ob »die Beißerin« auf der Funktionsweise beruhte oder der Tatsache geschuldet war, dass dieses Werkzeug schon lange von den Zahnärzten eingesetzt wurde, bevor die lokale Betäubung erfunden war, ist nicht überliefert.

Lassen Sie uns einen Blick zurück in die achte Schulklasse werfen, in den Physikunterricht: »Die Länge des langen Hebels geteilt durch die Länge des kurzen Hebels mal die angewandte Gewichtskraft am langen Hebel ergibt die resultierende Gewichtskraft am kurzen Hebel.« Hörte sich damals komplizierter an als es ist. Fakt ist: Jede Zange nutzt das Hebelgesetz, womit wir beim Thema wären. Mit zwei langen Hebeln werden über ein Gelenk zwei kurze Hebel betätigt. So vervielfacht sich also die Handkraft im Verhältnis der Länge der Hebel.

Greifen oder Schneiden?

Ganz grob unterscheidet man zwischen greifenden und schneidenden Zangen. Die greifenden Zangen untergliedern sich in Flachzangen, Flachrundzangen und Rundzangen, ihrerseits mit glatter, gezahnter oder kreuzgezahnter Greiffläche. Spezialisten zum Drehen diverser Werkstücke sind Rohr- und Wasserpumpenzangen.

Aus der Welt der greifenden Zangen mit Schneide:

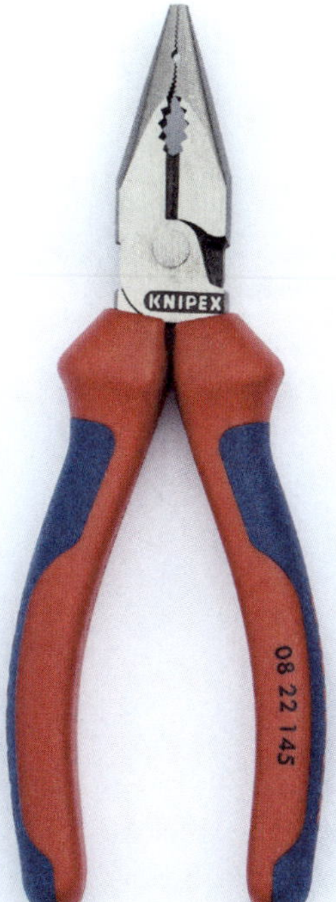

Spitz-Kombizange

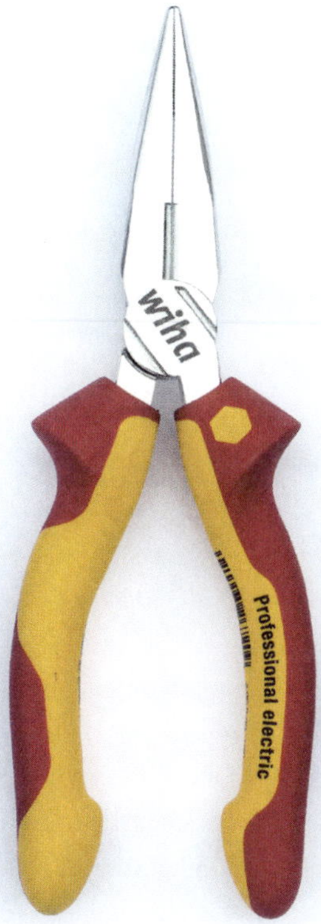

Isolierte Flachrundzange für Elektroarbeiten

Flachrundzange lang

Zu den schneidenden Zangen gehören Vornschneider, Schrägschneider und Seitenschneider. Und dann gibt es zum Beispiel noch Kneifzangen, Crimpzangen, Gripzangen, Bolzenschneider – die Liste könnte nahezu endlos weitergeführt werden.

Eine Kombination aus verschiedenen Werkzeugen erwies sich als besonders erfolgreich – die Gattung der kombinierten Greif- und Schneidzangen. Diese Kombinationszange (kurz »Kombizange«) ist die Allzweckwaffe unter den Zangen und gehört daher zur Werkzeug-Grundausstattung. Die gezahnten Greifbacken können flache Teile und kleine Werkstücke festhalten, runde Teile passen zum Greifen oder Drehen in das »Brennerloch« – das übrigens so heißt, weil Schweißer in grauer Vorzeit damit die Düsen des Schweißbrenners wechselten. Und mit den Schneiden kann zum Beispiel ein Draht gekappt werden.

Die Griffe der Kombizangen fallen von schlank bis eher wuchtig von Hersteller zu Hersteller durchaus unterschiedlich aus.

Kombizangen sind in verschiedenen Längen lieferbar, zum Beispiel 160, 180 oder 200 Millimeter. Je länger die Zange, desto länger ist zwar auch der Hebel, und entsprechend kräftiger kann zugedrückt werden. Aber eine große Zange liegt auch nur in einer großen Hand optimal. Für eine lange Freundschaft heißt es also: anprobieren. Als erste Orientierung: Männer fahren meist mit einer 180er Kombizange gut, Frauen greifen besser zur nächstkleineren Größe, also 160 oder 165 Millimeter.

In Sachen Oberflächenfinish, Griffform und Größe ist für jeden etwas dabei

Drei gängige Größen:

160 Millimeter

180 Millimeter

200 Millimeter

In letzter Zeit tauchten abgewinkelte Formen der Kombizange auf dem Markt auf. Die Idee, die dahintersteckt, ist verblüffend: Warum auf Dauer unbequem die Hand abwinkeln? Die Abwinklung kann doch auch die Zange übernehmen. Das Arbeiten mit solch einer Zange ist anfangs etwas gewöhnungsbedürftig, funktioniert dann aber für gerade nach vorn gerichtete Aufgaben ganz gut.

Rechts:
Wie es Euch gefällt: Auch diese Zangensorte gibt es in verschiedenen Größen und von verschiedenen Herstellern.

Eine Kombizange kann also von allem, was eine Zange so erledigen kann, ein bisschen. Sie gehört daher unbedingt zum Beispiel ins Bordwerkzeug von Auto oder Motorrad. In der Werkstatt dagegen sollte man zu den jeweiligen Spezialisten greifen.

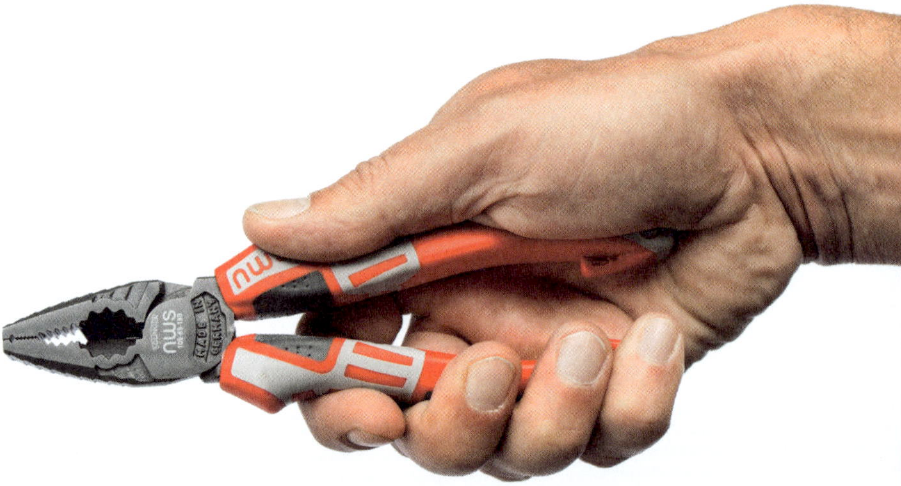

Knick im Handgelenk: kann bei längerer Arbeit unbequem werden.

Knick in der Zange: etwas gewöhnungsbedürftig, aber ergonomischer.

Die Expertin mit Schneid

Eine zweite Zange darf in der Grundausstattung nicht fehlen: der Seitenschneider. Zwar ist in der Kombizange meist bereits eine Schneide vorhanden, doch ein Spezialist ist immer besser als einer, der von allem ein bisschen kann. Ein Seitenschneider ist je nach Ausführung zum Schneiden von unterschiedlich harten Materialien ausgelegt, der Fachmann spricht hier von Drahtklassen: Ein Seitenschneider mit Schneiden für die Drahtklasse »weich« wird spielerisch mit Kunststoffen, Kupferdraht oder Aluminium fertig. In Katalogen wird die Drahtklasse »weich« meist symbolisch durch einen Kreis dargestellt, der zu einem Viertel ausgefüllt ist, dazu findet sich dann die Angabe, bis zu welchem Drahtdurchmesser die Schneiden ausgelegt sind. Schneiden für die Drahtklasse »mittelhart« (Kreis ist halb ausgefüllt) schrecken vor Eisennägeln, Messingschrauben oder Maschendrahtzaun nicht zurück, Schneiden der Drahtklasse »hart« (Kreis ist zu Dreiviertel voll) schaffen es, Drahtseilfasern, Schrauben oder Stahldraht zu trennen. Die härteste Klasse »Pianodraht« (voller Kreis) kann auch ultraharten Federstahldraht durchknipsen. Die maximal angegebenen Durchmesser gelten allerdings jeweils für die günstigsten Schneidverhältnisse, also dann, wenn der Draht so

Die Drahtklassen

Von ultrahart nach weich: Zum Durchtrennen von Federstahldraht braucht es schon ganz besondere Kaliber von Seitenschneidern.

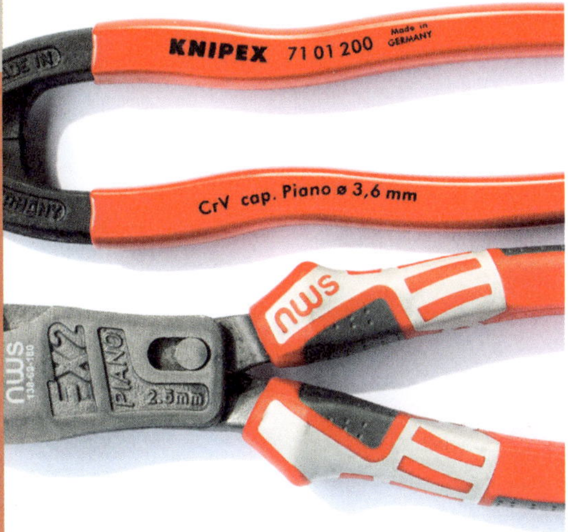

Gut beschriftet: Meist stehen die nötigen Angaben auf der Zange.

nah wie möglich am Gelenk angesetzt wird. Dazu ein kleines Rechenbeispiel: Angenommen, ein Mann bringt mit seinem Händedruck 50 Kilogramm Gewichtskraft auf. Die Zange misst von der Handauflage bis zur Gelenkmitte zehn Zentimeter. Die Schneiden beginnen einen Zentimeter von der Gelenkmitte an und enden nach zwei Zentimetern an der Spitze. Nach dem Hebelgesetz verzehnfachen (zehn Zentimeter zu einem Zentimeter) sich die 50 Kilogramm bei einem Zentimeter Abstand, also nah am Gelenk, auf 500 Kilogramm. An der Spitze der Schneide reicht es dagegen nur noch für 250 Kilogramm.

Bei einem guten Seitenschneider liegen die beiden Schneiden über ihre gesamte Länge exakt aufeinander. Das bleibt im Lauf der Zeit aber nur so, wenn man die angegebenen Belastungsgrenzen der Hersteller auch wirklich ernst nimmt. Ansonsten werden die vorher glatten Schneiden bald unschöne Lücken aufweisen. Außerdem knipsen gute Seitenschneider auch weichen Draht »springend« ab und quetschen ihn nicht bloß durch. In diesem Zusammenhang ein ernst gemeinter Warnhinweis: Beim Schneiden mit Zangen sollte man stets eine Schutzbrille tragen, denn diese springend abgeknipsten Teile können im wahrsten Sinne des Wortes ins Auge gehen. Das gilt besonders für andere Personen, die sich in der unmittelbaren Nähe aufhalten.

Wer einen rund 160 Millimeter langen Seitenschneider besitzt, der zwei Millimeter starken Stahldraht schafft (Drahtklasse hart), ist schon mal für die meisten Fälle gut gerüstet. Wer allerdings mit diesem Teil das überstehende Ende eines Kabelbinders abschneidet, wird zu seinem Ärger feststellen, dass stets ein spitzer Rest stehen bleibt. Hier kann dem Perfektionisten nur ein Kunststoff-Seitenschneider mit planer Schneidfläche zum bündigen Abschnitt verhelfen. Klein genug gewählt, zum Beispiel 125 Millimeter, wird solch ein praktisches Zängelchen sogar zu einem dieser Werkzeuge, von denen man sich fragt, wie man vorher ohne ein solches überhaupt leben konnte.

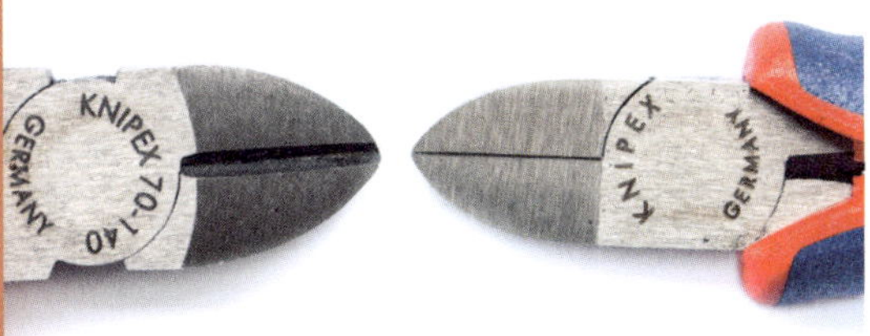

Schnittbild: links der Seitenschneider mit, rechts ohne Fase. Nur ohne Fase kann man zum Beispiel Kabelbinder so bündig abschneiden wie den rechten und so die oft messerscharfen Überstände vermeiden.

Welcher Griff, welches Finish?
Bei Zangen gibt es eine große Auswahl, was die Griffe und das Oberflächenfinish der Köpfe angeht. In preislich aufsteigender Reihenfolge: Die Griffe bleiben entweder nackt (was kalt oder heiß in der Hand sein kann), werden dünn mit einer Kunststoffschicht überzogen (schon angenehmer), bekommen Mehrkomponenten-Hüllen übergezogen (die bessere Kraftverteilung durch die breitere Form vermindert die Gefahr von Druckstellen). Da die unterschiedlichen Griffe auch deutlich unterschiedlich dick sind, sollte man auch hier ausprobieren, ob das Griffvolumen der ausgewählten Zangenvariante mit der Handgröße harmoniert.

Eine besondere Griffgestaltung bieten nach VDE isolierte Hüllen, womit speziell ausgebildete und zugelassene Fachleute an unter Spannung stehenden Teilen arbeiten können. Übrigens: Mit solch einer VDE isolierten Zange kann man auch normale Schrauberarbeiten erledigen, jedoch mit einer normalen Zange keinesfalls unter Strom arbeiten.

Rechts:
Der feine Unterschied: oben die Kombizange mit hochglanzpolierter Oberfläche, unten das gleiche Exemplar poliert und gestrahlt.

Zwei Ausführungen: Zangen mit einer Mehrkomponentenhülle verursachen nicht so schnell Druckstellen in der Hand wie solche, die nur mit einer Kunststoffschicht überzogen sind (unten).

Beim Oberflächenfinish der Köpfe sind die einfacheren und günstigeren Varianten Zangen mit geschliffenen Köpfen, die zum Beispiel mit einer dünnen Klarlackschicht überzogen wurden. Zangen mit verchromter Oberfläche sind teurer als solche mit geschliffener Oberfläche. Dafür lässt sich die glattere Oberfläche leichter reinigen. Vor allem aber sind die beschichteten Flächen erheblich besser gegen Rost geschützt. Diesen Vorteil sollte man nicht unterschätzen, denn Feuchtigkeit lauert überall: Bei der Lagerung von Werkzeug im Auto kondensiert beim morgendlichen Start ins Arbeitsleben Feuchtigkeit vom Temperaturwechsel auf dem Werkzeug. Und auch Werkzeug, vermeintlich trocken in der Garage aufbewahrt, wird leicht angefeuchtet, wenn darin ein nasses Auto parkt. Doch eine Verchromung hat auch Grenzen: Die Chromschicht und ihre Nickel-Unterschicht haben keine metallische Verbindung zum Zangenstahl und werden nur durch – allerdings sehr hohe – Adhäsionskräfte auf der Oberfläche gehalten. Daher kann es beim Schneiden sehr harter Materialien zu einem Abplatzen der Beschichtung kommen.

Jetzt wird's brutal

Das obere Ende der Skala der Seitenschneider bilden die Kraft-Seitenschneider und Bolzenschneider. Sie sind die robusteren Geschwister des gemeinen Seitenschneiders, höher übersetzt und dementsprechend mit besonders robusten Schneiden ausgestattet. Mit diesen Kraftwerken stößt man in die Liga der Zangen vor, mit denen man auch Pianodraht beziehungsweise Federstahl zu Leibe rücken kann.

Absolute Spezialistin: Außer Nägel herausziehen kann die Kneifzange eigentlich nichts – aber das kann sie wirklich gut.

Vom Seitenschneider zum Kompakt-Bolzenschneider: von links nach rechts immer kräftiger.

Die einfachste Form der Schneidzangen ist die Kneifzange – auch »Beißzange« genannt, womit wir wieder bei der »Beißerin« vom Anfang dieses Kapitels wären. Im Normalfall braucht man sie eher selten, zumal sie wegen ihrer vergleichsweise langen Backen nur eine geringe Schneidkraft hat. Aber wenn es um das verblüffend einfache Herausziehen von Nägeln aus Holz geht, ist sie plötzlich unentbehrlich.

Die Unentbehrliche

Zu jeder Werkzeugausrüstung gehört die Wasserpumpenzange. Ihr Name rührt daher, dass sie in grauer Vorzeit zum Anziehen der Stopfbuchsen an Wasserpumpen in Kraftfahrzeugen verwendet wurde. Im Gegensatz zu einer Kombizange ist bei einer Wasserpumpenzange das Gelenk verstellbar, daher eignet sie sich hervorragend zum Greifen von Teilen mit größeren Durchmessern, egal, ob sie rund, vier- oder sechskantig sind. Daher wird diese Zange auch oft als Universalzange bezeichnet. Je mehr Verstellmöglichkeiten eine Wasserpumpenzange hat, desto feiner lässt sie sich an die Größe des zu packenden Werkstücks anpassen. Gute Wasserpumpenzangen haben einen Selbstklemmeffekt, das heißt, ist die Zange einmal auf den richtigen Durchmesser eingestellt, braucht man die Griffe nicht mehr zusammenzudrücken, es genügt der Druck auf den oberen Zangengriff. Und bei guten Wasserpumpenzangen

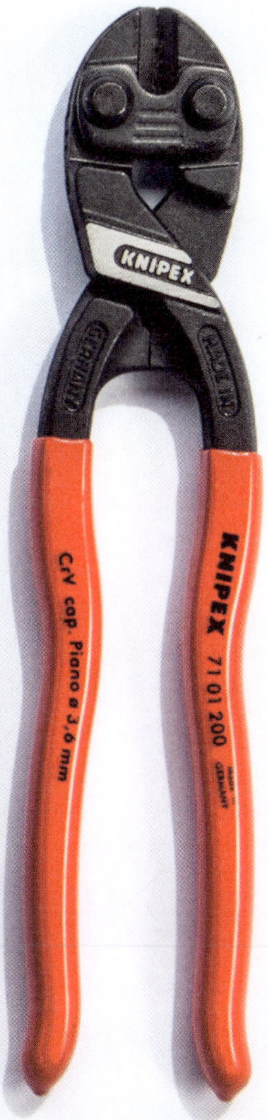

Selbstklemmeffekt: Es genügt der Druck auf den oberen Zangengriff. Wegen der speziellen Anordnung der Zähne im Zangenmaul funktioniert das allerdings nur in einer Richtung.

Rechts:

Handschutz: Selbst in der weitesten Einstellung sollen sich die unteren Griffenden nicht berühren.

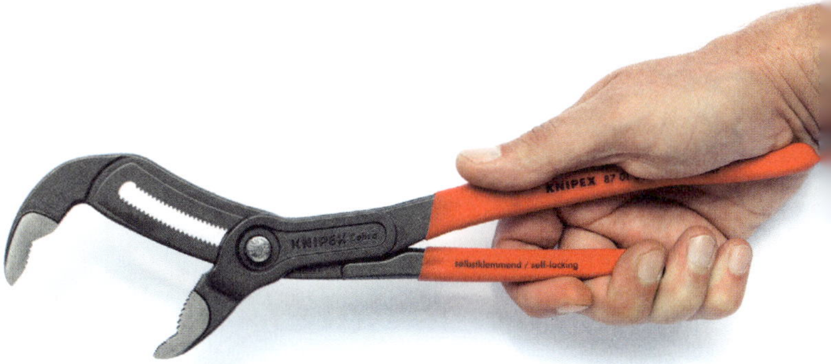

Klein und groß: Wasserpumpenzangen mit 125 und 300 Millimeter Länge

ist ausgeschlossen, dass die Griffe in irgendeiner Position aneinanderstoßen können, denn so wird ein schmerzhaftes Einklemmen der Hand verhindert. Auch Wasserpumpenzangen werden in verschiedenen Längen angeboten, mit einem Modell mit 250 Millimeter Länge zum Anfang macht man nichts falsch.

Ein ganz schweres Kaliber ist die Rohrzange (auch »Schwedenzange« genannt), sie ist so etwas wie die große und dicke Schwester der Wasserpumpenzange. Sie kommt bei bombenfest sitzenden großen Muttern und ähnlich groben Arbeiten zum Einsatz. Ein Vorteil von Rohrzangen ist die stufenlose Verstellung der Backenweite über ein Gewinde. Und wegen ihrer schieren Größe (die Palette der lieferbaren Längen beginnt bei knapp 300 Millimetern und endet bei über 700 Millimetern) kann man eine Menge Kraft ausüben. Im Angebot finden sich neben den Rohrzangen mit gegenüber den Griffen um 90 Grad abgewinkelten Backen auch die sogenannten Eck-Rohrzangen mit einem Winkel von 45 Grad.

Die 300 Millimeter lange Wasserpumpenzange sieht über der 420 Millimeter langen Rohrzange in schwedischer Form recht filigran aus. Und Rohrzangen gibt es noch viel größer.

Promenadenmischung: Die Schraubzange ist eine Kreuzung aus Schraubenschlüssel und Wasserpumpenzange.

Eine praktische Kreuzung aus Schraubenschlüssel und Wasserpumpenzange ist die Schraubzange. Durch ihre Verstellbarkeit kann sie zöllige oder metrische Sechskante packen, auch ausgenudelte Muttern sind kein Problem. Sie bietet sowohl einen Selbstklemmeffekt als auch ein Ratschenprinzip – die Zange muss also für eine erneute Drehbewegung nicht abgesetzt werden.

Mit einer Kombizange, einem Seitenschneider und einer Wasserpumpenzange eines Markenherstellers hat man zunächst eine solide Zangen-Grundausstattung. Immer nützlich ist noch eine Spitzzange, gerade und abgewinkelt. Aber man muss ja nicht alles gleich auf einmal kaufen. Lieber nach Bedarf, dafür aber hochwertig.

Für ein langes Werkzeugleben:

- bei unverchromten oder unlackierten Zangen hin und wieder die Oberfläche mit Universalöl benetzen,
- ab und zu das Gelenk ölen,
- immer sachgerecht einsetzen (Spitzen nicht als Schraubendreher zweckentfremden oder mit Kunststoff-Seitenschneidern versuchen, Nägel zu kappen).

Eine gute Zange ...

- hat ein Gelenk, das gleichzeitig spielfrei und leichtgängig ist.
- liegt gut in der Hand und hat handfreundliche Griffe,
- ist so konstruiert, dass man sich nicht die Hand quetschen kann,
- hat exakte Greifflächen, präzise Schneiden und keine Grate von der Bearbeitung,
- bleibt mit ein bisschen Pflege lange Zeit eine gute Zange.

Eigentlich klar, aber ...

- Zangen niemals als Hammer einsetzen,
- Schutzbrille tragen, denn abspringende Drahtstücke können ins Auge gehen. Das gilt auch für andere Personen in unmittelbarer Nähe,
- vor der Arbeit Backen auf Verschleiß prüfen, denn verschlissene Backen können zum Abrutschen und damit zu Unfällen führen,
- zum Drahtschneiden eine zum Drahtdurchmesser und zur Drahthärte passende Zange wählen,
- für Arbeiten an elektrischen Anlagen müssen isolierte und geprüfte Zangen verwendet werden,
- bei greifenden Zangen ab und an die Greiffläche kontrollieren und bei Verschleiß austauschen (sonst Abrutsch- und damit Unfallgefahr).

SCHRAUBEN-SCHLÜSSEL.

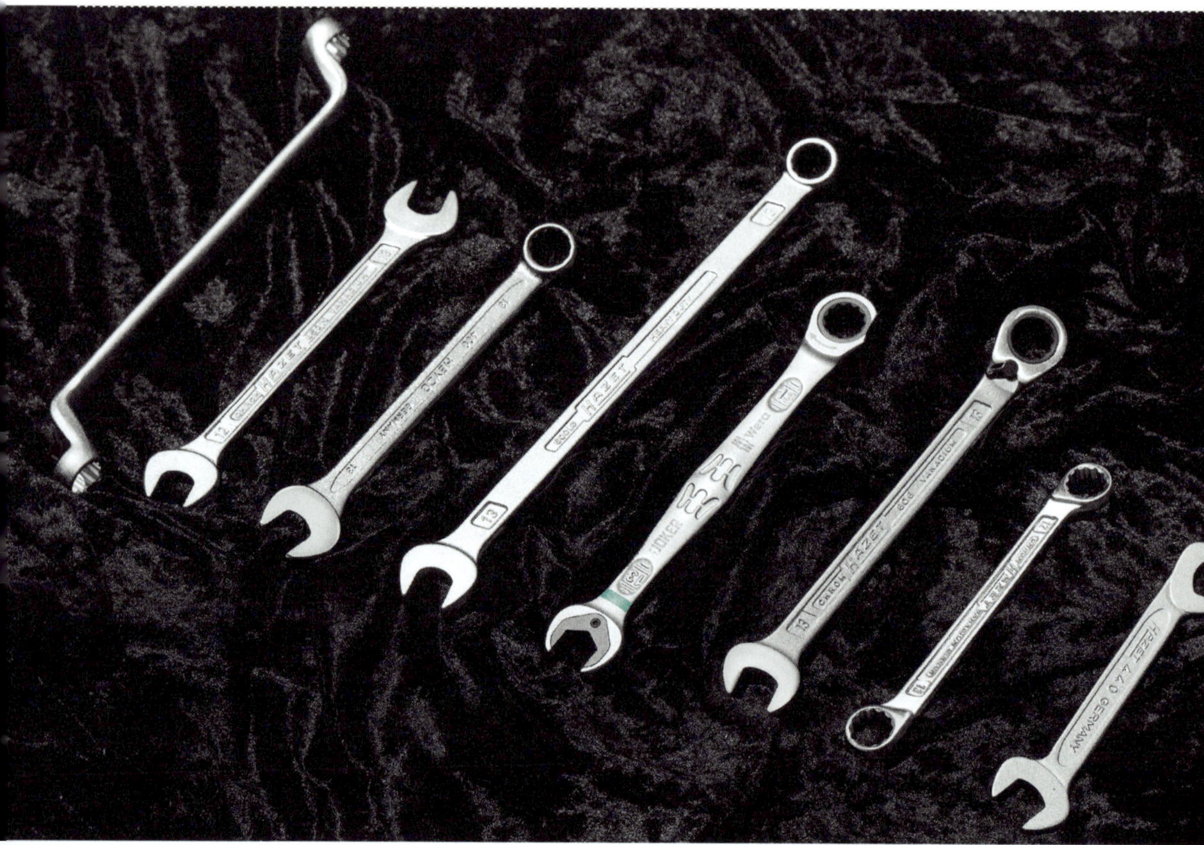

Ein guter Schraubenschlüssel ist robust, maßhaltig – und sieht im besten Falle auch noch edel aus.

Die Zahl der möglichen Bauformen eines Schraubenschlüssels ist groß, doch was sie fast alle eint, ist die Aufschrift »Chrom-Vanadium«. Oha, Chrom-Vanadium, denkt der unbedarfte Werkzeugkäufer, dann muss das ja wohl Qualität sein. Nicht unbedingt, denn diese Aufschrift allein sagt nichts, aber auch wirklich gar nichts über die Qualität eines Werkzeugs aus. Es bedeutet lediglich, dass in diesem Stahl eine unbestimmte Dosierung von Chrom-Vanadium enthalten ist – was aber noch lange nicht für die gewünschte höhere Verschleiß- und Zugfestigkeit sorgen muss.

Das Dumme: Man kann einem Schlüssel seine Qualität nicht ohne weiteres ansehen, es sei denn, sie ist so unterirdisch, dass man schon mit bloßem Auge Bearbeitungsriefen und ähnliche Ungenauigkeiten bei der Herstellung erkennen kann. Was einen guten Schlüssel auszeichnet, ist seine absolute Maßhaltigkeit und ein hervorragend vergütetes Material, mit dem sich dann zum Beispiel auch besonders schlanke Schlüssel herstellen lassen. Auch ist ein Qualitätsschlüssel tolerant gegenüber Misshandlungen, denn bei Überbeanspruchung bricht er nicht schlagartig, sondern verbiegt sich kontrollierbar. Auf der sicheren Seite ist also nur, wer sein Werkzeug von einem Qualitätshersteller kauft.

Der eine mag strahlendes Werkzeug, der andere eine matte Oberfläche. Doch ob die Oberfläche glänzend oder matt verchromt ist, ist nicht nur eine Geschmacksfrage. Verchromtes Werkzeug sieht edel aus und lässt sich wegen seiner spiegelglatten Oberfläche auch kinderleicht reinigen. Dafür aber ist eine matte, raue Oberfläche griffiger und blendet zum Beispiel bei Arbeiten in der Sonne nicht.

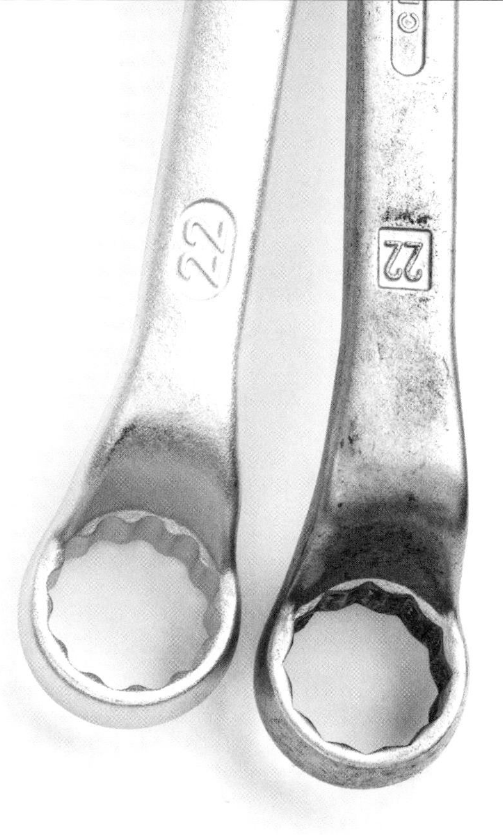

Profilbild: Früher griffen die Ringschlüssel an den empfindlichen Ecken der Schraube oder Mutter an (rechts). Heute fassen die meisten Ringschlüssel durch ein ausgeprägtes Wellenprofil den Sechskant an den Flanken. Dort wird den wirksamen Kräften nämlich wesentlich mehr Material entgegengesetzt als an den Ecken.

Platz 1 der Schlüsselparade: Ringschlüssel

Der Ringschlüssel ist die im wahrsten Sinne des Wortes umfassendste Bauform unter den Schraubenschlüsseln, denn sein Ring umschließt den Sechskant rundum. Zudem wird bei den meisten Qualitätsherstellern mittlerweile ein wellenförmiges Profil ohne scharfe Kanten verwendet, das den Sechskant nicht an den empfindlichen Ecken, sondern an den robusteren Flanken packt. Außerdem bietet es eine vergrößerte Anlagefläche, sorgt für eine gleichmäßigere Kraftverteilung und kann somit selbst abgenutzte Sechskante lösen.

Das Sechskant-Profil ist bei Ringschlüsseln nahezu ausgestorben, fast flächendeckend wird ein Doppelsechskantprofil eingesetzt. Der Ringschlüssel lässt sich damit in zwölf verschiedenen Positionen ansetzen, und somit kann er den Sechskant in handlichen 30-Grad-Schritten (360 Grad geteilt durch 12 Positionen = 30 Grad) drehen. Oder, mit anderen Worten: Um den Sechskant eine Position weiterzudrehen, braucht der Schlüssel eine Bewegungsfreiheit von mindestens 30 Grad.

Die Standardform des Ringschlüssels ist der Doppelringschlüssel nach DIN 838, hier beherbergt ein Schlüssel zwei verschiedene Größen an seinen Enden. Für verschiedene Platzverhältnisse gibt es verschiedene Formen: Es gibt Ringschlüssel in flacher Ausführung (DIN 837) oder mit tiefer Kröpfung, um auch tiefliegende Sechskante erreichen zu können.

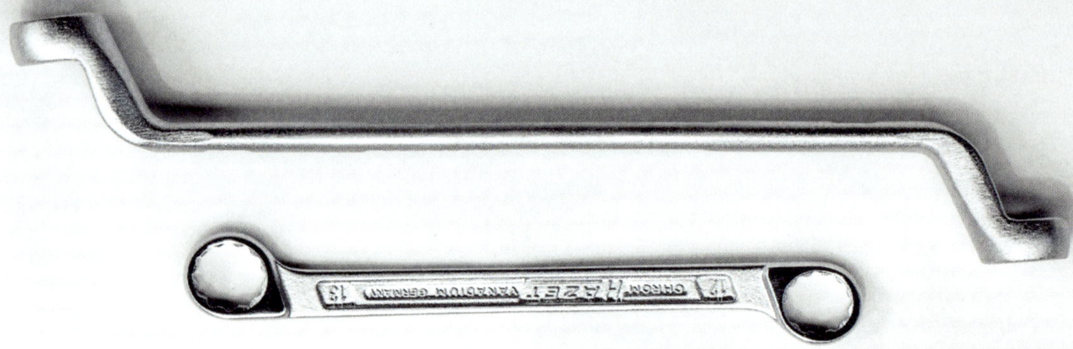

Egal, ob tiefgekröpft oder flach, der erste Griff sollte immer zum Ringschlüssel gehen.

Wer noch überhaupt keine Schraubenschlüssel hat, sollte sich als Erstes einen Satz tiefgekröpfter Doppelringschlüssel zulegen, denn diese sind die Generalisten unter den Schraubenschlüsseln. Ihre Bauform umfasst Sechskante perfekt, sie sind länger als vergleichbare Maulschlüssel und haben einen handfreundlicheren dickeren Griff. Außerdem kann man durch die Kröpfung auch tiefliegende Sechskante erreichen. Doch welche Größen sollte man wählen? Mit einem Satz Qualitätswerkzeug, der zunächst nur die Größen 8 x 9, 10 x 11, 12 x 13, 16 x 17, 18 x 19 und 20 x 22 beinhaltet, ist man schon für sehr viele Fälle gerüstet. Die Größen, die sich vielleicht später einmal als fehlend herausstellen, werden dann nachgekauft.

Absolute Grundausstattung: Wer noch gar nichts hat, sollte sich zunächst einen Satz Doppelringschlüssel zulegen. Mit den sechs Größen 8 x 9, 10 x 11, 12 x 13, 16 x 17, 18 x 19 und 20 x 22 ist man schon mal gut gerüstet.

Platz 2 der Schlüsselparade: Maulschlüssel
Nicht immer lässt sich ein Doppelringschlüssel einsetzen. Ist beispielsweise oberhalb des Schraubenkopfes nicht genügend Platz, um einen Ringschlüssel darüber zu schieben, muss der Kopf von der Seite angegriffen werden. Dann kommt der Maulschlüssel ins Spiel – der übrigens lange vor dem Ringschlüssel erfunden wurde.

Maulschlüssel, auch Gabelschlüssel genannt, sind die ideale Ergänzung zu Ringschlüsseln. Sie sind allerdings nicht für so große Drehmomente geeignet, da Maulschlüssel den Schraubenkopf oder die Mutter nicht vollständig wie ein Ringschlüssel umschließen, sondern nur an zwei Flächen angreifen. Der Vorteil eines Maulschlüssels ist dagegen, dass er quasi blind angesetzt werden kann. Und mit ihm kann man meist auch dann noch arbeiten, wenn die Schraubverbindung mit keinem anderen Drehwerkzeug erreichbar ist.

Den Abstand zwischen den beiden Flächen des Mauls bezeichnet man als Schlüsselweite (Abkürzung »SW«) – bei metrischen Schrauben in Millimetern gemessen, bei zölligen dementsprechend in Bruchteilen eines Zolls. Ein Maulschlüssel mit der Schlüsselweite 10 Millimeter ist im herzlichen Werkstattjargon ein »10er-Maul«. Um den in der Werkzeugkiste zu finden, muss der Neuling noch die Größenbezeichnungen auf den Schlüsseln entziffern, der alte Hase dagegen greift dank routiniertem Augenmaß unfehlbar zu.

Beim Maulschlüssel ist die Standardform der Doppelmaulschlüssel, der zwei Größen pro Schlüssel bietet. Das Maul zeigt jeweils nicht gerade vom Griff, sondern 15 Grad von der Werkzeugachse weg. Warum? Dazu eine kleine Rechnung: Würde das Maul gerade vom Griff wegzeigen, ließe sich der Schlüssel erst nach einer Drehung von 60 Grad (360 Grad geteilt durch sechs Kanten) erneut auf dem Sechskant ansetzen. Durch den Versatz von 15 Grad erreicht man durch Wenden des Schlüssels eine um 30 Grad versetzte Ausgangsposition. So kann man also durch fleißiges Wenden nach jeder Betätigung den Sechskant in 30-Grad-Schritten drehen. Ein Maulschlüssel benötigt also den gleichen Drehwinkel wie ein Ringschlüssel auch, muss aber auf engem Raum nach jeder Betätigung gewendet werden.

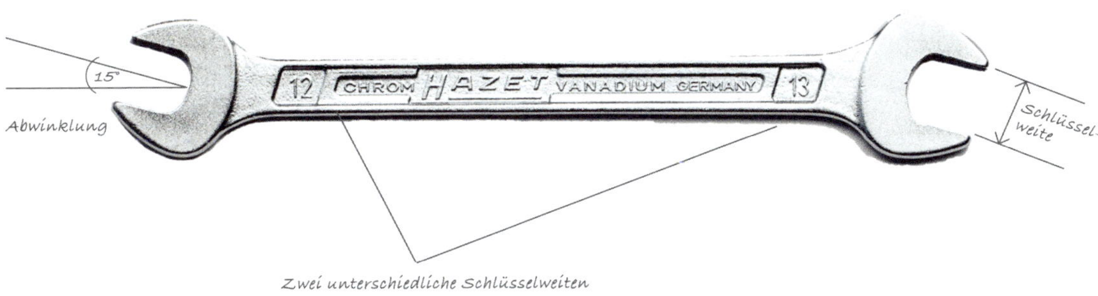

Neben dieser Standardbauform gibt es noch eine weitere kurze und dünne Form für kleine Doppelmaulschlüssel (von Größe 3,2 bis 14). Sie hat an beiden Enden dieselbe Maulgröße. Ein Maul ist hier um 75 Grad zum Schaft versetzt, um eine hohe Erreichbarkeit schlecht zugänglicher Schrauben zu gewährleisten.

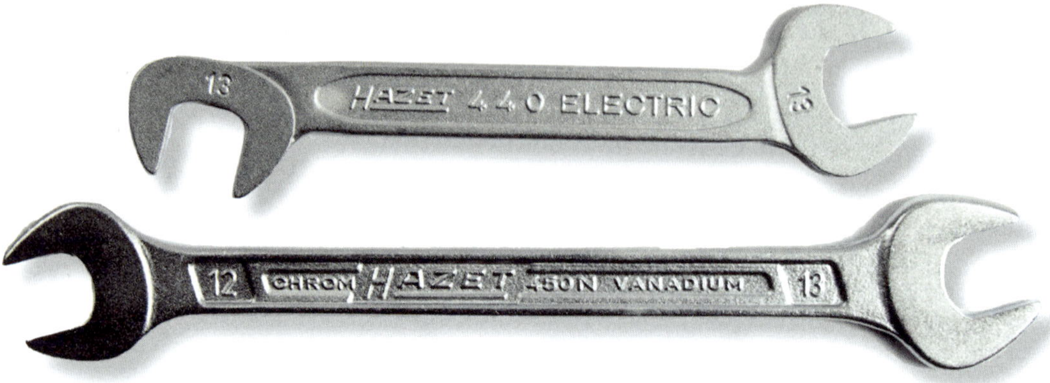

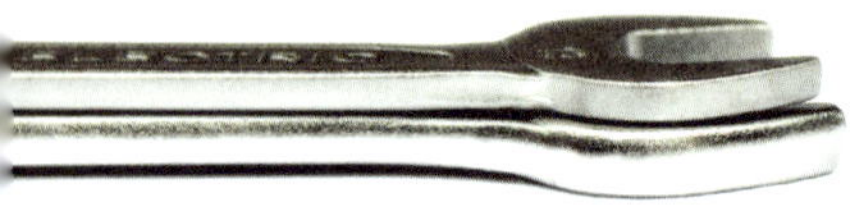

Spezialist: Die kurze Form des Maulschlüssels wird bei besonders engen Verhältnissen eingesetzt. Daher sind sie auch etwas dünner als ihre Standard-Kollegen.

Maulschlüssel haben einen konstruktiven Nachteil: Da sie lediglich mit zwei Flächen auf den Sechskant einwirken, kann sich der Schlüssel theoretisch bei sehr hohen Betätigungskräften weiten. Durch die Weitung wird die aufliegende Fläche immer kleiner – was für die Kraftübertragung gar nicht gut ist. Bei Qualitätsschlüsseln wird man diese Weitung bei fachgerechter Nutzung nicht hinbekommen, höchstens durch die Verlängerung mit einem Rohr.

Fakt ist: Mit einem Maulschlüssel lassen sich geringere Kräfte übertragen als mit einem Ringschlüssel. Das ist auch der Grund dafür, dass Maulschlüssel stets kürzer sind als Ringschlüssel – so ist da das erzielbare Drehmoment bei gleicher Kraft, aber kürzerem Hebel bei ihnen kleiner.

Welches Drehmoment ein Schlüssel mindestens auszuhalten hat, ist von seiner Bauform abhängig

Prüfdrehmomente Schraubenschlüssel

Gewinde	Maulschlüssel nach DIN 895	Maulschlüssel nach DIN 3110	Doppelringschlüssel flach mit dünnwandigen Ringen nach DIN 837 Form B	Doppelringschlüssel gekröpft nach DIN 838
M6	2,96	5,92	7,4	17,6
M7	4,56	9,12	11,4	25,2
M8	6,65	13,3	16,6	34,5
M10	12,4	24,8	31,0	58,1
M12	20,6	41,2	51,5	89,1
M14	31,7	63,5	79,4	128
M16	46,1	92,3	115	175
M18	64,0	128	160	230
M20	86,0	172	215	294
M22	112	225	281	368
M24	143	287	359	451

alle Prüfdrehmomente in Newtonmeter

Die DIN macht's: Die angegebenen Prüfdrehmomente sind die Mindest-Garantiewerte von Qualitätsherstellern und werden meist weit übererfüllt.

und in der DIN ISO 1711-1 geregelt. Aber Vorsicht bei der Angabe »geprüft nach DIN« bei Maulschlüsseln, denn für diese Bauform gibt es zwei: Schlüssel, die nach DIN 3110 geprüft sind, halten rund das Doppelte aus als solche, die nach DIN 895 geprüft sind.

Jetzt ist es aber erst einmal an der Zeit, die Definition von Drehmoment kurz aufzufrischen – vielleicht hat ja der ein oder andere damals im Physikunterricht gefehlt. Kompliziert ausgedrückt geht das so: Ein Newtonmeter ist der Betrag des Drehmoments M, das eine Kraft F von einem Newton bei einem Hebelarm a von einem Meter erzeugt. Bildlich geht es viel leichter: Um zunächst mit einfachen Zahlen zu rechnen, stelle man sich eine völlig unsinnige Türklinke vor, die einen ganzen Meter lang ist. An ihrem Ende hängt eine Masse von einem Kilogramm, die demnach mit einer Gewichtskraft 9,81 Newton nach unten zieht. Da das Drehmoment nach der Formel »Gewichtskraft mal Hebellänge« berechnet wird, wirkt im Drehpunkt der Türklinke ein Drehmoment von 9,81 Newtonmeter. Ist die Türklinke dagegen nur realistische 15 Zentimeter lang, beträgt das Drehmoment nur noch 1,47 Newtonmeter. Arbeitet man also mit derselben Kraft an zwei verschieden langen Hebeln, erzielt man zwei verschieden große Drehmomente.

Für eine Grundausrüstung Doppelmaulschlüssel empfehlen sich zunächst die Größen 6 x 7, 8 x 9, 10 x 11, 12 x 13, 16 x 17, 18 x 19 und 20 x 22 eines Qualitätsherstellers. Fehlende Größen wie 14 x 15 oder 24 x 27 oder sogar 30 x 32 können bei Bedarf später immer noch nachgekauft werden.

Jetzt ist man aber bisher vielleicht noch nicht dazu gekommen, sich einen Satz Maulschlüssel zu kaufen. Es ist Sonntagnachmittag, das Schrauben mit dem Satz Doppelringschlüssel geht hervorragend von der Hand – und plötzlich benötigt man einen zweiten Schlüssel der Größe 13, weil sich zum Beispiel der verflixte Schraubenkopf mit der Mutter mitdreht. Was tun? Dann kann ein verstellbarer Einmaulschlüssel eingesetzt werden. Die modernere Alternative zu einem verstellbaren Maulschlüssel ist ein Zangenschlüssel. Seine ungefähre Weite wird zunächst durch die feinen Raststufen eingestellt, durch das Betätigen der Zange sitzt der Schlüssel dann fest auf dem Sechskant – egal, ob es ein metrischer oder zölliger ist. Da er spielfrei über die gesamte Kontaktfläche packt, hinterlässt er keine Werkzeugspuren am Werkstück, auch nicht auf empfindlichen Oberflächen. Er bietet sowohl einen Selbstklemmeffekt als auch ein Ratschenprinzip, muss also für eine erneute Drehbewegung nicht abgesetzt werden. Seine parallel geführten Backen pressen mit zehnfacher Handkraft, also wie ein kleiner Schraubstock. So taugt ein Zangenschlüssel wegen seiner kompakten Abmessungen und seiner Universalität zum Beispiel prima als Ergänzung des Bordwerkzeugs von Motorrad oder Fahrrad. Und als Nebeneffekt kann er auch noch ganz hervorragend Nüsse knacken.

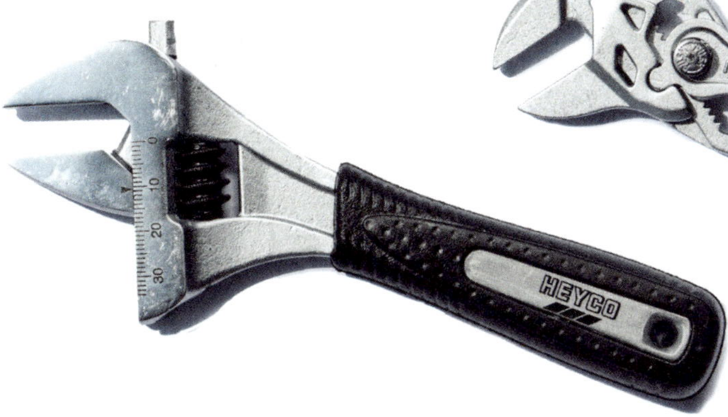

Praktische Ergänzung des Bordwerkzeugs: ein verstellbarer Einmaulschlüssel (bis SW 34), ...

... oder ein kleiner Zangenschlüssel (bis SW 27).

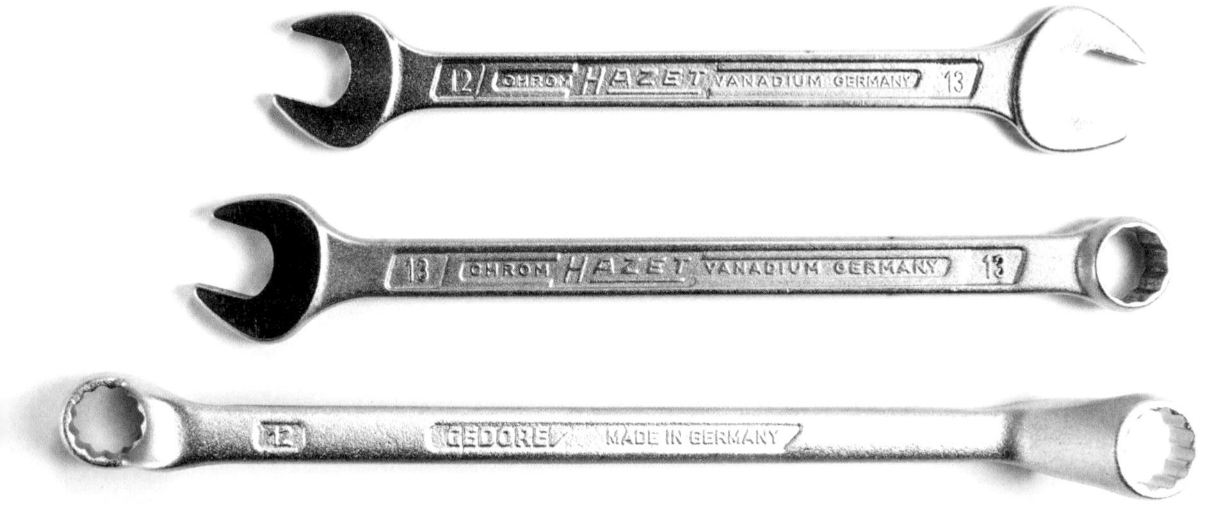

Moment mal: Je höhere Drehmomente ein Schlüssel übertragen kann, desto länger muss natürlich auch sein Hebel sein.

Platz 3 der Schlüsselparade: Ring-Maulschlüssel

Im Gegensatz zu einem Doppelmaul- oder Doppelringschlüssel beherbergt ein Ring-Maulschlüssel immer dieselbe Schlüsselweite an seinen beiden Enden. Auf diese Weise kombiniert diese Schlüsselform die Vorteile eines Ringschlüssels mit denen eines Maulschlüssels. Muss zum Beispiel eine festsitzende Mutter gelöst werden, kommt erst das Ende mit dem Ring zum Einsatz, das zügige Aufdrehen kann dann das Ende mit dem Maul besser erledigen. Ring-Maulschlüssel liegen in der Länge irgendwo zwischen Maul- und Ringschlüsseln. So kann durch den längeren Hebel ein größeres Drehmoment als bei einem reinen Maulschlüssel aufgebracht werden, andererseits kann mit dem Ringende noch an Stellen gearbeitet werden, an denen ein normaler Ringschlüssel vielleicht schon zu lang wäre. Ring-Maulschlüssel gibt's mit gerader (DIN 837 Form B), abgewinkelter (DIN 3113 Form A) oder gekröpfter Ringseite (DIN 3113 Form B). Bei einigen Herstellern sind auch extra lange Ausführungen erhältlich.

Extra lang: Längere Schlüssel können höhere Drehmomente übertragen, dafür muss die Wandung des Rings natürlich dicker ausfallen.

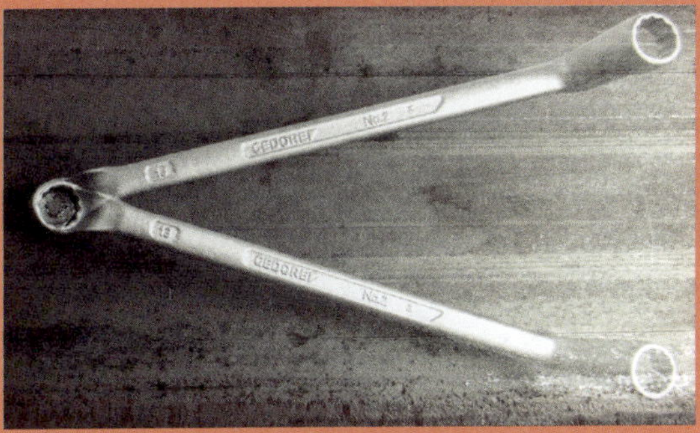

Doppelringschlüssel: Durch seine zwölf möglichen Ansetzpositionen braucht er mindestens 30 Grad Bewegungsfreiheit.

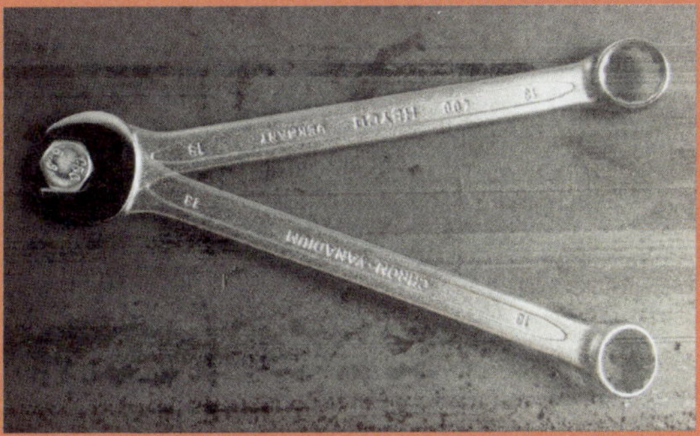

Doppelmaulschlüssel: Dreht man ihn nach jedem Zug um, genügen auch ihm 30 Grad.

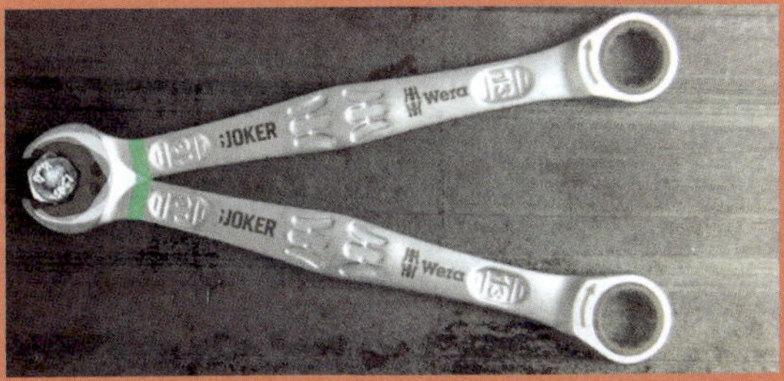

Sonderfall Wera Joker: Sein Maul braucht man für 30 Grad nicht umzudrehen.

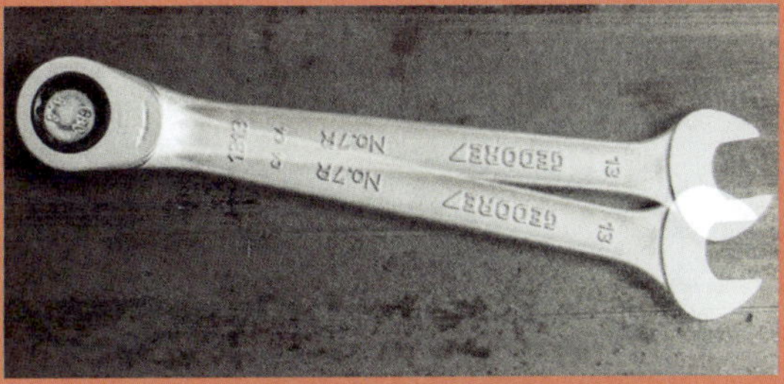

Maulschlüssel mit Ringratsche mit 60 Zähnen: braucht 6 Grad Bewegungsfreiheit.

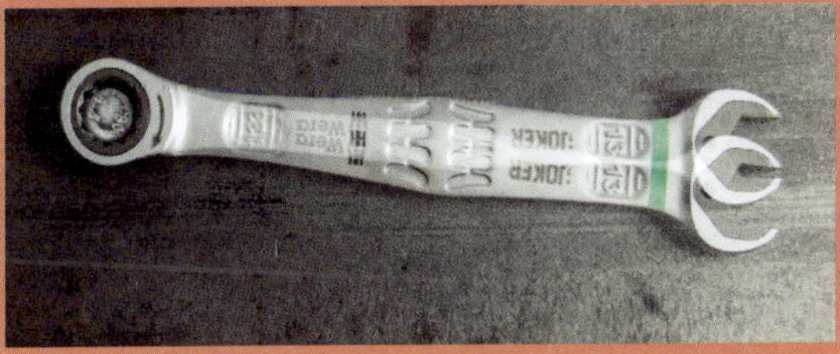

Maulschlüssel mit Ringratsche mit 80 Zähnen: Ihm reichen gerade einmal 4,5 Grad.

Aufsteiger der Schlüsselparade: Knarren-Ring-Maulschlüssel

Auch ein Knarren-Ring-Maulschlüssel bietet im Normalfall an beiden Enden dieselbe Schlüsselweite. Es gibt allerdings auch Vier-in-eins-Bauformen, die an beiden Enden und dazu auch noch auf beiden Seiten unterschiedliche Schlüsselweiten bieten.

Der Knarren-Ring-Maulschlüssel, auch Maulschlüssel mit Ringratsche genannt, ist noch ein recht junger Spross in der Werkzeugfamilie, denn das dazugehörige Patent stammt erst aus dem Jahr 1996. Anfangs wurden diese Schlüssel noch kritisch beäugt, weil man ihnen in punkto Belastbarkeit nicht viel zutraute, aber heute sind sie in nahezu jeder Werkstatt zu finden. Ein wichtiger Grund dafür: Mit einem Ratschen-Mechanismus mit zum Beispiel 72 Zähnen ist ein Knarren-Ring-Maulschlüssel ein Meister des engen Raums. 360 Grad geteilt durch 72 ergibt 5 Grad.

Das heißt: Um einen Sechskant zu betätigen, braucht es lediglich 5 Grad Betätigungsraum. Das ist um Welten besser als bei einem herkömmlichen Maul- oder Ringschlüssel, der mindestens 30 Grad benötigt.

Ein kleiner Nachteil der Knarren-Ringschlüssel ist allerdings, dass der Ratschen-Mechanismus Platz benötigt und daher die Wandungen des Knarren-Ringschlüssels dicker als die eines Ringschlüssels ausfallen.

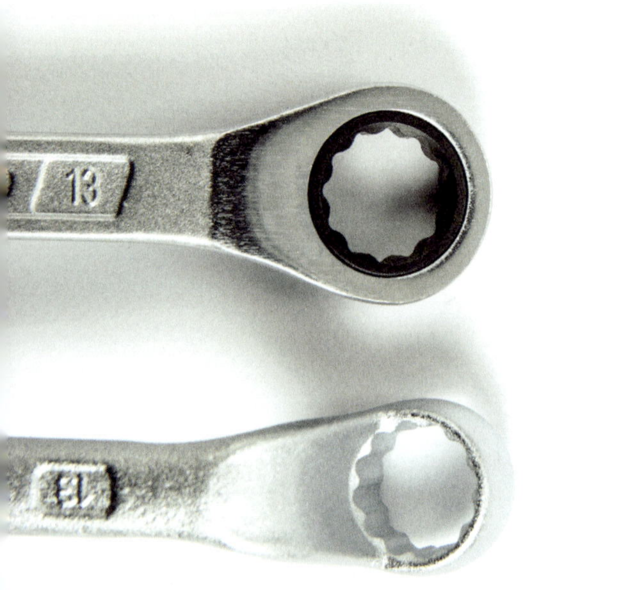

Braucht Platz: Der Ratschen-Mechanismus muss schließlich irgendwo hin.

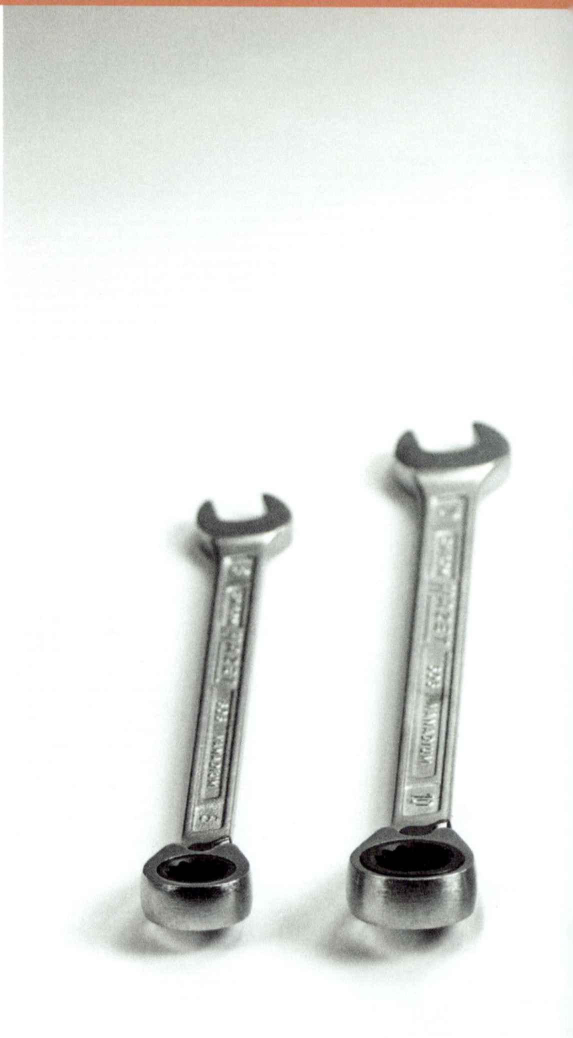

Gehobene Preisklasse: Bei den Knarren-Ring-Maulschlüsseln kann man sich daher zunächst auf die Größen 8, 10, 12, 13, 17 und 19 beschränken.

Dennoch: Wer einmal einen Satz solcher Schlüssel besitzt, wird wahrscheinlich aus Bequemlichkeit nur noch in Fällen, in denen es aus Platzgründen nicht anders geht, zu Schraubenschlüsseln ohne Ratschen-Mechanismus greifen. Oder zum anfänglichen Lösen besonders festsitzender Schrauben, um den Mechanismus des Schlüssels zu schonen.

Die Knarren-Ringschlüssel gibt es wahlweise mit umschaltbarer Drehrichtung. Der Umschalter ist aber nur bei abgewinkelten Ringschlüsseln sinnvoll. Warum? Ganz einfach: Einen geraden Knarren-Ringschlüssel kann man zum Wechsel der Drehrichtung ja einfach umdrehen. Da würde ein Umschalthebel einfach nur stören.

Rechts:
Knick mit Schalter: Eine Umschaltung der Drehrichtung ist nur bei abgewinkelten Knarren-Ringschlüsseln sinnvoll. Bei geraden Schlüsseln ist zur Orientierung die Drehrichtung aufgeprägt.

Die Bezeichnung Knarren-Ring-Maulschlüssel ist etwas irreführend, denn man könnte meinen, auch die Maulseite würde über einen Ratschen-Mechanismus verfügen – das ist aber meist nicht der Fall. Dennoch gibt es auch Maulschlüssel mit Ratsche. Da diese aber wegen der nötigen Sperrklinke, die über den Sechskant rattert, nicht besonders sorgfältig mit dem Schraubenkopf oder der Mutter umgehen, sind dies eher Exoten unter den Schraubenschlüsseln.

Außenseiter der Schlüsselparade: für ganz spezielle Fälle

Bei Überwurfmuttern auf Hydraulikleitungen muss sowohl ein Ringschlüssel (geht nicht drüber) als auch ein Maulschlüssel (dreht höchstwahrscheinlich durch) passen. Dafür gibt's dann eine spezielle Ausführung: den vorne offenen Ringschlüssel.

Bestmöglicher Zugriff: vorne offener Ringschlüssel für Überwurfmuttern zum Beispiel auf einer Bremsleitung im Auto.

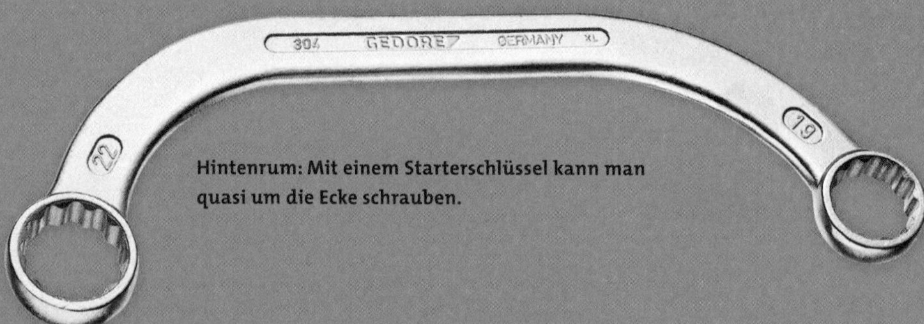

Hintenrum: Mit einem Starterschlüssel kann man quasi um die Ecke schrauben.

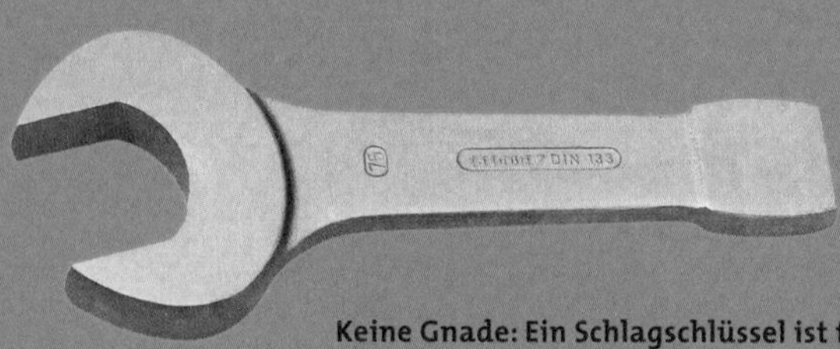

Keine Gnade: Ein Schlagschlüssel ist für rohe Kräfte, die sinnvoll walten, konstruiert. Lieferbar bis zur gewaltigen Schlüsselweite 250.

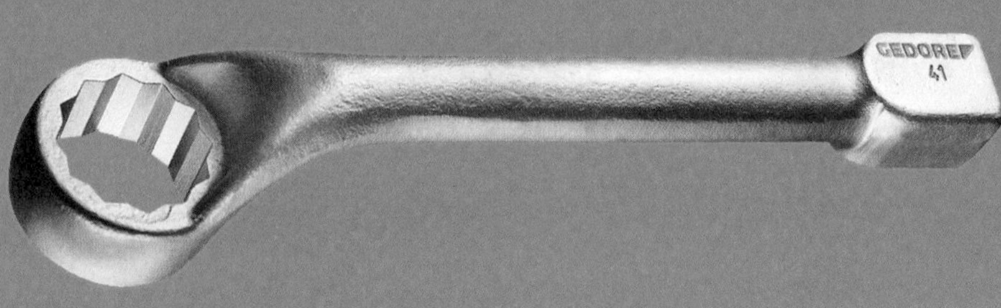

Um einen Anlasser oder eine Lichtmaschine im Motorraum abzuschrauben, braucht man manchmal den sogenannten »Starterschlüssel«. Das ist ein flacher Ringschlüssel, mit den Starterschlüssel, ein flacher Ringschlüssel, mit dem quasi um die Ecke schrauben kann. Seinen Namen hat dieser Schlüssel übrigens, weil er einst speziell für den sogenannten Starterblock (Anlasser) beim VW Käfer entwickelt wurde. Damit konnte man sich bei einem Wechsel des Anlassers den zeitraubenden Ausbau des kompletten Motors ersparen.

Manchmal hat man es mit besonders großen und besonders festen Schraubverbindungen zu tun. Wer an Landmaschinen oder Nutzfahrzeugen schraubt, stößt auf Größen bis Schlüsselweite 46. Im Schwermaschinenbau wie an Schiffsmotoren, Propellern an Containerschiffen oder Baggern im Tagebau gibt es noch viel größere Schlüsselweiten. Hier kommen dann geschmiedete Schlag-, Maul- oder Ringschlüssel zum Einsatz, bei denen es nicht mehr auf ein schönes Aussehen, sondern nur noch auf die robuste Ausführung ankommt.

Und auch für den brutalen Zug an solchen Schraubverbindungen gibt es ein Spezialwerkzeug: den Zug-Ringschlüssel. Eine gängige Bauform ist ein Kopf in ähnlichen Größen wie der Schlagschlüssel, der mit einem Aufsteckrohr in einer Länge zwischen einem halben bis einem Meter beachtliche Drehmomente erzeugen kann. Dies sind die einzigen Schlüssel, bei denen die Verwendung eines Rohrs fachgerecht ist.

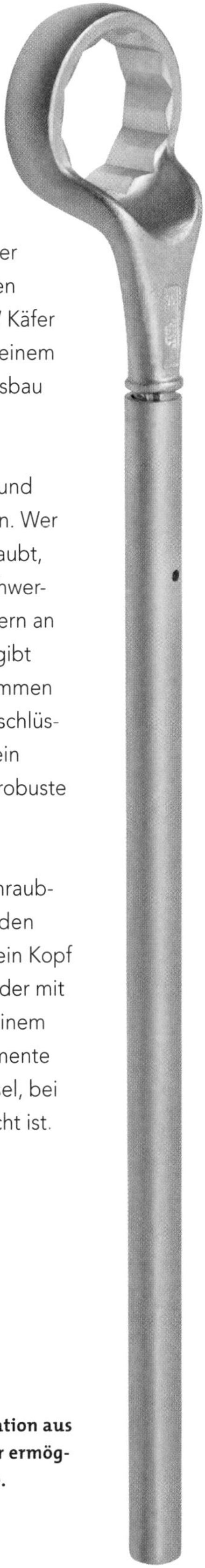

Zugverbindung: Die Kombination aus dickem Kopf und langen Rohr ermöglicht immense Drehmomente.

Ein guter Schraubenschlüssel...

- hat geglättete Flächen, gerundete Ecken und ist bis in die Spitzen maßhaltig,
- bricht nicht bei Überbeanspruchung (wie zum Beispiel unter Verwendung eines Hebels), sondern verbiegt sich lediglich, um Verletzungen zu vermeiden,
- besteht aus so hochwertigem Stahl, ist so gut vergütet und so konstruiert, dass bei Doppelringschlüsseln die Ringe besonders dünn ausfallen können – denn das erhöht die Einsatzmöglichkeiten.

Eigentlich klar, aber ...

- mit Schraubenschlüsseln möglichst immer ziehend, nicht drückend arbeiten. Geht das aus Platzgründen nicht, dann mit offener Hand drücken, so bleiben die Knöchel beim Abrutschen des Schlüssels oder plötzlichem Lösen der Schraubverbindung heile,
- für Schraubenkopf und Muttern ausschließlich die passende Größe verwenden,
- obwohl ein alter Spruch lautet »Gewaltig ist des Schlossers Kraft, wenn er am langen Hebel schafft«: keinen Hebel ansetzen. Dafür gibt es extra lange Ausführungen, die für höhere Drehmomente ausgelegt sind oder spezielle Zug-Ringschlüssel,
- nicht mit einem Hammer darauf schlagen (Ausnahme: Schlagschlüssel).

STECKSCHLÜSSEL.

Eine sehr beliebte und universelle Gattung von Werkzeug ist der Steckschlüsselsatz. Warum? Weil man mit ihm einfach schneller ans Ziel kommt.

Wer sich als ernstzunehmender Schrauber versteht oder verstanden werden möchte, braucht mindestens einen Steckschlüsselsatz. Er besteht grundsätzlich aus den Steckschlüsseleinsätzen in verschiedenen Größen (»Nüsse« genannt) sowie dem dazugehörigen Betätigungswerkzeug, der Knarre (die je nach Region auch als Ratsche bezeichnet wird). Wie bei dem Knarren-Ringschlüssel ist auch mit einer Knarre samt der passenden Nuss blitzschnelles Lösen oder Festschrauben möglich, weil das Werkzeug nicht immer wieder umgesetzt werden muss. Aber im Gegensatz zum Knarren-Ringschlüssel kann man mit einer Knarre auch in Löchern versenkte Sechskante packen, mit einer Verlängerung sogar sehr tiefsitzende Sechskante. Zudem ist der Griff einer Knarre viel handfreundlicher als ein Schraubenschlüssel. Eine Knarre ist also ein echtes Komfortwerkzeug. Allerdings lässt sie sich nicht in jedem Fall einsetzen, denn samt Nuss ist eine Knarre vergleichsweise hoch, braucht also deutlich mehr Höhe über dem Sechskant als ein Schraubenschlüssel.

Ein Knarrenkasten soll es also sein. Aber welcher? In manchen Werkzeugkatalogen umfasst allein das Steckschlüssel-Programm 40 bis 50 Seiten. Zunächst also sollte man sich darüber klar werden, woran man eigentlich schrauben möchte, denn dadurch engt man schon einmal die Auswahl der benötigten Größe ein. Mit Größe ist der Antrieb der Knarre gemeint – also der Vierkant, auf den die Nüsse gesteckt werden. Die Größenangabe dieses Vierkants wird immer in Millimetern und in Zoll angegeben. Der kleinste Antrieb hat eine Kantenlänge von 6,3 Millimeter (ein Viertel Zoll, da ein Zoll 2,54 Zentimeter entspricht, meist als Bruchzahl 1/4" geschrieben. Die nächsten Größen sind 10 Millimeter (3/8"), 12,5 Millimeter (1/2"), 20 Millimeter (3/4") und schließlich 25 Millimeter (1").

Schaut man sich nun die üblichen Bestückungen der Kästen an und vergleicht diese mit den Schraubverbindungen, an denen man hauptsächlich werkeln möchte, folgt die erste Erleuchtung.

Zoll-Kontrolle

Ein 6,3-Millimeter-Kasten (1/4 Zoll) enthält meist Nüsse der Größen von 4 bis 14. Die Knarre ist zirka 130 Millimeter lang, und hält, wenn sie von einem Qualitätshersteller stammt, nach DIN 3122 ein Prüfdrehmoment von mindestens 62 Newtonmeter aus. 62 Newtonmeter sind nicht besonders viel, die Knarre ist klein, die Nüsse sind es auch – also sind die bevorzugten Einsatzzwecke eines solchen Sortiments eher filigrane Arbeiten wie zum Beispiel das Schrauben an

Knarren im Größenvergleich: von links nach rechts im Format 6,3 Millimeter (1/4"), 10 Millimeter (3/8") und 12,5 Millimeter (1/2").

Haushaltsgeräten. Daher gibt es als Beigabe oft auch noch eine Auswahl Bits dazu, um zum Beispiel auch Kreuzschlitz-, TORX®- oder Innensechskant-Schrauben mit der Knarre betätigen zu können. Außerdem tummeln sich in dem Segment der kleinen Knarren einige außergewöhnlichen Lösungen. So gibt es zum Beispiel Umschaltknarren mit einem Gelenk. Durch einfaches Umklappen des Drehmechanismus nach vorn wird so aus der Knarre ein praktischer Schraubendreher mit Knarrenfunktion.

Ein 10-Millimeter-Kasten (3/8 Zoll) beinhaltet neben der rund 200 Millimeter langen Knarre meist Nüsse der Größen 6 bis 22, das Prüfdrehmoment nach DIN 3122 beträgt 202 Newtonmeter. Diese Werte erlauben ein breites Einsatzspektrum, Steckschlüsselsätze dieser Größe sind zum Beispiel zum Schrauben an Fahrrädern und Motorrädern gut geeignet.

Ein 12,5-Millimeter-Kasten (1/2 Zoll) umfasst meist die Nussgrößen 10 bis 32, die Knarre ist rund 270 Millimeter

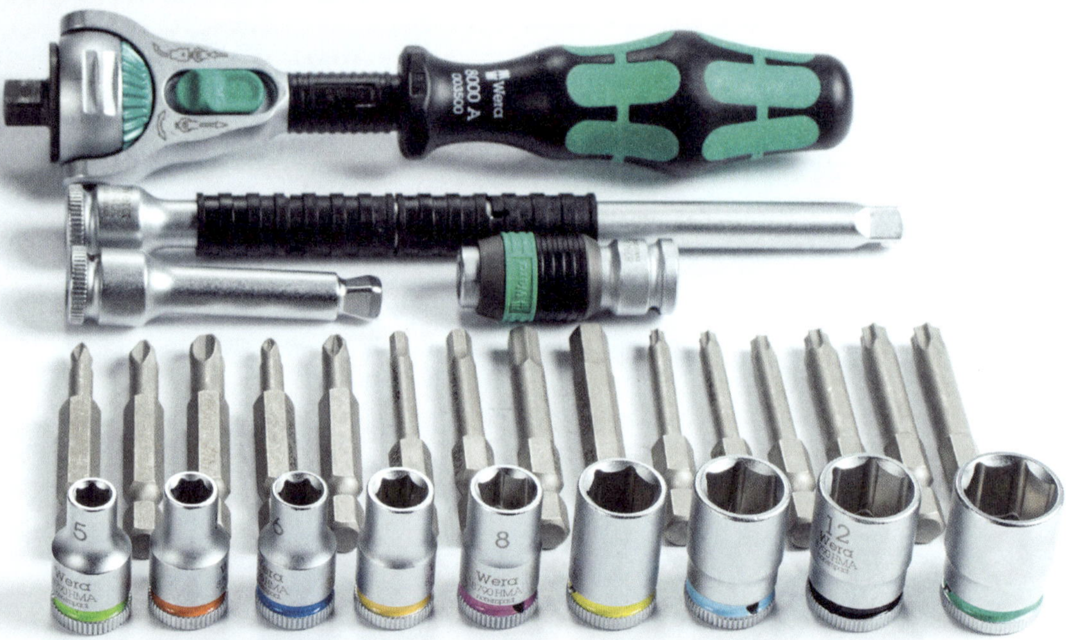

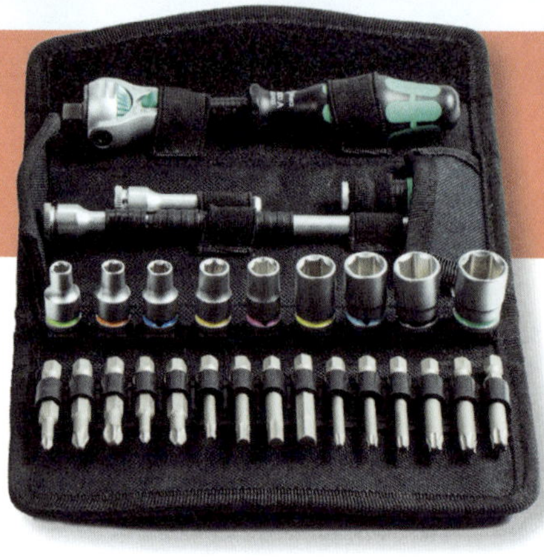

Mal nicht im Kasten: 6,3-Millimeter (1/4 Zoll)-Knarren-Garnitur in der Textiltasche.

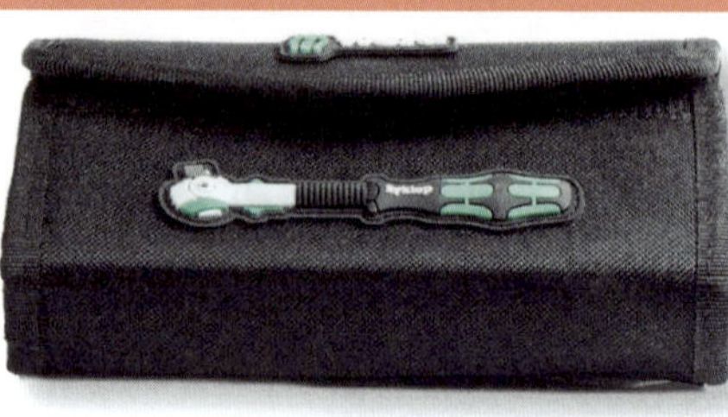

lang, das Prüfdrehmoment beträgt stattliche 512 Newtonmeter. Zum Beispiel auf einen Autoschrauber bezogen, ließen sich diese drei Größen so einteilen: Den 6,3-Millimeter-Kasten (1/4 Zoll) braucht man häufig im Innenraum, den 10-Millimeter-Kasten (3/8 Zoll) für viele Arbeiten am Motor und den 12,5-Millimeter-Kasten (1/2 Zoll) für Arbeiten am Fahrwerk. der Anhängerkupplung.

Jetzt wird's so langsam mächtig: Bei einem 20-Millimeter (3/4 Zoll)-Kasten ist die Knarre mindestens einen halben Meter lang und überlebt ein Prüfdrehmoment von 1412 Newtonmeter. Die kleinste Nuss ist hier eine 22er, die größte eine 60er. Ab dieser Größe gibt es auch die Bauform, dass der Knarrenkopf nicht wie bei den kleineren Knarren fest mit dem Griff verbunden ist, sondern eine Drehstange als Hebel eingesteckt wird. Solche Dimensionen braucht man, wenn man an seinem Traktor oder Unimog schrauben möchte. Oder an seinem Lkw, denn das größte Gewinde ist hier meist die 55er-Überwurfmutter an.

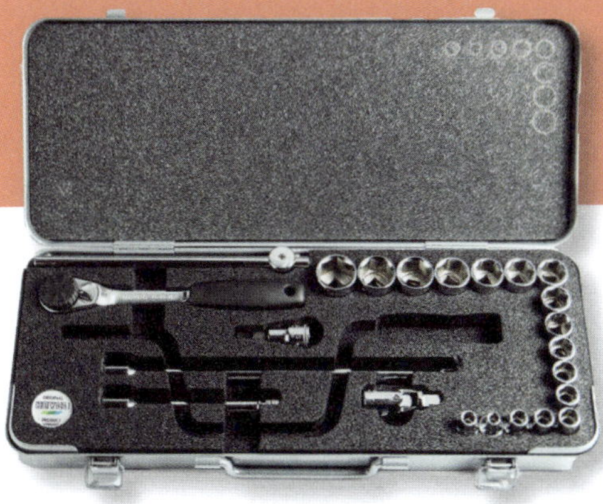

Im klassischen Blechkasten: 10-Millimeter-Garnitur (3/8 Zoll) zum Beispiel für das Schrauben an Fahrrädern und Motorrädern.

Prüfdrehmoment und Bankdrücken

Die Belastungen in der Praxis sind zwar meist alles andere als statisch: hier wird gerissen, an Verlängerungen gezogen und manchmal vielleicht sogar gehämmert. Um trotzdem ein Gefühl für die Kräfte zu bekommen, für die Knarren nach DIN ausgelegt sind, hier ein kleines Rechenbeispiel. Der wirksame Hebel einer 12,5-Millimeter (1/2 Zoll)-Knarre ist ungefähr 25 Zentimeter lang.
Um ein Drehmoment von 512 Newtonmeter an diesem Hebel zu erzeugen, müsste man mit einer Kraft von 512 Newtonmeter geteilt durch 0,25 Meter arbeiten, was 2048 Newton ergibt. Jetzt stelle man sich vor, man würde, mit dem Rücken an einer Wand abgestützt, an der Knarre drücken. Ja, man soll zwar möglichst immer ziehend und nicht drückend arbeiten – aber mit solch einer Kraft zu ziehen, ohne mit den Schuhen am Boden festgeschraubt zu sein, wäre nicht möglich. Jetzt steht man also mit dem Rücken an der Wand und drückt. Woran erinnert das? Genau, an Bankdrücken. Der Weltrekord in dieser Kraftsportart liegt bei 487 Kilogramm.

Im Kunststoffkasten: 12,5-Millimeter (1/2 Zoll)- Garnitur. Der Schaumstoffträger ist herausnehmbar und lässt sich so auch als Modul in einem Werkzeugwagen verwenden.

Das menschliche Kraftpaket Ryan Kennelly drückte 2008 mit einer Kraft von 487 kg mal 9,81 m/sec² gleich 4777 Newton die Hantelstange nach oben, die sich dabei deutlich durchbog. Die Knarren nach DIN sind also quasi schon alle halbe Weltmeister, und die Knarren von Qualitätsherstellern halten noch einmal deutlich mehr aus, als es die Norm verlangt. Ein weiterer Vorteil der Qualitätshersteller: Es gibt sogar Ersatzteile für eine eventuell defekte Knarre.

Doch es kommt noch dicker: Der 25-Millimeter (1 Zoll)-Kasten beginnt meist bei der Nussgröße 32 und endet irgendwo bei 80. Die Knarre ist als Bauteil entweder über 80 Zentimeter lang oder bietet wieder das zweigeteilte Prinzip aus Knarrenkopf und Drehstange. Das Prüfdrehmoment nach DIN 3122 beträgt 2515 Newtonmeter. Wer gern an übergroßen Landmaschinen, Schiffsmotoren oder Braunkohlebaggern schraubt, braucht so ein Monster.

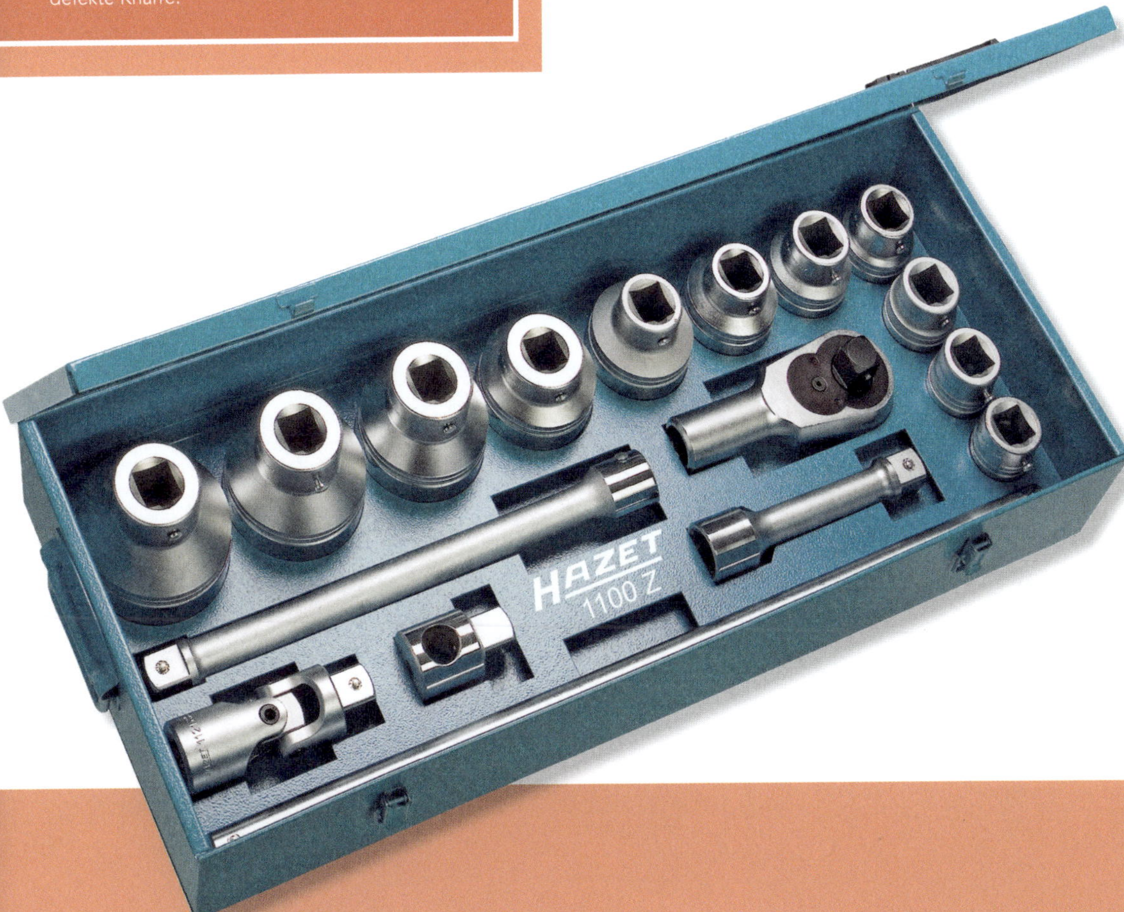

Für starke Schrauber: Die stattlichen Maße dieses Blechkastens mit dem 25 Millimeter (1 Zoll)-Steckschlüsselsatz lauten 795 x 303 x 115 Millimeter. Und da schon eine 80er-Nuss allein fast drei Kilogramm wiegt, beträgt das Gesamtgewicht des Kastens über 30 Kilogramm.

Zahntechnik

Bei den Knarren, zumindest bei den kleineren Ausführungen, kann man sich zwischen einer Grob- und einer Feinverzahnung entscheiden. Bei einer 6,3-Millimeter (1/4 Zoll)-Knarre bedeutet eine Grobverzahnung meist, dass der Mechanismus 20 Zähne hat. 360 Grad geteilt durch 20 ergibt 18 Grad – was bedeutet, dass die Knarre mindestens 18 Grad Drehwinkel benötigt, um einen Zahn weiter einzurasten. Eine grobverzahnte 10-Millimeter (3/8 Zoll)-Knarre hat meist 30 Zähne, was einen Mindest-Drehwinkel von 12 Grad erfordert, und eine grobverzahnte 12,5-Millimeter (1/2 Zoll)-Knarre mit ihren 32 Zähnen braucht noch 11,25 Grad. Bei den 32 Zähnen bleibt es dann auch bei den 20-Millimeter (3/4 Zoll) und 25-Millimeter (1Zoll)-Knarren.

Eine Feinverzahnung arbeitet in den meisten Fällen, unabhängig vom Format, mit 72 Zähnen. Dann benötigt die Knarre nur noch 5 Grad, um einen neuen Zahn zu greifen. Die beiden dicken Kaliber 20 Millimeter (3/4 Zoll)- und 25 Millimeter (1 Zoll)-Knarren gibt es nicht mit Feinverzahnung. Dies ließe den Schluss zu, dass eine Feinverzahnung womöglich weniger aushält als eine Grobverzahnung. Hört sich komisch an, ist aber so: Die zuständige DIN 3122 unterscheidet nicht nach Grob- und Feinverzahnung, es gelten also identische Werte.

In den Internetforen wird oft und mit religiösem Eifer nicht nur darüber gestritten, ob eine feinverzahnte Knarre weniger aushält. Eine beliebte Glaubensfrage ist auch, ob eine Knarre mit Durchsteckmechanismus robuster ist als eine Umschaltknarre. Nein, ist sie nicht, und unpraktischer ist eine Durchsteckknarre auch. Dafür kostet sie weniger und ist bei Schraubern immer noch beliebt, weil sie an den kleinen Vierkant ihre selbstgebastelten Sonderwerkzeuge anschweißen können.

Athlet im Nadelstreifen: Diese Knarre hält trotz ihrer Feinverzahnung mit 90 Zähnen eine statische Belastung von 1000 Newtonmeter aus.

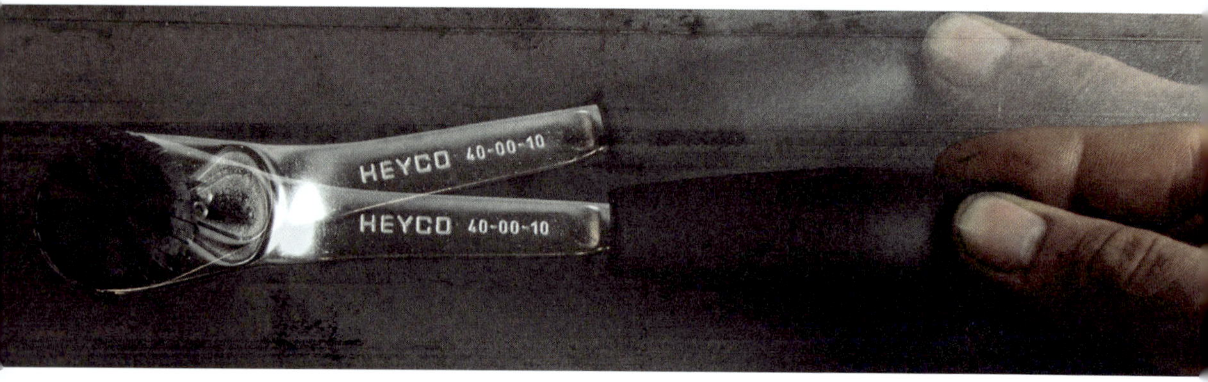

Mehr Raum: zum Vergleich der Betätigungswinkel einer Knarre mit 32 Zähnen.

Für Spezialisten: Der herausnehmbare Vierkant einer Durchsteckknarre erlaubt manchen Schraubern ganz spezielle Einsätze.

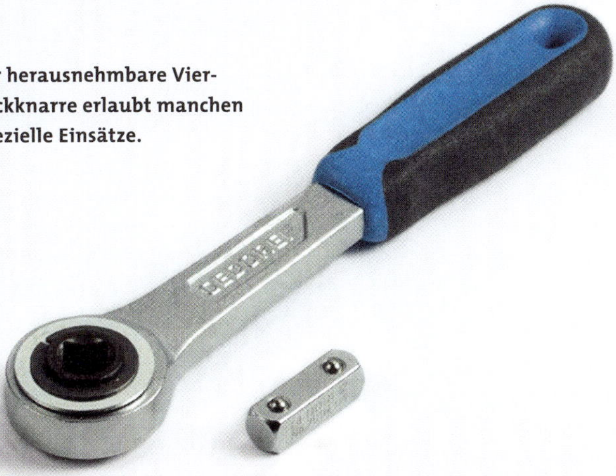

Nussecken

Bei den Stecknüssen hat man oft die Wahl zwischen Nüssen mit sechs oder zwölf Ecken, die dann als Sechskant- oder Doppelsechskantnuss bezeichnet werden. Beide sind gleich robust, die Sechskantnuss umfasst den Sechskant vollständig, die Doppelsechskantnuss bei entsprechendem Profil schonend an den Flanken. Bei den winzigen Betätigungswinkeln moderner Knarren spielt die Tatsache, dass man eine Doppelsechskantnuss in doppelt so vielen Positionen auf den Sechskant setzen kann wie eine Sechskantnuss, eigentlich keine Rolle mehr. Okay, bei besonders fest sitzenden Verbindungen kann man statt mit der Knarre mit der Knebelstange und Verlängerung an engen Stellen immer noch leichter damit arbeiten. Aber eigentlich ist die Entscheidung, ob Sechskant oder Doppelsechskant, nur noch eine Frage der persönlichen Vorliebe.

Guter Griff: Hat die Nuss eine Rändelung, lässt sie sich auch mit öligen Fingern noch greifen.

Was aber für beide Bauformen gilt: Eine Rändelung an der Nuss erlaubt auch ein Betätigen mit der Hand, besonders, wenn die auch noch ölverschmiert ist. In diesem Zusammenhang ist auch eine raue Oberfläche der Nuss von Vorteil.

Sammelsurium: Im Lauf des Schrauberlebens wird sich die eine oder andere Spezialnuss dazugesellen.

Gratis-Beigaben

Nur die wenigsten Steckschlüsselsätze sind auf das Wesentliche – nämlich Knarre, Nüsse und Verlängerung – reduziert. Meist ist noch ein T-Stück enthalten, oft Schraubeinsätze in Form von Bits und manchmal noch ein Kardangelenk oder ein Reduzierstück. Kardangelenke halten natürlich nicht so viel Drehmoment aus wie eine starre Verlängerung, und ein Reduzierstück darf nur so stark belastet werden, wie es der kleinere Vierkant aushält. Im Allgemeinen ist weniger mehr – was man auch daran erkennen kann, dass die billigsten Knarrenkästen oft die meisten Teile beinhalten. Und wenn im Lauf der Zeit mal eine spezielle Nuss benötigt wird, kauft man sie lieber einzeln nach.

Statische Kollegen

Die ursprünglichste Form eines Steckschlüssels ist der Rohrsteckschlüssel. Dieser hat eine dünne Wandung, ist lang und bietet sich daher als Spezialist für besondere Schraubfälle an. Betätigt werden diese Werkzeuge durch eine Stange, die einfach als Hebel quer durch die dafür vorgesehenen Löcher im Schlüssel gesteckt wird.

Eine weitere Ausführung eines Steckschlüssels ist der Innensechskant-Schraubendreher. Durch seine lange schlanke Form einerseits und einen kugelförmigen Kopf andererseits ist er ein Spezialist für schwer erreichbare Verschraubungen mit Innensechskant.

Sechseckiges Rohr: Die urtümlichen Rohrsteckschlüssel sind Spezialisten für schwierige Schraubfälle.

Schön bunt: Die verschiedenen Farben erlauben den schnellen Griff zum richtigen Stiftschlüssel, sind aber zwischen den Herstellern nicht einheitlich geregelt …

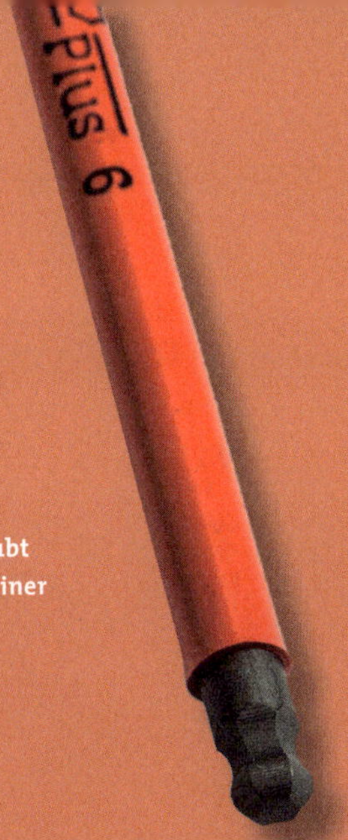

Gib mir die Kugel: Ein kugelförmiger Kopf erlaubt das Betätigen auch aus einer schrägen Position.

... Durch die Aufbewahrung in einer kompakten Klappbox gehen sie weniger schnell verloren.

Für ein langes Werkzeugleben:

››› nach Gebrauch Werkzeuge reinigen und wieder alles an seinen Platz in der Aufbewahrung stecken,

››› statt einer Verlängerung am Griff (z.B. Rohr) geeignetes starres Werkzeug benutzen,

››› kontrollieren, ob die Verbindungsschrauben im Knarrenkopf noch festgezogen sind, um das Eindringen von Schmutz und Feuchtigkeit zu vermeiden.

Ein guter Knarrenkasten ...

››› stammt von einem Qualitätshersteller – dann ist er nämlich von guter Qualität, und meist sind sogar noch Ersatzteile lieferbar,

››› hat Nüsse mit einer Rändelung am oberen Rand,

››› muss nicht unbedingt besonders viele Teile beinhalten.

Eigentlich klar, aber ...

››› ruckartige Betätigung der Knarre, zum Beispiel durch Hammerschläge, vermeiden,

››› auf sicheres Einrasten der Nuss an der Knarre achten,

››› möglichst immer ziehend, nicht drückend arbeiten. Geht das aus Platzgründen nicht, mit offener Hand drücken, so bleiben die Knöchel beim Abrutschen des Schlüssels oder plötzlichem Lösen der Schraubverbindung heile,

››› Knarre nicht als Hebel- oder Schlagwerkzeug verwenden.

HÄMMER.

Der Hammer ist das älteste Werkzeug der Welt. Schon die pelzigen Vorfahren der Menschen verwendeten Steine als Werkzeug, der Stiel folgte allerdings erst einige Zeit später. Heute ist die Bandbreite der Hämmer enorm groß.

Während der Landwirt mit einem 10-Kilogramm-Trumm Pfosten in den Boden schlägt, prüft der Arzt mit einem verchromten Präzisions-Hämmerchen die Reflexe am Knie seines Patienten. Zimmermann, Schmied, Tischler, Steinmetz, Elektriker, Maurer, Schlosser – für zahlreiche Berufsgruppen gibt es ganz spezielle Hämmer. Der Hammerstiel kann dabei aus Holz, Kunststoff, Fiberglas oder Stahlrohr bestehen.

Für Haushalt, Hobby und Werkstatt braucht man zunächst einmal nur eine Sorte: den Schlosserhammer mit einem Stiel aus Holz. Lieferbar in den Gewichtsklassen 100 Gramm bis zwei Kilogramm, empfehlen sich grundsätzlich 300 Gramm für den Haushalt – egal, ob für die Dame oder den Herrn – und 500 Gramm für das Handwerk. Übrigens bezieht sich die Gewichtsangabe lediglich auf den Hammerkopf, mit Stiel wiegt ein 500-Gramm-Hammer

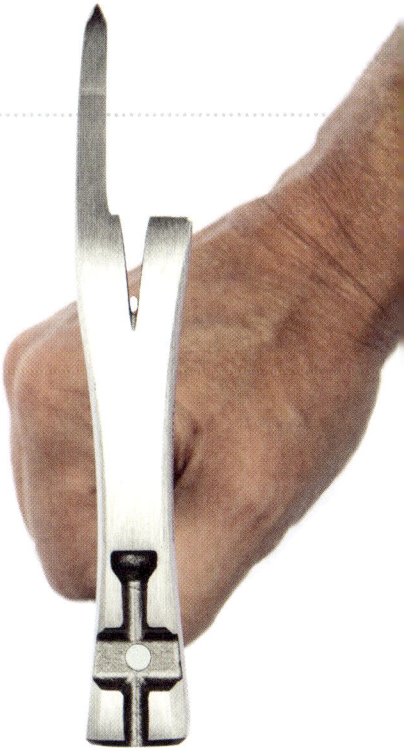

Maßgeschneidert: links unten Ganzstahl-Latthammer (Dachdeckerhammer) auch zum Entfernen von großen Nägeln (auf die Oberseite des Kopfs kann man sogar einen großen Nagel magnetisch einlegen), rechts unten Elektrikerhammer mit flachen Klauen zum Entfernen von Nagelschellen und flachem Boden zum Einschlagen von Dübeln.

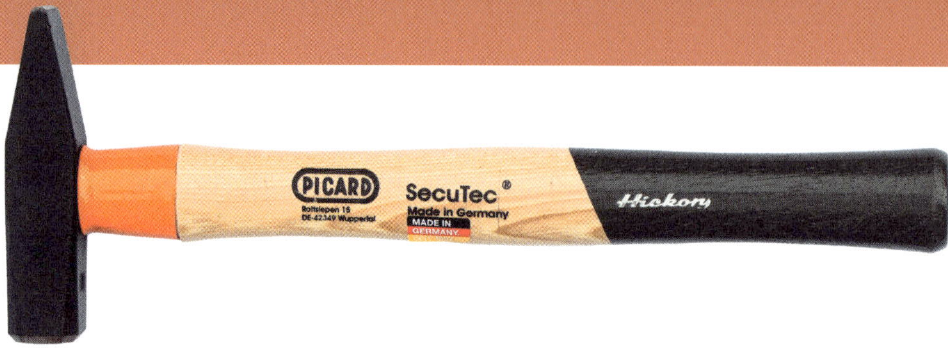

Faustregel: 500-Gramm-Hammer für das Handwerk, 300 Gramm für den Haushalt.

tatsächlich meist etwas über 650 Gramm, ein 300-Gramm-Hammer rund 450 Gramm.

Hämmert man sich auf den Daumen, ist das zwar schmerzhaft, hat aber meist keine weitreichenderen Folgen. Splittert aber der Hammerkopf, fliegt durch die Gegend oder bricht der Stiel, kann das ernste gesundheitliche Konsequenzen haben. Daher gilt es auch und besonders beim Hammerkauf, auf Qualität zu achten.

Eine kleine Stielberatung

Für den Stiel von Hämmern wird das Holz von Esche oder Hickory verwendet. Esche kostet weniger, bei Überbelastung kann wegen der kurzen Fasern der Stiel aber einfach in zwei Teile brechen. Das kann bei dem langfaserigeren Hickory-Holz nicht passieren, da selbst bei einem Bruch die langen Fasern die Teile noch zusammenhalten. Außerdem ist Hickory-Holz drei bis viermal höher belastbar als Esche. Klare Empfehlung also: ein Stiel aus Hickory, am besten unter dem Kopf noch mit einer Schutzhülse aus Stahl versehen, damit der Stiel nicht leidet, wenn der geplante Schlag auf den Nagel mal daneben geht. Der Kopf des Hammers darf keine scharfen Kanten haben, um Absplitterungen und herumfliegende Metallteile zu vermeiden. Die Abschrägungen an den Kanten nennt der Fachmann übrigens Kantenbruch oder Fasen. Auf dem Kopf sollte eine DIN Nummer eingeprägt sein, als Nachweis, dass dieser Hammer auch die einschlägige Norm erfüllt. Für Schlosserhämmer beispielsweise gilt die DIN 1041, für Fäustel die DIN 6475 und für Latthämmer die DIN 7239. Außerdem sollten dort die Gewichtsangabe und das Logo des Herstellers nicht fehlen.

Von links immer besser: einfacher Keil, Ringkeil, verschraubter Ringkeil und schließlich sogar mit verschraubter Abdeckkappe.

Reine Kopfsache

Bleibt noch die feste Verbindung von Kopf und Stiel. Viel hilft viel: je mehr Verbindung, desto besser. Die einfachste Form ist die Aufspreizung des Stielendes im Hammerkopf durch einen flachen Keil. Ein stattdessen eingeschlagener Ringkeil verteilt die Kraft schon viel gleichmäßiger. Eine zusätzliche Schraube in dessen Mitte bringt dann noch das letzte Quäntchen Sicherheit.

Es hört sich übervorsichtig an, aber man sollte vor der Benutzung eines Hammers immer den festen Sitz des Hammerkopfs kontrollieren. Wie bei einem noch lebendigen Baum verliert auch ein bearbeiteter Hammerstiel bei niedriger Luftfeuchtigkeit Wasser und schrumpft im Umfang, was für einen festen Sitz des Kopfes auf dem Stiel gar nicht gut ist. Dieser Effekt wird in gut geheizten Räumen noch beschleunigt. Die Lagerung der Werkzeugkiste im Heizungskeller ist also zumindest für den Hammer nicht unbedingt eine gute Idee. Andererseits tut auch zu viel Feuchtigkeit dem Hammer nicht gut, da so der Holzstiel aufquillt und die Fasern beschädigt werden, was zu Lasten der Stabilität des Stiels geht.

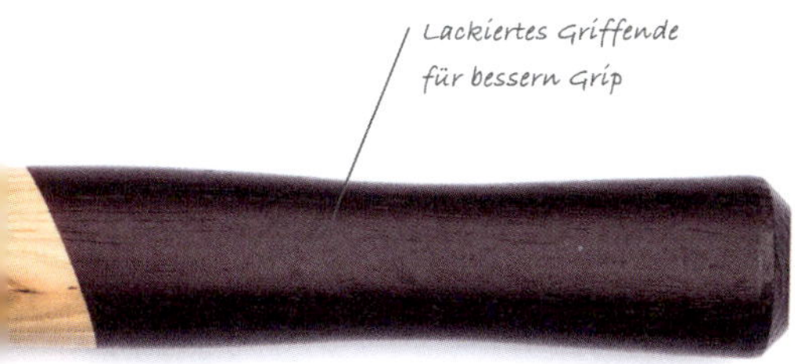

Vorsichtig schlagen

Ein Schlosserhammer ist ein harter Geselle und daher zum Beispiel nicht für Holzarbeiten geeignet. Bei diesen Arbeiten kommt es nicht auf einen harten Schlag, sondern auf stumpfen Nachdruck an – und für solche Anwendungen kommt die Gattung der Gummi- und Kunststoffhämmer ins Spiel. Gummihämmer sind billiger als Kunststoffhämmer, was auch daran liegt, dass Stiele aus Esche verwendet werden. Und sie sind leichter. Um mit dem leichten Gummikopf dennoch eine angemessene Schlagkraft zu entwickeln, fallen die Köpfe und damit auch die Schlagfläche vergleichsweise groß aus. Deshalb werden Gummihämmer zum Beispiel gern auch zum Verlegen von Pflastersteinen verwendet. Bei dieser Anwendung fällt im Gegensatz zu einem Möbelstück auch nicht auf, dass ein Gummihammer meist schwarze Spuren auf dem Werkstück hinterlässt.

Wer ein Bierfass stilgerecht anschlagen möchte, sei es beim Oktoberfest oder auch nur bei seiner Gartenparty, benötigt einen Holzhammer. Neben dieser nicht ganz unwichtigen Anwendung gehört der Holzhammer auch noch immer bei Klempnern und Tischlern zum Handwerkszeug.

Sieg der Chemie

Ein Kunststoffhammer ist die modernere und deutlich kompaktere Ausführung eines Schonhammers. Zudem, die Nachbarn werden es zu schätzen wissen, hämmert es sich mit einem Kunststoffhammer deutlich leiser als mit dem stählernen Schlosserhammer.

Der Kunststoffhammer besteht aus einem Stiel – erste Wahl ist hier wieder Hickory-Holz – und einem Kopf, in dem die Schlagkappen befestigt sind. Der Kopf kann aus leichtem Aluminium oder schwererem Stahlguss bestehen. Die Schlagkappen gibt es in den unterschiedlichsten Gewichten, Härten, Formen und Farben – auch solchen, die keine Spuren auf dem Werkstück hinterlassen. Besonders praktisch wird es, wenn an einem Hammer zwei unterschiedlich harte Schlagkappen befestigt sind, da man so quasi über ein Zwei-in-eins-Werkzeug verfügt. Bei Verschleiß kann man die Schlagkappen auch noch einzeln austauschen.

Ähnliche Gewichtsklasse: Der Fäustel bringt mit Stiel 1165 Gramm auf die Waage, der Kunststoffhammer 1220 Gramm.

Zeitenwende: Ein Holzhammer wird immer da gebraucht, wo ein Bierfass in unmittelbarer Nähe ist. Der Gummihammer dagegen könnte bald vom Kunststoffhammer verdrängt werden.

Im Gegensatz zu Schlosserhämmern kennzeichnet einen Kunststoffhammer nicht das Gewicht, sondern der Durchmesser der Schlagköpfe. Die Größen bewegen sich zwischen 25 Millimeter für Hämmer, mit denen man wunderbar die Heringe eines Zelts in den Boden klopfen kann bis hin zu 100 Millimeter für deftige Vorschlaghämmer. Bei dieser Auswahl: Welcher Kunststoffhammer eignet sich möglichst universell für den heimischen Gebrauch? Mit einem Exemplar mit einem Kopf mit 40 Millimeter Durchmesser, bestückt mit einer harten und einer mittelharten Schlagkappe, ist man schon mal für viele Fälle gerüstet. Zur Orientierung: So ein Hammer wiegt ungefähr 600 Gramm.

Der Mercedes unter den Kunststoffhämmern ist der rückschlagfreie Schonhammer. In seinem luftigen Inneren befinden sich Stahlkugeln, die während des Aufschlags zusätzlich von innen gegen die Schlagfläche prallen und so nicht nur eine hohe Schlagkraft ermöglichen, sondern gleichzeitig auch den Rückschlag dämpfen – was die Gelenke des hämmernden Handwerkers sehr zu schätzen wissen. Aufgrund seiner Bauweise ist ein rückschlagfreier Schonhammer auf beiden Seiten immer gleich hart, weil die Kugeln einfach Platz für ihre Bewegung brauchen.

Sollten Sie übrigens einmal auf einer Baustelle gebeten werden, den Lehmann, Mottek oder Bello anzureichen, wird keineswegs nach dem Hund des Hauses verlangt – damit ist ein Vorschlaghammer gemeint.

Die bunte Welt der Kunststoffhämmer:

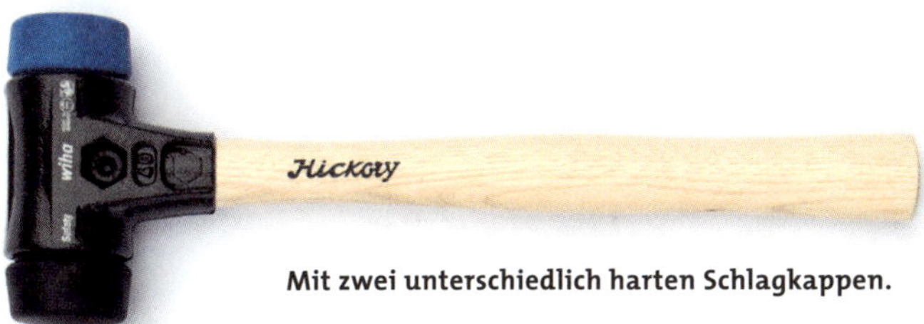

Mit zwei unterschiedlich harten Schlagkappen.

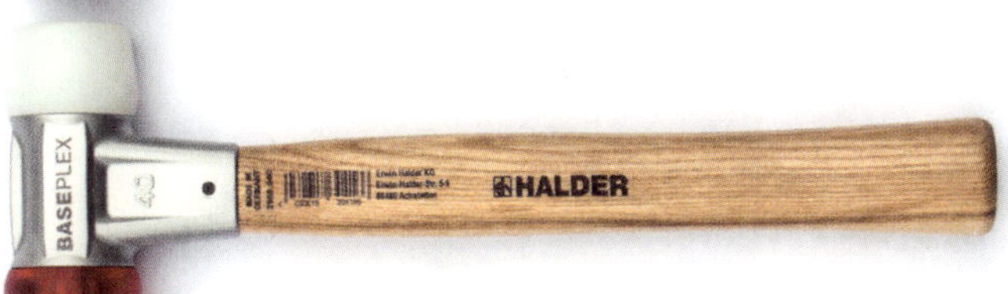

Kunststoffhammer zum Beispiel für den Zelturlaub.

Rückschlagfreier Schonhammer zum Verlegen von Parkett.

Robuster, rückschlagfreier Schonhammer.

Ein guter Schlosserhammer ...

- hat einen Stiel aus Hickory,
- hat keine scharfen Kanten am Kopf,
- erfüllt die DIN 1041,
- weist mindestens einen Ringkeil zur Befestigung des Hammerkopfes auf, der besser noch zusätzlich durch eine Schraube gesichert ist.

Eigentlich klar, aber ...

- Schutzbrille und Schutzhandschuhe tragen,
- vor Arbeitsbeginn versichern, dass der Hammerkopf fest mit dem Stiel verbunden ist,
- Hammerart und -größe entsprechend den auszuführenden Arbeiten auswählen,
- nie mit zwei Hämmern gegeneinander schlagen, es können sich geschossartig Splitter lösen,
- für festes Hämmern auf sehr hartes Material einen geeigneten Kunststoffhammer benutzen,
- nur mit der Arbeitsfläche des Hammers schlagen, nicht mit der Seite,
- Hammerstiel möglichst weit vom Hammerkopf entfernt fassen: erhöht die Schlagwirkung und vermindert Vibrationen,
- nicht zu trocken und zu warm lagern, aber auch nicht zu feucht,
- in explosionsgefährdeten Bereichen nur mit dafür zugelassenen funkenfreien Hämmern arbeiten.

ZWINGEN und GRIPZANGEN.

Manchmal hilft alles nichts, dann muss man einfach Druck machen. Es folgt Wissenswertes über Werkzeuge zum Spannen, Drücken und Pressen.

Hin und wieder sind Schraubzwingen unerlässlich. Zum Beispiel, wenn Holzteile ordentlich miteinander verleimt werden sollen und daher entsprechend fixiert werden müssen. Oder wenn ein Holzbrett abgeschliffen werden soll und dafür irgendwo befestigt werden muss. Oder bei Schweißarbeiten.

Bei einer Schraubzwinge nehmen zwei Druckplatten das zu fixierende Material in die Zange. Die obere Druckplatte ist fest mit einer Stahlschiene verbunden. Auf dieser Schiene befindet sich ein bewegliches Teil, der so genannte Gleitbügel. Im Gleitbügel sitzt eine Gewindespindel mit einem Drehgriff, mit dem die untere Druckplatte betätigt wird. Die Handhabung ist einfach: Zwinge weit genug aufschieben, über das zu fixierende Material halten, Zwinge zuschieben, die beiden Druckplatten an den richtigen Stellen positionieren und so lange am Drehgriff schrauben, bis die Zwinge die gewünschte Spannkraft hat. Dieser Vorgang funktioniert bei einer Qualitätsschraubzwinge sehr oft, bei einer minderwertigen Schraubzwinge bei hoher Spannkraft im schlimmsten Fall nur einmal. Zumindest kann die Spannkraft von Schraubzwingen von geringer Qualität bereits nach wenigen Arbeitseinsätzen entscheidend nachlassen.

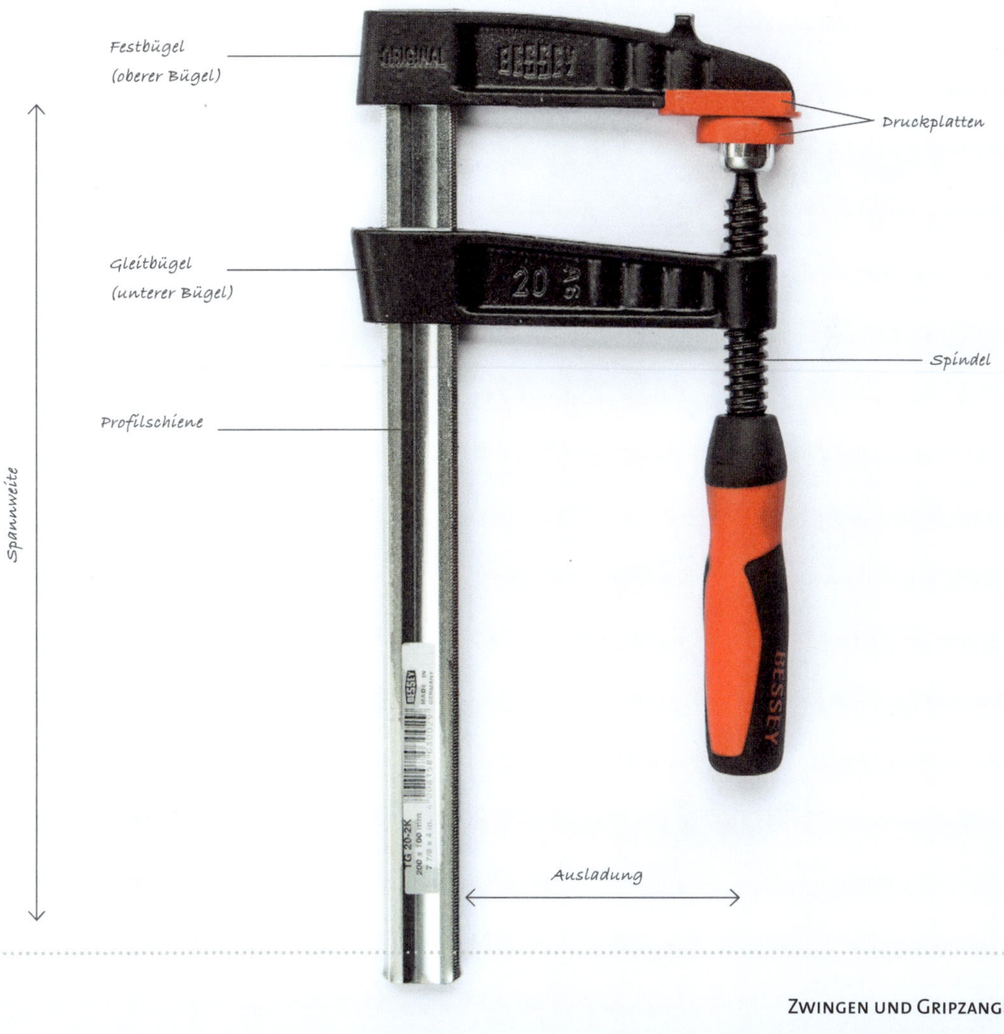

Temperguss oder Ganzstahl?

Bestehen die beiden Bügel aus einem Gussmaterial, spricht man von einer Tempergusszwinge – obwohl die Schiene aus Stahl besteht. Äußerlich erkennbar sind Tempergusszwingen an ihren schwarzen Bügeln, außerdem ist die Stahlschiene an der Rückseite leicht verzahnt. Temperguss ist hart und unelastisch, daher taugen diese Zwingen am besten für Fixierungen, die weder nachgeben noch vibrieren, also zum Beispiel zum Verleimen von Holz. Mit dieser Sorte Zwingen lassen sich hohe Spannkräfte schnell aufbringen. Besonders hochwertige Temperguss-Schraubzwingen haben ein Wellenprofil gegen Verwindungen, eine

Da ist der Wurm drin: Bei hochwertigen Tempergusszwingen lässt sich die Rutschsicherung am Gleitbügel über eine Wurmschraube mit einer Viertelumdrehung nachstellen.

Temperguss-Schraubzwinge: ist starr und bringt hohe Spannkräfte schnell auf. Ein Zweikomponentengriff ermöglicht ergonomisches Arbeiten.

Wurmschraube hinten im Gleitbügel, um ein eventuelles Rutschen des Gleitbügels dauerhaft zu verhindern und sogar eine austauschbare Druckplatte.

Bestehen die beiden Bügel aus Stahl, spricht man von einer Ganzstahlzwinge. Die Stahlschiene geht mit einer Biegung direkt in den oberen Bügel über, bei einer Ganzstahlzwinge kommt sie ohne eine Verzahnung an der Rückseite aus. Ganzstahlzwingen sind etwas leichter als vergleichbare Temperguss-Zwingen und ein kleines bisschen elastisch. Daher sind sie für das Einspannen von Teilen, die zum Beispiel durch das Bearbeiten mit einem Schleifer in Vibration geraten, besser geeignet. Auch für das Fixieren von Teilen, die sehr heiß werden – wie beim Schweißen zum Beispiel – ist eine Ganzstahlzwinge die erste Wahl, da sie die Wärmeausdehnung aufnehmen kann und sich anschließend wieder zurückformt.

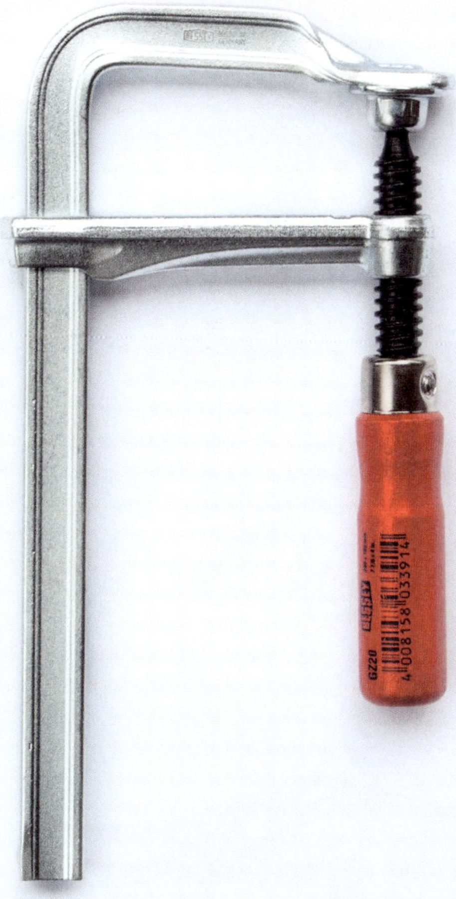

Ganzstahl-Schraubzwinge: ist in Grenzen elastisch und eignet sich besonders für das Fixieren von heiß werdenden (daher hier ohne Schutzbacken) oder vibrierenden Teilen.

Wer übrigens mal über die Bezeichnung »Schraubknecht« stolpert: Das ist keine herablassende Bezeichnung einer Aushilfskraft in der Werkstatt, sondern einfach eine besonders große Schraubzwinge.

Auch Schraubzwingen brauchen hin und wieder etwas Pflege, denn wenn zum Beispiel das Druckplattengelenk schwergängig ist, überträgt sich die Drehbewegung beim Festziehen auf das Werkstück.

Das kann bei einer Hebelzwinge konstruktionsbedingt nicht passieren, da sich der Klemmdruck über Exzenter und Hebel steigert. Der maximale Klemmdruck ist zwar etwas geringer als bei einer traditionellen Schraubzwinge, aber dafür wiegen leichte Hebelzwingen dank der Verwendung von Magnesium teilweise auch nur ein Drittel einer vergleichbaren Schraubzwinge und lassen sich blitzschnell ansetzen.

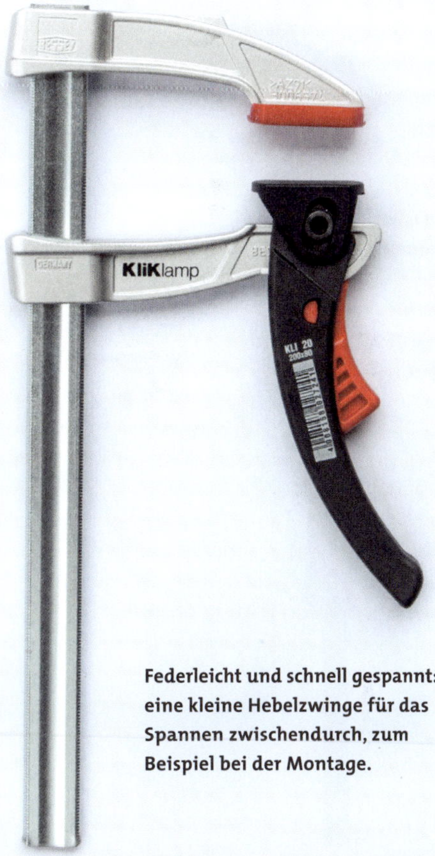

Federleicht und schnell gespannt: eine kleine Hebelzwinge für das Spannen zwischendurch, zum Beispiel bei der Montage.

Aus einer Hand

Einhandzwingen lassen sich tatsächlich mit einer Hand bedienen. Die Handhabung ist der einer Pistole ähnlich: untere Druckplatte von unten anlegen, »Hahn« mit dem Daumen entspannen, wodurch der Rest der Zwinge nach unten fällt und sich damit die obere Druckplatte anlegt. Durch Betätigung des »Abzugs« erhöht sich dann die Spannkraft. Der maximale Anpressdruck ist auch bei einer Einhandzwinge nicht so hoch wie bei einer traditionellen Schraubzwinge, da der glasfaserverstärkte Kunststoff nicht an die Eigenschaften von Stahl oder Guss herankommen kann. Dennoch ist so ein Teil wirklich praktisch. Besonders universell wird die Zwinge, wenn sie nicht nur spannen, sondern auch spreizen kann. Wenn man diesen Anwendungsfall einmal verinnerlicht hat, kann man eine solche Zwinge häufiger einsetzen als man vielleicht denkt: beispielsweise zum Auseinanderdrücken verleimter Teile, als senkrechte Stütze beim Möbelbau – der Phantasie sind hier keine Grenzen gesetzt.

Wie im wilden Westen: Die Bedienung einer Einhandzwinge ähnelt der einer Pistole samt Hahn und Abzug. Ein simpler Dreh am Knopf schaltet von Spannen auf Spreizen um. Bei Bedarf kann man noch die Schutzbacken umsetzen.

Alles im Grip

Die oben beschriebenen Zwingen gehen sorgfältig mit den eingespannten Werkstoffen um, was man von einer Gripzange nicht uneingeschränkt behaupten kann. Eine Gripzange ist eine Zange, die, einmal mit ihren spitzen Rillen festgebissen, nicht mehr loslässt. Durch eine Verstellschraube im Griff lässt sich vorher die Weite einstellen, bei der sie zubeißen soll. Das ist für viele Tätigkeiten hilfreich: So kann man mit einer Gripzange beispielsweise eine abgerissene Schraube herausdrehen, wenn zumindest noch ein kleines Stück heraussteht. Kehrseite der Medaille: Durch die große Kraft und ihre grob verzahnten Backen geht sie mit dem Material, das sie im Griff hat, recht ruppig um.

Auch bei Gripzangen gibt es Spezialisten. Zum Beispiel die verstellbare Parallel-Gripzange. Sie kann sprichwörtlich ihr Maul sehr weit aufreißen, dabei bleiben aber die stufenlos verstellbaren Zangenbacken in jeder Stellung parallel. Damit kann man besonders dicke Werkstücke wie beispielsweise Rohre in die Zange nehmen.

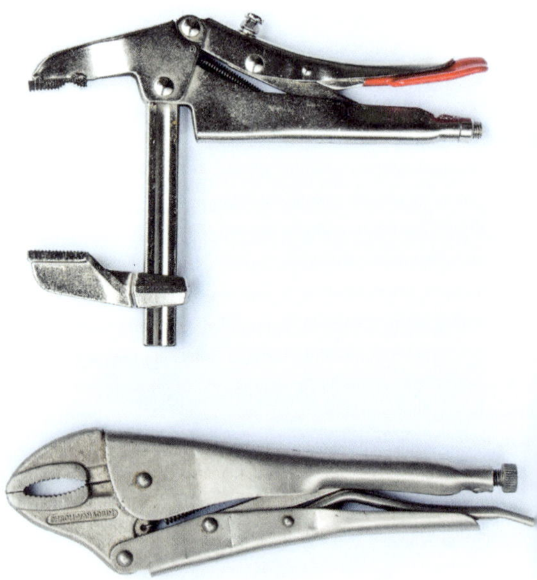

Spezialistin und ganz spezielle Spezialistin: Gripzange und Parallel-Gripzange (oben).

Bisher ungeahnte Einsatzbereiche erobert sich die Gripzange, wenn sie mit einer dafür vorgesehenen Spannvorrichtung am Tisch befestigt werden kann. So erhält man nämlich einen kleinen Schraubstock für unterwegs, was sicher nicht nur für Menschen, die mit ihrem alten Wohnmobil eine Weltreise unternehmen, interessant ist.

Pfiffige Idee: Mit den Haltern können die Greifer aufgegriffen werden.

Mit den Haltern lassen sich die beiden Gripzangen universell anbringen und werden so zum mobilen Schraubstock.

Für ein langes Schraubzwingenleben:

››› Die Schiene muss frei von Fett, Öl, Silikon, Wachs oder angetrocknetem Leim gehalten werden, sonst funktioniert das Schraubzwingen-Prinzip der Verkantung des Gleitbügels auf der Schiene nicht mehr zuverlässig. Solche Rückstände müssen also mithilfe von Lösungsmittel, Drahtbürste oder Sandpapier entfernt werden.

››› Sowohl Spindel als auch Druckplattengelenk sollten regelmäßig mit etwas Öl geschmiert oder besprüht werden, weil sich sonst die Drehbewegung beim Festziehen auf das Werkstück überträgt. Frisch verleimte Teile können sich dann verdrehen.

››› Bei Ganzstahl-Schraubzwingen muss auf Glanzstellen an der Schiene geachtet werden, da diese zu einem Abrutschen des Gleitbügels führen können – bei Bedarf die Schiene mit 100er-Schmirgelpapier beidseitig aufrauen.

››› Nach jeder Nutzung Schiene mit einem weichen Tuch abreiben, um eventuelle, den Verschleiß erhöhende, Fremdkörper zu entfernen.

Eine gute ...

››› Temperguss-Schraubzwinge hat eine Madenschraube an der Hinterseite des Gleitbügels. Lässt der Halt im Lauf der Zeit nach, hilft eine Viertel-Umdrehung,

››› Schraubzwinge verbiegt sich nicht schon beim ersten Test im Werkzeuggeschäft.

Eigentlich klar, aber ...

››› Gripzangen sind Werkzeuge und daher nicht für die dauerhafte Fixierung von Werkstücken, zum Beispiel als Schraubenersatz, geeignet,

››› Achtung beim Öffnen einer Gripzange: Der Entriegelungshebel steht manchmal unter starker Federspannung – Quetschgefahr der Hand.

MESSWERKZEUGE.

Jetzt geht es um das möglichst genaue Feststellen von Längen, Dicken und Entfernungen. Was vielleicht nicht jeder weiß: Sogar bei Meterstäben gibt es Unterschiede in der Genauigkeit.

So mancher Vertriebsbeauftragte kann ein Klagelied davon singen: immer diese Messen. Doch hier geht es nicht um diese, sondern um das Messen. Wer etwas konstruieren, renovieren oder restaurieren möchte, muss messen – und das möglichst genau.

Wie lang ist das?

Da er sehr gern als Werbegeschenk eingesetzt wird, ist der Gliedermaßstab das wahrscheinlich am meisten verbreitete Messwerkzeug. Der was? Okay, besser bekannt ist dieses Messwerkzeug unter dem Namen Zollstock oder Meterstab. Üblicherweise hat der Meterstab komplett ausgeklappt nominell eine Länge von zwei Metern, es gibt ihn aber auch in Überlänge in drei, vier oder fünf Metern.

Sein Qualitätsmerkmal ist die EG-Genauigkeitsklasse. Ein zwei Meter langer Meterstab der Klasse III darf zwischen 199,86 und 200,14 Zentimeter lang sein. Diese Voraussetzung erfüllen meist Meterstäbe aus Holz. Bei einem Meterstab der Klasse II sind die Anforderungen schon strenger: Seine Länge muss sich zwischen 199,93 und 200,07 Zentimeter bewegen – dabei handelt es sich meist um Meterstäbe aus Kunststoff. Ihrem Nennmaß von zwei Metern müssen Meterstäbe der Genauigkeitsklasse I am nächsten kommen. Erlaubt ist dann nur noch eine Toleranz zwischen 199,97 und 200,03 Zentimeter, wobei der Meterstab dann meist aus Metall besteht. Messungen mit einem Meterstab der Genauigkeitsklasse II fallen also genauer aus als solche mit einem der Klasse III. Zu finden ist diese Angabe bei Qualitäts-Meterstäben am Anfang der Skala als oval eingerahmte römische Ziffer.

Woher kommt der Name Zollstock?

In früheren Zeiten nutzte man zur Bestimmung von Längen notgedrungen Maße des menschlichen Körpers. Ein »Fuß« war mit rund 30 Zentimetern zu veranschlagen. Eine »Elle« entsprach der Entfernung vom Ellenbogen eines ausgewachsenen Mannes bis zur Spitze des Mittelfingers, was (regional unterschiedlich) zwei Fuß entsprach. Ein sehr kleines Maß war das »Zoll«, das mit der Breite eines Daumens gleichzeitig dem Zwölftel eines Fußes entsprach.
30 geteilt durch 12 macht 2,5 Zentimeter, und damit wären wir ungefähr bei dem heute noch üblichen Zoll oder Inch, das 1956 auf exakt 2,54 Zentimeter festgelegt wurde. Ein »Klafter« dagegen war als größtmögliches Maß die Breite der ausgestreckten Arme eines erwachsenen Mannes – was sechs Fuß, also 180 Zentimetern entsprach.

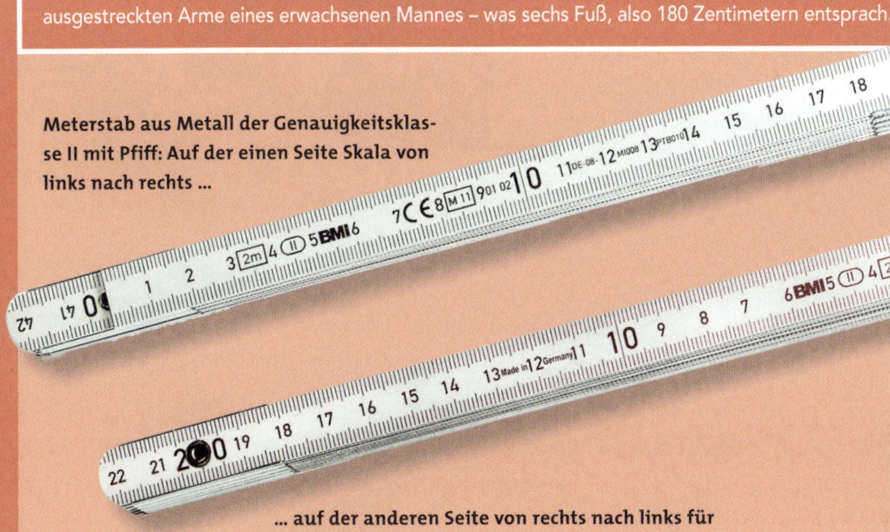

Meterstab aus Metall der Genauigkeitsklasse II mit Pfiff: Auf der einen Seite Skala von links nach rechts ...

... auf der anderen Seite von rechts nach links für Linkshänder.

Standard bei Meterstäben aus Holz: Genauigkeitsklasse III.

Naturgemäß erwies es sich als unpraktisch, für die Messung größerer Längen ständig mit ausgebreiteten Armen unterwegs zu sein, und so bürgerte es sich schon früh ein, einen Holzstock in passender Länge für die Vergleichsmessung zu verwenden. Brachte man darauf noch Striche im Abstand eines Daumens an, hatte man eine Skala im Zoll-Format geschaffen. Der Zollstock war geboren – im wahrsten Sinne des Worts ein Maßstab.

Seit Mitte 1969 ist laut dem »Gesetz über die Einheiten im Messwesen« die Verwendung alter Längen- und Gewichtseinheiten wie Zoll ohne gleichzeitige Erwähnung der gesetzlichen Einheit Zentimeter verboten.
Dennoch funktioniert das Gefühl dafür, wie groß etwas ist, bei einigen Konsumgütern in Zoll bei vielen Menschen immer noch besser als in Zentimetern – zum Beispiel bei Jeans (Größenangabe zum Beispiel 32/34), Bildschirmdiagonalen oder Felgendurchmessern. Aber schließlich ist die Gewichtsangabe Pfund, seit 1969 eigentlich ebenso abgeschafft, dennoch fast täglich beim Metzger zu hören.

Ein Bandmaß ist die aufrollbare Schwester des Meterstabs und in den unterschiedlichsten Längen zwischen zwei bis zu 50 Metern lieferbar. Das Maßband besteht entweder aus dünnem Bandstahl, der mit Lack, Kunststoff oder Glasfaser überzogen ist oder aus glasfaserverstärktem Kunststoff. Dieser hat den Vorteil, dass er widerstandsfähiger gegen Feuchtigkeit und nicht magnetisch ist sowie elektrisch nicht leitet. Allerdings ist die Genauigkeit von Stahlbandmaßen höher.

Ziehen oder drücken: Beim Standardbandmaß zieht der Anwender das Maßband heraus, beim ausrollbaren Zollstock (vorn) fährt das Maß auf Knopfdruck aus.

Das kleine Häkchen am Anfang eines Bandmaßes ist nicht etwa durch schlampige Fertigung locker, sondern muss verschiebbar sitzen, um seine eigene Dicke beim Messen auf Stoß oder Zug auszugleichen.

Bandmaße werden in dieselben Genauigkeitsklassen wie Meterstäbe und nach denselben Kriterien eingeteilt. Da sie in so unterschiedlichen Längen angeboten werden, kommt man zur Errechnung der Toleranz aber nun um die entsprechende Formel endgültig nicht mehr herum. Diese lautet: a+b*L. Bei der Genauigkeitsklasse III hat a den Wert 0,6 und b beträgt 0,4. In Klasse II ist a mit 0,3 und b mit 0,2 belegt, in Klasse I haben a und b den Wert 0,1. »L« ist dabei die zu messende Länge auf volle Meter aufgerundet, das Ergebnis der Rechnung versteht sich in Millimeter und muss, um die volle Toleranzbreite darzustellen, sowohl vom Messwert abgezogen als auch hinzugerechnet werden. Nimmt man also als Beispiel ein Bandmaß der Genauigkeitsklasse III, mit dem angeblich exakt 10 Meter gemessen wurden, heißt es rechnen: 0,6 (a) + 0,4 (b) mal 10. Punktrechnung vor Strichrechnung: 0,6 + 4,0 ergibt +/-4,6 Millimeter. Bedeutet für das Messergebnis: Statt der gemessenen 10 Meter können es in Wirklichkeit auch bis zu 4,6 Millimeter weniger oder bis zu 4,6 Millimeter mehr sein. Diese Ungenauigkeit ist für das Ausmessen, wie groß der Perserteppich für das Wohnzimmer sein darf, nicht von Bedeutung. Für das Zusägen der Teile eines Carports vielleicht schon eher.

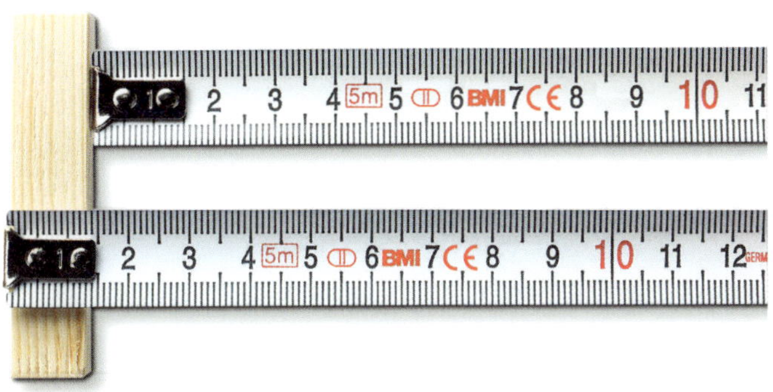

Messung auf Stoß (oben): Das Häkchen dient bündig als Anschlag. Bei der Messung auf Zug wandert das Häkchen nach außen, damit die Messung wirklich bei null beginnt.

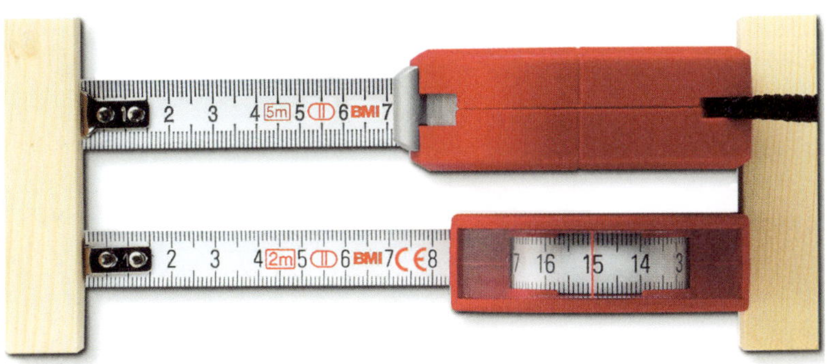

Tiefer Einblick: Für die Feststellung von Innenmaßen ist solch ein Maßband mit Sichtfenster sehr nützlich.

Für die Hosentasche: Kompakte 20 Zentimeter lange Wasserwaage samt Libelle mit Kopfansicht ...

... was das Ablesen auch von oben möglich macht.

Wie waagerecht, wie senkrecht ist das?

Auch eine Wasserwaage ist streng genommen kein Messwerkzeug, da man mit ihr lediglich feststellen kann, ob etwas exakt waagerecht oder exakt senkrecht ist oder eben nicht. Das Funktionsprinzip: In einem flüssigkeitsgefüllten Glasröhrchen (»Libelle« genannt) schwimmt eine Luftblase, die ihrem Naturell entsprechend stets versucht, zur höchsten Stelle aufzutauchen. Liegt das Röhrchen exakt waagerecht, gibt es keine höchste Stelle. Dann befindet sich die Luftblase exakt in der Mitte, die durch zwei Striche in der Breite der Luftblase markiert ist. In einer Wasserwaage, die meist aus einem Aluminiumprofil hergestellt wird, befinden sich mindestens zwei Libellen – eine für die waagerechte und eine für die senkrechte Prüfung.

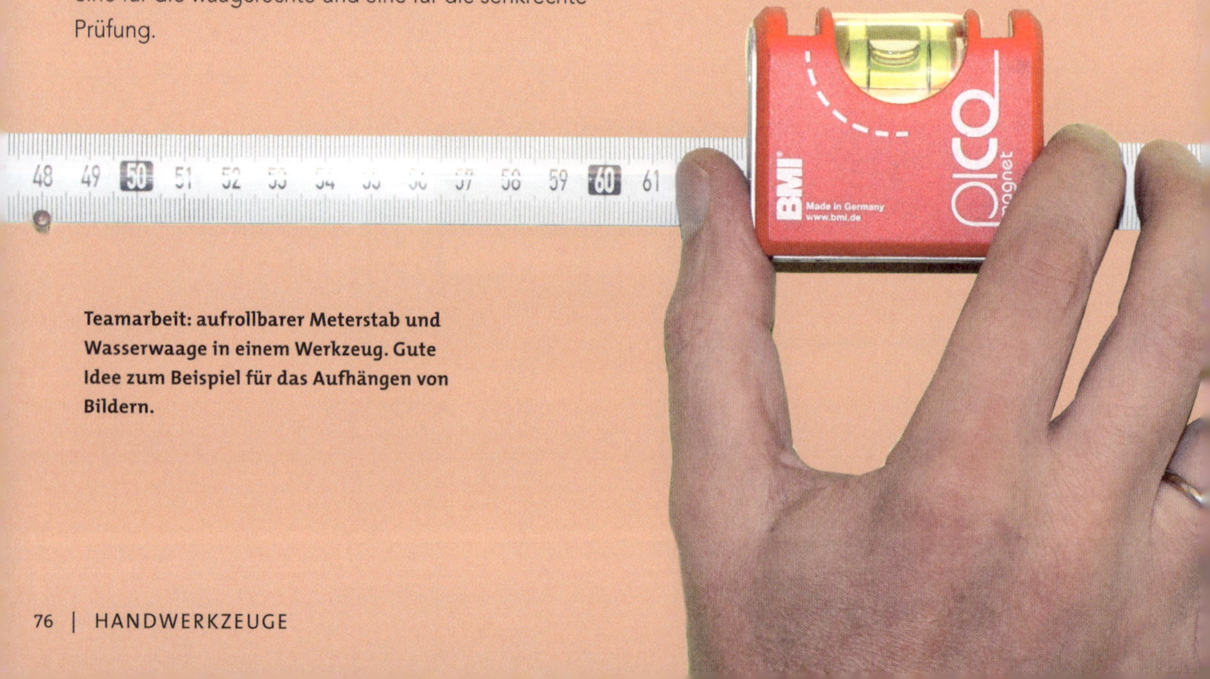

Teamarbeit: aufrollbarer Meterstab und Wasserwaage in einem Werkzeug. Gute Idee zum Beispiel für das Aufhängen von Bildern.

Manche Modelle verfügen für eine Winkelmessung noch über eine verdrehbare Libelle.

Wasserwaagen gibt es in Längen von 20 Zentimeter bis 2 Meter und mehr. Ihre Genauigkeit wird in Bruchteilen von Millimetern auf den vollen Meter gerechnet. Bei guten Wasserwaagen findet sich diese Angabe aufgedruckt auf dem Werkzeug. Präzise Modelle haben eine Ungenauigkeit von lediglich 0,5 Millimeter auf einen Meter, was der Winzigkeit von 0,0285 Winkelgrad entspricht.

Wie weit ist das weg?

Für die gleichzeitig komfortable und genaue Messung von Entfernungen bietet sich ein Laser-Entfernungsmessgerät an. Solch ein Gerät kann zum Beispiel Entfernungen zwischen 30 Zentimeter und 60 Meter mit einer Genauigkeit von +/- 1,5 Millimeter bestimmen.

Suchtfaktor: Wer einmal mit solch einem Laser-Entfernungsmessgerät gearbeitet hat, wird zukünftig, zumindest bei großen Entfernungen, seltener zu Bandmaß und Co. greifen.

Mittels Knopfdruck kann der Bezugspunkt ausgewählt werden: Messung ab der Vorder- oder der Hinterkante des Gerätes. Für die Messung der Diagonale eines Raums kann ein Anschlagwinkel ausgeklappt werden, damit das Gerät mit diesem Bezugspunkt in einer Ecke des Raums platziert werden kann. Nach Wahl des Bezugspunkts wird mittels Ziellaser die zu messende Strecke angepeilt, Messung starten – und nach dem Bruchteil einer Sekunde kann man das Messergebnis auf dem Display ablesen.

Doch das ist noch nicht alles. Auf Wunsch merkt sich solch ein Gerät die Messwerte und kann nach zwei aufeinander folgenden Messungen durch Multiplikation der Werte die entsprechende Fläche oder durch drei Messungen das Volumen anzeigen. Um zum Beispiel die Höhe eines Objekts festzustellen,

genügt es, den höchsten und tiefsten Punkt anzupeilen. Das Gerät ist dann in der Lage, aus diesen beiden Werten die Höhe zu berechnen, da es den Satz des Pythagoras ($a^2 + b^2 = c^2$) verinnerlicht hat. Und ganz nebenbei: Messwerte speichern, addieren, subtrahieren und vergleichen kann es auch noch.

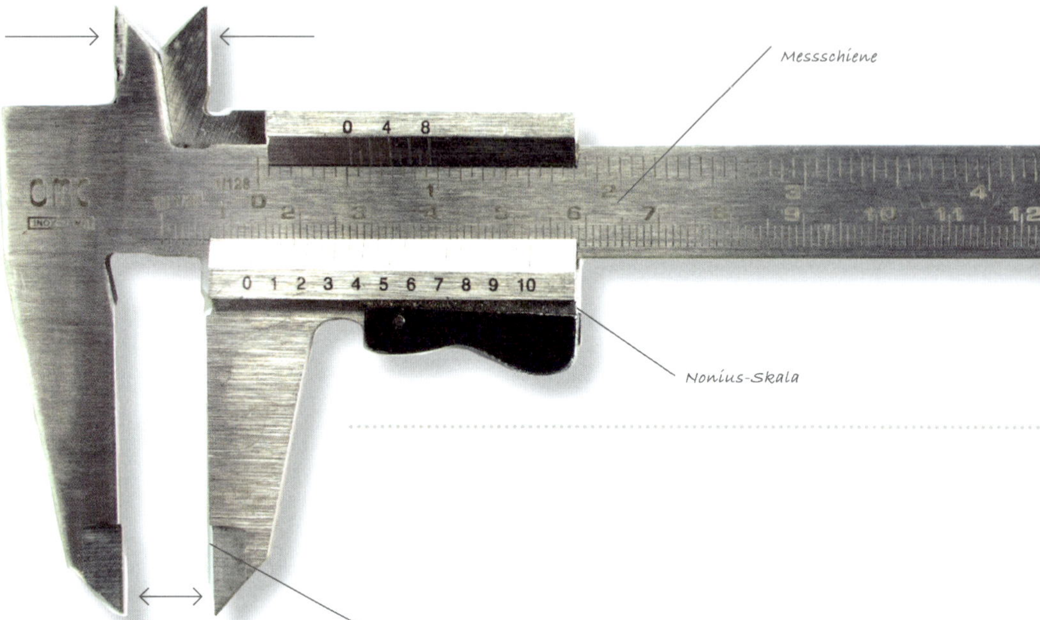

Wie dick, wie breit, wie tief ist das?

Ein Messschieber ist ein Längenmessgerät für Innen-, Außen- und Tiefenmaße. Er ist in der Lage, mindestens auf ein Zehntel Millimeter genau zu messen. Für Besserwisser: Der häufig auch verwendete Begriff »Schieblehre« ist keine korrekte Bezeichnung, weil mit einer Lehre ja lediglich ein Maß verglichen und nicht gemessen wird.

Ein Messschieber besteht aus einem festen Messschenkel und einem beweglichen Schieber mit der sogenannten Nonius-Skala. Beide sind jeweils mit einem Schenkel für die Messung von Außen- und Innenmaßen versehen. Zusätzlich ist mit dem Schieber eine Tiefenmessschiene verbunden, mit der sich die Tiefe von Löchern messen lässt. Für die Messung eines Außenmaßes wird der Proband mit den entsprechenden Schenkeln in die Zange genommen, für

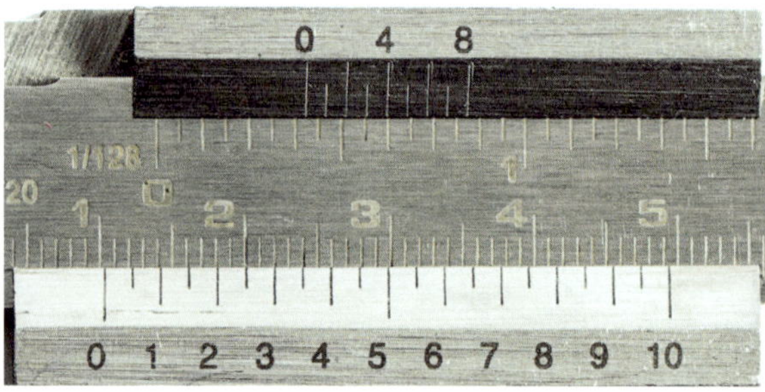

Gar nicht so kompliziert: Links von der Null des Nonius ist die 1, heißt schon mal 1 Komma irgendwas. Die beste Übereinstimmung der Teilstriche oben und unten findet sich in der Mitte zwischen der 2 und der 3 des Nonius, also 2,5. Messergebnis: 1,25 Millimeter.

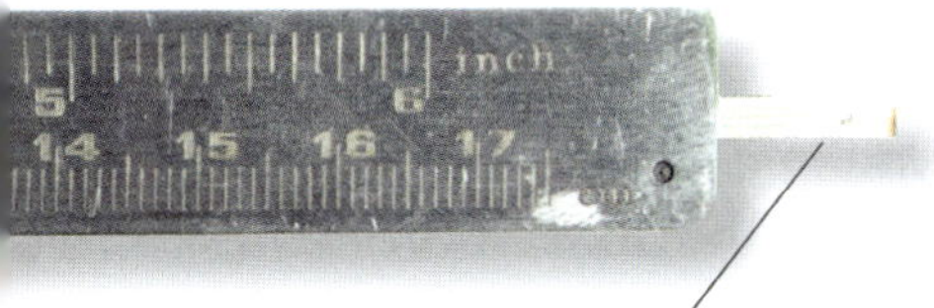

Tiefenmessschiene

die Messung eines Innenmaßes wird so lange probiert, bis die größtmögliche Spreizung der Schenkel erreicht wird. Dabei ist ein möglichst rechtwinkliges Ansetzen des Messschiebers wichtig, weil sonst das Messergebnis verfälscht wird. Für die Tiefenmessung wird der Messschieber mit seiner Unterseite senkrecht über dem Loch platziert und die Tiefenmessschiene langsam nach unten ausgefahren, bis sie auf Grund stößt. Zum Fixieren der Mess-Stellung dient eine Feststellschraube oder eine automatische Klemmung, dann kann der Messschieber in eine ablesefreundlichere Position gebracht und abgelesen werden. Und das geht so: Auf der Messschiene wird zunächst der höchste Wert registriert, der sich links von der Null des Nonius befindet. Damit hat man schon einmal den Wert vor dem Komma. Liegt die Null exakt auf einem Teilstrich der Messschiene, ist der Wert glatt. Was ansonsten nach dem Komma kommt, lässt sich am Nonius ablesen. Dazu wird präzise nach der Stelle gesucht, an der ein Teilstrich der Messschiene exakt mit einem Teilstrich des Nonius auf einer Linie liegt. An genau dieser Stelle wird der entsprechende Wert vom Nonius abgelesen und zu dem ersten Wert der Messschiene addiert.

Man unterscheidet zwischen Taschen- und Werkstatt-Messschiebern, was sich lediglich auf die Größe bezieht. Üblicherweise werden Messschieber der Länge 150 bis 300 Millimeter als Taschenmessschieber bezeichnet – wobei man zugegebenermaßen für einen 300er Messschieber schon sehr, sehr tiefe Taschen benötigt. Die längeren Kaliber sind dann Werkstattmessschieber.

Messschieber gibt es in drei verschiedenen Genauigkeitsstufen, nämlich mit einem 1/10, einem 1/20 oder einem 1/50 Nonius. Diese Angabe verrät, mit wie vielen Teilstrichen der Nonius versehen ist, nämlich mit 10, 20 oder 50 Exemplaren. Je mehr Teilstriche der Nonius hat, desto länger ist er und umso genauer ist das Messergebnis: Ein Messschieber mit einem 1/10 Nonius misst auf 0,1, einer mit einem 1/20 Nonius auf 0,05 und einer mit 1/50 Nonius sogar auf 0,02 Millimeter genau. Zumindest theoretisch, denn bei einem 1/50 Nonius gerät das menschliche Auge bei der Ablesung an seine Grenzen – zumindest das ungeübte Sehorgan.

Dieses Problem stellt sich mit einem Uhr-Messschieber oder »Messschieber mit Rundskala« nicht, hier lässt sich der Wert einfacher ablesen. Pro Zeigerumdrehung erhöht sich der gemessene Wert um einen Millimeter, die Addition der Werte von Messschiene und Nonius entfällt. Ein weiterer Vorteil: Die Messuhr kann an jeder beliebigen Stelle auf null gestellt werden. So kann man zum Beispiel ohne Rechenarbeit direkt den bisher erledigten Materialabtrag feststellen.

Dies kann ein digitaler Messschieber natürlich auch. Darüber hinaus zeigt er den Wert noch einfacher und zweifelsfreier an. Außerdem ist bei manchen Modellen über eine Schnittstelle eine elektronische Messdatenerfassung möglich. Allerdings: Analoge Messschieber sind unempfindlich gegen Wasser und Öl und kommen ohne eine Batterie aus. Und einen Messfehler durch zum Beispiel ein verkantetes Ansetzen des Messschiebers können auch digitale Kollegen nicht ausgleichen.

FEILEN und RASPELN.

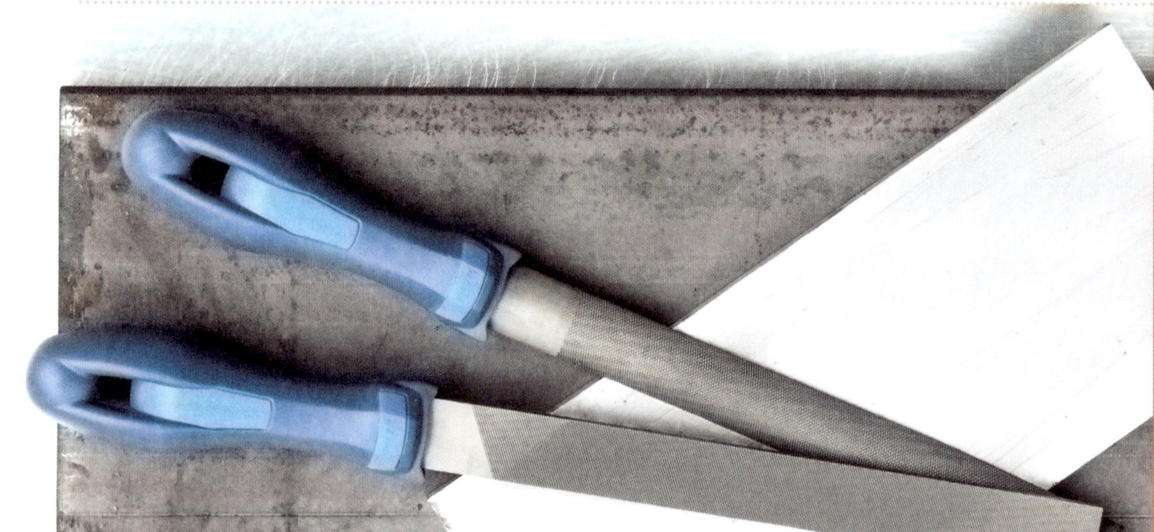

Bastard. Kreuzhieb. Hauer. Was sich etwas gewalttätig anhört, sind lediglich Fachbegriffe aus der Welt der Feilen. Ein Abstecher zu den Werkzeugen fürs Schruppen und Schlichten.

Feilen werden zum Glätten von Oberflächen oder zum Entgraten von Kanten eingesetzt. Das wusste auch schon der Steinzeitmann, denn die ältesten Fundstücke stammen aus dem 8. Jahrhundert vor Christus und bestanden natürlich aus – Stein. Der Beruf des Feilenhauers, der sich mittlerweile mit Feilen aus Stahl beschäftigte, wurde erstmals 1387 aktenkundig. Die Aufgabe des Feilenhauers bestand darin, mit Hammer und Meißel in geringen Abständen schräg zum Feilenblatt Rillen zu schlagen. Von dieser Tätigkeit stammt auch heute noch der Begriff »Hieb«.

Grundsätzlich unterscheidet man zwischen Feilen mit Ein- oder Kreuzhieb. Auf Einhiebfeilen, man ahnt es schon, ist nur ein Hieb aufgebracht. Konstruktionsbedingt neigen einhiebige Feilen dazu, während des Einsatzes in Richtung des Hiebs abzuwandern. So genannte Schärffeilen, mit denen man zum Beispiel Kettensägen oder die Blätter von Kreissägen wieder schärfen kann, sind Einhiebfeilen, da sie durch die Zähne des zu schärfenden Werkstücks geführt werden und nicht abwandern können.

Kreuzhiebfeilen haben dagegen grundsätzlich zwei Hiebe: den Unterhieb und den diagonal versetzten Oberhieb. In der Fertigung wird zunächst der Unterhieb auf das Feilblatt aufgebracht. Er besteht aus dünnen Kerben, die nur etwa ein Drittel der Tiefe des späteren Oberhiebs haben. Der Unterhieb fungiert als Zahnteiler: Er unterbricht den Oberhieb und macht die Feile damit deutlich besser führbar. Das kreuzförmige Hiebmuster zeigt keine Neigung mehr, in eine bestimmte Richtung zu wandern.

Heute werden alle Arten von Hieben natürlich maschinell geschlagen. Bewundernswert war aber die Geschwindigkeit routinierter Feilenhauer der damaligen Zeit: 220 Schläge pro Minute schafften sie und setzten die Schläge einen nach dem anderen mit erstaunlicher Präzision.

Von fein nach grob: links Hieb 3, Mitte Hieb 2, rechts Hieb 1.

Hiebnummer und Hiebzahl

Entscheidend für die Eigenschaften einer Feile ist der Abstand zwischen den einzelnen Hieben. Ein kleiner Abstand sorgt für einen langsamen, aber feinen Materialabtrag, während ein großer Abstand einen schnellen, aber groben Materialabtrag erledigt. Für den besseren Überblick werden die Feilen mit Hiebnummern von 0 bis 5 versehen, wobei Feilen mit den Hiebnummern 1 bis 3 die gängigsten und gebräuchlichsten sind. Die Hiebnummer steht wiederum in Zusammenhang mit der Hiebzahl, die angibt, wie viele Hiebe auf einem Zentimeter des Feilenblatts untergebracht sind. Feilen mit Hieb 1 sind noch rechte Grobiane, weisen nur zwischen 5 bis 17 Hiebe pro Zentimeter auf dem Feilenblatt auf und heißen Schruppfeilen oder Bastardfeilen. Feilen mit Hieb 2 haben eine Hiebzahl zwischen 9 und 25 und heißen Halbschlichtfeilen. Feilen mit Hieb 3 haben zwischen 13 und 35 Hiebe pro Zentimeter und werden als Schlichtfeilen bezeichnet.

Für die grobe Bearbeitung von Holz: hier eine Raspel mit Hieb 2 unter der Lupe.

Woher kommen diese Bandbreiten bei den Hiebzahlen? Feilen gibt es natürlich in verschiedenen Längen, Werkstattfeilen beispielsweise in Längen zwischen 100 bis 350 Millimeter in 50-Millimeter-Schritten – wobei übrigens immer nur das Feilenblatt gemessen wird. Um mit einer kurzen Feile ein ähnliches Arbeitsergebnis wie mit einer langen Feile erreichen zu können, ist bei einer kurzen Feile trotz gleicher Hiebnummer die Hiebzahl meist höher.

Eine andere Hiebform ist der Raspelhieb, manchmal auch als Pockenhieb bezeichnet. Hierbei sind einzelne Zähne über das gesamte Feilenblatt verteilt. Feilen mit Raspelhieb sind besser bekannt unter dem kurzen Namen Raspeln und eignen sich besonders gut für die schnelle und grobe Bearbeitung von Holz. Auch hier gibt es die Einteilung nach Hiebnummern, wobei dann die Anzahl der Zähne pro Quadratzentimeter ausschlaggebend ist.

Reine Formsache

Je nachdem, welche Kontur man nachfeilen oder im Material erst erzeugen möchte, gibt es zahlreiche verschiedene Feilenformen. Da wäre die flachstumpfe Feile – flach wie ein Brett und stumpf an der Spitze – zum Bearbeiten glatter Oberflächen, zum Entgraten, zum Bearbeiten rechtwinkliger Geometrien oder zum Feilen von Durchbrüchen. Dem gleichen Einsatzzweck dient die flachspitze Feile. Mit einer dreikantigen Feile kommt man gut in Ecken, ebenso mit einer vierkantigen. Mit einer runden Feile kann man Löcher vergrößern oder sonstige kleinere Radien bearbeiten, und eine halbrunde Feile schließlich ist eine Kombination aus einer flachen und einer runden Feile, mit der man größeren Radien zu Leibe rücken kann.

Natürlich gibt es auch Raspeln in verschiedenen Formen sowie ganz spezielle Werkzeuge wie Hufraspeln für Pferde oder Treppenbauer-Feilraspeln.

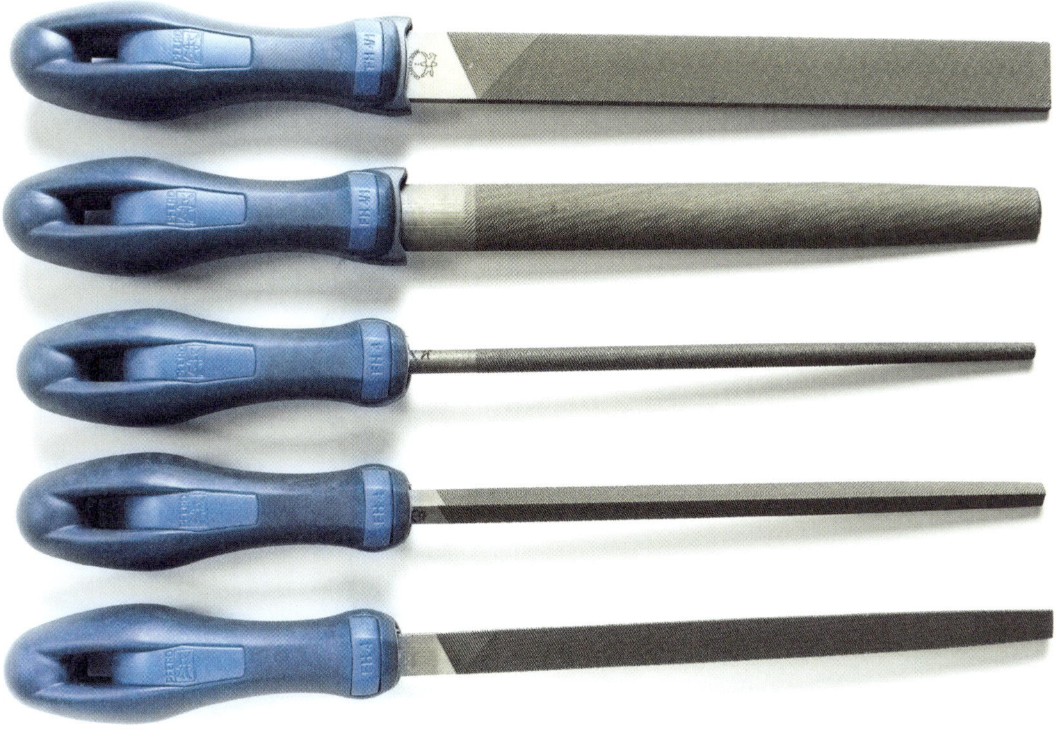

Ein Satz Werkstattfeilen für alle Fälle (von oben, alle mit Hieb 2): flachstumpf, halbrund, rund, dreikant und vierkant in 200 Millimeter Länge.

Mehr Raspeln braucht man nicht (von oben, alle mit Hieb 2): flachstumpf, halbrund und rund, 200 Millimeter lang.

Links eine handelsübliche Drahtbürste, rechts eine spezielle Feilenbürste: Durch die viel kürzeren und damit steiferen Borsten der Spezialistin lässt sich die Feile effektiver ausbürsten.

Bürste für die Feile
Werkstattfeilen lassen sich sowohl an Metall als auch an Holz einsetzen. Bei Holzarbeiten wird allerdings die eine oder andere Zwischenreinigung der Hiebe erforderlich werden. Hierbei wird in Richtung des Oberhiebs gebürstet, was zur Not auch mit einer normalen Drahtbürste ginge. Die Borsten einer speziellen Feilenbürste sind aber viel kürzer und haben dadurch eine deutlich bessere Hebelwirkung auf die Späne zwischen den Zähnen.

Wer übrigens versucht, mit seiner handelsüblichen Werkstattfeile an Edelstahl oder hitzebeständigem Stahl zu werkeln, wird bei der Reinigung feststellen, dass nicht Abrieb sich aus den Hieben löst, sondern es die Hiebe selbst sind. Eine Feile muss immer härter sein als das zu bearbeitende Material, und für solche Zwecke gibt es extraharte Spezialfeilen.

Wie viel Feile braucht der Mensch?
Das Universaltalent unter den Feilen ist eine 200 Millimeter lange flachstumpfe Werkstattfeile mit Hieb 2. Für die meisten Arbeiten nicht zu lang und nicht zu kurz, nicht zu grob und nicht zu fein. Zudem kann man aus dem Hieb 2 provisorisch einen Hieb 3 machen, indem man die Feile mit Kreide einreibt, da so die Länge der Feilenzähne verkürzt und damit der Abtrag verringert wird.

Wer dann beim Feilen auf den Geschmack gekommen ist, erweitert den Satz um weitere Formen und Hiebe – wobei für feine Arbeiten ein Satz Schlüsselfeilen immer von Vorteil ist.

Für gelegentliche Holzarbeiten ist eine 200 Millimeter lange Halbrundraspel mit Hieb 2 das Maß aller Dinge, auch das Holz-Equipment kann dann nach und nach bei Bedarf erweitert werden.

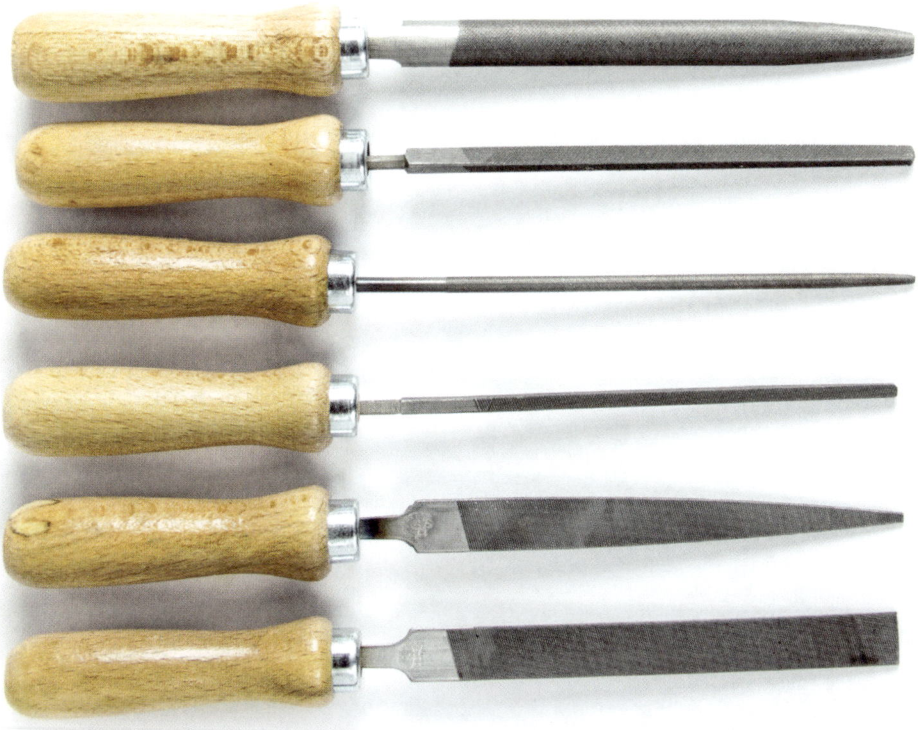

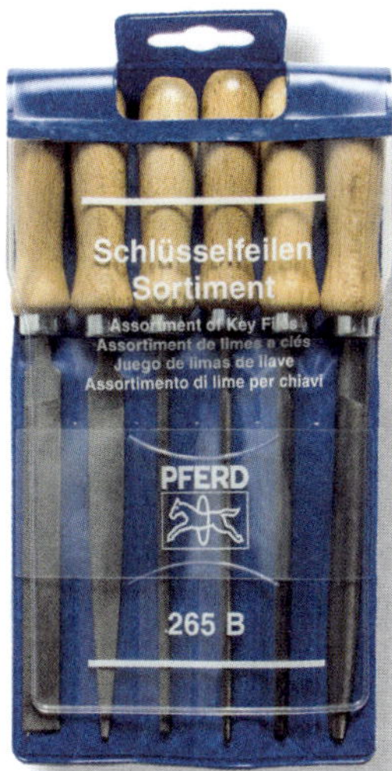

Satz Schlüsselfeilen für die ganz feinen Fälle. Feilen sollten immer getrennt voneinander aufbewahrt werden, daher sind solche Verpackungen sehr nützlich.

Für ein langes Werkzeugleben:

- ››› Nicht aufeinander in der Schublade aufbewahren, sondern nebeneinander hängend,
- ››› mit spezieller Feilenbürste reinigen,
- ››› Feile muss härter sein als das zu bearbeitende Material.

HANDSÄGEN.

Klar kann man mittlerweile fast alles mit einem Elektrowerkzeug sägen. Doch manche arbeiten gern noch traditionell von Hand. Und hin und wieder ist das sogar schneller.

Es gilt, eine Schraube zu kürzen. Also: Schraube in den Schraubstock spannen, den Koffer mit der Stichsäge aus dem Regal ziehen, geeignetes Metallsägeblatt finden und einspannen, im günstigeren Fall den Akku einsetzen, ansonsten Verlängerungskabel ausrollen und Stichsäge anschließen – in dieser Zeit hätte man mit der Handsäge schon mindestens drei Schrauben gekürzt. Dazu geht das mit einer Handsäge meist auch noch gefühlvoller.

Sägen für Metall

Spezialistin für das beschriebene Beispiel ist die Klein-Metallsäge (auch »Puksäge« genannt), denn das ungefähr 0,35 Millimeter dünne Sägeblatt ermöglicht sehr präzise Schnitte mit einer Breite von rund einem halben Millimeter. Die Standardlänge eines Blattes der Puksäge beträgt 150 Millimeter.

Für gröbere Arbeiten bietet sich die größere Schwester an, die schlicht nur Metallsäge heißt. Auch hier wird das Sägeblatt in einen Bügel eingespannt, bei manchen Varianten sind für spezielle Anwendungen zwei Einbaulagen möglich. Das Blatt ist stets 300 Millimeter lang, rund 0,5 Millimeter breit und sorgt für rund 1 Millimeter breite Schnitte.

Fein oder schnell: Die kleine Puksäge eignet sich gut zum Kürzen von Schrauben. Die Metallsäge macht auch in dickeren Metallen schnelle Fortschritte. Das Sägeblatt lässt sich auch um 55 Grad versetzt einhängen.

Dezent versteckt: die Spannvorrichtung für das Sägeblatt. Beim Wechsel darauf achten, dass die Zähne nach vorn zeigen.

Sägen für Holz

Damit sich eine Säge bei der Arbeit nicht verklemmt, muss der Schnitt breiter sein als das Sägeblatt. Dafür werden die Zähne auf dem Sägeblatt bei der Herstellung abwechselnd nach links und nach rechts gebogen – was der Fachmann als »Schränkung« bezeichnet. Auf welcher Höhe der Zähne die Schränkung beginnt (auf der Hälfte oder dem letzten Drittel) und wie breit sie ausfällt, hängt von dem Einsatzzweck der Säge ab. Eine nur geringe Schränkung sorgt für einen sauberen Schnitt und eine gute Führbarkeit, eine weite Schränkung dagegen für eine hohe Schnittleistung.

Bei einer Feinsäge ist die Schränkung naturgemäß gering. Schon ihr Name verrät den Einsatzzweck dieses Werkzeugs. Die Dicke des Sägeblatts beträgt zum Beispiel 0,75 Millimeter, die Schnittbreite 0,95 Millimeter. Die Schnitttiefe einer Feinsäge ist durch den versteifenden Rücken meist auf 40 oder 45 Millimeter begrenzt, gängige Sägeblattlängen sind 200 und 250 Millimeter.

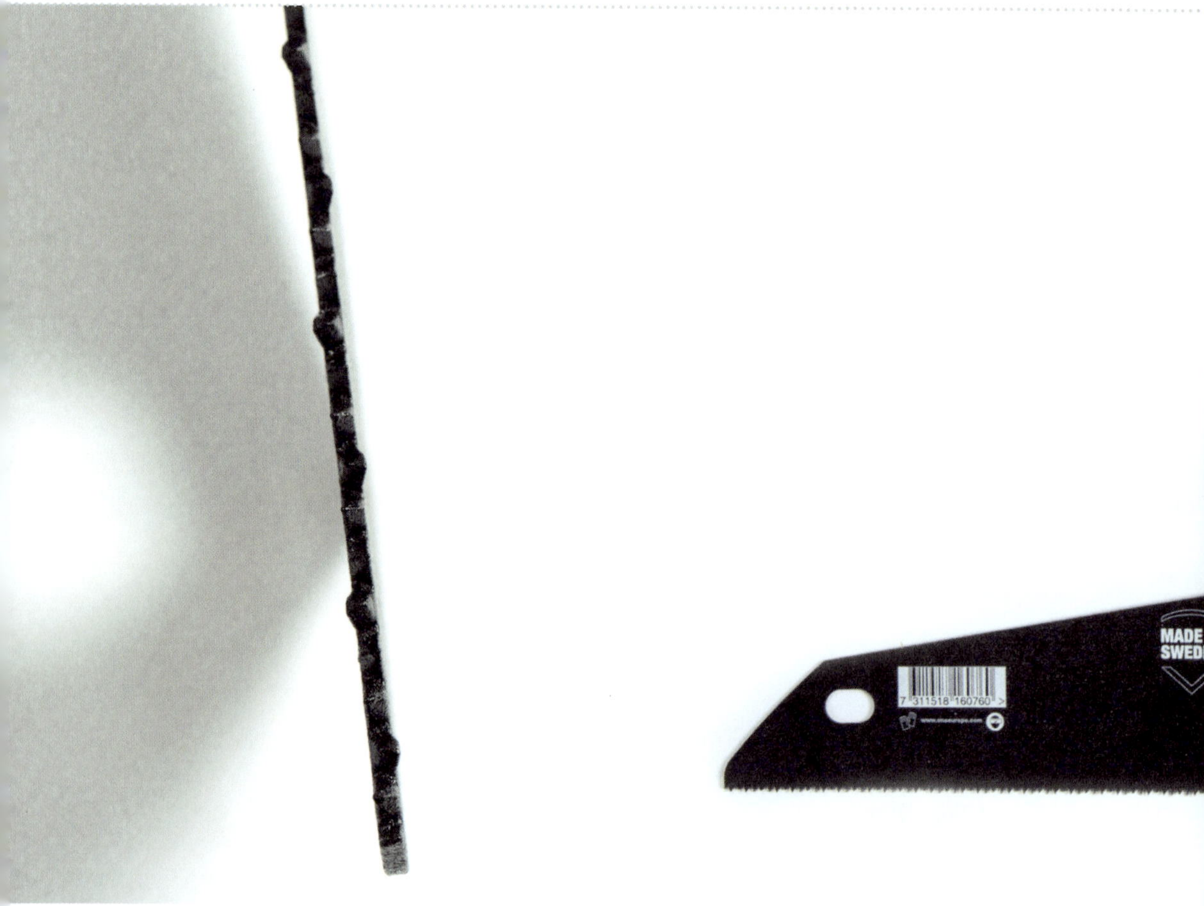

Schränkung eines Fuchsschwanzes: Hier (Bahco XT-Verzahnung) ist zusätzlich noch jeder dritte Zahn abgeschliffen, um die Räumung des Schnittes von den Spänen zu unterstützen.

Eine echte Universalsäge ist der Fuchsschwanz. Er ist für alle möglichen Sägearbeiten in der Werkstatt, im Haushalt oder im Garten einsetzbar, bei denen tiefe, lange Schnitte gefordert sind. Wer, warum auch immer, partout nur eine einzige Säge besitzen möchte, sollte sich also einen qualitativ hochwertigen Fuchsschwanz zulegen. Allerdings teilt auch er das Los aller Universalisten: Er kann fast alles – aber nichts davon herausragend gut. Er sägt nicht besonders genau und das auch nicht besonders schnell. Das Sägeblatt eines Fuchsschwanzes ist meist über einen Millimeter dick, und durch die Schränkung beträgt die Schnittbreite fast zwei Millimeter. Die gängigen Längen von Fuchsschwänzen liegen zwischen 300 und 550 Millimeter.

Diese Holzsägen tragen das Material in der Vorwärtsbewegung ab, also bei einer schiebenden Bewegung. Da das Sägeblatt nicht wie bei einer Metallsäge (die übrigens auch beim Schieben sägt) in einen Bügel gespannt ist, muss es relativ kräftig ausgelegt werden, damit es in der Vorwärtsbewegung sprichwörtlich keine Wellen schlägt.

Die Feine und der Fuchs: Eine Feinsäge eignet sich gut zum Sägen von Fußleisten, ein Fuchsschwanz eher für gröbere Arbeiten.

Anfängertauglich: Eine Dozuki ist durch ihren versteifenden Rücken von den drei japanischen Sägearten am leichtesten zu handhaben.

Schnittmuster: links der feine Schnitt einer Dozuki, rechts zum Vergleich der Schnitt einer Feinsäge.

Sägen für Holz nach japanischem Vorbild

In Japan arbeitet man dagegen schon seit ewigen Zeiten mit Zugsägen. Bei dieser Bauart kann das Sägeblatt sehr schmal ausfallen, weil es lediglich gezogen wird – und das wiederum sorgt für viel feinere Schnitte. Wegen dieser feinen Schnitte und der hohen Schnittleistung der messerscharfen Sägeblätter werden japanische Sägen auch in Europa immer beliebter. Sogar Einschnitte mitten ins Holz – ohne Vorbohren oder dergleichen – lassen sich mit einer Japansäge vollbringen.

Allerdings muss sich der ans Schieben gewöhnte Europäer beim Sägen anfangs mächtig konzentrieren, nur noch auf Zug zu sägen. Andernfalls ist das teure Sägeblatt nämlich ruckzuck kaputt, und wegen der scharfen Sägeblätter besteht dann auch erhöhte Verletzungsgefahr. Auch erfordert eine japanische

Säge ein äußerst genaues Ansetzen der Säge. Da der Schnitt durch die feinen Sägeblätter sehr schmal ausfällt, ist ein Korrigieren des Sägewinkels nach dem Ansägen kaum noch möglich.

Eine »Dozuki« ist einer Feinsäge etwas ähnlich, denn auch hier wird die Schnitttiefe durch den versteifenden Rücken begrenzt, meist auf 40 bis 50 Millimeter. Durch diesen Rücken kann das Blatt extrem dünn ausgelegt werden: Bei guten Sägen ist das Blatt nur 0,3 Millimeter stark, mit Schränkung bleibt die Schnittbreite immer noch unter 0,5 Millimeter. Außerdem erleichtert der Rücken dem Japansägen-Anfänger den Umgang mit der ungewohnten Zugsäge, da er etwas Stabilität in das Blatt bringt. Sie taugt für präzise Schnitte quer und längs zur Holzfaser. Übliche Blattlängen einer Dozuki sind 240 oder 150 Millimeter.

Bei einer »Kataba« fehlt dieser Rücken, das Blatt ist freischwingend, und so gibt es auch keinen Tiefenanschlag. Folgerichtig wird eine Kataba für tiefe Schnitte oder einfach zum Absägen dicker Holzstücke verwendet. Sie hat mit 0,6 Millimeter ein dickeres Blatt, aber durch die geringe Schränkung immer noch einen feinen Schnitt von 0,85 Millimeter Breite. Katabas haben meist eine Blattlänge von 240 oder 270 Millimeter.

Mit Tiefenwirkung: Durch das Fehlen eines Rückens kann man mit einer Kataba beliebig tief sägen – und daher auch gut absägen.

Beidseitig verzahnt: Die Ryoba eignet sich mit der einen Seite für Schnitte längs, mit der anderen Seite für Schnitte quer zur Holzfaser.

Eine »Ryoba« ist die vielleicht ungewöhnlichste Bauform einer Japansäge, denn ihr zwischen 240 und 300 Millimeter langes Sägeblatt ist auf beiden Seiten verzahnt. Warum? Die eine Seite eignet sich dank ihrer speziellen Trapezverzahnung für sehr saubere Schnitte quer zur Holzfaser, die andere Seite mit Dreiecksverzahnung für schnelle Schnitte längs der Faser. Allerdings: Das lange und sehr breite, zudem mit 0,45 Millimeter auch sehr dünne Blatt neigt bei falscher Handhabung sehr schnell zum Knicken und ist daher noch gewöhnungsbedürftiger als eine Dozuki oder eine Kataba.

Auffällig bei allen Japansägen ist der ungewöhnlich lange Griff – er dient dem beidhändigen Führen der Säge bei größeren Holzquerschnitten. Normalerweise hält man die Säge mit einer Hand in der Griffmitte. Für Präzisionsschnitte mit kurzen Zügen hält man sie eher vorn, für schnelle Schnitte mit langen Zügen eher hinten. Die gehärteten Blätter haben eine hohe Standzeit, bei Verschleiß wird ein neues in den Griff eingesetzt.

Übrigens sind Zugsägen auch für Europäer nicht ganz neu, denn im Obst- und Gartenbau kommen sie auch in hiesigen Gefilden schon länger zum Einsatz.

Auf dem Vormarsch: Japansägen sehen ungewöhnlich aus, das Arbeiten mit ihnen ist gewöhnungsbedürftig – aber das Säge-Ergebnis ist hervorragend. Das spricht sich immer mehr herum.

Beidseitig verzahnt: Die Ryoba eignet sich mit der einen Seite für Schnitte längs, mit der anderen Seite für Schnitte quer zur Holzfaser.

Eine »Ryoba« ist die vielleicht ungewöhnlichste Bauform einer Japansäge, denn ihr zwischen 240 und 300 Millimeter langes Sägeblatt ist auf beiden Seiten verzahnt. Warum? Die eine Seite eignet sich dank ihrer speziellen Trapezverzahnung für sehr saubere Schnitte quer zur Holzfaser, die andere Seite mit Dreiecksverzahnung für schnelle Schnitte längs der Faser. Allerdings: Das lange und sehr breite, zudem mit 0,45 Millimeter auch sehr dünne Blatt neigt bei falscher Handhabung sehr schnell zum Knicken und ist daher noch gewöhnungsbedürftiger als eine Dozuki oder eine Kataba.

Auffällig bei allen Japansägen ist der ungewöhnlich lange Griff – er dient dem beidhändigen Führen der Säge bei größeren Holzquerschnitten. Normalerweise hält man die Säge mit einer Hand in der Griffmitte. Für Präzisionsschnitte mit kurzen Zügen hält man sie eher vorn, für schnelle Schnitte mit langen Zügen eher hinten. Die gehärteten Blätter haben eine hohe Standzeit, bei Verschleiß wird ein neues in den Griff eingesetzt.

Übrigens sind Zugsägen auch für Europäer nicht ganz neu, denn im Obst- und Gartenbau kommen sie auch in hiesigen Gefilden schon länger zum Einsatz.

Auf dem Vormarsch: Japansägen sehen ungewöhnlich aus, das Arbeiten mit ihnen ist gewöhnungsbedürftig – aber das Säge-Ergebnis ist hervorragend. Das spricht sich immer mehr herum.

Säge ein äußerst genaues Ansetzen der Säge. Da der Schnitt durch die feinen Sägeblätter sehr schmal ausfällt, ist ein Korrigieren des Sägewinkels nach dem Ansägen kaum noch möglich.

Eine »Dozuki« ist einer Feinsäge etwas ähnlich, denn auch hier wird die Schnitttiefe durch den versteifenden Rücken begrenzt, meist auf 40 bis 50 Millimeter. Durch diesen Rücken kann das Blatt extrem dünn ausgelegt werden: Bei guten Sägen ist das Blatt nur 0,3 Millimeter stark, mit Schränkung bleibt die Schnittbreite immer noch unter 0,5 Millimeter. Außerdem erleichtert der Rücken dem Japansägen-Anfänger den Umgang mit der ungewohnten Zugsäge, da er etwas Stabilität in das Blatt bringt. Sie taugt für präzise Schnitte quer und längs zur Holzfaser. Übliche Blattlängen einer Dozuki sind 240 oder 150 Millimeter.

Bei einer »Kataba« fehlt dieser Rücken, das Blatt ist freischwingend, und so gibt es auch keinen Tiefenanschlag. Folgerichtig wird eine Kataba für tiefe Schnitte oder einfach zum Absägen dicker Holzstücke verwendet. Sie hat mit 0,6 Millimeter ein dickeres Blatt, aber durch die geringe Schränkung immer noch einen feinen Schnitt von 0,85 Millimeter Breite. Katabas haben meist eine Blattlänge von 240 oder 270 Millimeter.

Mit Tiefenwirkung: Durch das Fehlen eines Rückens kann man mit einer Kataba beliebig tief sägen – und daher auch gut absägen.

EXTRA

WERKZEUGE FÜR STROM.

Wissenswertes über Crimpen, Adern, Litzen und Multimeter – ein Ausflug in die geheimnisvolle Welt der Elektrotechnik.

»Gestatten, hier spricht der Elektrolurch. Ich wohne in der Lüsterklemme neben dem Hauptzähler. Ich sorge für Euren Saft. Volt, Watt, Ampere, Ohm – ohne mich gibt's keinen Strom.« Dies ist die Einleitung zum Lied »Der Elektrolurch« von 1973, gesprochen von Mani Neumeier, dem Frontmann der deutschen Band »Guru Guru«. Bedenklich wäre auf jeden Fall eine Lüsterklemme im Hauptzähler, aber das fällt unter künstlerische Freiheit. Im Folgenden geht es jedenfalls im weiteren Sinne um Strom – und auch um Volt, Watt, Ampere und Ohm.

Wege aus der Isolation

Um die Isolierung einer Leitung zu entfernen, kann man seinem Zahnarzt eine Freude machen und seine Schneidezähne einsetzen. Der Profi erledigt das Abisolieren routiniert mit dem Seitenschneider, der Amateur dagegen schneidet sich dabei ersatzweise mit einem scharfen Küchenmesser in den Finger. Die einfachste Lösung: Man benutzt ein Werkzeug, das dafür vorgesehen ist – eine Abisolierzange. Doch bevor man mit einer Abisolierzange Leitun-

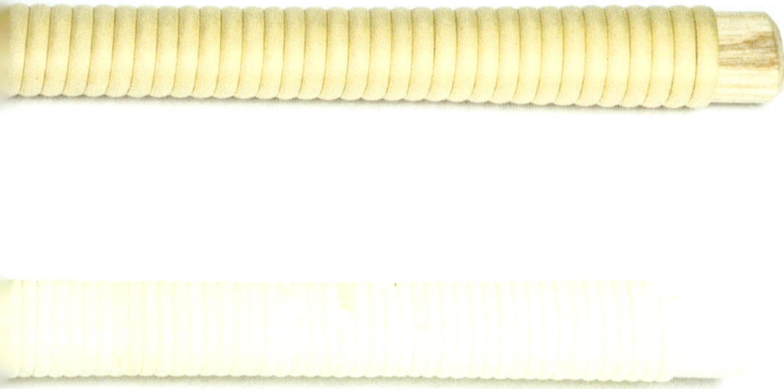

Für ein langes Werkzeugleben:

- feuchtes Werkzeug zum Schutz vor Rost nach der Anwendung gründlich abreiben,
- bei Nichtgebrauch Sägeblatt mit einem öligen Lappen einreiben und Säge an einem trockenen Ort lagern – am besten hängend,
- gespannte Sägeblätter bei längerer Nichtbenutzung lösen, um die Spannkraft der Säge zu erhalten,
- mit Japansägen mit gleichmäßigen, ruhigen Zügen arbeiten. Säge arbeiten lassen: Je geringer der Kraftaufwand, desto besser wird das Ergebnis,
- Japansägen nicht an ungeübte Nachbarn verleihen. Entweder bekommt man sie kaputt zurück, oder der Nachbar verletzt sich. Oder beides.

gen an den Kragen geht, ist es erst mal an der Zeit, etwas Ordnung in den Wirrwarr der Begriffe Leitung, Kabel, Draht, Litze und Ader zu bringen. Grundsätzlich zunächst: Das, was den elektrischen Strom leitet, ist ein Leiter oder eine Leitung – mit diesem Begriff liegt man also eigentlich immer richtig. Der Begriff Kabel wird oft für Leitungen verwendet, die in der Erde oder auf dem Meeresgrund verlegt sind – Leitungen dagegen sind sichtbar. Eine Ader ist ein einzelner isolierter Leiter und kann Teil einer Leitung oder eines Kabels sein. Ein Draht ist ein einzelner und meist starrer Leiter, der nicht unbedingt isoliert sein muss. Eine Litze dagegen besteht aus vielen dünnen Kupferdrähtchen, was sie flexibel macht. Ein Netzkabel, falsch, eine Netzleitung besteht also aus drei Adern, die ihrerseits Litzen sind.

Zurück zu den Abisolierzangen. An einfachen Modellen muss man per Rändelschraube einstellen, wie tief sie einschneiden dürfen. Komfortablere Abisolierzangen erfühlen automatisch, wie dick die Isolierung ist und hören dann auf zu beißen, wenn die Schneiden den Draht oder die Litze erreichen. Das funktioniert bei der einen Zange exakt, bei der anderen weniger – und ist wieder einmal eine Frage des Anschaffungspreises.

Gefühlssache: Bei zu festem Zudrücken ist nicht nur die Isolierung ab, sondern auch die Leitung kürzer.

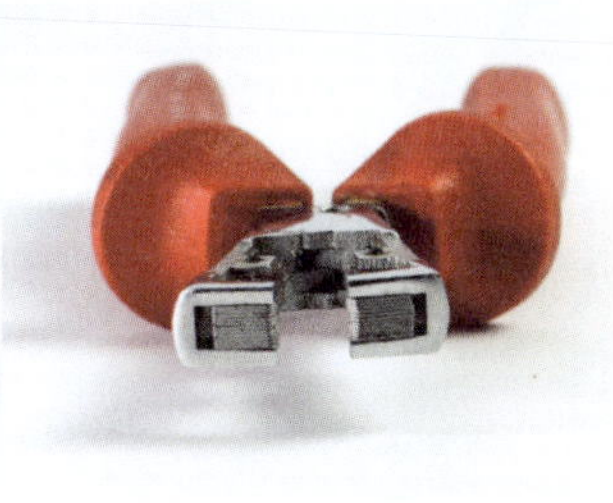

Beißhemmung: Automatische Abisolierzangen passen sich selbständig den verschiedenen Leitungsquerschnitten an.

Ein Werkzeug zum Abisolieren muss aber nicht immer wie eine Zange aussehen. Es gibt auch Multifunktionswerkzeuge, die gleich alle Bearbeitungsschritte beherrschen, die beispielsweise das Vorbereiten einer dreiadrigen Leitung zum Anschluss erfordern. Als erstes muss die Leitung abgemantelt werden, um die drei Adern freizulegen. Dazu wird die Isolierung einmal rundum und anschließend längs nach vorn eingeschnitten – jetzt kann sie einfach aufgeklappt und entfernt werden. Nun müssen nur noch die drei Litzen einzeln abisoliert werden.

Gute Verbindung

Abisolieren, kräftig verzwirbeln – und ab damit in die Lüsterklemme? Falsch, komplett falsch. Damit eine Verbindung eine möglichst hohe Leitfähigkeit, oder andersherum ausgedrückt, einen möglichst niedrigen Widerstand aufweist, muss sie den vollen Leitungsquerschnitt nutzen. Tut sie in diesem Fall aber nicht, denn das Schräubchen der Lüsterklemme zerquetscht die feinen Drähtchen der Litze erbarmungslos. Und falls diese Verbindung irgendwann einmal gelöst und erneut verbunden werden muss, wird es noch schlimmer. Außerdem kann das ein oder andere Drähtchen widerspenstig vor der Klemme herausstehen und so die Gefahr eines Kurzschlusses in sich bergen. Es hilft also alles nichts: Abisolierte Litzen-Enden müssen sprichwörtlich zusammengefasst werden – und zwar mit einer sogenannten Aderendhülse.

Bleibender Eindruck: Ohne eine Aderendhülse ist eine Litze schon nach dem ersten Verschrauben in einer Lüsterklemme hinüber.

Aderendhülsen bestehen aus verzinntem Kupfer. Sie gibt es isoliert oder nicht isoliert in verschiedenen Durchmessern für verschiedene Drahtquerschnitte. Zum Aufpressen der recht weichen Aderendhülsen gibt es zwei Arten von Zangen: Eine einfache Aderendhülsenzange quetscht lediglich eine Nut längs in die Aderendhülse. Eine Crimpzange dagegen verringert den Querschnitt der Aderendhülse gleichmäßig, indem sich ihre Öffnung rundum zusammenzieht. Sie quetscht deutlich schöner und gleichmäßiger, ist allerdings auch deutlich teurer.

Wer misst, misst Mist

Was waren das noch für grässliche Zeiten, als es nur analoge Vielfachmessgeräte mit Zeigerinstrumenten gab. Um sie möglichst genau ablesen zu können, war bei den besseren Modellen eine Spiegelfläche zwischen den zahlreichen und leicht zu verwechselnden Skalen angebracht. Brachte man beim Ablesen durch eine sorgfältige Kopfhaltung den Zeiger und dessen Spiegelbild in Deckung, wusste man, dass man senkrecht darauf schaute – und nicht schon allein durch schräges Ablesen einen Messfehler erzeugte.

Das Ablesen eines heutigen Digitalmultimeters, abgekürzt DMM, ist deutlich zweifelsfreier. Allerdings auch nicht fehlerfrei, denn auch Digitalmultimeter haben einen Messfehler. Dieser vom Hersteller angegebene Fehler besteht aus zwei Teilen: dem prozentualen Messfehler auf den jeweils angezeigten Messwert, hinzu kommt dann noch so etwas Geheimnisvolles wie »Digits«. Digit stammt aus dem Englischen und heißt übersetzt Stelle oder Ziffer. Die Angabe der Messgenauigkeit kann zum Beispiel im Messbereich 20 Volt so aussehen: +/- 0,5 % +/- 3 Digit. Eine vierstellige Anzeige kann im 20-Volt-Messbereich nur von 19,99 auf 20,00 Volt springen, der kleinste Messbereich (die »Auflösung«) beträgt hier also 0,01 Volt – und genau dies ist das betreffende Digit. Das Messgerät zeigt 18,00 Volt an, jetzt zum Mitrechnen: 18 * 0,5/100 Volt + 3 * 0,01 Volt = 0,09 + 0,03 Volt = 0,12 Volt. Die tatsächliche Spannung

Zwei Zangen, ein Ziel: das Verpressen von Aderendhülsen.

Bitte lächeln: Die Lamellen der sechsfachen Quetschung ähneln denen der Blende eines Fotoapparats.

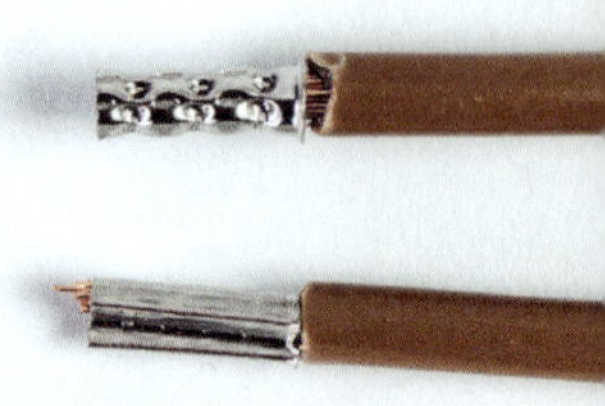

Zwei Zangen, zwei Ergebnisse: oben die Crimpung der High-End-Zange, unten die der einfacheren Variante.

Im 20-Volt-Bereich bei vierstelliger Anzeige: Die kleinste Auflösung und damit das Digit beträgt 0,01 Volt. Statt der angezeigten 18,00 Volt können es auch zwischen 0,12 Volt mehr oder weniger sein.

Im 2-Volt-Bereich bei vierstelliger Anzeige: Ein Digit beträgt nun 0,001 Volt. Damit kann bei einer Messgenauigkeit von 0,5 % plus 3 Digits der tatsächliche Wert auch 0,093 Volt höher oder tiefer liegen.

kann also auch 17,88 Volt oder 18,12 Volt betragen – oder irgendwo dazwischen liegen.

Verwirrenderweise wird der Begriff Digit bei Digitalmultimetern aber auch zur Beschreibung der Anzeige verwendet: Kann ein Display zum Beispiel maximal die Zahl 1999 anzeigen, spricht man von einem Display mit 3,5 Digits. Die letzten drei Stellen können alle Ziffern von Null bis Neun anzeigen und zählen deshalb ganz, die erste Stelle kann aber nur Null oder Eins darstellen und zählt daher nur halb.

Erstsemester Elektrotechnik

Mal ganz von vorn: Elektrischer Strom ist der Fluss von Ladungsträgern, nämlich Elektronen, vom Minuspol zum Pluspol. Fließt der Strom immer in einer Richtung, spricht man von Gleichstrom (abgekürzt »DC« vom englischen direct current). Wechselt der Strom ständig seine Richtung, handelt es sich um Wechselstrom (»AC« von alternating current). Fließen kann aber nur etwas von viel nach wenig. Genau diese Differenz zwischen viel und wenig beschreibt die elektrische Spannung: Wartet eine große Menge an Elektronen am Minuspol darauf, zum Pluspol strömen zu dürfen, ist auch die Spannung hoch. Ohne eine elektrische Verbindung zwischen den beiden Polen strömt jedoch erst einmal gar nichts, und jetzt kommt die dritte elektrische Größe ins Spiel: der Widerstand. Verbindet man die beiden Pole über einen Widerstand miteinander, kann Strom fließen. Je kleiner dabei der Widerstand ist, desto mehr Strom fließt. Genau diesen Zusammenhang beschreibt das Ohmsche Gesetz »I = U / R«. In dieser Formel steht R für den Widerstand in Ohm, U für die Spannung in Volt und I für den Strom in Ampere.

Wer jetzt genau aufgepasst hat, wird feststellen, dass noch eine der vier von Mani Neumeier besprochenen Maßeinheiten fehlt: das Watt. Ganz einfach – Watt ist die Maßeinheit der elektrischen Leistung und berechnet sich U * I – Spannung mal Strom.

Spannende Handlung

Für die Messung einer Spannung wird das Multimeter parallel zur Spannungsquelle oder dem zu messenden Objekt angeschlossen – was sehr bequem ist, da der Stromkreis dafür nicht aufgetrennt werden muss. Bei der Spannungsmessung hat das Multimeter selbst einen sehr hohen Innenwiderstand, um das Messergebnis möglichst wenig zu verfälschen. Warum das? Da für den Strom der Weg durch das Messgerät mit seinem hohen Widerstand fast versperrt ist, fließt der allermeiste Strom weiterhin durch den Prüfling – ansonsten wäre das Messergebnis verfälscht.

Zeigt das Messgerät einen negativen Wert an, ist das kein Beinbruch, sondern bedeutet nur, dass der Pluspol des Messgeräts am Minuspol des Prüflings angeschlossen ist.

Da sich manchmal nicht abschätzen lässt, welche Spannung einen erwartet, sollte man vorsichtshalber im höchsten Spannungsmessbereich beginnen. Da in

Nicht ganz einig: Wer sehr präzise Messergebnisse benötigt, sollte bei der Anschaffung eines Messgeräts nicht sparen.

dieser Stellung aber auch der Messfehler am größten ist, schaltet man dann Stufe für Stufe so weit wie möglich in den nächstkleineren Bereich weiter. Es sei denn, es gibt diese Möglichkeit gar nicht, da sich das Messgerät selbst auf den geeigneten Bereich einstellt.

Pfiffige Idee: In Abhängigkeit von der Stellung des Messbereichs-Schalters öffnet sich der Zugang zu den richtigen Buchsen – die anderen schließen sich.

Alter Stromer

Zur Strommessung muss der Stromkreis aufgetrennt werden, damit der Strom durch das Messgerät fließen kann. Um hierbei das Messergebnis nicht zu verfälschen, muss im Gegensatz zur Spannungsmessung der Innenwiderstand des Messgeräts möglichst klein sein – so klein, dass das Multimeter sogar als Drahtbrücke angesehen werden kann. Daher sollte man nicht versuchen, im Strommessbereich den Stromfluss einer Batterie zu messen, denn der Anschluss des Messgeräts würde wie ein Kurzschluss wirken.

Mit modernen Multimetern kann man meist noch sehr viel mehr messen als nur Gleich- oder Wechselspannungen und Gleich- oder Wechselströme. Fast immer gibt es noch die Möglichkeit der Messung von Widerstand (Ohm), der Kapazität von Kondensatoren (Farad), der Prüfung von Dioden, der akustischen Durchgangsprüfung und manchmal sogar der Messung von Temperaturen.

Saft in der Dose?

Mit einem normalen Multimeter sollte man nicht in Steckdosen messen – das Herumstochern mit den Messspitzen an der Netzspannung kann gefährlich sein. Eine weitere Gefahrenquelle: Wer prüfen möchte, ob auf einer Leitung noch Netzspannung liegt, für die Messung aber dummerweise vergessen hat, den Wahlschalter von Gleichspannung auf Wechselspannung umzustellen, wird trotz anliegender Wechselspannung von 230 Volt oder mehr lediglich einige Volt oder gar null Volt angezeigt bekommen.

Zum Aufspüren von Netzspannungen gibt es deutlich ungefährlichere, sogar berührungslose Methoden. Manche Geräte vibrieren und leuchten schon, wenn sie nur in die Nähe einer stromführenden Leitung kommen. Das ist deutlich sicherer als der altbekannte Phasenprüfer im Format eines kleinen Schraubendrehers, dessen Glimmlämpchen sich nur in dunkler Umgebung sicher erkennen lässt.

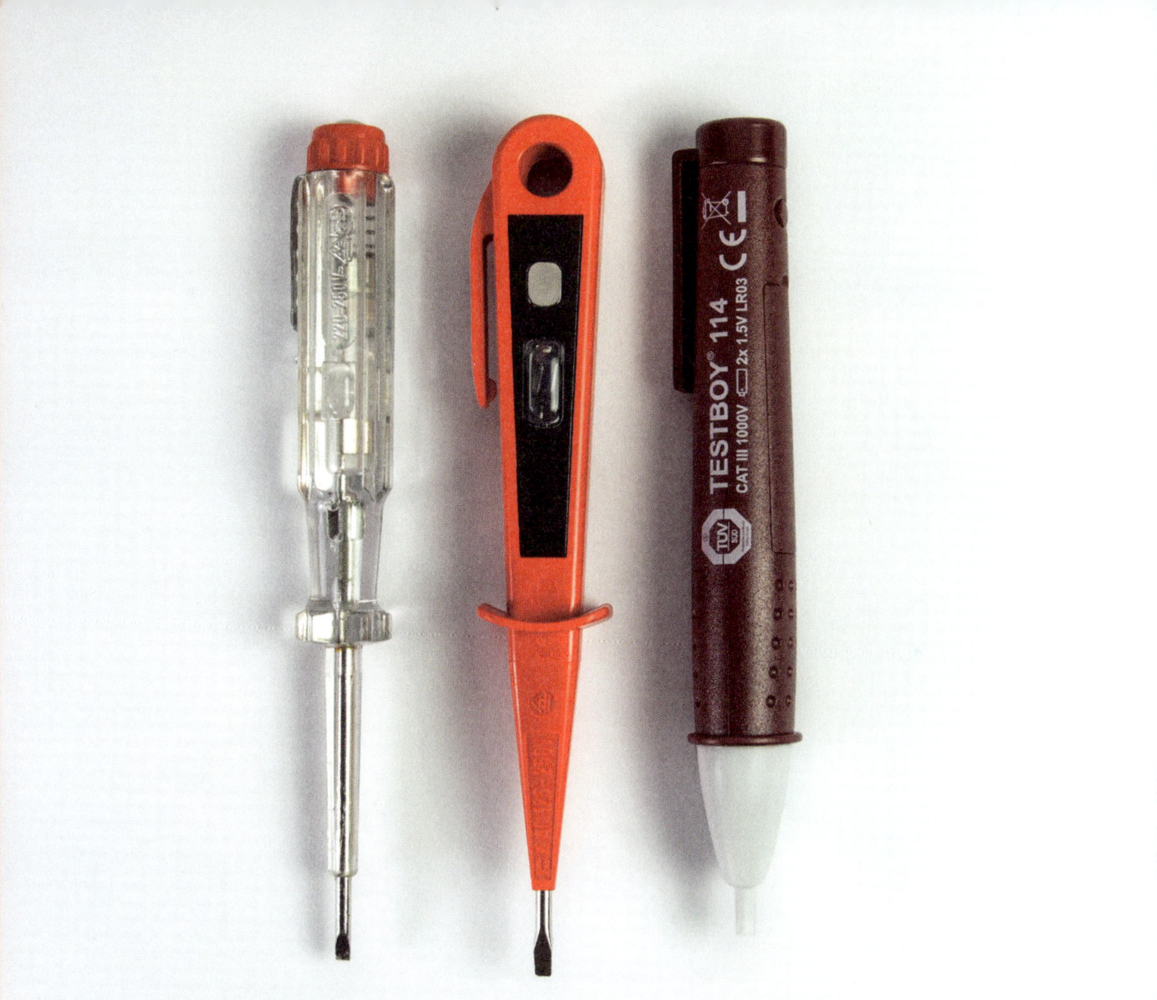

Spannung oder nicht: eine lebenswichtige Feststellung. Am eindeutigsten und sichersten geht das mit einem berührungslosen Spannungsprüfer (rechts).

Schüchtern: Das schwache Glimmen des Prüflämpchens ist nur schwer zu erkennen – erst recht in heller Umgebung.

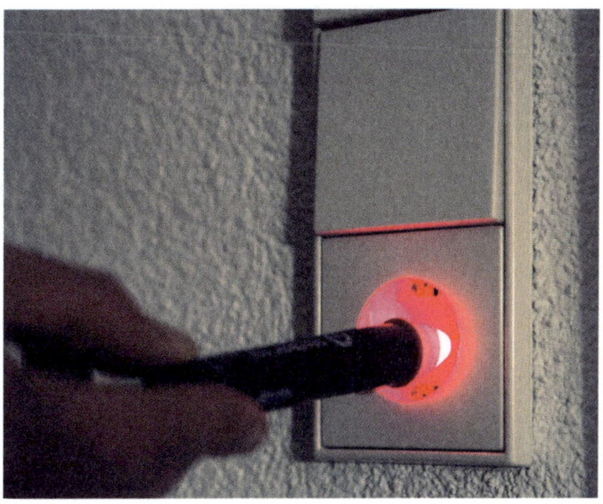

Starke Signale: Dieses Licht ist nicht zu übersehen, zusätzlich vibriert das Gerät auch noch. Dazu braucht es noch nicht einmal elektrischen Kontakt – die bloße Nähe reicht.

Hohe Sicherheitsstufe: Werkzeuge, die für das Arbeiten unter Strom geeignet sind, werden vom Hersteller besonders auf ihre funktionsfähige Isolierung geprüft und schützen die Hand vor versehentlichem Abrutschen.

Gut behütet

Nicht nur in Deutschland ist es vorgeschrieben, dass Arbeiten an spannungsführenden Teilen nur unter bestimmten Sicherheitsbedingungen und von ausgebildeten Fachleuten durchgeführt werden dürfen. Dazu gehört natürlich auch die Verwendung von speziellen Werkzeugen. Diese müssen der Norm DIN EN 6090 entsprechen. Findet sich auf dem Werkzeug zusätzlich ein »VDE«-Logo, ist dieses Werkzeug und dessen Produktionsprozess zusätzlich noch durch das unabhängige VDE-Institut (»Verband der Elektrotechnik Elektronik Informationstechnik«) geprüft worden.

Die Griffe von solchen Werkzeugen sind sehr gut isoliert und so gestaltet, dass die Hand des Bedieners nur mutwillig mit dem nackten und eventuell stromführenden Metall in Kontakt kommen kann. Und das Gute: Man kann diese speziellen Werkzeuge natürlich auch für spannungslose Arbeiten verwenden.

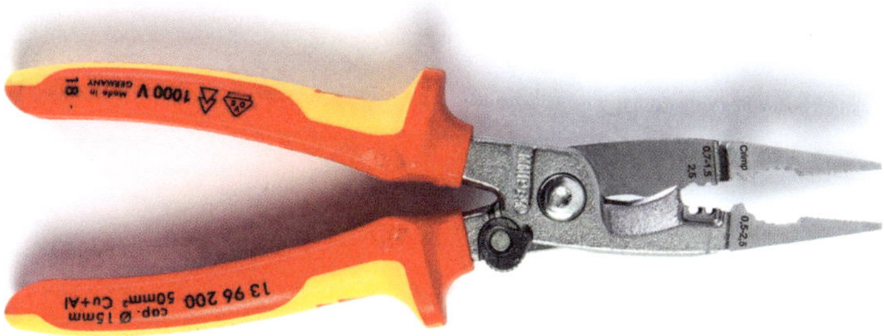

Universaltalent: Mit solch einer Multifunktionszange kann man Leitungen abschneiden, abisolieren, Litzen crimpen und mit den markanten Backenkanten Löcher entgraten. Auch wenn die Teile gerade nicht unter Spannung stehen.

Zwei Konzepte: wechselbare Schraubendreher-Einsätze in der Box oder im Griff.

ELEKTRO-WERKZEUGE.

BOSCH
Professional

AKKUS.

Memory-Effekt, Tiefentladung, NiMH, Li-Ion und Ah – in der Welt der Akkus gibt es rätselhafte Abkürzungen und Fachbegriffe. Ist alles gar nicht so kompliziert, hier kommen die Auflösungen.

»Akku-Geräte sind schwer und haben keine Leistung.« »Akku-Geräte sind immer dann leer, wenn man sie gerade braucht.« Dies sind uralte Vorurteile, die aus einer Zeit stammen, als man einen kräftigen Akkuschrauber noch mit der Hand anhalten konnte. Spätestens seit dem Siegeszug der Lithium-Ionen-Technologie brauchen sich akkubetriebene Geräte hinter solchen mit Netzanschluss nicht mehr zu verstecken. Die Vorteile dagegen liegen auf der Hand: Man kann sofort mit der Arbeit loslegen, weil man nicht erst ein Verlängerungskabel verlegen muss. Und bei der Arbeit kann man genau dieses Kabel mit der Kreissäge oder der Heckenschere auch nicht mehr zerschneiden.

Nickel-Cadmium-Akkus (NiCd)

Eine Zelle dieser Ausführung liefert eine Spannung von 1,2 Volt. Schon 1961 stellte Black+Decker die weltweit erste Akku-Bohrmaschine mit Nickel-Cadmium Zellen vor. Eine große Stärke von NiCd-Akkus ist ihr Tieftemperaturverhalten, da sie selbst bei Temperaturen weit unter dem Gefrierpunkt noch eine hohe Spitzenleistung liefern. Auch gegen Tiefentladung oder Überladung ist sie widerstandsfähig, sie kann sogar mehrere Jahre in entladenem Zustand gelagert werden und funktioniert dann immer noch. Allerdings trifft auf sie das Vorurteil, ständig leer zu sein, häufig zu, denn ihre Selbstentladung (das Verlieren von Ladung bei Nichtgebrauch) ist beträchtlich. Die Ladezeit übrigens auch, die bis zu 12 Stunden betragen kann. Eine weitere Achillesferse ist der Memory-Effekt von NiCd-Zellen: Werden sie mehrfach hintereinander nicht ganz entladen und anschließend auch nicht ganz vollgetankt, merkt sich der Akku diese beiden Ladezustände als neue Grenzen. Manchmal hilft mehrmaliges komplettes Entladen und Wiederaufladen dem Akku zu alter Leistungsfähigkeit – manchmal aber auch nicht mehr.

Die Akkupacks wurden mit acht, zehn oder zwölf Zellen bestückt, und so wurden die Elektro-Werkzeuge mit einer Spannung von 9,6 Volt, 12 Volt oder 14,4 Volt betrieben. Wieso »wurden«? Seit dem 31.12.2016 ist der Verkauf von Elektrogeräten mit NiCd-Akkus wegen des giftigen und nur schwer recycelbaren Cadmiums verboten.

Nickel-Metallhydrid-Akkus (NiMH)

NiMH-Zellen ersetzen hauptsächlich als Nachrüstung bisher verwendete NiCd-Akkus, sind aber im Bereich der Elektrowerkzeuge nicht sehr verbreitet. Sie liefern ebenfalls eine Spannung von 1,2 Volt, haben aber eine fast doppelt so hohe Energiedichte wie NiCd-Zellen. Allerdings sind sie längst nicht so robust wie ihre giftigen Geschwister: Bei Temperaturen unter dem Gefrierpunkt bricht ihre Spannung zusammen, bei Temperaturen über 50 Grad sind sie nicht mehr aufladbar. Außerdem reagieren sie empfindlich auf Überladung, falsche Polung, Tiefentladung und Überhitzung – also eigentlich auf alles. Daher brauchen sie ein intelligentes Ladegerät. Immerhin: Typischerweise geht man von einer Lebensdauer von 500 Ladezyklen aus.

Lithium-Ionen-Akkus (Li-Ion)

Li-Ion-Akkus besitzen eine sehr hohe Energiedichte, kennen keinen Memory-Effekt, haben bei nicht allzu hoher Entladung eine lange Lebensdauer und entladen sich bei Nichtbenutzung nur minimal.

Trendsetter: 2003 brachte Bosch mit dem IXO den ersten Akkuschrauber mit Li-Ion-Akkus auf den Markt – er wurde bis heute millionenfach verkauft.

Durch die Summe dieser positiven Eigenschaften sind Li-Ionen-Akkus heute nicht nur die Energiequelle fast aller Akku-Werkzeuge, sondern zum Beispiel auch von E-Bikes und Elektroautos.

Li-Ion-Zellen liefern eine Anfangsspannung von etwa 4 Volt, die sich nach kurzer Belastung auf 3,6 Volt einpegelt. Sind drei solcher Zellen in einem Gerät verbaut, kann der Hersteller ohne Gewissensbisse entweder »12 Volt« oder »10,8 Volt« auf das Gerät schreiben, da es hierfür keine Vorschrift gibt. In diesem Buch bleibt es bei der exakten Angabe »10,8 Volt«. Bei den Geräten mit fünf Zellen – Stand der Technik für größere Geräte – hat sich die Bezeichnung »18 Volt« statt der theoretisch auch möglichen »20 Volt« durchgesetzt. Für besonders große und leistungshungrige Geräte hat sich die Betriebsspannung 36 Volt etabliert. Es gibt echte 36-Volt-Akkupacks, meist entsteht die hohe Spannung aber durch die Verwendung zweier 18-Volt-Akkupacks.

Die Klasse der Geräte mit 14,4 Volt Spannung, die von vier Akkuzellen geliefert wird, bekommt Druck von unten und von oben. Die kleineren 10,8-Volt-Geräte sind kompakter und somit leichter zu handhaben. Die größeren Geräte der 18-Volt-Klasse hingegen können dank der modernen, sehr leistungsfähigen Batterietechnik schon fast alle herkömmlichen netzbetriebenen Geräte der verschiedensten Produktbereiche ersetzen. So sehen Geräte der 14,4-Volt-Klasse keiner rosigen Zukunft entgegen.

Die jeweilige Gesamtspannung des Akkupacks ergibt sich durch eine Reihenschaltung der einzelnen Zellen, also jeweils durch Verbindung des Minuspols der einen Zelle mit dem Pluspol der nächsten Zelle. Für eine Erhöhung der Kapazität (siehe unten »Der Ah-Effekt«) wird eine weitere Schicht reihengeschalteter Zellen parallelgeschaltet (ergibt bis zu 8 Ah), bei den ganz leistungsstarken Packs sogar zwei zusätzliche Schichten, was bis zu 12 Ah ergeben kann.

Je mehr Spannung, desto größer der Akkupack: links mit 3,6 Volt, Mitte mit 10,8 Volt, rechts 18 Volt.

Futterstation für leistungshungrige Geräte: 12 Amperestunden sind eine Ansage.

Während NiCd- und NiMH-Zellen von ganz allein pro Monat ungefähr 15 bis 20 Prozent ihrer Ladung verlieren, verliert eine Li-Ion-Zelle in diesem Zeitraum weniger als 5 Prozent. Nach einem halben Jahr verfügt der Akku rein rechnerisch also immer noch über 70 Prozent seiner Ladung, wenn er anfangs voll war. Bei der idealen Lade-, Arbeits- und Lagertemperatur ist der Anspruch einer Li-Ion-Zelle mit 18 bis 25 Grad eher medium. Bei Temperaturen unter 10 Grad wird er müde, Hitze dagegen knabbert an seiner Lebenserwartung. Auch sonst ist er eigentlich ein Sensibelchen, denn bei Tiefentladung unter 2,5 Volt oder einer Überladung gibt er den Geist auf.

Und noch etwas: Da bei einem Defekt oder Kurzschluss sehr hohe Ströme fließen können, die bis zum Brand oder gar einer Explosion des Akkus führen können, sind Lithium-Ionen-Batterien nach internationalem Transportrecht als »Gefahrgut« eingestuft, ab einem Energieinhalt von 100 Wattstunden verschärft als Gefahrgut der Klasse 9. Daher sollte das Ladegerät während der Ladung auf einer feuerfesten Unterlage stehen, und die Ladung sollte nicht unbeaufsichtigt erfolgen.

Alles unter Kontrolle

Da Li-Ionen-Akkus so empfindlich sind, muss die Außenwelt für sie sorgen. Jeder Akkupack hat eine eigene Überwachungselektronik, die jede einzelne Zelle überwacht und individuell behandelt. Schließlich lädt und entlädt sich jede Zelle nicht exakt gleich schnell – das muss ausgeglichen werden. Diese Elektronik tritt mit einer Steuerelektronik im Werkzeug in Kontakt, die dann zum Beispiel dafür sorgt, dass der Akkupack nicht tiefentladen und bei starker Leistungsabgabe nicht überhitzt wird. Im Ladegerät sitzt ebenfalls eine Steuerelektronik, sie sorgt dafür, dass der Akku nicht zu schnell und nicht zu voll geladen wird.

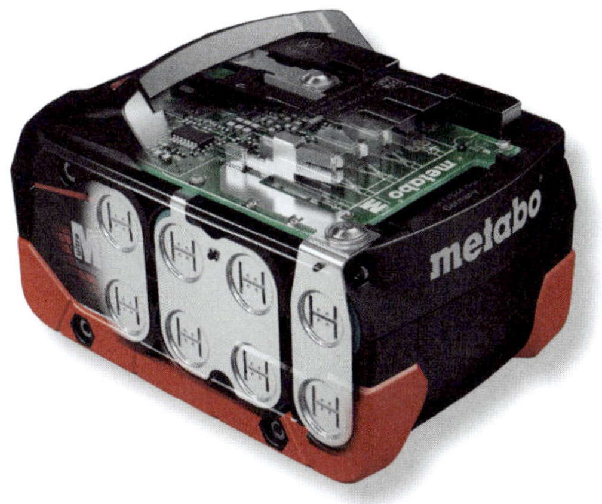

Unter der Haube: Auch im Akkupack verbirgt sich eine Steuerelektronik.

Elektronik im Akkupack, Elektronik im Gerät – da kommt was zusammen. Die Rechenleistung, die hier vollbracht wird, lässt sich mit der eines PCs aus den 90er-Jahren vergleichen.

Suum Cuique

Die Hersteller bauen die Zellen zu eigenen Akkupacks zusammen, die Zellen selbst jedoch stammen fast immer aus Korea (Samsung, LG), Japan (Sony, Panasonic) oder China. Gängig ist die Bauform 18650 (mit 18 Millimeter Durchmesser und 65 Millimeter Länge, die »0« bezeichnet die runde Bauform) oder die neuere und leistungsfähigere Generation 21700 (21 mal 70 Millimeter, runde Bauform), die üblicherweise auch zum Antrieb von E-Bikes verwendet wird. Die Bauform 18650 liefert bis zu 3 Ah, die 21700 bis zu 4 Ah. Diese Zellen sind übrigens frei verkäuflicher Standard.

Da jeder Hersteller seine eigene Steuerelektronik für seine Akkupacks verwendet, sind diese zwar für verschiedene Geräte desselben Herstellers, nie aber für Geräte anderer Hersteller nutzbar. Eine Normierung wird wohl auch in Zukunft nicht stattfinden. Denn, Stichwort Produkthaftung: Wer wäre im Zweifelsfall schuld, wenn der Akkupack nicht mehr funktionieren würde oder gar in Flammen aufginge – der Hersteller des Gerätes oder der Hersteller des Akkupacks?

Finanziell würde es sich für den Anwender durchaus lohnen, alle Akku-Geräte von einem einzigen Hersteller zu beziehen – schließlich kann ein leistungsstarker Akku samt Ladegerät mehr als die Hälfte des Komplettpreises ausmachen. Doch so einfach ist es leider nicht: Erstens hat nicht jeder Hersteller das komplette Geräte-Wunschpaket im Angebot, und zweitens passen manchmal sogar Akkus desselben Herstellers nicht in jedes ihrer Geräte. Es kann also passieren, dass man sich im Lauf der Jahre eine hübsche Sammlung an Ladegeräten und Akkus zulegt.

Akkus und Ladegeräte sind nicht genormt: Es kann also passieren, dass man sich im Lauf der Zeit eine hübsche Sammlung zulegt.

Der Ah-Effekt

Ah ist eine Maßeinheit, die angibt, welche Stromstärke (in A für Ampere) über welchen Zeitraum (in h für Stunde) abgegeben werden kann, die bei Akkus – physikalisch nicht ganz korrekt, denn diese Bezeichnung ist mit der Maßeinheit Farad eigentlich Kondensatoren vorbehalten – auch Kapazität genannt wird. Je größer die Kapazität, desto länger lässt sich mit einem Akkugerät unterbrechungsfrei arbeiten. Übrigens: Das maximale Drehmoment eines Gerätes hängt nicht von der Größe des eingesetzten Akkupacks ab. Da der maximale Entladestrom begrenzt wird, spielt es keine Rolle, wie viele Zellen sich im Akkupack befinden, der maximale Strom und damit die maximale Leistung bleibt gleich. Je mehr Zellen sich allerdings die Leistungsabgabe teilen können, umso weniger erhitzt sich die einzelne Zelle – was wiederum gut für die maximale Leistungsabgabe des gesamten Akkupacks ist. Also: Je mehr Ah, umso länger kann man ohne Nachladen arbeiten.

Wie viel Ah braucht denn nun der Mensch? Das kommt wie immer darauf an. Zum einen aufs Gerät, denn Winkelschleifer, Bohrhämmer und Handkreissägen sind wahre Energiefresser, Bohrschrauber beispielsweise geben sich deutlich genügsamer. Zum anderen natürlich auf die Projekte. Angenommen, ein Bohrschrauber mit einem 5-Ah-Akkupack schafft mit einer Ladung 450 Holzschrauben der Dimension 4,5 x 60. Ein Winkelschleifer mit Schruppscheibe und dem gleichen Akku hält vielleicht 15 bis 20 Minuten durch. 450 Holzschrauben sind eine ganze Menge, und in 15 bis 20 Minuten kann man viele Meter am Stück schruppen – wenn man das körperlich überhaupt ohne Pause durchhält.

Eigentlich ist »viel hilft viel« immer ein prima Motto. Aber eine durchaus bedenkenswerte Alternative sind zwei kleinere statt eines großen Akkus. Während der eine leergearbeitet wird, kann der andere geladen werden – was dank der üblichen Schnellladegeräte ohnehin meist in einer Stunde erledigt ist.

Weniger ist manchmal mehr: Die Entscheidung will wohlüberlegt sein – zwei kleine oder ein großer Akkupack?

Oder es können damit eben auch zwei Akkugeräte gleichzeitig betrieben werden. Diese Überlegung gilt allerdings nur für Akkuschrauber oder ähnlich genügsame Geräte. Wenn solche Leistungsfresser wie eine Kreissäge oder ein Winkelschleifer zur Akku-Gerätefamilie gehören, kommt man um große Akkus nicht herum. Diese Geräte nehmen nämlich einen 2,0-Ah-Akku schon mal gern zum Frühstück.

Mit steigender Zahl der Zellen wächst natürlich auch das Gewicht des Akkupacks. Ein Akku mit rund 5 Ah wiegt je nach Hersteller zwischen 600 und 700 Gramm, einer mit 3 Ah 400 Gramm.

Diese 300 Gramm Gewichtsunterschied können bei andauernden Arbeiten über Kopf durchaus spürbar werden.

Muss es wirklich ohne Kabel gehen?

Noch eine andere grundsätzliche Überlegung: Muss der schwere Bohrhammer im Privathaushalt wirklich ohne Steckdose auskommen können? Und wenn ohnehin etwas mit dem Gerät verbunden ist, wie zum Beispiel ein Staubsauger mit seinem Schlauch am Exzenterschleifer – stört dann eine zusätzliche Stromleitung wirklich? Vielleicht muss man nicht alles netzunabhängig betreiben. Zumal 230-Volt-Geräte preislich immer deutlich günstiger sind.

Für ein langes Li-Ion-Akkuleben:

- bei Nichtgebrauch in einem trockenen Raum mit 18 bis 25 Grad halb bis Dreiviertel geladen aufbewahren,
- nicht in praller Hitze arbeiten oder liegen lassen,
- einen heißen Akku vor dem Nachladen erst abkühlen lassen,
- nicht versuchen (warum auch immer), einen schon vollgeladenen Akku erneut zu laden,
- mechanische Belastungen vermeiden,
- alle ein bis zwei Monate ein Portiönchen nachladen. Li-Ion-Akkus vertragen 1000 Ladezyklen und mehr. Damit sind wirklich ganze Ladezyklen gemeint – eine halbe Ladung zählt also auch nur als halber Zyklus,
- nicht in feuchter Umgebung lagern oder gar im Regen liegen lassen. Die meisten Hersteller bauen die Akkupacks für den Einsatz in trockener Umgebung. Feuchtigkeit lässt die Kontakte korrodieren – und dann gibt's gefährliche Kurzschlüsse.

ELEKTRO-
MOTOREN.

**Wie funktioniert das Herzstück eines Elektro-Werkzeugs?
Braucht man einen EC-Motor? Und was ist überhaupt ein EC-Motor?
Hier folgen die Antworten.**

Die Funktionsweise eines Elektromotors beruht auf zwei Naturgesetzen. Erstens: Gleiche Magnetpole stoßen sich ab, ungleiche ziehen sich an. Zweitens: Ein von Gleichstrom durchflossener Leiter baut ein Magnetfeld auf. Eine Umpolung des Stroms kehrt auch seine Pole um, und wird der Strom abgeschaltet, ist auch das Magnetfeld weg.

Um sich gedanklich einen Elektromotor, genauer gesagt, einen Gleichstrommotor zu bauen, schnappt man sich ein drehbares Eisenteil, den »Anker«, umwickelt ihn mit isoliertem Kupferdraht und hat so schon einmal einen »Rotor« hergestellt. Dieser drehbare Rotor wird nun von einem entsprechend geformten Dauermagneten, den man »Stator« nennt, umschlossen. Und was passiert jetzt? Erstmal nichts.

Her mit der Kohle

Jetzt muss ja noch Strom durch die Drahtwicklung fließen, damit der Rotor sein Magnetfeld aufbauen kann. Dafür sind die beiden Drahtenden nach vorn auf die Welle auf einen Schleifring gelötet – eine Scheibe aus Kupfer, die aus zwei voneinander isolierten Segmenten besteht. Die Stromversorgung erfolgt dann über zwei Kohlebürsten, die an den Schleifring drücken. Diese Kohlebürsten sind leitfähige Grafite-Stücke, an die man Leitungen anschließen kann. Die Grafite-Stücke laufen über den Schleifring und übertragen so den Strom in die Spulen des Rotors.

Jetzt, Strom an. Der Anker wird magnetisch. Augenblicklich will sich der Rotor so ausrichten, dass sein Nordpol dem Südpol und sein Südpol dem Nordpol des Stators möglichst nahekommt. Kurz bevor aber der Rotor die Stellung mit der maximalen Anziehungskraft erreicht hat, wird die Stromrichtung umgekehrt. Dies erfolgt ganz automatisch, da sich der Schleifring ja mit dem Rotor mitgedreht hat und die beiden Kohlebürsten die Spule nun in der anderen Richtung mit Strom versorgen. Daher nennt man den Schleifring auch »Kommutator«, was von dem lateinischen Verb »commutare« stammt und vertauschen bedeutet. Die andere Stromrichtung polt also den Elektromagneten um, und jetzt stehen sich auf einmal gleiche Magnetpole gegenüber – was für sofortige Abstoßung sorgt. Den Schwung von eben noch mitnehmend, machen sich die Rotor-Pole weiter auf den

Rotor eines Kohlebürstenmotors: Im Bild ganz rechts ist der Schleifring zu sehen.

Weg zu ihren neuen ungleichnamigen Stator-Brüdern. Und so geht es Umdrehung für Umdrehung immer weiter. Ein geniales Prinzip, denn der Motor steuert sich selbst. Dieser gedankliche Elektromotor funktioniert tatsächlich in der Praxis. Allerdings wird er in der Wirklichkeit der Elektro-Werkzeuge mit Rotoren mit mindestens sechs und je nach Größe bis zu 18 Spulen hergestellt, um ein möglichst zuverlässiges Anlaufen und einen gleichförmigen Lauf zu ermöglichen. Denn: je mehr Pole, desto kürzer der Weg zum nächsten ungleichnamigen Pol. Dennoch hat diese Motoren-Bauart Nachteile: Die schleifenden Kohlebürsten heben bei der Bewegung ab, dabei entstehen Lichtbögen, die man »Bürstenfeuer« nennt. Die dabei entstehende Hitze zerstört auf lange Sicht den Kommutator. Auch mit ihrer Energieeffizienz sieht es nicht besonders gut aus, weil Motoren mit Kohlebürsten meist nur einen Wirkungsgrad von unter 70 Prozent haben. Motoren von Elektro-Werkzeugen, die mit 230 Volt betrieben werden und auch die meisten akkubetriebenen Werkzeuge werden aber immer noch von Motoren mit Kohlebürsten angetrieben.

Raus mit der Kohle

In den Hersteller-Katalogen finden sich zunehmend Geräte mit den Abkürzungen »BL« oder »EC«. In diesen Geräten arbeiten Motoren ohne Kohlebürsten, und bei ihnen ist der Konstruktionsspieß umgedreht: Die Wicklungen, also die Elektromagneten, befinden sich als Stator außen, innen dreht sich der Rotor, der jetzt nur noch aus dem Permanentmagneten

besteht. Da die Stromversorgung so nicht mehr an ein bewegliches Teil erfolgen muss, entfällt bei dieser Bauart der Schleifring samt Kohlen. Das erklärt die eine Abkürzung »BL«, was für brushless steht und übersetzt bürstenlos heißt. Der Entfall macht den Motor kürzer, was zum Beispiel einem Exzenterschleifer, bei dem der Motor senkrecht steht, eine flachere Bauart ermöglicht. Außerdem ist er leichter, leiser, verschleißärmer und hat einen Wirkungsgrad von bis zu 85 Prozent, was gut für das Haushalten mit der Akku-Laufzeit ist. Allerdings: Dieser Motor kann sich nicht selbst steuern. Das muss nun eine eigene Steuerelektronik übernehmen, die ihre Rückschlüsse aus den Meldungen der Sensoren zieht, die dafür am Rotor angebracht sind. Das erklärt die andere Abkürzung »EC«, was für electric commutated steht und elektronisch kommutiert heißt. Auch dies hat seinen Vorteil, denn die Steuerelektronik weiß somit immer ganz genau, in welcher Stellung sich der Rotor gerade befindet. So lässt sich der Motor auch bei niedrigsten Drehzahlen sehr gut regulieren. Der Nachteil dieser Bauart: Durch die zusätzliche Steuerelektronik ist solch ein BL– beziehungsweise EC-Gerät teurer als eins mit einem konventionellen Motor.

Als Argument, warum es unbedingt ein bürstenloser Motor sein muss, wird oft die Wartungsfreiheit genannt. Doch bis Kohlebürsten wirklich so verschlissen sind, dass sie ausgetauscht werden müssen, muss man als Heimwerker mit einer Maschine schon sehr, sehr lange arbeiten.

Flach, Mann: Die Verwendung eines kurzen EC-Motors ermöglicht niedrige Bauhöhen der Elektro-Werkzeuge.

BOHREN und SCHRAUBEN.

Bohrmaschine, Akkuschrauber, Bohrschrauber, Drehschlagschrauber – hört sich alles ähnlich an und ist es auch. Diese Werkzeuge beherrschen die Drehbewegung und gehören zur absoluten Grundausstattung eines jeden Profi-Heimwerkers.

Das erste Elektrowerkzeug der Welt war eine elektrische Bohrmaschine der schwäbischen Firma Fein. 1895 arbeitete man noch mit 110 Volt Gleichstrom, die Maschine leistete 50 Watt und erreichte eine Höchstdrehzahl von immerhin 1200/min. Von einer Handbohrmaschine konnte bei einem Gewicht von rund 7,5 Kilogramm allerdings noch nicht richtig die Rede sein.

Schwäbischer Erfindergeist anno 1895: Die erste Bohrmaschine der Welt stammte von der Firma Fein.

Bohrmaschine

Taucht in einem Katalog der Begriff »Bohrmaschine« auf, handelt es sich üblicherweise um ein netzbetriebenes Gerät. Die einfachste (und billigste) Form der Bohrmaschine hat eine Leistungsaufnahme von weniger als 500 Watt, verfügt über nur einen Gang und ist lediglich in der Drehrichtung umschaltbar. Sie liefert recht hohe Drehzahlen – entweder regelbar bis 2500, andere Ausführungen sogar bis 4000 Umdrehungen pro Minute – und eignet sich daher gut für kleinere Bohrungen in Holz oder weichem Metall.

Die Drehzahl der Bohrmaschine wird hier durch Drücken des Tasters geregelt. Bei steigender Belastung muss man mehr Gas geben, um die Drehzahl zu halten, da bei niedriger Drehzahl auch das Drehmoment der Maschine geringer ist. Das ist nicht nur lästig, sondern auch ungenau.
Netzbetriebene Bohrmaschinen der nächsthöheren Klasse haben eine Leistungsaufnahme zwischen 500 und 750 Watt und erreichen je nach Ausführung eine maximale Drehzahl zwischen 1600 und 2800 Umdrehungen pro Minute.

Stichwort maximale Drehzahl: Die Katalogangabe lautet immer »Leerlaufdrehzahl«. Das ist die Drehzahl, die das Gerät ohne Widerstand schafft. Unter Last sinkt diese Drehzahl – bei schwächeren Geräten mehr, bei stärkeren Geräten weniger. Mit den größeren Motoren dieser Leistungsklasse kann man auch größere Löcher in Holz bohren. In dieser Klasse findet sich auch schon das ein oder andere Gerät mit Zweiganggetriebe. Dann lässt sich damit im ersten Gang bei niedriger Drehzahl und mit etwas Gefühl notfalls auch schrauben.

In der Topliga der netzbetriebenen Bohrmaschinen gehört ein Zweiganggetriebe zur Standardausstattung. Die Leistungsaufnahme liegt zwischen 850 und 1500 Watt, das maximale Drehmoment im ersten Gang zwischen 35 und 50 Newtonmeter. Eine Regelelektronik erleichtert die Arbeit: Mit Hilfe dieses elektronischen Helferleins hält die Maschine die vorgegebene Drehzahl auch bei sich ändernder Belastung konstant. Das Drehmoment des Motors ist daher bei allen Drehzahlen konstant.

Dem aufmerksamen Leser wird es schon aufgefallen sein: Als typische Kenngröße dieser Geräte dient nicht etwa ihre Leistungsabgabe, sondern ihre Leistungsaufnahme. Dieser Wert bezeichnet die Leistung, die der Motor aufnehmen kann, bis sich seine Temperatur gegenüber der Zimmertemperatur um 90 Grad erhöht hat. Immerhin kann man daraus schließen: Je höher die Leistungsaufnahme, desto länger kann man ohne Überhitzung des Geräts arbeiten. Wegen dieser Definition ist aber kein seriöser Leistungsvergleich mit

Akkugeräten möglich, die sich, deutlich praxisgerechter, in ihrer Leistungsfähigkeit auf Angaben wie maximales Drehmoment und maximale Bohrdurchmesser in Holz und Metall beziehen. Allerdings gibt es hierfür keine verbindliche Messmethode, was einen Vergleich zwischen Geräten unterschiedlicher Hersteller schwer macht.

Akkuschrauber

Ein Akkuschrauber ist ein Gerät, das nur eins kann – nämlich schrauben. Verwirrenderweise dient diese Bezeichnung aber auch als Sammelbegriff für Akkugeräte, die schrauben und auch bohren können. Einfaches Unterscheidungsmerkmal: Ein reiner Schrauber verfügt gar nicht erst über ein Bohrfutter, sondern nimmt nur Sechskant-Schrauberbits auf. Da ein Akkuschrauber nur schrauben soll, braucht er lediglich ein hohes Drehmoment, aber keine hohen Drehzahlen. Für das hohe Drehmoment sorgt ein kräftig untersetztes Getriebe an einem vergleichsweise kleinen Motor. Das hält das Gerät kompakt, wodurch man wiederum auch an schlecht erreichbaren Stellen noch schrauben kann. Um diese Handlichkeit nicht zu zerstören, ist auch der verwendete Akku klein und liefert nur eine geringe Spannung. Diese Geräte eigenen sich hervorragend zum Beispiel zur Möbelmontage oder als ergänzendes Zweitgerät zu einer Bohrmaschine oder einem Akku-Bohrschrauber.

Sehr handlich: Ein Akkuschrauber ist die ideale Ergänzung zu einer Bohrmaschine oder einem Akku-Bohrschrauber. Hat man jemals einen besessen, möchte man ihn nicht mehr missen.

	Bosch GSR Mx2Drive
Akkuspannung	3,6 Volt
Akku-Kapazität	2,0 Ah
Motor	non brushless
Leerlaufdrehzahl	1. Gang 150 Umdrehungen pro Minute 2. Gang 0–580 Umdrehungen pro Minute
Drehmomentbegrenzung	keine
Max. Drehmoment	Holz 5 Newtonmeter Metall 10 Newtonmeter
Max. Bohrdurchmesser	Holz 5 Millimeter Metall keine Angabe
Gewicht (gerundet)	ohne Akku 440 Gramm mit 2,0 Ah Akku 510 Gramm
Werkzeugaufnahme	1/4" (6,3 Millimeter) Außenvierkant

Ungewöhnliche Lösung: Die Drehzahl ist nur in Stufe 2 regelbar, weiter gedrückt in Stufe 1 wird die Drehzahl langsam und konstant. Klarer Fall: erst schnell anschrauben, dann langsam festschrauben.

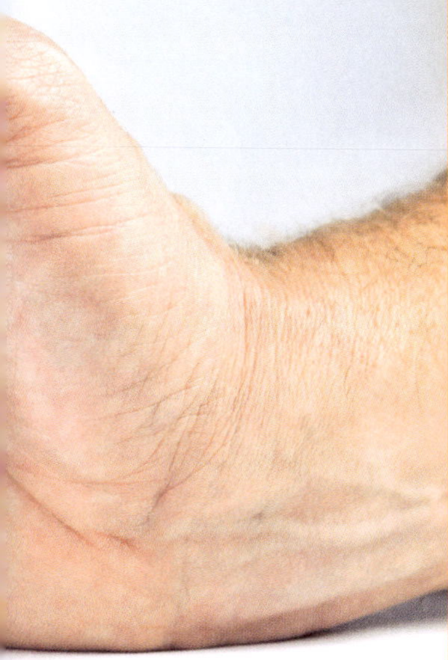

Bohrschrauber

Eine Bohrmaschine ist zum Bohren da, ein Akkuschrauber zum Schrauben. Doch immer wieder kreuzt man diese beiden Spezialisten – und heraus kommt die Promenadenmischung »Bohrschrauber«. Mit großem Erfolg, denn der Bohrschrauber ist auf dem besten Weg, die reinrassige Bohrmaschine zu verdrängen. Zum Schrauben benötigt man niedrige Drehzahlen und ein hohes Drehmoment, zum Bohren dagegen hohe Drehzahlen. So wird schon klar, dass der Begriff »Bohrschrauber« ähnlich optimistisch ist wie »luxuriöser Rennsportwagen«. Wie im Auto auch begegnen die Hersteller diesem Dilemma durch die Verwendung eines Getriebes: Im ersten Gang dreht der Bohrschrauber mit niedriger Drehzahl, aber viel Drehmoment, um Schrauben gefühlvoll eindrehen zu können. Im zweiten Gang ist die maximale Drehzahl drei- bis viermal höher, um Bohrungen zu erledigen.

Bei allen Bohrschraubern kann das maximale Drehmoment in mehreren Stufen begrenzt werden, damit zum Beispiel die Schraube nicht überdreht oder der Werkstoff beschädigt wird. Diese Ausstattung findet sich übrigens in keiner Bohrmaschine – was auch auf ihre begrenzte Tauglichkeit zum Schrauben hinweist. Die Drehmomentbegrenzung lässt sich auf zwei Arten realisieren: entweder durch eine mechanische Lösung mit einer Rutschkupplung – dann rattert das Gerät beim Erreichen des eingestellten Drehmoments einfach durch. Dieses Rattern ist zwar weder gut für empfindliche Oberflächen noch für die Mechanik der Maschine – aber mancher Anwender zieht diese Art der Rückmeldung vor. Bei der elektronischen Drehmomentbegrenzung wird die Tatsache genutzt, dass der Motor mit steigender Stromaufnahme reagiert, wenn am Schrauberbit ein steigendes Drehmoment auftritt. Die Steuerelektronik registriert dies und vergleicht den Wert mit der vorher eingestellten Drehmomentvorgabe. Beim Erreichen des vorgegebenen Wertes schaltet die Elektronik die Stromzufuhr zum Motor – meist verbunden mit einem Warnton – einfach ab. Die elektronische Art der

Drehmomentbegrenzung braucht für ihre Reaktion allerdings einen Tick länger als die mechanische Begrenzung benötigt.

Ein klarer Hinweis auf die Leistungsfähigkeit eines Bohrschraubers ist seine Betriebsspannung, wobei sich bei den Geräten mit wechselbaren Akkupacks in der Vergangenheit drei Spannungen etabliert haben; 10,8 Volt, 14,4 Volt und 18 Volt. Der erste Gang von Bohrschraubern der 10,8-Volt-Klasse dreht meist bis zirka 400, der zweite Gang bis 1400 Umdrehungen pro Minute. Die maximalen Drehmomente liegen dann beim harten Schraubfall bei 30, beim weichen Schraubfall bei 15 Newtonmeter.

Zur Erklärung: Der weiche Schraubfall ist das Eindrehen einer Schraube zum Beispiel in Holz, wobei es gegen Ende immer schwerer wird. Der harte Schraubfall ist das Eindrehen einer Schraube in Metall, wobei es erst ganz leicht geht, bis der harte Anschlag kommt. Schon ein so kleines Gerät kann man mit der Hand kaum noch am Drehen hindern.

Klein und leicht: Ein Akkuschrauber der 10,8-Volt-Klasse ist schon recht kräftig, wiegt aber rund 500 Gramm weniger als ein vergleichbares Gerät mit 18 Volt.

	Makita DF331DSMJ
Akkuspannung	10,8 Volt
Akku-Kapazität	4,0 Ah
Motor	non brushless
Leerlaufdrehzahl	1. Gang 0–450 Umdrehungen pro Minute 2. Gang 0–1700 Umdrehungen pro Minute
Drehmomentbegrenzung	mechanisch in 18 Stufen
Max. Drehmoment	Holz 14 Newtonmeter Metall 30 Newtonmeter
Max. Bohrdurchmesser	Holz 21 Millimeter Metall 10 Millimeter
Gewicht (gerundet)	ohne Akku 930 Gramm mit 4,0 Ah Akku 1280 Gramm
Bohrfutter-Spannbereich	0,8 bis 10 Millimeter

Groß und schwer: Der 18-Volt-Kollege bringt dafür eine ganze Menge Newtonmeter mehr auf die Spindel.

	Makita DDF485RTJ
Akkuspannung	18 Volt
Akku-Kapazität	5,0 Ah
Motor	brushless
Leerlaufdrehzahl	1. Gang 0–500 Umdrehungen pro Minute 2. Gang 0–1900 Umdrehungen pro Minute
Drehmomentbegrenzung	mechanisch in 21 Stufen
Max. Drehmoment	Holz 27 Newtonmeter Metall 50 Newtonmeter
Max. Bohrdurchmesser	Holz 38 Millimeter Metall 13 Millimeter
Gewicht (gerundet)	ohne Akku 1080 Gramm mit 5,0 Ah Akku 1710 Gramm
Bohrfutter-Spannbereich	1,5 bis 13 Millimeter

Die richtige Drehzahl für die Bohrmaschine

Bohrer-Durchmesser	3 mm	5 mm	8 mm	10 mm	12 mm
Material					
Weichholz	4500	3500	2600	2300	2000
Hartholz	4000	3200	2400	2000	1600
Kunststoff	3000	2400	1800	1500	1200
Aluminium	4500	3500	2600	2300	2000
Kupfer	4000	3200	2400	2000	1600
Baustahl	2000	1600	1200	1000	800
Edelstahl	1800	1200	700	600	500

Die Angaben sind Richtwerte und setzen scharfe Bohrer voraus.

Die Klasse der 14,4-Volt-Geräte wird wegen der gestiegenen Leistungsfähigkeit der kleineren Klasse kaum noch weiterentwickelt, so dass hier gleich von der 18-Volt-Klasse die Rede sein soll. Geräte in dieser Spannungsklasse drehen im zweiten Gang meist etwas höher, so um die 1800 bis 2100 Umdrehungen pro Minute. Das ist für Bohrungen in Bau- oder Edelstahl völlig ausreichend, für andere Werkstoffe manchmal aber immer noch zu wenig. Eine optimale Bohrung in Weichholz oder Aluminium mit 5 Millimeter Durchmesser zum Beispiel verlangt nach einer Drehzahl von 3500/min. Diese Werte erreichen nur netzbetriebene Bohrmaschinen oder Akku-Bohrschrauber mit drei oder vier Gängen. Ja, die gibt es auch.

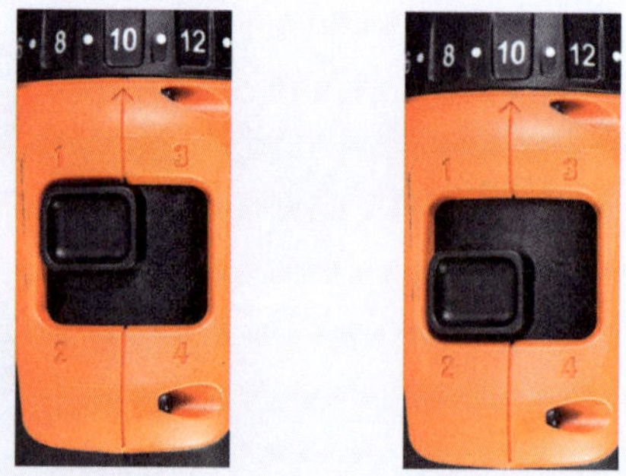

Leicht zu merken: Das Schema der Gänge entspricht der »H-Schaltung« eines Autos mit Handschaltgetriebe.

	Fein ASCM 18 QSW
Akkuspannung	18 Volt
Akku-Kapazität	2,5 Ah
Motor	brushless
Leerlaufdrehzahl	1. Gang 0–400 Umdrehungen pro Minute 2. Gang 0–700 Umdrehungen pro Minute 3. Gang 0–1400 Umdrehungen pro Minute 4. Gang 0–2500 Umdrehungen pro Minute
Drehmomentbegrenzung	mechanisch in 20 Stufen
Max. Drehmoment	Holz 20 Newtonmeter Metall 40 Newtonmeter
Max. Bohrdurchmesser	Holz 50 Millimeter Metall 25 Millimeter
Gewicht (gerundet)	ohne Akku 1150 Gramm mit 2,5 Ah Akku 1600 Gramm
Bohrfutter-Spannbereich	1,5 bis 13 Millimeter

Hier wird das Arbeitsfeld mit einer LED von unten beleuchtet.

Tauschgeschäft: Durch das QuickIN-System ist das Vollmetall-Bohrfutter bei Bedarf schnell gegen einen Bithalter oder den Metall-Winkelkopf gewechselt.

Die maximalen Drehmomente beginnen in der 18-Volt-Klasse beim weichen Schraubfall bei rund 25 Newtonmeter, mit denen sich auch schon dicke und lange Schraubenkaliber problemlos eindrehen lassen. Die Monster dieser Klasse schaffen 60 Newtonmeter und können beispielsweise eine 60 Zentimeter lange 10er Spax-Schraube ohne Vorbohren einschrauben.

Kraftprotz: Auch Monsterschrauben sind für einen schweren Akkuschrauber kein Problem – gerne auch viele hintereinander. Aber dann niemals ohne Zusatzhandgriff arbeiten.

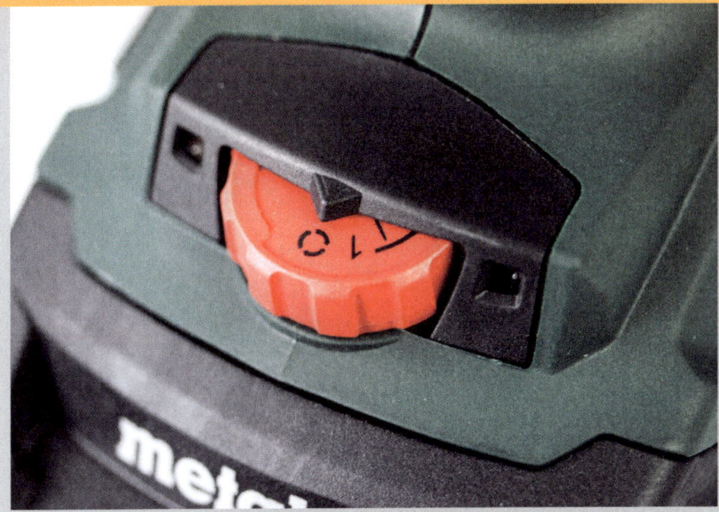

Ruck für Ruck: Der einstellbare Impulsbetrieb ermöglicht zum Beispiel das Lösen besonders festsitzender Schrauben. Direkt daneben sitzen zwei LEDs für die Beleuchtung des Arbeitsfelds.

	Metabo BS 18 LTX BL Q I
Akkuspannung	18 Volt
Akku-Kapazität	5,5 Ah
Motor	brushless
Leerlaufdrehzahl	1. Gang 0–500 Umdrehungen pro Minute 2. Gang 0–1850 Umdrehungen pro Minute
Drehmomentbegrenzung	elektronisch in 10 Stufen
Max. Drehmoment	Holz 60 Newtonmeter Metall 120 Newtonmeter
Max. Bohrdurchmesser	Holz 65 Millimeter Metall 13 Millimeter
Gewicht (gerundet)	ohne Akku 1450 Gramm mit 5,5 Ah Akku 2440 Gramm
Bohrfutter-Spannbereich	1,5 bis 13 Millimeter

Bei solchen Drehmomenten muss der Anwender auch schon sehr auf die Unversehrtheit seiner Handgelenke achten und unbedingt den beigelegten Zusatzhandgriff benutzen. Besonders vorsorgliche Geräte verfügen über eine Drehstoppfunktion, die das Gerät abschaltet, sobald es einen Ruck gibt.

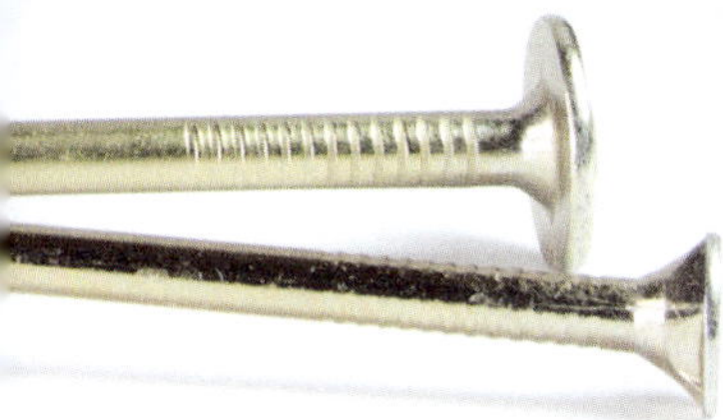

Drehschlagschrauber

Ursprünglich wurden Akku-Drehschlagschrauber, oft auch »Impact-Schrauber« oder nur »Akku-Schlagschrauber« genannt, vor allem im Metallbau wegen der Zeitersparnis eingesetzt: Schraube ansetzen, mit der hohen Leerlaufdrehzahl einschrauben, bis sich bei erhöhtem Widerstand das langsame Drehschlagwerk einschaltet, etwas weiterschlagen lassen – fertig. Wie funktioniert das? Bei Drehschlagschraubern wird der Schlag in Drehrichtung (radial) und nicht wie bei einer Schlagbohrmaschine nach vorn (axial) ausgeführt. Das hat den Vorteil, dass die Maschine sehr hohe Drehmomente bei nur sehr geringen Rückdrehmomenten aufbringen kann. Der Nachteil: Durch das geringe Rückdrehmoment kann der Anwender kaum fühlen, was dort vorn eigentlich passiert. Die maximalen Drehmomente von Akku-Schlagschraubern beginnen bei rund 100 Newtonmetern, die meisten Geräte tummeln sich in der Region von 150 bis 200 Newtonmeter, und die Kraftprotze dieser Gerätegattung erreichen bis zu 1000 Newtonmeter. Nur zum Vergleich: Die Radschrauben eines ausgewachsenen Kiesladers verlangen nach rund 600 Newtonmeter Anzugsdrehmoment. Beim Kauf eines Drehschlagschraubers sollte man daher gleich auch Impact-Bits mitnehmen, da normale Bits und Bithalter vor dieser Gewalt kapitulieren und schnell abreißen können.

Es gibt zwar auch einige Geräte in der 10,8-Volt-Klasse, aber die Mehrheit der Geräte wird in der 18-Volt-Klasse angeboten. Gängig sind Werkzeug-Aufnahmen mit 1/4 Zoll (6,3 Millimeter) Innensechskant oder 1/2 Zoll (12,5 Millimeter) Außenvierkant, seltener gibt es auch den 3/8 Zoll (10 Millimeter) Außenvierkant. Die Werkzeuge mit Innensechskant treiben Bits an und werden daher hauptsächlich für Schraubanwendungen in Holz eingesetzt. Die Geräte mit Außenvierkant sind für den Antrieb von Stecknüssen gedacht und eher für metallische Arbeiten geeignet. Am Markt gibt es elektronisch geregelte Ein- oder Zweigang-Maschinen mit einer maximalen Leerlaufdrehzahl zwischen 1500 und 3500 Umdrehungen pro Minute, die sich, je nach Größe, zum Eindrehen von Gewindeschrauben der Größe M4 bis M30 eignen.

	Metabo SSW 18 LTX 400 BL
Akkuspannung	18 Volt
Akku-Kapazität	4,0 Ah
Motor	brushless
Leerlaufdrehzahl	0–2150 Umdrehungen pro Minute
Max. Schlagzahl	4250 Umdrehungen pro Minute
Drehzahl-/ Drehmomentstufen	12
Max. Drehmoment	400 Newtonmeter
Gewicht (gerundet)	mit 4,0 Ah Akku 1700 Gramm
Werkzeugaufnahme	1/2" (12,7 mm) Außenvierkant

Stark im Kommen: Drehschlagschrauber erobern sich neue Anwendungsbereiche.

Ein Drehschlagschrauber eignet sich nicht nur zum Anziehen von Schrauben im Metallbau, sondern auch hervorragend zum Lösen festsitzender Schraubverbindungen. In ausgenudelten Köpfen von Kreuzschlitzschrauben zentriert sich das Bit durch die vielen kleinen Drehschlagimpulse immer wieder neu und bekommt so immer wieder Grip. Auch das Lösen von Schraubverbindungen ohne die Möglichkeit des Gegenhaltens wie bei Muttern von Gelenkwellen oder Riemenscheiben – Autoschrauber wissen, wovon hier die Rede ist – geht mit einem Drehschlagschrauber wunderbar. Ebenso ist das Lösen von Auto-Radschrauben in Verbindung mit Impact-Nüssen ist ein bevorzugter Einsatzzweck. Womit, zumindest für diesen Zweck, der Kompressor samt Druckluftschrauber eine sehr ernstzunehmende Konkurrenz bekommen hat.

Bisher war immer vom Lösen von Schraubverbindungen, nicht aber vom Festziehen die Rede – und das hat seinen Grund. Bei einem Drehschlagschrauber bestimmt nämlich nur die Dauer des Drehschlags das Anzugsmoment, und auf diese Weise ist kein drehmomentgenaues Arbeiten möglich. Wer also zum Beispiel mit einem zu starken Drehschlagschrauber zu lange auf seinen Pkw-Radschrauben herumrattert, riskiert das Abreißen der Schraube oder im schlimmsten Fall den Bruch der Felge. Daher: zum Lösen geeignet, zum Anziehen nicht. Viel hilft eben doch nicht immer viel. Das gilt es auch bei der Auswahl des geeigneten Geräts zu bedenken.

Mittlerweile benutzen viele Anwender den Drehschlagschrauber aber auch für ganz artfremde Einsätze wie zum Beispiel dem Bohren in Holz oder Metall – und sind zunehmend begeistert. Für das Bohren in Holz eignen sich Flachbohrer hervorragend, da sie robust und unempfindlich und an ihrem Ende bereits mit dem passenden Sechskant-Schaft im 1/4-Zoll-Format (6,3 Millimeter) versehen sind. Die Kombination »Drehschlagschrauber/Flachbohrer« hört sich nicht nur gut an, sondern arbeitet auch so, als hätten die beiden Gerätschaften nur aufeinander gewartet.

Allerdings nur für den Fall, wenn es gilt, schnell viele Sacklöcher herzustellen. Bei Durchgangs-

löchern gilt nach wie vor, dass der Flachbohrer auf der Austrittseite ein Bild der Verwüstung hinterlässt. Zum Bohren gibt es mittlerweile aber auch schlagfeste HSS-Universal-Bohrer mit Sechskant-Schaft (auch »Hex-Schaft« genannt), mit denen sich schnellere Arbeitsfortschritte erzielen lassen. Die Präzision lässt damit allerdings zu wünschen übrig.

Auslaufmodell: das alte Zahnkranzbohrfutter mit Bohrfutterschlüssel.

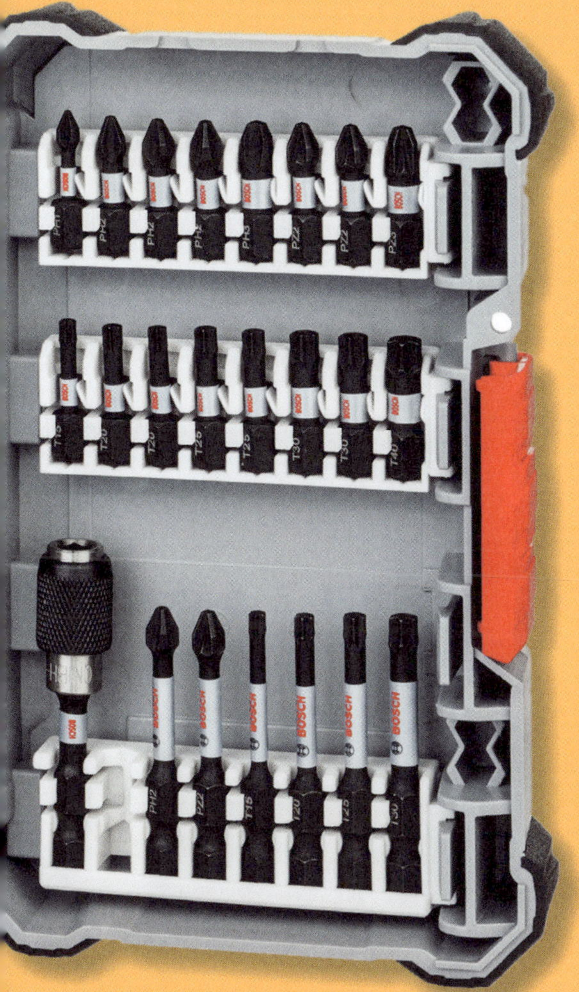

Mit Sechskantschaft: Solche Bohrer vertragen auch Drehschläge und sind daher für den Einsatz in Schlagschraubern geeignet.

Gut im Futter

Das alte Zahnkranzbohrfutter ist glücklicherweise ein Auslaufmodell und wird nur noch bei sehr leistungsstarken oder sehr günstigen Geräten verwendet. Seine konstruktionsbedingten Nachteile haben schon Generationen von Schraubern geärgert: Entweder war der Bohrfutterschlüssel nicht zu finden, oder der dünne Bohrer saß schief im Futter oder der Bohrer drehte bei der Arbeit im Futter durch.

Zeit ist Geld: Mit dem Schnellspannfutter ist der Bohrer ohne Werkzeug blitzschnell getauscht. Und ebenso schnell ist das Bohrfutter durch den Centrotec Bithalter ausgewechselt.

Die heute verbreiteten Schnellspannfutter – die Bezeichnung dafür enthält bei den verschiedenen Herstellern oft ein englisches »fast« oder »quick« – benötigen keinen Bohrfutterschlüssel mehr, und so funktioniert auch das Zentrieren von Bohrern viel leichter. Da sich ein Schnellspanfutter quasi von selbst festzieht, ist auch ein Durchdrehen des Bohrers, zumindest bei Qualitäts-Werkzeugen, eher selten geworden.

Die Handhabung ist simpel und schnell: Maschine auf Einschrauben stellen (also auf Drehung im Uhrzeigersinn), Bohrer einsetzen, mit einer Hand das Bohrfutter außen festhalten und dann die Maschine anlaufen lassen. Das Lösen des Bohrfutters funktioniert in umgekehrter Reihenfolge und mit der anderen Drehrichtung der Maschine.

Richtungsweisend: Sitzt die Arbeitsfeldbeleuchtung oben, ist auch beim Arbeiten unter beengten Verhältnissen immer Licht vorhanden.

Immer im Blick: Akku-Ladezustandsanzeige im Gerät statt im Akkupack.

	Festool T18+3
Akkuspannung	18 Volt
Akku-Kapazität	5,2 Ah
Motor	brushless
Leerlaufdrehzahl	1. Gang 0–450 Umdrehungen pro Minute 2. Gang 0–1500 Umdrehungen pro Minute
Drehmomentbegrenzung	elektronisch in 25 Stufen
Max. Drehmoment	Holz 35 Newtonmeter Metall 50 Newtonmeter
Max. Bohrdurchmesser	Holz 45 Millimeter Metall 13 Millimeter
Gewicht (gerundet)	ohne Akku 1250 Gramm mit 5,2 Ah Akku 1970 Gramm
Bohrfutter-Spannbereich	1,5 bis 13 Millimeter

Aufsatz, wechsel' Dich

Vorbei sind die Zeiten, als sich an der Spitze einer Bohrmaschine oder eines Bohrschraubers ausschließlich ein Bohrfutter befand. Bei einigen Geräten, oft mit einem Namenszusatz wie »Fast«, »Fix«, Click« »Quick« oder »Flexi« versehen, lässt sich das Bohrfutter blitzschnell zum Beispiel gegen einen Winkelaufsatz tauschen, der das Bohren oder Schrauben ums Eck ermöglicht. Oder gegen einen Exzenteraufsatz, der randnahe Schraubarbeiten möglich macht. Oder gegen einen Bithalter, der das schnelle Einsetzen und einfache Wechseln von Schrauberbits ermöglicht.

Das richtige Gerät

Noch einige grundsätzlichen Überlegungen zur richtigen Entscheidung: Mit einem netzbetriebenen Gerät hängt man zwar ewig an der Strippe – dafür muss man aber auch keinen schweren Akkupack mittragen. Wenn es ein Bohrschrauber werden soll: Der Akkupack samt Ladegerät macht oft die Hälfte des Geräte-Kaufpreises aus – die meiste Auswahl gibt es mittlerweile in der starken 18-Volt-Klasse. Wer kein leidenschaftlicher Sammler von Akkupacks und Ladegeräten werden möchte, sollte also vor der Anschaffung eines Bohrschraubers auch das restliche Sortiment des Herstellers unter die Lupe nehmen, welche Geräte sonst noch mit diesem Akkupack betrieben werden könnten. Denn eins ist sicher: Das nächste Werkzeug kommt bestimmt.

	Bosch GSR 12V-15 FC
Akkuspannung	10,8 Volt
Akku-Kapazität	2,0 Ah
Motor	non brushless
Leerlaufdrehzahl	1. Gang 0–400 Umdrehungen pro Minute 2. Gang 0–1300 Umdrehungen pro Minute
Drehmomentbegrenzung	mechanisch in 20 Stufen
Max. Drehmoment	Holz 15 Newtonmeter Metall 30 Newtonmeter
Max. Bohrdurchmesser	Holz 19 Millimeter Metall 10 Millimeter
Gewicht (gerundet)	ohne Akku 640 Gramm mit 2,0 Ah Akku 820 Gramm
Bohrfutter-Spannbereich	1,0 bis 10 Millimeter

Große Vielfalt: Die FlexiClick-Aufsätze machen den Akkuschrauber zum Spezialisten für viele Anwendungsbereiche.

Immer im Blick: Akku-Ladezustandsanzeige im Gerät statt im Akkupack.

Ein guter Bohrschrauber ...

››› sitzt in der Hand wie ein maßgeschneiderter Schuh am Fuß – Größe und Breite des Griffs passen perfekt in die Hand des Bedieners. Das lässt sich beim Kauf im Internet beim besten Willen nicht feststellen,

››› hat einen Akkupack, der an seiner Unterseite gummiert ist. Dies lässt ihn auch auf schrägen Flächen sicher stehen und verursacht keine Kratzer. Außerdem gibt der Akkupack auf Knopfdruck Auskunft über seinen Ladezustand,

››› lässt sich allein mit der Bedienhand in seiner Drehrichtung leicht umschalten,

››› hört sich gut an und ist nicht zu laut – lieber erstmal probehören,

››› beleuchtet die Bohrstelle, entweder mit einer LED im Gerät oder im Akku, und leuchtet auch nach dem Abschalten noch einige Zeit nach,

››› ist mittels Systemzubehör wie einem Winkel- oder Exzenteraufsatz erweiterbar.

Eigentlich klar, aber ...

››› den Schrauber gerade auf die Schraube setzen und mit beiden Händen halten – eine Hand führt, die andere drückt,

››› bei starken Schraubern und hohen Drehmomenten zusätzlichen Handgriff verwenden, denn die Schrauber können wirklich sehr, sehr kräftig sein. So kräftig, dass sie einen Schraubenkopf tief ins Holz ziehen können. Daher am besten vorher eine Probeschraubung mit zunächst niedriger Drehmomenteinstellung an versteckter Stelle machen.

BITS.

Die kleinen Helferlein haben ihren Siegeszug durch die Werkzeugkästen angetreten und sind ungeheuer nützlich. Auch hier kann etwas Fachwissen nicht schaden.

Die Auswahl eines geeigneten Bits für einen bestimmten Anwendungsfall ist gar nicht so einfach. Hart oder weich? Lang oder kurz? Betätigung durch ein Hand- oder ein Elektrowerkzeug? Elektrisch isoliert oder nicht? Das alles gibt es nämlich.

Vielfalt: Es gibt Bits zum Beispiel in 25 oder 49 Millimeter Länge.

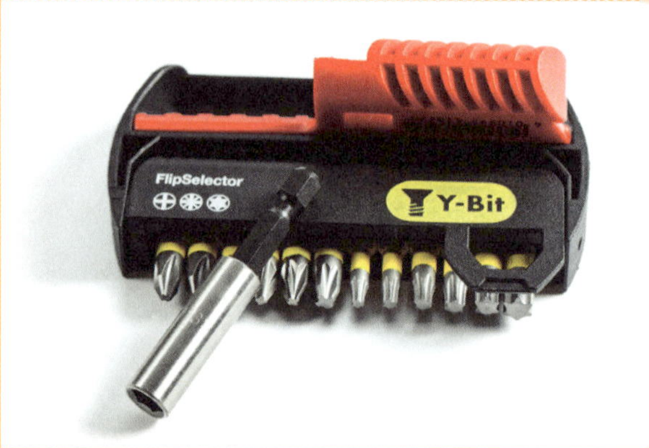

Gute Idee: Die Bits für weiche Schraubfälle sind bei Wiha mit einem »Y« gekennzeichnet, da das »Y« einer Senkkopfschraube von der Seite ähnelt.

Bits für die Hand

Diese Variante ist für die manuelle Betätigung durch ein Schraubwerkzeug gedacht. Diese Bits sind zum Beispiel in Griffen oder Aufnahmen von Magazin-Bithalter-Schraubendrehern (oft auch »Universalschraubendreher« genannt), oder in kleinen Knarrenkästen zu finden. Die gängigste Ausführung ist ein Sechskantbit der Größe 1/4 Zoll (6,35 Millimeter) mit 25 Millimeter Länge. Es gibt aber auch Langbits mit einer Länge von 50, 73 oder auch 89 Millimeter.

Die gängigsten Profile sind Schlitz, PH, PZ, TX und Innensechskant. Daneben gibt es noch eine Menge an ganz speziellen Profilen, zum Beispiel TORX PLUS® oder Tri-Wing für besondere Anwendungsbereiche. Für spezielle Anwendungen, wie zum Beispiel im Elektrohandwerk, gibt es dazu auch noch sogenannte slimBits. Diese sind deutlich schmaler, um auch tiefliegende Schrauben zu erreichen und verfügen über eine Schutzisolierung, die spannungssicheres Arbeiten erlaubt.

Bits für die Maschine

Zur Erinnerung: Beim Eindrehen einer Schraube in Holz wird es gegen Ende immer schwerer. Beim Eindrehen einer Gewindeschraube in Metall geht's dagegen erst ganz leicht – bis am Ende der harte Anschlag kommt. Zur ersten Anwendung sagt der Profi »weicher Schraubfall«, bei der zweiten weiß er: »harter Schraubfall«. Für einen weichen Schraubfall ist ein knüppelhartes, standfestes Bit optimal. Bei einem harten Schraubfall lebt ein Bit dagegen deutlich länger, wenn es den Ruck des Anschlags abfedern kann. Daher heißen geeignete Bits »Torsionsbits«, und die Eigenschaft des Stahls, aus dem sie hergestellt sind, nennt sich zähhart. Die Funktion des Abfederns kann übrigens auch ein spezieller Bithalter übernehmen.

Verschiedene Einsatzzwecke erfordern prinzipiell also verschiedene Bits. Verlangt man aber in einem Werkzeuggeschäft nach einem Bit beispielsweise der Größe TX 6, wird der Verkäufer vielleicht gar nicht danach fragen, was man damit anstellen möchte. Das Bit der Größe TX 6, das er dann auf den Tresen legt, ist höchstwahrscheinlich ein Universalbit, denn auch diese gibt es.

Besonders robust sind Bits, bei denen etwas mit »Impact« in der Bezeichnung vorkommt, denn diese sind extra für Schlagschrauber konstruiert. Dann gibt es noch Bits aus Edelstahl, da der Abrieb von handelsüblichen Stahlbits auch auf Edelstahlschrauben Rost hinterlassen würde. Oder Bits mit diamantbeschichteter Spitze, um die Abrutschgefahr zu vermindern. Oder solche mit einem extra schmalen Schaft, um Schrauben tief unter die Oberfläche zu versenken. Man sieht: kleine Teile, Riesen-Auswahl.

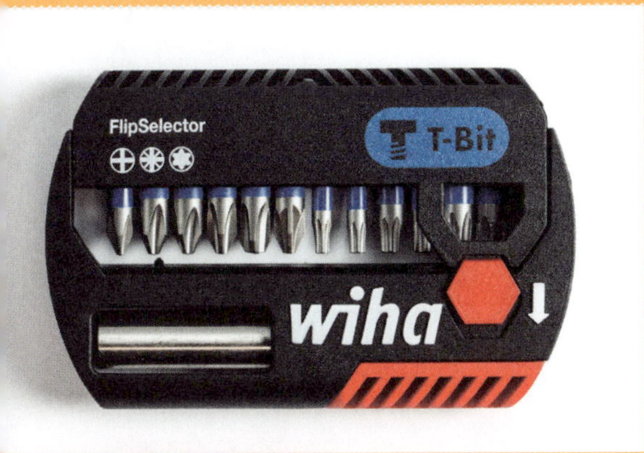

Für harte Fälle: Torsionsbits sind bei Wiha mit einem »T« gekennzeichnet, denn das »T« sieht einer Gewindeschraube von der Seite ähnlich.

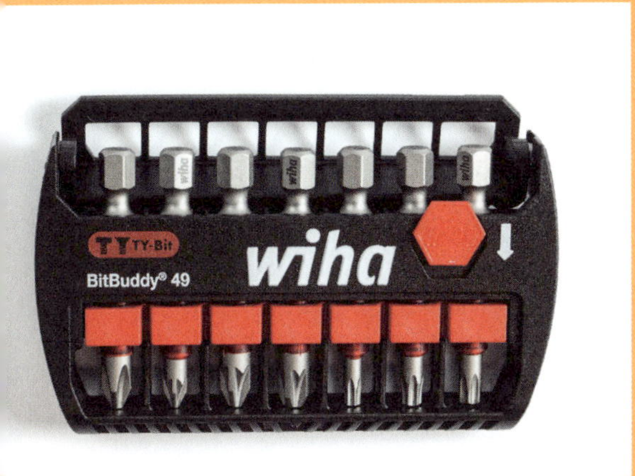

Konsequent: Universalbits heißen bei Wiha »TY«-Bits, eine Kombination aus »T«- und »Y«-Bit.

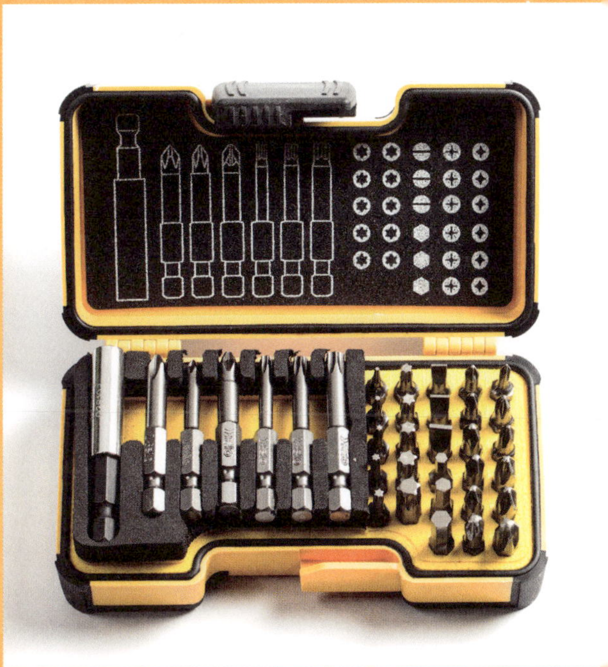

Große Auswahl: Bitsortimente gibt es in unzähligen Ausführungen – hier von Felo im robusten Köfferchen.

BOHRER.

Ein gut funktionierender Bohrer kann Glücksgefühle auslösen, wenn er sich wie durch Butter in das Material frisst. Ein falscher Bohrer macht einfach nur sauer. Hier eine kleine Anleitung zum Glücklichsein.

Bohrer führen oft ein Schattendasein in der Werkstatt. Abgebrochene Bohrer werden nicht ersetzt, stumpfe Bohrer wieder ins Sortiment gesteckt – so wird das nichts mit dem glücklichen Bohren. Aber erstmal ein bisschen Basiswissen: Bohrer lassen sich in vier Kategorien einteilen – Metallbohrer, Holzbohrer, Steinbohrer und Universalbohrer.

Heavy Metal

Die Spitze eines Metallbohrers ist kegelförmig und hat zwei scharfe Schneiden. Die üblichen Metallbohrer bestehen aus HSS, was die Abkürzung für Hochleistungs-Schnellarbeits-Stahl ist. Sie eignen sich für den Einsatz bei Metallen wie Kupfer, Messing, Aluminium oder Zink.

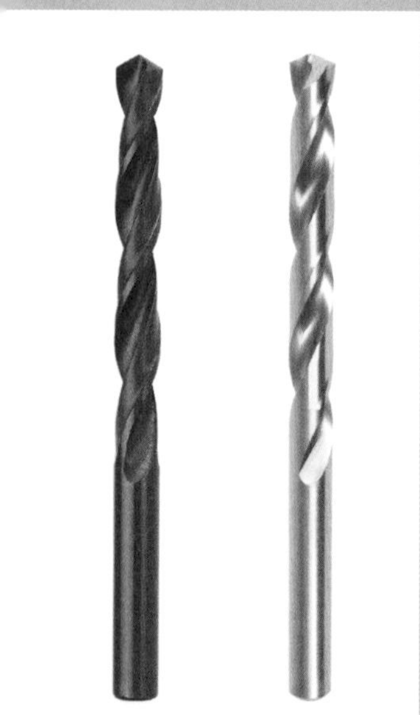

Gerollt oder gewalzt: Rollgewalzte Bohrer (links) taugen eher für die Handbohrmaschine, geschliffene Bohrer für die Standbohrmaschine.

Grundsätzlich unterscheidet man zwischen rollgewalzten und geschliffenen Bohrern. Für die rollgewalzten Bohrer erhitzt man den Metallrohling und walzt den Stahl. Die gewalzten Bohrer erkennt man ihrer grauen oder schwarzen Färbung, ihre gängige Bezeichnung lautet HSS-R. Geschliffene Bohrer hingegen werden aus einem Metallrohling gefräst. Sie sind meistens silbern und werden mit HSS-G bezeichnet.

Rollgewalzte Bohrer sind in Grenzen flexibel, bohren ungenauer als geschliffene Bohrer und sind daher eher für den Einsatz in Handbohrmaschinen geeignet. Ein geschliffener Bohrer bohrt viel präziser, kann aber leichter brechen und ist daher besser für den Einsatz in Standbohrmaschinen geeignet.

Für besonders harte Werkstoffe gibt es spezielle Bohrer, die entweder mit Titan-Nitrid beschichtet sind oder aus einer Cobalt-Legierung bestehen. Für ihren höheren Preis belohnen sie mit einer längeren Haltbarkeit und einer höheren Hitzebeständigkeit als reine HSS-Bohrer.

Bohrer mit einer Titan-Nitrid-Beschichtung, auf der Verpackung mit »TiN« gekennzeichnet und an ihrer goldenen Farbe erkennbar, eignen sich für Guss- oder Schmiedeeisen und unlegierten Bau- oder Werkzeugstahl. Auch für Bohrungen in Kunststoff sind Bohrer mit Titan-Nitrid-Beschichtung die richtige Wahl. Allerdings: Um einen thermoplastischen Kunststoff zu bohren, braucht man für ein sauberes Loch einen Bohrer mit scharfen Schneiden, also ein brandneues Exemplar. Duroplastische Kunststoffe sind da nicht so anspruchsvoll. Zur Unterscheidung: Thermoplaste sind elastisch und schmelzen bei Erhitzung, Duroplaste sind hart und schmelzen nicht.

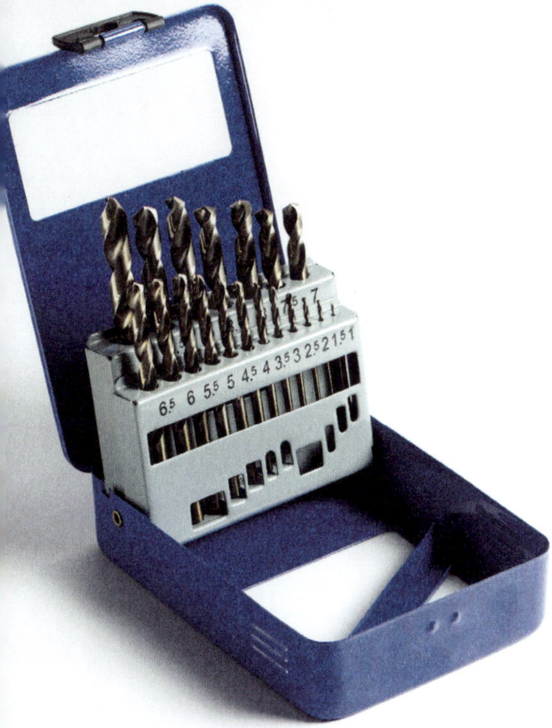

Bestens gerüstet: Mit solch einem Set Cobalt-legierter Bohrer (erkennbar an der goldenen Farbe) kann man auch hartem Edelstahl zu Leibe rücken.

Zweischneidig: Die Spitze von Metallbohrern ist kegelförmig und besitzt zwei scharfe Schneiden.

Ganz und gar ungeeignet sind TiN-Bohrer dagegen für den Einsatz in Aluminium, da sich, chemisch gesehen, Titan und Aluminium zueinander hingezogen fühlen. In der für sie anregenden Atmosphäre von Druck und Hitze lagert sich Aluminium in die nur wenige Mikrometer dünne Beschichtung ein, was den Bohrer so stumpf macht, dass er unbrauchbar wird.
Bohrer aus einer fünfprozentigen Cobalt-Legierung (»Co5«) sind für die ganz harten Fälle wie legierter Stahl, Edelstahl, Federstahl gemacht. Ein normaler HSS-Bohrer versucht sich vergeblich an einem V2A-Blech: Im Normalfall überhitzt er, läuft als Zeichen seiner Kapitulation blau an und ist dann reif für die Schrottkiste. Dies gilt übrigens für jeden blau angelaufenen Bohrer.

Materialien wie Grauguss, Temperguss oder Hartguss kann sowohl mit TiN- als auch mit Co-Bohrern zu Leibe gerückt werden.

Qualität vor Quantität: lieber nur einige wenige Holzbohrer kaufen, dafür aber dann von guter Qualität.

Pieker: Holzbohrer haben eine Zentrierspitze, damit der Bohrer nach dem Ansetzen nicht mehr verlaufen kann.

Gut Holz

Ein Holzbohrer hat eine Zentrierspitze, mit der man zum zielgerichteten Ansetzen des Bohrers in das Holz pieken kann. Er kann ausschließlich für Holz verwendet werden, jedes andere Material macht ihm den Garaus. Da auch Holz sehr hart sein kann, zum Beispiel Bangkirai, sollte man auch beim Kauf von Holzbohrern auf Qualität achten. Einfachstes Unterscheidungsmerkmal: der Preis.

Auch bei Steinbohrern ist weniger meist mehr: Mit den Größen 5, 6, 8 und 10 ist man schon für die meisten Fälle gerüstet.

Draufgänger: Stein kann man nicht schneiden, sondern nur zertrümmern. Das erledigt die Hartmetallplatte an der Spitze des Steinbohrers.

Steinbeißer

Ein Steinbohrer hat an der Spitze eine besonders widerstandsfähige, angelötete Hartmetallplatte. Bei Bohrern für Mauerwerk, Beton oder Stein ist diese Spitze stumpf, denn der Bohrer kann dieses Material nicht schneiden, sondern, oft mit der Hilfe eines Schlagbohrwerks, eher zerknuspern. Bohrer für Ziegel, Fliesen oder Granit dagegen haben eine geschliffene Spitze und werden nie, aber wirklich niemals mit der Schlagfunktion der Bohrmaschine betrieben.

Einer für alle

Wie bei vielen Werkzeugen gibt es auch bei Bohrern eine angeblich eierlegende Wollmilchsau: den Universalbohrer. Und wie bei eigentlich allen Universalwerkzeugen gilt auch hier: kann von allem etwas, aber nichts wirklich richtig. Daher soll an dieser Stelle auf diese Sorte Bohrer erst gar nicht weiter eingegangen werden: Metallbohrer für Metall, Holzbohrer für Holz, Steinbohrer für Stein – basta.

Ganz speziell

Wie sollte es anders sein – auch bei den Bohrern gibt es natürlich Spezialisten. Da wäre zum Beispiel der Forstnerbohrer, benannt nach seinem amerikanischen Erfinder Benjamin Forstner, der diesen Bohrertyp 1886 zum Patent anmeldete. Der Forstnerbohrer ist ein hervorragend geeignetes Werkzeug, um sogenannte »Sacklöcher« (Löcher, die nicht durch das Material hindurchgehen) mit planer Unterseite herzustellen, um zum Beispiel Topfscharniere von Möbeln einzusetzen oder Astlöcher sehr präzise auszubohren. Nach dem Ansetzen der Zentrierspitze tragen zwei Schneiden die Späne ab. Übliche Größen reichen von 10 bis 50 Millimeter.

Forstnerbohrer: für Sacklöcher mit planer Unterseite.

Dann gibt es den Schlangenbohrer, den Spezialisten für tiefe Bohrungen. Ihn gibt es in Durchmessern zwischen 4 und 40 Millimetern in den stattlichen Längen zwischen rund 250 bis 900 Millimetern. Der Schlangenbohrer besitzt eine Zentrierspitze mit Gewinde, die den Bohrer ins Holz zieht. Anschließend durchtrennt der halbrunde Vorschneider die Holzfasern am Rand und erzeugt so ein sauberes Bohrloch. Die Schneide transportiert die Späne über die tiefe Spirale nach oben ab. Die Steigung der Gewindegänge ist geringer als bei anderen Spiralbohrern.

Schlangenbohrer: frisst sich wie ein Maulwurf in die Tiefe.

Flachbohrer: leicht und billig, aber wenig präzise.

Flachbohrer (auch Flachfräsbohrer, oder Flachfräser genannt) fräsen eher, als sie bohren. Sie haben eine Zentrierspitze, denen zwei Vorschneiden und zwei Grundschneiden folgen. Flachholzbohrer sind dazu gedacht, schnell flache Löcher in weichem Holz herzustellen, schaffen das aber nicht so sauber wie Forstnerbohrer. Sie sind leichter (und billiger) als Spiral- oder Schlangenbohrer, da der erzielte Bohrdurchmesser mit dem Einsatz von vergleichsweise wenig Stahl erreicht wird. Flachholzbohrer sind in den Größen 6 bis 40 Millimeter erhältlich.

Ein ganz anderer Spezialist ist der Fliesenbohrer. Er bohrt eigentlich gar nicht, sondern schleift vielmehr – und das sehr langsam. Aus gutem Grund, denn wer zum Beispiel wegen der Anbringung eines Türstoppers ein Loch durch eine der neuen Bodenfliesen bohren muss, ist für eine zärtliche Behandlung des sündhaft teuren Bodenbelags sehr dankbar.

Fliesenbohrer: arbeitet sich sorgfältig durch teure Fliesen, die ein normaler Steinbohrer wahrscheinlich zerstören würde.

Richtig bohren

Konventionell: Ein beherzter Schlag mit dem Hammer auf den Körner sorgt dafür, dass der Bohrer nicht verläuft.

Einhändig: Mit solch einem automatischen Körner erzeugt man den Ansatzpunkt durch Federspannung – bei einem bestimmten Druck löst der Körner mit einstellbarer Schlagkraft aus.

Für Bohrungen in **Metall** sollte man grundsätzlich das geplante Bohrloch ankörnen, damit der Bohrer nicht verläuft. Bei dicken Materialien muss man mit einem kleineren Bohrer vorbohren. Für Bohrungen durch dünne Metalle ist es hilfreich, das Blech mit Hilfe von zwei Schraubzwingen zwischen zwei Abfallbretter zu spannen, die dann einfach mit durchbohrt werden. Bei Handbohrmaschinen nicht vergessen, die Schlagfunktion der Bohrmaschine auszuschalten. Die Bohrgeschwindigkeit richtet sich nach dem Durchmesser und dem zu bohrenden Material. Generell gilt: kleinere Bohrdurchmesser werden mit einer höheren Drehzahl gebohrt als große. Während man also versucht, seine Handbohrmaschine mit dem Drei-Millimeter-Bohrer in Baustahl auf einer Drehzahl von 2000/min konstant zu halten, sollte der Zehner-Bohrer nur noch mit der halben Drehzahl laufen. Beim Bohren in weichem Material wie Aluminium sollte man ab und zu den Druck verringern, um die entstehenden langen Späne abreißen zu lassen. Aber Vorsicht, Handschuhe tragen, denn die Späne sind sehr scharf. Messing entwickelt kurze Späne, die durch die Gegend fliegen (daher Schutzbrille tragen).

Gute Bohrer sind nicht billig. Um das materialmordende Verglühen zu verhindern, ist die Verwendung von einem Bohr- und Schneidöl sehr sinnvoll, es verlängert die Lebensdauer des Bohrers. Guss, kurzspanendes Messing, Titan und Kunststoff werden allerdings grundsätzlich trocken gebohrt.

Zaubertrank: Bohr- und Schneidöl kann die Lebensdauer eines Bohrers erheblich verlängern.

Holz führt die beim Bohren entstehende Wärme kaum ab, so dass entweder der Bohrer überhitzt wird oder das Holz anbrennt. Als Gegenmaßnahme hilft nur ein zügiger Vorschub mit kräftigem Druck, damit der Bohrer nicht zu lange an einer Stelle arbeiten muss. Bei geringen Abstand des Lochs zum Rand oder bei besonders schmalen Holzstücken muss vorgebohrt werden, weil sonst das Loch ausreißen kann. Ebenso muss man auch bei Harthölzern wie Eiche oder Bangkirai vorbohren, je nach Härte des Holzes zwischen zwei Drittel bis drei Viertel der Schraubenlänge tief. Übrigens: Zwar sind Laubhölzer fast immer härter als Nadelhölzer, aber es gibt auch weiche Laubhölzer wie Pappel, Weide oder Birke. Für die Verbindung von zwei Holzteilen sollte das untere Loch kleiner als das obere vorgebohrt werden, damit die Holzschraube gut greifen kann.

Beim Bohren in **Stein**, zum Beispiel in eine Wand, verrät der Baustaub das angebohrte Material: roter Staub bedeutet Ziegel, weißer Staub Kalksandstein und grauer Staub Beton. Vorher aber sollte die zu bohrende Stelle mit einem Leitungssuchgerät auf strom- oder wasserführende Leitungen untersucht worden sein. In Stein und Mauerwerk werden die ersten Millimeter ohne Schlag- oder Hammerfunktion gebohrt. In Beton körnt man am besten vorher mit einem spitzen Gegenstand das Bohrloch an.

Holz vorbohren

Schraubendurchmesser (mm)	Nadelholz[1] vorbohren mit Bohrer (mm)	Laubholz[2] vorbohren mit Bohrer (mm)
4	2,5	3
4,5	3	3
5	3	3,5
6	4	4
8	5	6
10	6	7
12	7	8

[1] zum Beispiel Douglasie, Fichte, Kiefer oder Lärche
[2] zum Beispiel Eiche oder Buche

Eigentlich klar, aber ...

- blau angelaufene Bohrer sind ausgeglüht, haben dadurch ihre Härte verloren und gehören in die Schrottkiste,
- stumpfe oder abgebrochene Bohrer möglichst sofort ersetzen, denn man wird, wie der Zufall es will, genau diese Größe beim nächsten Mal ganz dringend brauchen.

SCHLAGEN und HÄMMERN.

Jetzt wird's hart. Schlagbohrmaschinen und Bohrhämmer sind hauptsächlich für eine einzige Aufgabe konstruiert: für das Zertrümmern von Stein.

Stein bildet beim Bohren keine Späne, da er hart und spröde ist. Daher kann man Stein nicht im herkömmlichen Sinne bohren. Bei porösen Steinwerkstoffen wie Gasbeton oder Ziegel sorgt allein die schabende Bewegung durch die Drehbewegung des Bohrers für Vortrieb, das entstehende Bohrmehl wird über die Nuten des Bohrers nach außen abtransportiert. Bei härteren Steinwerkstoffen kommt man dagegen nur durch eine zusätzliche Schlagfunktion weiter.

Schlagen und Bohren

Eine Schlagbohrmaschine ist in vielen Haushalten und Heimwerker-Werkstätten vorhanden. Kein Wunder, denn sie gilt als Universalist. Das ist im Prinzip auch richtig, denn sie kann bohren, schlagbohren und in Grenzen sogar schrauben. Aber sie teilt das Los aller Alleskönner: Nichts kann sie perfekt. Vor allem beim Schlagbohren in Beton stößt sie schnell an ihre Grenzen. Da die

Schlagbewegung nur durch das Übereinanderrattern von zwei Rastenscheiben (mit einer Schlagfrequenz von 50.000 Schlägen pro Minute oder mehr) erzeugt wird, muss die eigentliche Schlagleistung durch die Muskelkraft des Anwenders aufgebracht werden, sprich: Es muss gedrückt werden. Wer im Beton nicht richtig vorankommt, wird das Bohrloch aber ungewollt aufweiten, da man sich beim Drücken immer etwas bewegt. Unangenehmerweise setzen sich die Vibrationen des Schlagwerks in den Arm des Anwenders fort, begleitet von einem nervtötenden kreischenden Geräusch. Nein, für das Bohren in Beton gibt es geeignetere Geräte. Ein Vorteil der Schlagbohrmaschine ist jedoch ihr vergleichsweise niedriger Anschaffungspreis.

Schlagbohrmaschinen sind stets netzbetrieben. Die Leistungsaufnahme der Geräte liegt zwischen 600 und 1500 Watt, entsprechend unterschiedlich sind ihre Bohrleistungen. Mit einem Gerät der obersten Leistungsklasse soll man es laut mancher Katalogangabe schaffen, ein 22er-Loch in Beton zu bohren. Ersetzt man »Beton« durch »Mauerwerk«, wird die Angabe realistischer.

Die leistungsstärkeren Geräte verfügen über ein Zweiganggetriebe, der erste Gang dreht dann meist um die 1000, der zweite Gang bis 3000 Umdrehungen pro Minute, womit sie für die meisten Bohrfälle gut gerüstet sind.

Schlagen und Bohren mit Akku

Das akkubetriebene Gegenstück zur Schlagbohrmaschine nennt man Schlagbohrschrauber. Dies sind Akku-Bohrschrauber, die über ein zusätzliches Rastenschlagwerk wie die netzbetriebenen Geräte verfügen. Auch sie können gut bohren, gut schrauben – und auch sie stoßen beim Bohren in Beton schnell an ihre Grenzen.

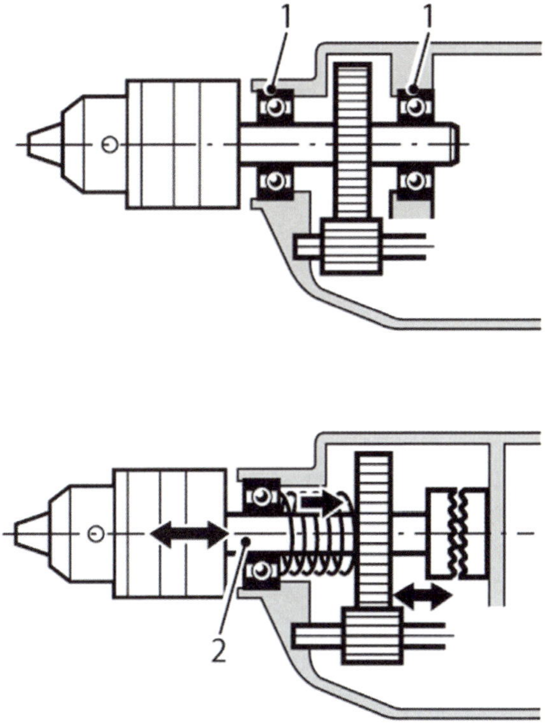

So sieht's prinzipiell aus: Oben der Antrieb einer herkömmlichen Bohrmaschine mit einer fest in den Lagern (1) sitzenden Bohrspindel, unten der einer Schlagbohrmaschine mit einer Bohrspindel (2), die sich im Lager bewegt.

Zudem gilt es bei der Schlagbohrmaschine und beim Schlagbohrschrauber zu bedenken: Bei einer Bohrmaschine oder einem Bohrschrauber muss sich die Bohrspindel nur drehen, was die Verwendung eines Festlagers erlaubt und durch eine hohe Rundlaufgenauigkeit belohnt wird. Zum Schlagen muss die Bohrspindel zusätzlich noch eine Längsbewegung ausführen. Die hierfür notwendigen sogenannten Loslager haben eine geringere Rundlaufgenauigkeit als Festlager, was sich durch Verschleiß noch verschlechtern kann. Dennoch, wer nie in Beton bohren muss, hat mit solch einem einzigen Gerät einen echten Allrounder im Haus.

... der Schrauben und in Holz, Stahl oder Mauerwerk bohren möchte.

Allrounder, aber kein Alleskönner: Auch ein Akku-Schlagbohrschrauber ist für Beton nicht das geeignete Gerät. Aber: Es gibt Menschen, die bohren nicht in Beton, und dann ist ein Schlagbohrschrauber das richtige Gerät für den, ...

	Bosch GSB 18V-60 C
Akkuspannung	18 Volt
Akku-Kapazität	5,0 Ah
Motor	brushless
Leerlaufdrehzahl	1. Gang 0–600 pro Minute 2. Gang 0–1900 pro Minute
Drehmomentbegrenzung	mechanisch in 20 Stufen
Schlagenergie	keine Angabe
Max. Bohrdurchmesser	Mauerwerk 13 Millimeter Holz 38 Millimeter Metall 13 Millimeter
Drehstoppfunktion	nein
Werkzeugaufnahme	Schnellspannbohrfutter
Gewicht (gerundet)	mit 5,0 Ah Akku 1830 Gramm

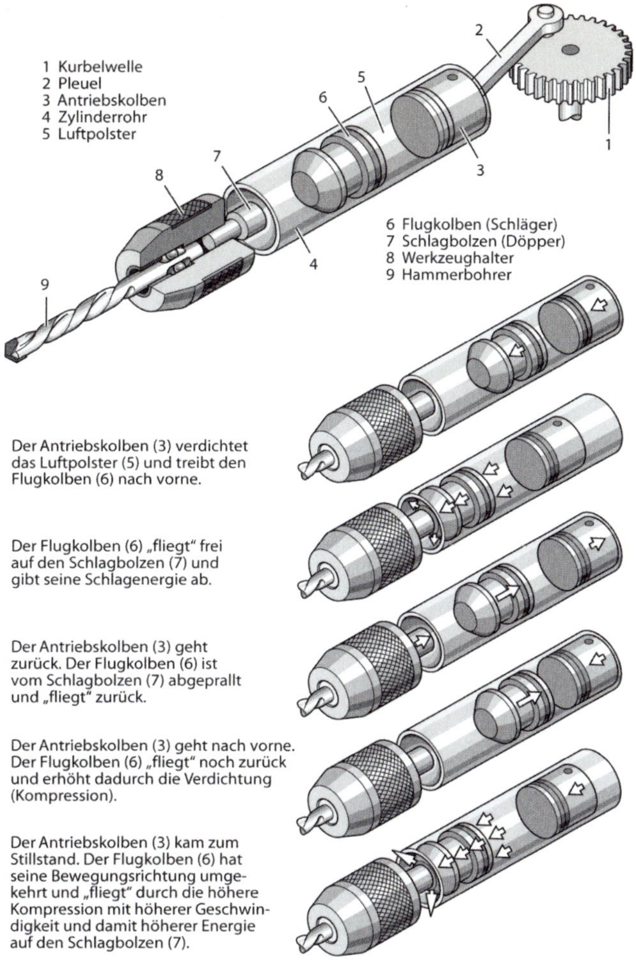

Schlagzeug: Die Funktionsweise eines Bohrhammers mit seinem pneumatischen Schlagwerk ist ebenso raffiniert wie wirkungsvoll.

Das ist der Hammer

Wer viel in Beton oder Hartgestein bohren muss, kommt um einen Bohrhammer nicht herum. Seine Spezialität ist das Schlagen: Bei einem Bohrhammer bewegt sich nicht die Spindel in Längsrichtung, sondern die Schlagbewegung erfolgt direkt auf das im Werkzeughalter beweglich angebrachte Werkzeug.

Da Bohrhämmer prinzipbedingt eine hohe Einzelschlagleistung haben, kommen sie mit einer niedrigen Schlagfrequenz aus, die meist um die 4000 Schläge pro Minute beträgt. Dies äußert sich in Arbeitsgeräuschen mit relativ tiefer Frequenz. Zudem erlaubt es die Funktionsweise eines Bohrhammers, das Schlagwerk vom Anwender zu entkoppeln, so dass er nur wenig Vibrationen mitbekommt. Ein weiterer Vorteil ist, dass der Arbeitsfortschritt nicht vom Anpressdruck abhängig ist – die Maschine hämmert sich mit relativ geringem Andruck fast von allein in steinhartes Material.

Der Bohrhammer hätte seinen Namen nicht verdient, wenn er nicht auch bohren könnte. So bietet er die Funktionen »Rotation« und »Schlag« einzeln oder kombinierbar. Bei einem Bohrhammer kann man zwar meist anstatt des Werkzeughalters auch ein Wechsel-Bohrfutter montieren und die Funktion »Bohren« einstellen, wegen seiner niedrigeren maximalen Drehzahl, meist um die 1000 Umdrehungen pro Minute, ist dies aber nicht unbedingt die Stärke eines Bohrhammers.

Leichter Hammer: Schon solch ein kleiner Bohrhammer treibt den Bohrer butterweich in die Betonwand.

	Makita DHR171RAJ
Akkuspannung	18 Volt
Akku-Kapazität	2,0 Ah
Motor	brushless
Leerlaufdrehzahl	0–680 pro Minute
Drehmomentbegrenzung	keine
Schlagenergie	1,2 Joule
Max. Bohrdurchmesser	Beton 17 Millimeter Holz 13 Millimeter Metall 10 Millimeter
Drehstoppfunktion	nein
Werkzeugaufnahme	SDS-plus
Gewicht (gerundet)	mit 2,0 Ah Akku 2100 Gramm

Was dagegen ein großer Vorteil sein kann, ist der sogenannte »Rotationsstop«. Dann nämlich schlägt die Maschine ausschließlich und kann so als Meißel eingesetzt werden – eine Funktion, die es bei einer Schlagbohrmaschine oder einem Bohrschlagschrauber konstruktionsbedingt nicht gibt.

Bohrhämmer kann man grob nach Gewichtsklassen unterscheiden. Die wenigen, die weniger als 2 Kilogramm wiegen, wären demnach »kleine Bohrhämmer«. »Leichte Bohrhämmer« wiegen dann zwischen 2 und 3 Kilogramm. Diese Leichtgewichte gibt es für Akku- oder Netzbetrieb, neben dem Hammerbohren können sie notfalls auch zum Bohren eingesetzt werden. »Mittelschwere Bohrhämmer« wiegen zwischen 4 und 5 Kilogramm, Geräte ab einem Gewicht von 6 Kilogramm werden als »schwere Bohrhämmer« eingestuft. Schwere Bohrhämmer eignen sich mit ihrer maximalen Drehzahl von lediglich wenigen 100 Umdrehungen pro Minute nur zum Hammerbohren oder Meißeln.

Hauptsache SDS-Bohrer

In die Werkzeughalter von Bohrhämmern passen keine Spiralbohrer mit den üblichen runden Einsteckenden, sondern nur spezielle SDS-Bohrer. SDS ist die Abkürzung für »Special Direct System« und ermöglicht einen werkzeuglosen Wechsel der Hammerbohrer oder Meißel. Anfangs stand die Abkürzung SDS des seit 1975 erhältlichen und von Bosch erfundenen System noch für »Steck-Dreh-Sitz«, was die Handhabung deutlich besser beschreibt: Bohrer reinstecken, fertig – es kann gedreht werden. Kleine, leichte und mittelschwere Bohrhämmer sind mit Werkzeughaltern für SDS-plus-Einsteckenden versehen, deren Schaftdurchmesser 10 Millimeter beträgt. Schwere Bohrhämmer arbeiten mit dem System SDS-max mit einem Schaftdurchmesser von 18 Millimeter.

Beide für die Hämmer: oben Einsteckende SDS-plus mit 10 Millimeter Schaftdurchmesser, unten SDS-max mit 18 Millimeter.

Energieausweis

Die Schlagenergie eines Bohrhammers wird in Joule angegeben, der physikalischen Einheit für Arbeit und Energie. 1 Joule ist die Arbeit, die verrichtet wird, wenn die Kraft 1 Newton längs eines Weges von 1 Meter wirkt. Anschaulicher ausgedrückt: Hebt man eine Stahlkugel mit einer Masse von einem Kilogramm vom Boden auf und legt sie auf einem Tisch mit einem Meter Höhe ab, hat man im physikalischen Sinn Arbeit verrichtet, und die Kugel besitzt jetzt eine potenzielle Energie von 9,81 Joule. Rollt die Kugel nun vom Tisch und fällt einem auf den Fuß, spürt man augenblicklich, wie die potenzielle Energie in echte Energie verwandelt wurde.

	Metabo UHEV 2860-2 Quick
Betriebsspannung	230 Volt
Leistungsaufnahme	1100 Watt
Motor	non brushless
Leerlaufdrehzahl	1. Gang 0–900 pro Minute 2. Gang 0–2100 pro Minute
Drehmomentbegrenzung	keine
Schlagenergie	3,4 Joule
Max. Bohrdurchmesser	Beton 28 Millimeter Holz 35 Millimeter Metall 13 Millimeter
Drehstoppfunktion	ja
Werkzeugaufnahme	SDS-plus
Gewicht (gerundet)	3270 Gramm

1 Joule ist die Schlagenergie der kleinsten Bohrhämmer und entspricht der Energie, die rund 100 Gramm Masse in einem Meter Höhe haben. Jetzt hört sich das Gewicht einer Tafel Schokolade auf einem Meter Höhe nicht sehr spektakulär an. Wenn man aber bedenkt, dass der SDS-plus Bohrer keine Bewegung von einem Meter, sondern lediglich von wenigen Millimetern macht, muss sich, der Gleichung wegen, die Kraft im Gegenzug um den entsprechenden Faktor erhöhen– und da kommt dann schon mächtig was zusammen. Manchmal finden sich in den technischen Daten zur Schlagenergie von Bohrhämmern der geheimnisvolle Zusatz »Einzelschlagstärke entsprechend EPTA-Procedure 05/2009.« Das ist für den Verbraucher beruhigend, denn dann kann er davon ausgehen, dass diese Schlagenergie nach einem definierten Verfahren ermittelt wurde und direkt mit der Schlagenergie eines Bohrhammers auch eines anderen Herstellers vergleichbar ist. Vorausgesetzt, dieser andere Hersteller ist ebenfalls EPTA-Mitglied (»European Power Tool Association«) Die Wahrscheinlichkeit ist hoch, denn hier sind eigentlich alle namhaften Hersteller von Elektro-Werkzeugen vertreten. Wer nachschauen möchte: www.epta.eu.

Klassische Erscheinung: Bohrhämmer gibt es auch in der Form einer Bohrmaschine, ...

... aber der Blick auf den Wahlschalter zeigt: Drehstopp. Und der Blick in die technischen Daten: mächtige 3,4 Joule.

Wie viele Joule braucht denn nun ein Bohrhammer? Das hängt vom geplanten Einsatzzweck ab: Mit Bohrhämmern mit einem Joule Schlagleistung schafft man in Beton Löcher mit 12 Millimeter Durchmesser. Mit 2 Joule schafft man rund 20, mit 4 Joule rund 30 Millimeter Durchmesser. Und mit 20 Joule – ja, solche fast 12 Kilogramm schwere Kameraden gibt es auch – rund 50 Millimeter.

Staubfänger

Beim Schlag- und Hammerbohren entsteht Staub, manchmal sogar sehr viel Staub. Der legt sich nicht nur kratzend auf die Umgebung unterhalb des Bohrlochs, sondern kann auch noch gesundheitsschädlich sein. Um dies zu vermeiden, gibt es verschiedene Möglichkeiten. Die günstigste: eine spezielle Auffangschale über den Bohrer schieben. Leider verteilt die sich mitdrehende Schale beim Bohren in Decken den Bohrstaub oft noch weitreichender als ohne Auffangschale. Außerdem schmirgelt sie auf empfindlichen Tapeten einen Kreis in der Größe ihres Durchmessers. Die personalintensivste: Ein Helfer saugt mit einem Haushaltsstaubsauger den Staub direkt an der Bohrstelle ab. Da so aber kein nennenswerter Unterdruck an der Bohrstelle erzeugt werden kann, geht doch immer noch etwas daneben. Die teuerste, aber beste Möglichkeit: eine Absaugung verwenden. Dies kann entweder ein für den Bohrhammer maßgeschneidertes Zusatzgerät sein, das den Bohrstaub direkt an der Bohrstelle auffängt und in einen Beutel saugt. Oder eine Zusatzvorrichtung, die es erlaubt, einen externen Staubsauger anzuschließen.

	Bosch GBH 18V-26 F + Absaugung GDE 18V-16
Akkuspannung	18 Volt
Akku-Kapazität	6,0 Ah
Motor	non brushless
Leerlaufdrehzahl	0–890 pro Minute
Drehmomentbegrenzung	keine
Schlagenergie	2,6 Joule
Max. Bohrdurchmesser	Beton 26 Millimeter
	Holz 30 Millimeter
	Metall 13 Millimeter
Drehstoppfunktion	ja
Werkzeugaufnahme	SDS-plus
Gewicht (gerundet)	mit 6,0 Ah Akku 3650 Gramm mit 6,0 Ah Akku und Absaugung 4830 Gramm

Mittelschwerer Akku-Bohrhammer: Der Handgriff hinten ist leicht federnd gelagert und reduziert die Vibrationen für die Anwenderhand, …

Welche Geräte braucht man nun, um für alle Zwecke gewappnet zu sein? Auf jeden Fall mindestens einen vernünftigen Akku-Bohrschrauber, optimal ist die Kombination Akkuschrauber und Akku-Bohrschrauber. Und für die harten Fälle gehört der Spezialist Bohrhammer in die Werkstatt, mit einer Schlagleistung von zwei bis drei Joule ist man für die meisten Fälle schon gut gerüstet. Richtig gelesen, das sind gleich drei Geräte. Aber gutes Werkzeug kann man sowieso nie genug haben.

Volle Pulle oder sachter: 100 % heißt maximale Arbeitsdrehzahl, die 70 % bewirken ein langsames Hochlaufen und eine reduzierte Drehzahl. Ach ja: »EPC« steht hier für Electronic Precision Control.

... während die angesteckte Absaugung direkt an der Bohrstelle den anfallenden Staub abgreift und in einen Beutel befördert.

Für ein langes Werkzeugleben:

- Beim Bohren oder Schrauben mit einem Standard-Bohrfutter muss die Schlagfunktion ausgeschaltet sein,
- gelegentlich die Einsteckenden der SDS-Bohrer etwas fetten.

Ein guter Bohrhammer ...

- lässt sich mit einer Absaugung nachrüsten,
- hat einen Verkantschutz (»kick back control«), das heißt, beim plötzlichen Verkanten schaltet er sich ab,
- hat eine Drehstoppfunktion, damit man ihn bei Bedarf auch zum Meißeln einsetzen kann.

Eigentlich klar, aber ...

- Gehörschutz, Schutzbrille und Handschuhe tragen,
- mit Zusatzgriff arbeiten, also Gerät mit beiden Händen halten, und sicher stehen,
- Staubbelastung reduzieren: Besonders gesundheitsschädlich sind bleihaltige Anstriche, Staub aus Beton oder Mauersteinen, Holzschutzmittel, Eichen- und Buchenstaub.

SCHLEIFEN.

Man kann Oberflächen mit der Hand schleifen – wenn man sehr, sehr viel Zeit und gute Nerven hat. Mit einem elektrischen Schleifer geht das natürlich schneller. Und mit dem richtigen Gerät auch nervenschonender.

Die in Haushalten verbreitetste Schleifergattung dürften die Schwingschleifer sein. Man kennt sie auch unter dem Namen »Sander«, was auf das früher benutzte Schleifmittel im Sandpapier hinweist. Auch als »Rutscher« werden sie bezeichnet, und dies hat etwas mit ihrer Funktionsweise zu tun. Ihre rechteckige Schleifplatte wird nämlich von einem Exzenter in sehr kleine kreisförmige Bewegungen hoher Frequenz versetzt. Würde man einen Schwingschleifer nicht von der Stelle bewegen, würde sich jedes einzelne Schleifkorn in einem kleinen Kreis bewegen, so dass anschließend lauter Kringel zu sehen wären. Daher muss man das Gerät ständig in Bewegung halten, also über die Oberfläche rutschen.

Schematische Darstellung: Jedes einzelne Korn auf dem Schleifmittel eines Schwingschleifers schwingt im Kreis. Allerdings ist dieser Kreis in Wirklichkeit mit einem Durchmesser von zwei und fünf Millimeter viel kleiner.

Eignungstest

Es muss viel an gewölbten Flächen geschliffen werden? Oder in Ecken und an Kanten? Tja, Schwingschleifer, leider durchgefallen. Seine Stärke ist der Feinschliff großer ebener Flächen. Allerdings ist selbst mit einem Schleifmittel mit grober Körnung seine Abtragsleistung nicht allzu hoch.

Die kleinste und wendigste Bauform eines Schwingschleifers ist der »Fäustlingssander« oder »Einhandrutscher«. Seine Schleifplatte misst je nach Hersteller lediglich 100 x 115 oder 80 x 130 beziehungsweise 133 Millimeter. Da diese kleine Oberfläche auf dem zu schleifenden Material sowieso keine große Reibung erzeugen kann, kann auch die maximale Leistungsaufnahme mit zirka 200 Watt vergleichsweise bescheiden ausfallen. Seine Wirkung bezieht der Spatz in der Hand nicht aus elektrischer Leistung, sondern aus hohen Drehzahlen – bis zu 26.000mal in der Minute rotiert seine Schleifplatte in winzigen Kreisen von rund 1,5 Millimeter.

Da lassen es die größeren Familienmitglieder mit Drehzahlen von rund 22.000mal pro Minute etwas gemächlicher angehen. Etwas verwirrend ist allerdings, dass mancher Hersteller seine ausgewachsenen Schwingschleifer als »Faust-Schwingschleifer« bezeichnet – nicht zu verwechseln also mit dem kleinen »Fäustlingssander«.

Ebenfalls nicht immer eindeutig sind die Bezeichnungen der verschiedenen Hersteller zu »Hub«, »Schwingkreis« und »Exzenterkreis«. Die volle Wahrheit: Der Exzenterkreis ist das Doppelte des Hubs. Ein einfacher Test für den, der das an seinem Gerät nachmessen möchte: feines Schleifpapier an der Schleifplatte anbringen, Schwingschleifer auf den Kopf stellen, anschalten und einen angespitzten Bleistift mit ruhiger Hand auf eine Stelle des Schleifpapiers halten. Nach Ausschalten des Schwingschleifers ist so der Schwingkreis auf das Schleifpapier gezeichnet.

Die Größe des Schwingkreises beträgt je nach Gerät zwischen zwei und fünf Millimeter. Was man wissen muss: Je größer der Schwingkreis ist, desto höher ist der Abtrag, aber gleichzeitig schlechter die Güte der Oberfläche. Und je schneller die Schleifbewegung in einer bestimmten Zeit erfolgt, also je höher die Schwingzahl ist, desto mehr Material kann abgetragen werden. Vorausgesetzt natürlich, dass der Motor entsprechende Leistungsreserven hat und nicht unter Belastung in die Knie geht. Eine einstellbare Drehzahl ist also sinnvoll, da durch die Regelung eine Anpassung an unterschiedliche Materialien möglich ist und der Materialabtrag gesteuert werden kann.

Die typische Leistungsaufnahme eines Schwingschleifers beträgt rund 300 Watt – die Zahl verfügbarer Akkugeräte hält sich noch in engen Grenzen. Profi-Geräte gibt es übrigens auch als Druckluftrutscher.

Die Gewichtsspanne reicht vom Fliegengewicht eines Fäustlingssanders mit rund einem Kilogramm bis hin zum Schwergewicht mit Zusatzhandgriff mit über drei Kilogramm. Das Schleifmittel kann entweder mit einer beidseitigen Klemmvorrichtung oder mittels Klett befestigt werden.

	Makita 4901J
Betriebsspannung	230 Volt
Leistungsaufnahme	330 Watt
Schwingkreis	2,6 Millimeter
Schwingungen	20.000 pro Minute
Größe Schleifplatte	115 x 229 Millimeter
Befestigung Schleifmittel	Klemmvorrichtung
Gewicht	2800 Gramm

Von beiden Seiten: Hier wird das Schleifmittel nicht geklettet, sondern geklemmt.

Großer Brummer: Je kleiner der Schwingkreis, desto feiner der Schliff.

	Bosch GSS 160 Multi
Betriebsspannung	230 Volt
Leistungsaufnahme	180 Watt
Schwingkreis	1,6 Millimeter
Schwingungen	24.000 pro Minute
Größe Schleifplatte (in Millimeter)	100 x 150 (Delta) 101 x 113 80 x 130
Befestigung Schleifmittel	Klett
Gewicht	1200 Gramm

Ab in die Ecke: Ein Deltaschleifer kommt dorthin, wo andere nicht hinkommen. Wechselbare Schleifschuhe machen das Gerät universeller.

Für Ecken und Kanten

Da, wo Schwing- oder Exzenterschleifer nicht hinkommen, ist der Spezialist Deltaschleifer (auch »Dreieckschleifer « genannt) in seinem Element. Er kann nur eine einzige Sache: den Feinschliff in Ecken und an den Kanten erledigen. Das bekommt er mit seiner kleinen dreieckigen Schleifplatte, die meist von Ecke zu Ecke 96 Millimeter misst, aber gut hin.

Wem das zu speziell ist, kann auch zu einem Multigerät mit austauschbaren Schleifschuhen greifen. Zumindest theoretisch. Denn zwar lässt sich so der Dreiecksschleifer zu einem Schwingschleifer für den Flächenschliff umbauen, aber die maximale Leistungsaufnahme dieser Geräte ist bis auf wenige Ausnahmen mit rund 200 Watt vergleichsweise gering. Damit darf man auf der Fläche also keine allzu große Abtragsleistung erwarten.

Jetzt geht's rund

Die Schleifbewegung eines Exzenterschleifers wird wissenschaftlich folgendermaßen ausgedrückt: Der Stützteller des Exzenterschleifers kombiniert eine exzentrische Schwing- mit einer rotierenden Kreisbewegung. Das kann man auch anschaulicher erklären: Man stelle sich die Bewegungen eines jeden Schleifkorns auf einem Schwingschleifer wie die eines Hula Hoop-Reifens vor, der von einer Person durch anmutige Hüftbewegungen in Rotation gehalten wird. Dreht sich diese Person nun dabei noch im Kreis, hat sie prinzipiell die Bewegung eines Exzenterschleifers nachgeahmt. Durch diesen verwischenden Bewegungsablauf – hinzu kommen ja auch noch die Bewegungen des Anwenders, der das Gerät führt – ist das Schliffbild eines Exzenterschleifers feiner als das eines Schwingschleifers. Mit dem Exzenterschleifer kann aber auch, je nach Maschinentyp und Korngröße, ein sehr hoher Abtrag erzielt werden. Aber: Durch den runden Schleifteller bleibt in Ecken zwangsläufig immer eine unbearbeitete Restfläche, die dann mit der Hand oder einem Dreieckschleifer nachgeschliffen werden muss. Deshalb eignen sich Exzenterschleifer vor allem für große Flächen.

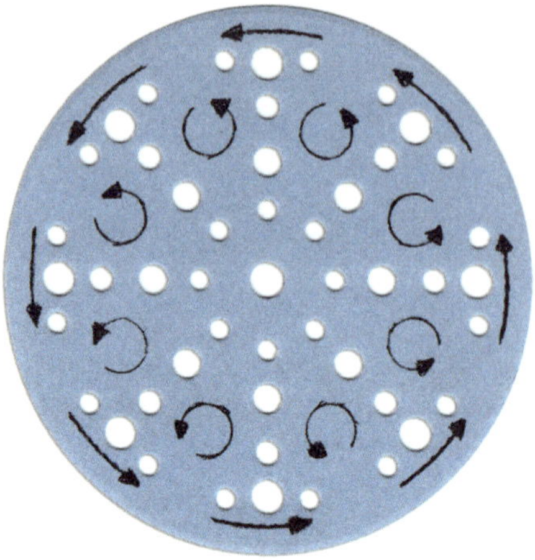

Drehwurm: Ein Exzenterschleifer setzt der Schwingbewegung eines Schwingschleifers noch eine Drehbewegung obendrauf.

	Metabo SXE 450 TurboTec
Betriebsspannung	230 Volt
Leistungsaufnahme	350 Watt
Schwingkreis	2,8 / 6,2 Millimeter
Schwingungen	8400–18.400 pro Minute
Durchmesser Schleifteller	150 Millimeter
Gewicht	2200 Gramm

Staubfänger: Der kleine Beutel kann auch Staub aufnehmen – aber eine externe Absaugung funktioniert einfach viel besser.

Vorher überlegen: fein oder grob?

Je größer der Schwingkreis, desto größer ist der mögliche Abtrag bei gleichzeitig schlechterer Güte der Oberfläche. Gängige Werte für den Schleifhub liegen zwischen 2,5 und 5,0 Millimeter. Bis auf die raren Geräte, bei denen sich der Schwingkreis zwischen einem kleinen und einem großen einstellen lässt, sollte sich der Anwender also schon vor dem Kauf klar sein, was er in Zukunft häufiger braucht: feine Oberflächen oder einen hohen Abtrag.

Die Drehzahlen von Exzenterschleifern sind mit denen von Schwingschleifern vergleichbar, sie reichen – meist elektronisch regelbar – bis zu maximal 20.000 Schwingungen pro Minute. Die kleinen Geräte schwingen schneller, die großen langsamer.

Für die Drehzahl des Schleiftellers machen die Hersteller bei den meisten Geräten keine Angabe. Das hat den einfachen Grund, dass die Drehung des Tellers beim handelsüblichen Exzenterschleifer nicht direkt durch einen mechanischen Antrieb, sondern freilaufend durch die exzentrische Bewegung erzeugt wird. Dafür, dass sich diese Drehzahl im Leerlauf nicht unkontrolliert erhöhen kann, sorgt die so genannte »Tellerbremse«. Diese ist im Prinzip nur ein Gummiring – der übrigens aufgrund der Abnutzung ein Verschleißteil ist.

Alles unter Kontrolle: Ist die Drehzahl einstellbar, lässt sich gefühlvoller arbeiten.

Seltene Erscheinung: Hier lässt sich der Schwingkreis durch einen Knopfdruck zwischen 2,8 und 6,2 Millimeter umschalten.

Zwangs-Drehzahl

Findet sich die Angabe »Schleifteller-Drehzahl«, »Kurvenbahn« oder »Drehzahl Zwangsmitnahme« in den technischen Daten, handelt es sich um einen Getriebe-Exzenterschleifer. Die Schleifteller-Drehzahl ist bei diesen Geräten meist zwischen 300 und 600 Umdrehungen pro Minute elektronisch regelbar. Der große Vorteil dieser Geräte: Während normalerweise die Drehbewegung des Tellers durch einen höheren Druck auf das Gerät gebremst wird, dreht sich der Teller eines Getriebe-Exzenterschleifers munter mit der eingestellten Drehzahl weiter. Dies ist beim Grobschliff oder auch dem Polieren von Lack sehr hilfreich. Um dies kraftmäßig überhaupt zu ermöglichen, liegt die maximale Leistungsaufnahme dieser Geräte mit 400 bis 700 Watt deutlich höher als die von normalen Exzenterschleifern, die üblicherweise zwischen 230 und 300 Watt beträgt. Wie bei den Schwingschleifern auch, sind akkubetriebene Geräte eindeutig in der Minderzahl.

	Festool Rotex 150 FEQ
Betriebsspannung	230 Volt
Leistungsaufnahme	720 Watt
Schwingkreis	5,0 Millimeter
Schwingungen	3300–6800 pro Minute
Drehzahl Kurvenbahn	320–660 Umdrehungen pro Minute
Durchmesser Schleifteller	150 Millimeter
Gewicht	2300 Gramm

Ein Getriebe-Exzenterschleifer ist die eierlegende Wollmilchsau unter den Schleifern, da man mit einem einzigen Gerät – je nach verwendetem Schleifmittel – grobschleifen, feinschleifen und polieren kann. Doch auch schon normale Exzenterschleifer sind universeller einsetzbar als Schwingschleifer. Wenn der Schleifteller austauschbar ist, was er unbedingt sein sollte, kann man mit einem weichen Teller auch gewölbte Oberflächen bearbeiten. Hier kann der Schwingschleifer mit seiner starren Schleifplatte nicht mithalten.

Zwangsgesteuert: Bei einem Getriebe-Exzenterschleifer entsteht die Teller-Rotation auf Wunsch durch Motorkraft – hilfreich für den Grobschliff oder die Lackpolitur.

Ganz nach Bedarf: Man kann den Schleifteller auch freilaufen lassen und ohne Zwangsantrieb betreiben.

Als Durchmesser des Schleiftellers haben sich 125 oder 150 Millimeter flächendeckend durchgesetzt. Da der runde Schleifteller keine Klemmvorrichtung zulässt, werden die Schleifmittel bei Exzenterschleifern grundsätzlich angeklettet.

Wer häufiger in engen Zwischenräumen schleifen muss, ist mit einem Exzenterschleifer gut bedient, der von einem EC-Motor angetrieben wird. Da der Motor senkrecht steht, schlägt sich hier die kürzere Bauform des bürstenlosen Motors direkt in einer geringeren Bauhöhe des Geräts positiv nieder.

Exzenterschleifer wiegen zwischen 1,5 und 2,5 Kilogramm. Ein besonders leichtes Gerät ist gar nicht einmal unbedingt vorteilhaft, da das Eigengewicht beim Schleifen durchaus unterstützend wirken kann.

Boxengasse: Lässt sich der Teller ohne Werkzeug demontieren, kann der Wechsel von hart nach weich blitzschnell erfolgen.

Am laufenden Band: Bandschleifer machen im wortwörtlichen Sinne Meter. Das umlaufende Band ist über einen halben Meter lang.

	Bosch GBS 75 AE
Betriebsspannung	230 Volt
Leistungsaufnahme	750 Watt
Breite Schleiffläche	75 Millimeter
Bandlänge	533 Millimeter
Bandlaufgeschwindigkeit	200–330 Meter pro Minute
Gewicht	3400 Gramm

Bandarbeiter

Eine Sonderform unter den Schleifern ist der Bandschleifer. Seine Spezialität ist hoher Materialabtrag, daher ist er bestens geeignet für das vollständige Entfernen von Farb- und Lackschichten oder das zügige Schleifen großer Flächen mit gerichtetem Schliffbild. Bei einem Bandschleifer wird ein nicht gelochtes Endlosschleifband ähnlich wie bei einem Förderband über zwei Rollen gezogen. Dieses Schleifband ist meist 75 Millimeter breit und 533 Millimeter lang oder 105 Millimeter breit und 620 Millimeter lang. Die resultierende Schleiffläche misst dann 75 x 135 oder 105 x 160 Millimeter. Für einen hohen Materialabtrag braucht man einen kräftigen Motor: Die maximale Leistungsaufnahme eines Bandschleifers beginnt daher bei 650 Watt und endet bei weit über 1000 Watt. Von nichts kommt nichts: Besonders kräftige Bandschleifer wiegen mindestens vier Kilogramm.

Staubsauger benutzen

Bei staubenden Arbeiten sowohl mit dem Schwing- als auch dem Exzenterschleifer sollte eine Staubabsaugung verwendet werden. Dies sorgt nicht nur dafür, dass die Umgebung sauber und der Anwender gesund bleibt (Staub von Eiche oder Buche beispielsweise gelten als krebserregend), sondern auch dafür, dass sich das Schleifpapier nicht so schnell zusetzt und so deutlich länger seine Schleifwirkung behält.

Die große Papierflut

Das Schleifmittel wird am Schleifteller entweder mittels Kletthaftung oder einem Klemmsystem befestigt. Der vermeintliche Vorteil, dass man sich für Schwingschleifer mit Klemmsystem auch aus günstiger Meterware die passenden Bögen zurechtschneiden kann, ist trügerisch. Erstens hat diese Meterware keine Löcher, um den Schleifstaub absaugen zu können. Zwar kann man die mit einer sogenannten »Lochstanze« nachträglich hinzufügen, doch, und jetzt kommt zweitens, ist dieses Schleifmittel aus dem Baumarkt meist gar nicht für die mechanische Belastung durch ein Elektrogerät, sondern lediglich für den vergleichsweise zahmen Handschliff ausgelegt. Also führt um den Kauf der Original-Schleifblätter kaum ein Weg herum.

Bei Schwingschleifern haben sich die Hersteller leider nicht auf ein einheitliches Maß für die Größe der Schleifplatte geeinigt. Da sich die Dimensionen aber zumindest ähneln – zum Beispiel 114 x 226 Millimeter bei dem einen Hersteller, 115 x 221 bei dem anderen, 114 x 229 Millimeter bei dem dritten – lassen sich trotz der Unterschiede im Millimeterbereich einige »Stanzformen« – wie man Zahl, Anordnung und Größe der zu stanzenden Absauglöcher nennt – verschiedener Hersteller auch an markenfremden Geräten verwenden.

Bei Exzenterschleifern gibt es zwar die beiden Standard-Scheibendurchmesser 125 und 150 Millimeter, aber auch hier variieren die Stanzformen der Hersteller.

Das richtige Schleifmittel

Der beste Schleifer nutzt nichts, wenn nicht das geeignete und vor allem noch nicht abgenutzte Schleifpapier verwendet wird. »Schleifmittel auf Unterlage« nennt dies der Fachmann, im Volksmund dagegen sind noch die altertümlichen Bezeichnungen »Schmirgelpapier« oder »Sandpapier« gebräuchlich. Schmirgel ist ebenso wie Sand ein natürlicher Hartstoff und wurde früher tatsächlich als schleifender Belag auf dem Papier eingesetzt. Heute werden für die Herstellung von Schleifpapier fast ausschließlich synthetische Schleifkörner aus Siliziumkarbid, Korund oder Zirkonkorund verwendet, weil sie schärfer, härter und damit auch haltbarer sind. Siliziumkarbid hat sehr harte, scharfe Schneidkanten und kommt zum Schleifen von Lacken, Kunststoffen oder Harthölzern zum Einsatz. Korund ist weniger hart, dafür aber zäh und ist daher das Schleifmittel erster Wahl für Holz, Stahl und Metalle ohne Eisenanteil wie Kupfer oder Aluminium. Zirkonkorund ist hart und sehr zäh und wird für Schleifarbeiten bei Stahl oder Edelstahl verwendet. Für besonders feine Schleifarbeiten an Lacken gibt es sogar Diamantschleifpapier.

Weil beim Flächenschliff nur geringe Anforderungen an die Festigkeit gestellt werden müssen, kommt als

Unterschiedliche Größen: Schwingschleifer gibt es für alle möglichen Anforderungen – und das passende Schleifmittel dazu natürlich auch.

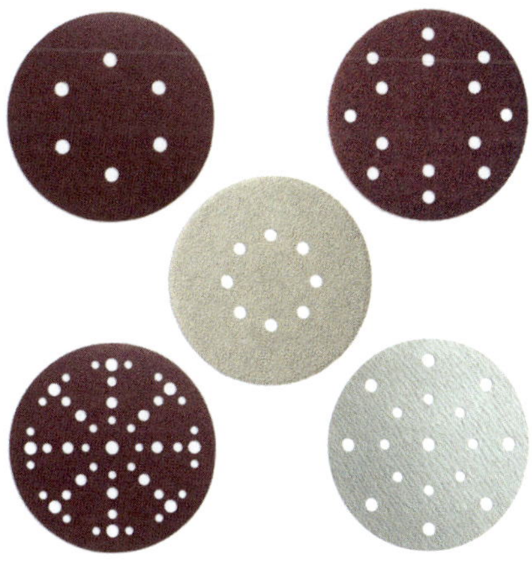

Kreativ: Die meisten Hersteller von Exzenterschleifern verwenden unterschiedliche Stanzmuster.

Durchzug: Für stark staubende Arbeiten ist ein Netzschleifmittel sehr geeignet, da es eine ganzflächige Absaugung ermöglicht. Bei der Positionierung auf dem Schleifteller muss kein Lochbild beachtet werden, außerdem ist es sehr reißfest.

Unterlage bei Schleifblättern für Schwingschleifer meist Papier zum Einsatz. Das Papier wird, abhängig von seinem Gewicht, in A (sehr leichtes) bis G (sehr schweres) Papier unterteilt.

Auch bei Exzenterschleifern ist Papier als Unterlage der Standard – zumindest bei Verwendung eines harten Schleiftellers. Kommt ein weicher Schleifteller zum Einsatz, muss sich das Schleifmittel unter Umständen flexibel zeigen – dann kann es vielleicht sogar ein Schleifvlies sein.

Dünner als Vlies ist ein Netzschleifmittel. Sein größter Vorteil aber: Die netzartige Struktur ermöglicht eine ganzflächige Absaugung. Durch seine widerstandsfähige Netzstruktur ist es sehr reißfest, und bei der Positionierung des Schleifmittels auf dem Teller muss kein Lochbild beachtet werden.

Die Güte des Schliffs wird über die Größe der Schleifkörner bestimmt. Je niedriger die Zahl, desto gröber ist das Korn, je höher die Zahl, umso feiner ist es. Für die, die es ganz genau wissen wollen: Die Korngröße wird durch verschieden große Siebe ermittelt – die Maßeinheit hierfür heißt Mesh (englisch für Maschenweite). Dieses Maß gibt an, wie viele gleichgroße Maschen eines Siebes sich an einer Kante eines Quadrats mit einer Kantenlänge von einem Zoll (25,4 Millimeter) befinden. Bei 100 Mesh beispielsweise reihen sich 100 Maschen an einer Kante, jedes davon also mit einer Kantenlänge von 0,254 Millimeter. Bei einer Korngröße von 100 passt ein einzelnes Körnchen gerade so durch eine dieser 0,06 Quadratmillimeter großen Maschen.

Richtig schleifen

Für Holzschliffe sind Körnungen zwischen zirka 40 und 360 gebräuchlich. Die groben Körnungen zwischen 40 und 120 taugen für den ersten Anschliff (»Vorschliff«) einer Holzoberfläche mit einem großen Materialabtrag und zur Entfernung von groben Unebenheiten oder Kratzern. Wenn eine alte Farb- oder Lackschicht entfernt werden muss, sollte mit geringem Andruck und mit möglichst geringer Geschwindigkeit gearbeitet werden, da Farben oder Lacke bei starker Erhitzung schmelzen können. Übrigens: Zum Abschleifen von Farben und Lacken gibt es spezielle Antihaft-Schleifmittel, normale Holzschleifmittel setzen sich dabei zu schnell zu.

Mit Körnungen zwischen 150 und 180 entfernt man die Kratzer, die man beim groben Vorschliff hinterlassen hat. Diese mittleren Körnungen eigenen sich auch für die vollständige Entfernung von Lackresten auf Holz oder zum Anschleifen von Metallen. Für das Finish einer Holzoberfläche, zum Beispiel vor dem Ölen, Beizen oder Lackieren, kommt feines Schleifpapier mit einer Körnung von 220 bis 360 zum Einsatz.

Generell gilt: Sowohl einen Schwingschleifer als auch einen Exzenterschleifer sollte man erst einschalten, wenn er bereits auf dem Werkstück sitzt. Ansonsten wird man beim Aufsetzen der bereits eingeschalteten Maschine fast unweigerlich mit einer Kante oder einem Rand des Schleiftellers ungewollt eine Rille einschleifen.

Beim Schleifen sollte man darauf achten, dass man möglichst immer in Richtung der Maserung schleift, weil man sonst, besonders bei Weichhölzern wie Kiefer und Fichte, Querriefen ins Holz schleift. Besonders gut geht das naturgemäß mit einem Bandschleifer. Sehr feine Holzoberflächen kann man erzeugen, wenn man das Holz vor dem Schleifen mit einem Schwamm anfeuchtet. Dadurch richten sich die Fasern der Holzoberfläche auf und werden beim Schleifen sauber abgetrennt.

Wer eine Holzoberfläche nach dem Schleifen beizen möchte, spart Geld, wenn er mit möglichst feinem Papier fertigschleift, denn je feiner, umso weniger Beize muss aufgetragen werden. Allerdings wird hierfür natürlich mehr Schleifmittel fällig.

Soll beispielsweise eine nach innen gewölbte Fläche geschliffen werden, kommt der Exzenterschleifer zum Einsatz: für die gewölbte Fläche mit einem weichen Schleifteller, für den Außenrand der Fläche mit dem harten Schleifteller.

Für ein langes Werkzeugleben …

››› ist eine Reinigung nach jedem staubigen Einsatz immer hilfreich.

Eine guter Schleifer …

››› wurde vor dem Kauf im Fachgeschäft »probegefahren«. Schon hier offenbaren sich eventuelle lästige Vibrationen, ein hoher Geräuschpegel, unangenehme Frequenzen oder eine für den Anwender ungünstige Ergonomie,

››› hat einen wechselbaren Schleifteller (Exzenterschleifer).

Eigentlich klar, aber …

››› einen Exzenterschleifer nicht zu stark gegen die zu schleifende Fläche drücken, wenn es kein Getriebeschleifer ist. Dadurch wird nämlich die Rotation gebremst und so die Schleifleistung geringer,

››› die gelochten Schleifmittel so anbringen, dass die Löcher im Schleifmittel und im Schleifteller deckungsgleich sind,

››› Gehörschutz tragen – Schleifer sind mit meist weit über 80 dB(A) ziemlich laut,

››› Staubsauger anschließen,

››› sollte der Exzenterschleifer einmal heruntergefallen sein: Schleifteller auf Beschädigungen prüfen und gegebenenfalls ersetzen, da Verletzungsgefahr durch herumfliegende Teile besteht. Und überhaupt: Schutzbrille tragen,

››› vermeiden, beim Exzenterschleifer mit dem Rand des Schleiftellers an senkrechte Flächen zu kommen, da das kräftige Gerät zurückschlagen oder zumindest die Kante des Schleiftellers beschädigt werden kann. Zur Vermeidung gibt es von einigen Herstellern hierfür einen Kantenschutz.

TRENNEN, SCHLEIFEN und SCHRUPPEN.

Ruckzuck aus einer Limousine ein Cabrio machen? Schweißnähte verschleifen, Kanten entgraten, Stahl entrosten? Dann muss ein Winkelschleifer her, denn er ist hierfür das goldrichtige Werkzeug.

Ein Gedankenexperiment: Würde man an einem Bobbycar einen Winkelschleifer mit einem Scheibendurchmesser von 180 Millimeter und einer Leerlaufdrehzahl von 8500 Umdrehungen pro Minute so montieren, dass seine Scheibe ein Hinterrad ersetzt, würde dieser Kunststoffrenner theoretisch eine Höchstgeschwindigkeit von 288 km/h erreichen. Theoretisch, weil so eine Scheibe keinen besonders guten Grip auf der Straße hat, der Winkelschleifer diese Drehzahl nur im Leerlauf erreicht und, falls es kein akkubetriebenes Gerät ist, er ein ziemlich langes Netzkabel haben müsste. Dennoch: Ein Winkelschleifer ist ein Werkzeug, vor dem man gehörigen Respekt haben sollte. Wer das mit der Formel-1-Geschwindigkeit partout nicht glauben möchte oder sich selbst ein wenig mit der Berechnung von Umfangsgeschwindigkeiten befassen will:

Die Formel dafür lautet:

$$v = \pi * d * n$$

»π« (»Pi«) entspricht dabei dem Faktor 3,14, »d« ist der Scheibendurchmesser in Meter und »n« die Drehzahl pro Sekunde. Das Ergebnis kommt in Meter pro Sekunde heraus, multipliziert mit dem Faktor 3,6 ergibt sich dann die Maßeinheit Kilometer pro Stunde.

Klein und groß

Winkelschleifer sind Spezialisten für die Bearbeitung von Metallen oder auch Gestein. Mit einer Trennscheibe kann er Metall durchtrennen, mit einer Schruppscheibe Schweißnähte verschleifen oder Kanten entgraten und mit einer Fächerschleifscheibe beispielsweise entrosten. Weil Metalle bekanntlich ziemlich hart sind, braucht man für deren Bearbeitung viel Power – die beim Winkelschleifer durch die Kombination aus hoher Umfangsgeschwindigkeit und viel Leistung erreicht wird.

	Flex L8-11 125
Betriebsspannung	230 Volt
max. Leistungsaufnahme	800 Watt
Motor	non brushless
Durchmesser Trenn-/ Schruppscheibe	125 Millimeter
Leerlaufdrehzahl	11.500 Umdrehungen pro Minute
Sicherheit	Sanftanlauf, Wiederanlaufsperre nach Stromausfall, Überlastungsschutz
Gewicht	2000 Gramm

Kleiner Winkelschleifer: Das Motorgehäuse dient als Handgriff.

	Flex L24-6 230
Betriebsspannung	230 Volt
max. Leistungsaufnahme	2400 Watt
Motor	non brushless
Durchmesser Trenn-/ Schruppscheibe	125 Millimeter
Leerlaufdrehzahl	6500 Umdrehungen pro Minute
Sicherheit	Sanftanlauf, Wiederanlaufsperre nach Stromausfall
Gewicht	5800 Gramm

Großer Winkelschleifer: Hinten am Motorgehäuse befindet sich ein Extra-Handgriff.

Früher teilte man Winkelschleifer in die beiden Kategorien »Einhand-Winkelschleifer« und »Zweihand-Winkelschleifer« ein. Diese Bezeichnungen verwendet man nicht mehr, weil alle Winkelschleifer aus Sicherheitsgründen grundsätzlich mit beiden Händen geführt werden sollen. Heutzutage unterscheidet man nach kleinen und großen Winkelschleifern. Äußerlich leicht zu unterscheiden: Bis auf wenige Ausnahmen dient bei kleinen Winkelschleifern das Motorgehäuse gleichzeitig als Handgriff, während große Winkelschleifer einen Extragriff hinten am Gehäuse haben.

Die maximale Leistungsaufnahme kleiner Winkelschleifer beträgt zwischen 750 und 2000 Watt, sie sind mit Scheibendurchmessern von 115, 125 oder 150 Millimeter zu haben. Ihre maximale Leerlaufdrehzahl liegt meist um die 11.000 Umdrehungen pro Minute, bei manchen kleinen Winkelschleifern ist die Drehzahl elektronisch regelbar.

Große Winkelschleifer machen ihrem Namen alle Ehre: An ihnen rotieren Scheiben der Durchmesser 180 oder 230 Millimeter, die Maximalleistung beträgt zwischen 2200 und 2600 Watt. Ihre maximale Leerlaufdrehzahl beträgt meist 6500 oder 8500 Umdrehungen pro Minute.

Besonders bei den ganz leistungsstarken Geräten ist ein sogenannter Sanftanlauf eine sehr sinnvolle Ausstattung. Darauf kann eigentlich nur verzichten, wer den Gang zum Sicherungskasten nach dem Anschalten des Elektro-Werkzeugs liebt.

Auch akkubetriebene kleine Winkelschleifer mit 18 Volt sind im Kommen. Bei der Wahl des Akkupacks nicht vergessen: Winkelschleifer haben Hunger, wirklich sehr viel Hunger auf Energie. Mit Akkupacks, die eine geringere Kapazität als 6 Ah haben, braucht man also gar nicht erst anfangen.

Ohne Netz: Akkubetriebene Winkelschleifer mit 18 Volt sind im Kommen.

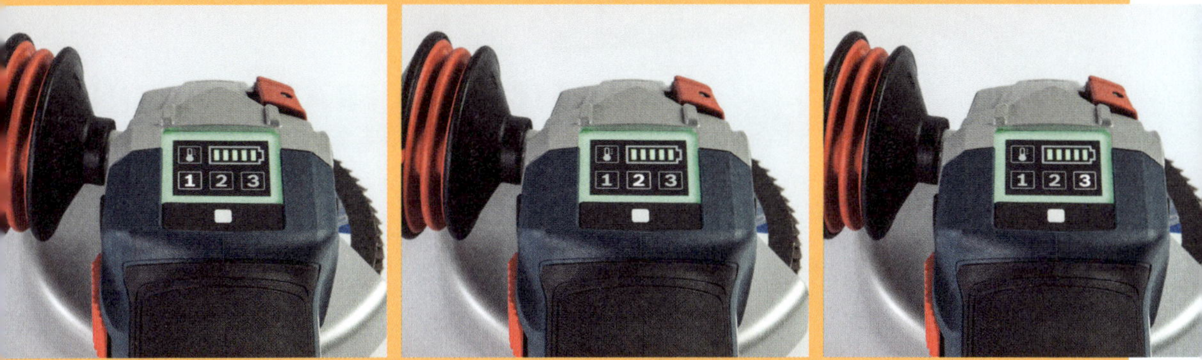

Mit Vorwahl: Ist die Drehzahl einstellbar, kann man mit einem Winkelschleifer zum Beispiel auch mit einer Vliesscheibe arbeiten.

Ohne Netz: Mit der App »Bosch Toolbox« lässt sich über das Smartphone beispielsweise der Ladezustand des Akkupacks abfragen, das Arbeitslicht einstellen oder der Sanftanlauf abstellen – Bluetooth-Verbindung vorausgesetzt.

	Bosch GWS 18V-125 SC
Betriebsspannung	18 Volt
Akku-Kapazität	7,0 Ah
Motor	brushless
Durchmesser Trenn-/ Schruppscheibe	125 Millimeter
Leerlaufdrehzahl	4500 bis 9000 Umdrehungen pro Minute (in 3 Stufen)
Sicherheit	Sanftanlauf, Rückschlagschutz, Abschaltung bei Sturz des Geräts, vibrationsdämpfender Griff
Gewicht (gerundet, ohne Akku)	2000 Gramm

Wer hat's erfunden?

Die korrekte Bezeichnung lautet Winkelschleifer, aber im täglichen Sprachgebrauch werden diese Werkzeuge neben Trennschleifer, Trennhexe oder Schleifhexe vor allem »Flex« genannt Und das kam so: 1922 gründeten Hermann Ackermann und Hermann Schmitt in Stuttgart ein Unternehmen, um die eigene Erfindung der Handschleifmaschine MS 6 mit flexibler Welle herzustellen und zu vermarkten.

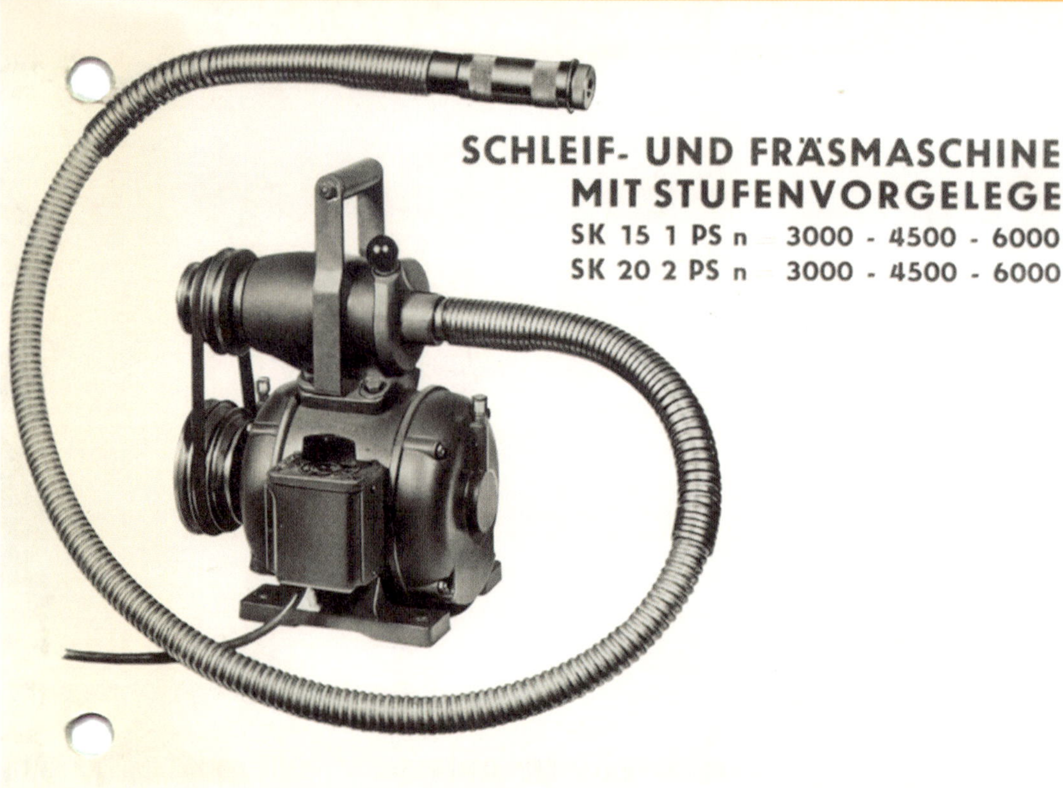

Namensgeber: Durch diesen Schleifer mit flexibler Welle von 1922 steht heute das Verb »flexen« im Duden.

Obwohl schon Ende der 1920er Jahre die flexible Welle durch ein Winkelgetriebe ersetzt worden war, hatte sich die Bezeichnung Flex für den Winkelschleifer festgesetzt. Die erste hochtourige Maschine mit dem Namen DL9 kam 1954 auf den Markt – und mit ihr die erste kunstharzgebundene Trennscheibe, die vom Schleifmittelhersteller Klingspor entwickelt wurde. 1996 nannte sich die Firma Ackermann + Schmitt schließlich in »Flex« um. Das abgeleitete Verb »flexen« steht sogar im Duden – Bedeutung natürlich: »trennschleifen«.

Trennscheiben

Der Name ist etwas irreführend, denn mit Trennscheiben trennt man zwar etwas ab, aber diese Trennung erfolgt – technisch ganz korrekt ausgedrückt – durch Zerspanen des Zwischenraums. Für das Ab- oder Durchtrennen von Blechen oder Rohren sollte man zu dünnen Trennscheiben greifen, für Vollmaterialien sollte man robustere Trennscheiben wählen.
Extradünne Trennscheiben (0,6 bis 1 Millimeter) eignen sich hervorragend für schnelle Schnitte. Durch die geringe Schnittbreite ist die Gratbildung beim Austritt der Scheibe gering, und der Schnitt geht schnell vonstatten – denn, logisch: je dünner die Scheibe ist, desto weniger Material muss abgetragen werden. Außerdem: Eine kurze Schnittzeit bedeutet eine geringe Wärmeentwicklung, und wenig Materialabtrag erfordert wiederum einen geringen Leistungsbedarf des Winkelschleifers. Nachteil der dünnen Scheiben: Sie sind empfindlicher und verschleißen schneller. Da bei Trennscheiben der Schnitt am Umfang der Scheibe stattfindet, wird mit zunehmender Abnutzung der Durchmesser geringer, wodurch die Umlaufgeschwindigkeit und damit der Arbeitsfortschritt sinkt.

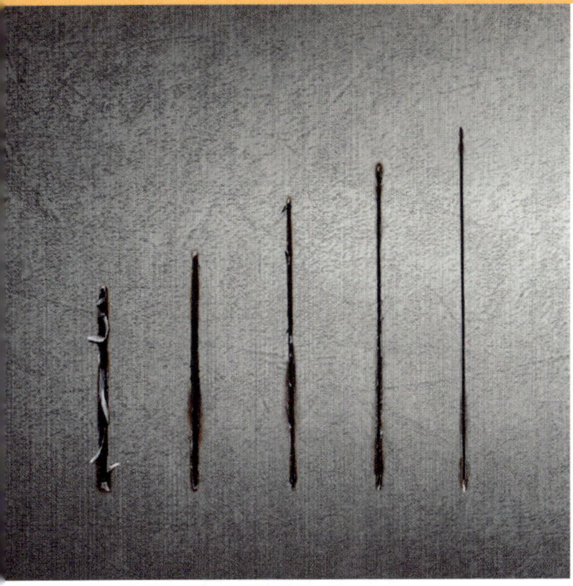

Je jünger, desto dünner: Heutige ultradünne Trennscheiben erzeugen nur noch einen Hauch von einem Schnitt (rechts Rhodius XTK 6 Exakt mit 0,6 Millimeter Schnittbreite).

Dick und dünn: links Trennscheibe mit 2,0 Millimeter Dicke, rechts mit 0,6 Millimeter.

Normale bis dicke Trennscheiben (2 Millimeter und mehr) sind stabiler, kommen aber eben wegen des breiten Schnitts nicht so schnell voran.

Eine Trennscheibe besteht im Prinzip aus zwei Schichten Glasfasergewebe, zwischen denen sich eine Materialmischung aus Schleifkörnern, Füllstoffen und einer Bindungsmasse befindet. Ganz anders sind diamantbestückte Trennscheiben konstruiert, deren Körper aus Stahl besteht. Sie sind für das Bearbeiten von Baustellenmaterialien wie Beton oder Hartgestein gedacht.

Edelsteine für den Akku: spezielle Diamant-Trennscheibe für akkubetriebene Winkelschleifer.

Schruppscheiben

Mit Schruppscheiben werden unliebsame Erhebungen am Werkstoff abgeschliffen. Sie sind die richtigen Scheiben, um beispielsweise Kanten zu entgraten oder Schweißnähte zu verschleifen.

Bei Schruppscheiben findet der Schliff auf der Kante des Scheibenumfangs statt. Der optimale Ansetzwinkel liegt zwischen 25 und 35 Grad. Bei steilerem Winkel ist der Arbeitsfortschritt höher, aber die Oberflächenqualität sinkt. Bei flacherem Winkel wird die Oberfläche feiner, aber die Scheibe wird dabei im Randbereich zugespitzt, wodurch die Gefahr des Ausbruchs von Scheibenpartikeln am Rand steigt.

Konstruktiv sind Schruppscheiben durch ihre Starrheit für den Druck auf die Kante ausgelegt, was gegenüber einer Trennscheibe durch zusätzliche Schichten von Glasfasergewebe und Schleifmaterial erreicht wird. Jetzt könnte man auf die glorreiche Idee kommen, die dicke Schruppscheibe auch zum Trennen einzusetzen. Nicht gut: Durch die große Schnittbreite von meist 6 Millimeter entstehen hohe Temperaturen – die Scheibe würde förmlich verbrennen und ihre Schnittwirkung verlieren. Die nachlassende Schnittwirkung würde der Anwender instinktiv mit einem stärkeren Druck ausgleichen – was zum Bruch der Scheibe führen kann.

Allrounder: Mit solch einer 1,9 Millimeter dicken Scheibe darf man sowohl trennen als auch schruppen.

Grob und gröber: Schleifmopteller gibt es in verschiedenen Korngrößen. Oben eine mit 40er-, unten eine mit 60er-Korn.

Anwender mit Scheibenwechselfaulheit sollten dann lieber zu einer Kombischeibe greifen, mit der man gefahrlos sowohl Trennen als auch leicht Schruppen kann. Schruppscheiben hinterlassen nach dem Schleifen eine relativ raue Oberfläche – besonders, wenn sie noch neu und scharfkantig sind. Fächerschleifscheiben, auch »Schleifmopteller« genannt, gehen schonender mit dem Material um. Das schleifende Material bilden fächerförmig übereinandergelegte Segmente aus robustem Schleifpapier. Sie schleifen weicher als Schruppscheiben, das heißt: weniger Lärm und weniger Vibrationen bewirken ein angenehmeres Arbeiten. Die Oberflächenqualität ist höher, die Abtragsleistung dennoch mit der einer Schruppscheibe vergleichbar.

Sichtfenster: Die Aussparungen in dieser Fächerschleifscheibe, bei der sich Segmente aus Schleifpapier und Vlies abwechseln …

Inhaltsverzeichnis

Die Etiketten von Trenn- und Schruppscheiben sind voll mit Informationen. Neben der Abmessung der Scheibe, der maximal zulässigen Drehzahl und Umfangsgeschwindigkeit findet sich auf ihnen auch eine Buchstaben-/Zahlenkombination, die Aufschluss über Verwendungszweck, Schleifmittel und Bindung gibt. Die Bezeichnung könnte, wie im Bild, zum Beispiel so lauten: »41-A 24 E-BF«.

... ermöglichen bei laufender Scheibe den vollen Durchblick auf die Schleifstelle.

Die erste Zahl bezeichnet die Form: 41 steht für eine gerade, 42 für eine gekröpfte Trennscheibe und eine 27 für eine gekröpfte Schruppscheibe.

Der erste Buchstabe bezeichnet die Art des Schleifmittels: »A« steht für Korund, »Z« für Zirkonkorund und »C« für Siliziumkarbid.

Die folgende Zahl bezeichnet die Korngröße: 16 bis 24 ist grob, 24 bis 30 mittelgrob und 30 bis 60 mittel. Die Korngröße ist ein Maß dafür, wie abtragsstark die Scheibe ist – je kleiner die Zahl, desto stärker der Abtrag.

Der dann folgende Buchstabe steht für den Härtegrad des Schleifkörpers: Die Abstufung erfolgt in alphabetischer Reihenfolge – von äußerst weich (A) bis äußerst hart (Z) steigend. Die Härte des Schleifkörpers ist der Widerstand, den die Bindung der Scheibe dem Ausbrechen der Schleifkörner entgegensetzt. Generell gilt: Je härter der zu bearbeitende Werkstoff ist, umso weicher sollte der Schleifkörper sein. Hört sich unlogisch an, ist aber so, denn ist der Schleifkörper zu hart, wird verbrauchtes, stumpfes Schleifkorn nicht schnell genug aus dem Trägermaterial herausgerissen – wodurch die Aggressivität der Scheibe schnell nachlässt. Bei einer weicheren Bindung dagegen kommt immer wieder frisches, scharfes Korn zum Einsatz. Allerdings hat ein weicher Schleifkörper natürlich eine geringere Standzeit als ein harter.

Die letzten Buchstaben geben Aufschluss über die verwendete Bindung des Schleifmittels, was sich hauptsächlich auf die maximal zulässige Umfangsgeschwindigkeit auswirkt. »B« steht für Kunstharzbindung (zugelassen bis 50 m/s Umfangsgeschwindigkeit), »BF« für faserverstärkte Kunstharzbindung.

So bezeichnet das Beispiel »41-A 24 E-BF« also eine gerade Trennscheibe aus Korund mit grobem Korn und einem weichen Schleifkörper mit faserverstärkter Kunstharzbindung.

Verfallsdatum

Auf dem Metallring ist entweder auf der Vorder- oder auf der Rückseite eine unscheinbare Zahl zu sehen. Diese Zahl bezeichnet das letzte Jahr und dessen Quartal, in dem die Scheibe noch benutzt werden darf. Trenn- und Schruppscheiben haben nämlich ein

Weiß vielleicht nicht jeder: Trenn- und Schruppscheiben haben ein Verfallsdatum. Zu finden auf der Vorder- oder Rückseite der Scheibe.

Verfallsdatum, da die Bindungskraft des Trägermaterials im Lauf der Zeit nachlässt – vor allem in Verbindung mit Feuchtigkeit. Grundsätzlich gilt: Drei Jahre nach ihrer Herstellung sollte deshalb eine Scheibe nicht mehr benutzt werden.

Was gibt's sonst noch?

Geht es um das Entfernen von Rost oder alten Lackschichten, wäre eine Schruppscheibe zu aggressiv.

Behutsameres Vorgehen: Mit einer Fiber-, Vlies- oder Reinigungsscheibe trägt man sanfter Material ab als mit einer Schruppscheibe.

Für solche Zwecke kommen zum Beispiel Scheiben mit Schleifvlies zum Einsatz – die auch deutlich besser mit gewölbten Flächen klarkommen. Schleifvlies-Scheiben darf man allerdings nur auf Winkelschleifern mit Drehzahlregulierung verwenden. Warum? Bei zu hoher Drehzahl würde das Vlies schlicht schmelzen. Typische maximale Drehzahlen für Vliesscheiben liegen zwischen 3000 und 7000 Umdrehungen pro Minute.

Ansonsten gibt es noch Fiberscheiben oder sogenannte Reinigungsscheiben, die sich ebenfalls zum Entrosten und Entlacken eignen.

Achtung, Achtung

Man kann sich vorstellen, dass beim Umgang mit einem Winkelschleifer äußerste Vorsicht geboten ist. Dabei geht die Gefahr zum einen vom kräftigen Winkelschleifer selbst aus, der sich zum Beispiel beim Trennen durch unabsichtliches Verkanten ruckartig im Werkstück verhaken kann. Einige Hersteller beugen dem durch eine schlagartige Abschaltung des Geräts vor.

Zum anderen stellen herumfliegende Teile einer Trenn- oder Schruppscheibe im Formel-1-Tempo ein erhebliches Sicherheitsrisiko dar. Daher sollte man wirklich das Verfallsdatum ernst nehmen. Außerdem sollte man vor jeder Verwendung die Scheibe auf Beschädigungen prüfen. Manche Beschädigungen wie Risse oder Ausbrüche, die zum Beispiel auch durch Herunterfallen des Winkelschleifers entstehen können, lassen sich mit dem Auge feststellen. Andere, wie Schädigungen durch eine falsche Lagerung, eher nicht. Die ideale Lagertemperatur für Trenn- und Schruppscheiben liegt zwischen 18 und 22 Grad Celsius bei einer relativen Luftfeuchtigkeit von 45 bis 65 Prozent. Ist die Luftfeuchtigkeit zu hoch, verlieren die Scheiben ihre ursprüngliche Standzeit.

Eine weitere Gefahrenquelle: der Funkenstrahl. Die Funken haben eine Temperatur von etwa 850 Grad, deshalb sollte die Arbeitsposition so gewählt werden, das weder man selbst noch eine andere Person in den Funkenstrahl gerät. Und auf brennbare oder entzündliche Materialien darf er natürlich auch nicht treffen.

Für ein langes Trenn- und Schruppscheiben-Leben und ein verletzungsfreies Anwenderleben:

- Werkstück sicher einspannen,
- Trennscheibe nicht im Trennspalt verkanten, da dies den Bruch der Scheibe verursachen kann,
- mit Trennscheiben nicht schruppen, mit Schruppscheiben nicht trennen,
- zu großen Anpressdruck beim Arbeiten vermeiden,
- die zulässige Maximaldrehzahl der Scheiben muss mindesten so hoch sein wie die Maximaldrehzahl des Winkelschleifers,
- wenn das Werkzeug herunterfällt, Scheibe auf Beschädigungen wie Absplitterung oder Risse prüfen. Beschädigte Scheiben entsorgen – am besten dabei vollständig zerstören, damit sie nicht von jemand anderem weiterverwendet werden,
- die Scheibe darf das Material erst berühren, wenn der Winkelschleifer seine Drehzahl erreicht hat,
- neue Scheiben in ihrer Verpackung bei einer Temperatur zwischen 18 und 22 Grad Celsius und mittlerer Luftfeuchtigkeit lagern,
- Trennscheiben, die auf Stahl verwendet wurden, nicht auf Edelstahl verwenden.

Ein guter Winkelschleifer ...

- ist besonders universell einsetzbar, wenn seine Drehzahl regelbar ist,
- hat einen Sanftanlauf und einen Rückschlagstopp,
- läuft möglichst vibrationsarm.

Eigentlich klar, aber ...

- Schutzbrille tragen. Im Internet kursieren Fotos, auf denen zu sehen ist, wie ein abgeflogenes Teil einer Trennscheibe in der Schutzbrille steckt – das sollte zu denken geben,
- Winkelschleifer immer mit beiden Händen führen,
- Winkelschleifer nie ohne Schutzhaube betreiben,
- Richtung des Funkenstrahls berücksichtigen,
- der Winkelschleifer muss beim Trennen stets im Gegenlauf betrieben werden. Das heißt: in die entgegengesetzte Richtung schneiden, in der die Scheibe sich dreht,
- vor dem Werkzeugwechsel Stromzufuhr unterbrechen (Netzstecker ziehen oder Akku entnehmen),
- beim Scheibenwechsel Spannvorrichtung nicht zu fest anziehen.

SAUGEN.

Die gesundheitliche Gefahr von Staub wird häufig unterschätzt: je feiner er ist, desto gefährlicher. Hier also ein Exkurs zur Staubvermeidung.

Staub kann giftig sein. Er kann Allergien auslösen, die Atemwege belasten, Krebs erzeugen, das Erbgut verändern oder brennbar sein. Mit Staub ist also nicht zu spaßen, besonders wenn man beruflich, also dauernd, damit zu tun hat. Doch auch beim gelegentlichen Kontakt mit Holzstaub, Lackstäuben, mineralischen Stäuben, Gipsstäuben, Stäuben von Mineralwollen, Ruß oder dem Abrieb von Bremsbelägen ist Vorsicht geboten. Gute Argumente also, sich einmal gründlich mit dem Thema Staub beziehungsweise dessen Vermeidung auseinanderzusetzen – obwohl vielleicht ein Staubsauger bisher noch nicht ganz oben auf der Werkzeug-Wunschliste stand.

Staubsauger oder Entstauber?

Im Industriebereich, denn von Haushaltsstaubsaugern soll hier nur am Rande die Rede sein, unterscheidet man zwischen Staubsaugern und Entstaubern. Der Unterschied ist einfach erklärt: Mit Staubsaugern entfernt man vorhandene Stäube, mit Entstaubern saugt man den Staub mit einem Saugschlauch direkt dort ab, wo er entsteht – nämlich am Werkzeug. Oftmals lassen sich mit Industrie-Entstaubern auch Flüssigkeiten saugen, und häufig verfügen Entstauber über eine Steckdose zum Anschluss des Elektrowerkzeugs, die gleichzeitig den Sauger startet, wenn das Elektrowerkzeug angeschaltet wird. Natürlich kann also ein Entstauber auch die Arbeit eines Haushalt-Staubsaugers übernehmen, umgekehrt ist das nicht möglich. Ein Entstauber ist also universeller einsetzbar als ein Staubsauger.

Es saugt und bläst der Heinzelmann ...

In einem Sketch des unvergessenen Loriot wird die Funktionsweise eines Staubsaugers überspitzt ins Bild gesetzt: Vorne saugt er, und hinten föhnt er mit einer Trockenhaube die Frisur von Mutti schön. Die Funktionsweise aller Staubsauger ist gleich: Im Inneren treibt ein Elektromotor eine Art Ventilator an. Dieser bläst nach hinten aus, und was hinten ausgeblasen wird, muss vorne hereinkommen – und zwar mit Unterdruck. Der Luftstrom saugt den Schmutz durch das Saugrohr oder den Saugschlauch ins Gehäuseinnere, dort wird die mit Schmutz angereicherte Luft gereinigt. Bei den einfacheren Geräten umströmt die gereinigte Luft danach den Motor, um ihn zu kühlen. Bei den Profigeräten sind Saugstrom und Kühlluftstrom getrennt – was auch die Voraussetzung für das Saugen von Flüssigkeiten ist.

Bei einem Beutelstaubsauger wird der Luftstrom erst in einen luftdurchlässigen Beutel geleitet, der gleichzeitig die Luft filtert und den Staub sammelt. Anschließend wird die Luft noch durch einen feineren Filter geschickt.

Alter Bekannter: Solche Luftfilter kennt man auch aus dem Auto. Zumindest, wenn man an Autos schraubt.

Im Haushaltsbereich erobern nach und nach beutellose Staubsauger den Markt, bei denen die Filterung der Luft durch einen wirbelnden Luftstrom erfolgt – die Staubteilchen werden durch die Fliehkraft einfach nach außen an die Wände des Schmutzbehälters geschleudert. Der Vorteil: keine stinkenden und teuren Beutel mehr.

Für den Werkstattbereich sind bei kritischen Stäuben beutellose Staubsauger keine Option. Denn was würde es nützen, wenn man gesundheitsschädliche Stäube erst sorgfältig am Werkzeug absaugt und in die Entstauber-Quarantäne schickt – um den Staubbehälter dann, wenn er voll ist, feinstaubend zu entleeren?

Beutelkunde

Staubsammelbeutel gibt es aus verschiedenen Materialien. Beutel aus Vlies sind deutlich reißfester als Papierbeutel, außerdem reagieren sie nicht so allergisch auf Feuchtigkeit und bremsen bei voller werdendem Beutel nicht so sehr die Saugleistung. Kunststoffbeutel sind noch reißfester, natürlich noch widerstandsfähiger gegen Feuchtigkeit und legen ein noch besseres Verhalten bei Füllung an den Tag. Und schließlich gibt es noch Kunststoffbeutel mit eingelegtem Vlies- oder Papierbeutel. Diese Kombination punktet mit ähnlich guten Eigenschaften wie der reine Kunststoffbeutel, ist aber vergleichsweise teuer. Dafür ist der Müllsack gleich mit dabei.

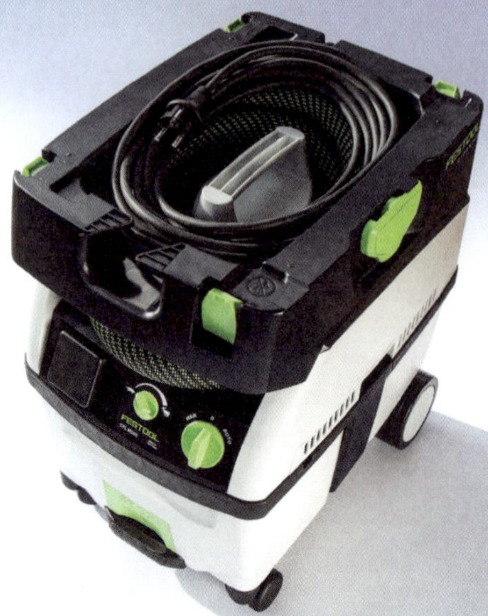

Staubklasse L: Rund 99 Prozent des Staubs bleiben im Sauger.

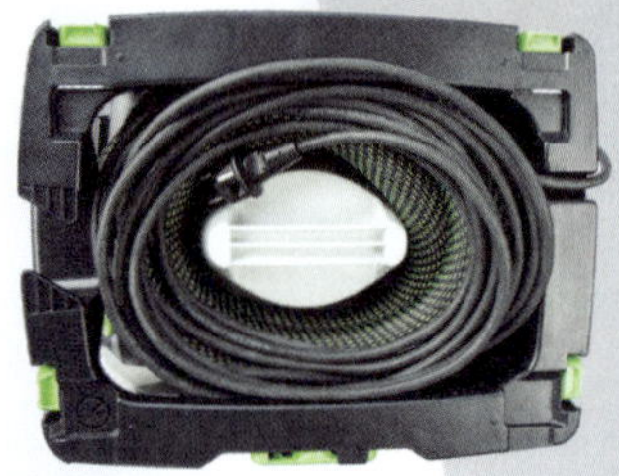

Hier haben Netzkabel und Schlauch ihren Platz am Sauger – in der »Schlauchgarage«.

Einteilung in Staubklassen

Industrieentstauber werden in Staubklassen eingeteilt. Die geringsten Anforderungen muss ein Entstauber der Staubklasse L erfüllen – kein Wunder, steht doch das« L« für leicht. Die Stäube, für die diese Sauger konzipiert sind, gelten als nur leicht gefährlich. Sie sind leicht aufzusaugen, da es sich um eher grobkörnigen Staub aus Gips oder Kalk handelt. Es ist daher keine Überwachung der Luftgeschwindigkeit erforderlich, und es werden auch keine Anforderungen in Bezug auf die Entsorgung gestellt, das heißt, man kann den Inhalt eines wiederverwendbaren Beutels in die Mülltonne schütten. Bei Saugern für die Staubklasse L wird nur das Filtermaterial geprüft – das übrigens häufig auch die strengeren Vorschriften der nächsthöheren Klasse M erfüllen würde. Der maximale Durchlassgrad für Stäube beträgt weniger als 1 Prozent, sprich: Rund 99 Prozent bleiben im Sauger.

Entstauber der Staubklasse M (mittel) werden in Arbeitsumgebungen eingesetzt, bei denen mittel gefährliche Stäube entstehen. Dazu zählen zum Beispiel die Stäube von Holz, Kunststoff, Lack, Metall und Leichtmetall – also all jene Werkstoffe, an denen sich der Profi-Heimwerker gern austobt. Ein Entstauber der Staubklasse M muss schon deutlich höhere Anforderungen erfüllen. Damit während des Arbeitens nicht unbemerkt die Saugleistung nachlässt, weil zum Beispiel der Filter oder der Saugschlauch verstopft oder der Staubbeutel voll ist, wird kontinuierlich die Luftgeschwindigkeit überwacht. Sinkt sie unter 20 Meter pro Sekunde, erfolgt ein akustischer und/oder optischer Alarm. Um den Filter erst gar nicht verstopfen zu lassen, wird er von den Saugern in regelmäßigen Abständen durch eine schlagartige Umkehr des Luftstroms freigeblasen – was einen ziemlichen Lärm macht. Die Entsorgung des Staubbeutels muss staubarm erfolgen, das heißt, hier wird der komplette Beutel entsorgt. Entstauber der Staubklasse M werden als Gesamtgerät geprüft: Ihr maximaler Durchlassgrad beträgt weniger als 0,1 Prozent, 99,9 Prozent des Staubs bleiben also im Sauger – genauer gesagt: im Beutel.

Alles hört auf mein Kommando: Die Gerätesteckdose (links) versorgt das abzusaugende Gerät mit Strom und gibt den Startschuss für den Sauger. Oben ist noch Platz für einen Systainer.

	Festool CTL Midi
Staubklasse	L
Maximaler Volumenstrom	62 Liter pro Sekunde
Maximaler Unterdruck	240 Millibar
Maximale Leistungsaufnahme	1200 Watt
Behälterinhalt	15 Liter
Durchmesser Anschluss	27 Millimeter
Abmessungen (Länge x Breite x Höhe)	430 x 330 x 470 Millimeter
Gewicht	9,1 Kilogramm

Bei besonders gesundheitsgefährdenden Stäuben oder Stäuben, die mit Krankheitserregern behaftet sind, müssen Entstauber der Staubklasse H (hoch) zum Einsatz kommen. Diese fiesen Stäube stammen beispielsweise von Chrom, Nickel oder Kobalt, von Glasfaser, von Schimmelpilzen, Toner von Druckern, Abrieb von Bremsbelägen oder auch, ja – Mehl. Diese Sauger werden ebenfalls als Gesamtgerät geprüft. Der maximale Durchlassgrad beträgt hier weniger als 0,005 %. Die Entsorgung muss staubfrei durchgeführt werden.

Verschlusssache: Staubfreie Entsorgung bedeutet, dass der Beutel für die Entsorgung verschlossen wird.

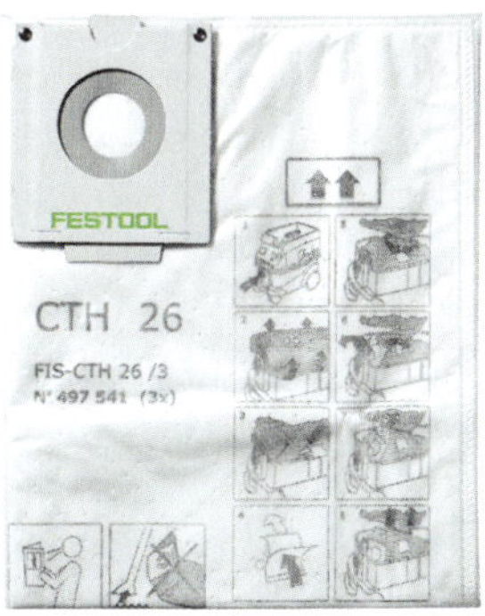

Nur zur Allgemeinbildung, da ein Sonderfall: Für den Umgang mit dem besonders gefährlichen Asbest gibt es noch eine höhere Stufe: die Schutzklasse H-Asbest.

Schweres Geschütz: Entstauber der Klasse H für die ganz fiesen Stäube.

	Festool CTH 48
Staubklasse	H
Maximaler Volumenstrom	65 Liter pro Sekunde
Maximaler Unterdruck	240 Millibar
Maximale Leistungsaufnahme	1000 Watt
Behälterinhalt	48 Liter
Durchmesser Anschluss	27 Millimeter
Abmessungen (Länge x Breite x Höhe)	740 x 406 x 1005 Millimeter
Gewicht	18,8 Kilogramm

Air – Watt? Die Kenngrößen

An oberster Stelle der technischen Daten bei Staubsaugern und Entstaubern steht meist der Volumenstrom. Dieser Wert sagt aus, wie viele Liter Luft-/Staubgemisch der Sauger pro Sekunde maximal ansaugen kann. Üblich sind Werte zwischen 60 und 75 Liter pro Sekunde. Die maximale Leistungsaufnahme dieser Geräte liegt zwischen 1100 und 1600 Watt. Ein Wert, der allein wenig aussagekräftig ist, da der nutzbare Absaugvolumenstrom auch abhängig vom Druckverlust im Werkzeug und der Länge und Beschaffenheit des Saugschlauchs ist. Denn: Je kleiner der Innendurchmesser des Saugschlauchs und je länger er ist, desto kleiner ist der Absaugvolumenstrom am Werkzeug. Wenn die Turbine im Inneren des Saugers zugehalten wird, entsteht der größte Unterdruck, der sich im Sauger finden lässt. Dieser Wert liegt meist zwischen 240 und 270 mbar. Der Unterdruck, der entsteht, wenn das Schlauchende zugehalten wird, ist wegen Druckverlusten auf dem Weg dahin zwangsläufig schon geringer. Nicht verwirren lasen, der Wert für den maximalen Unterdruck wird häufig auch in der physikalischen Einheit »Pascal« angegeben, abgekürzt als Pa. 100.000 Pascal entsprechen einem Bar, 24.000 Pa bedeuten demnach 0,24 bar oder 240 mbar (Millibar).

Hin und wieder findet man die Angabe »Air Watt«. Diese nicht genormte Maßeinheit stammt ursprünglich von den in Skandinavien und Nordamerika beliebten Zentralstaubsaugern, bei denen sich in jedem Raum eine Luftsteckdose für den Staubsaugerschlauch befindet. Air Watt setzt den Volumenstrom und den maximalen Unterdruck bei einer bestimmten Saugöffnung zueinander ins Verhältnis. Dumm nur, dass durch die Änderung der Saugöffnung sich auch der Wert des Air Watts ändert, sodass hier keine echte Vergleichbarkeit gegeben ist.

Die Staubbehälter fassen meist 15, 20, 25, 35, 40, 45 oder 50 Liter. Die großen Geräte sind für den industriellen Einsatz mit großen Mengen anfallenden Staubs gedacht und wiegen bis zu 20 Kilogramm.

Markentreue oder nicht?

Jeder namhafte Hersteller von Elektrowerkzeugen hat auch passende Entstauber im Programm. Manche weisen auch ausdrücklich darauf hin, dass Werkzeug und Entstauber für eine optimale Absaugung vom gleichen Hersteller stammen sollten, da sie schließlich gemeinsam entwickelt wurden. Da ist was dran, denn grundsätzlich ist das System eines Herstellers in punkto Schlauchwiderstand, Gerät und Sauger auf einen Volumenstrom von 20 Meter pro Sekunde ausgelegt. Und in diesem Fall passen auch die Anschluss-

Universell: Stammt der Entstauber (hier einer der Staubklasse M) von einem Saugerspezialisten, lässt sich häufig der Volumenstrom an das abzusaugende Gerät anpassen.

	starmix iPulse M-1635 Safe Plus
Staubklasse	M
Maximaler Volumenstrom	75 Liter pro Sekunde
Maximaler Unterdruck	280 Millibar
Maximale Leistungsaufnahme	1600 Watt
Behälterinhalt	35 Liter
Durchmesser Anschluss	35 Millimeter
Abmessungen (Länge x Breite x Höhe)	530 x 400 x 560 Millimeter
Gewicht	15,6 Kilogramm

durchmesser, da jeder Hersteller unterschiedliche Durchmesser für die Absaugöffnungen verwendet. Während der Entstauber-Stutzen bei vielen Herstellern noch einheitlich 58 Millimeter durchmisst, haben die Anschlüsse der Elektrogeräte Innendurchmesser von 18, 19, 21, 27, 32, 36, 42 oder 50 Millimeter. Aber das ist nicht das Problem, denn dafür gibt es Adapter.

Das eigentliche Problem ist, dass kaum ein Anwender sämtliche Geräte, die eine Absaugung benötigen, im Lauf der Jahre von einem einzigen Hersteller gekauft hat. In diesem Fall kann man eigentlich nur einen Kompromiss eingehen: entweder den Entstauber von dem Hersteller kaufen, von dem man die meisten Geräte besitzt. Oder sich ganz vom Werkzeughersteller lösen und zu Herstellern abwandern, die sich auf Staubsauger oder Entstauber spezialisiert haben. Denn bei diesen lässt sich in den meisten Fällen der Volumenstrom über die Einstellung des Schlauchdurchmessers einstellen.

Atemschutzmaske – die Alternative?

Wer nicht ununterbrochen im Holzstaub steht, kann sich auch mit einer Atemschutzmaske schützen. Natürlich gibt es für diese umgangssprachliche Bezeichnung wieder etwas Fachmännischeres: »Feinstaubmaske« ist die noch harmlose Variante. Wer im Freundeskreis prahlen möchte, spricht lieber von der »Partikelfiltrierenden Halbmaske«. Und natürlich ist auch Feinstaubmaske nicht gleich Feinstaubmaske, denn sie werden in die Schutzklassen FFP1, FFP2 und FFP3 unterteilt. Die Abkürzung FFP steht dabei für »filtering face piece« – was übersetzt etwas holprig »filterndes Gesichtsstück« heißt.

Feinstaubmasken der Schutzklasse FFP1 sind für Arbeitsumgebungen geeignet, in denen keine giftigen Stäube zu erwarten sind. Sie filtern mindestens 80 Prozent der sich in der Luft befindlichen Partikel bis zu einer Größe von 0,6 Mikrometer heraus. Zum Vergleich: Der Durchmesser eines menschlichen Haars beträgt 60 Mikrometer. Feinstaubmasken der Schutzklasse FFP2 sind für Arbeitsumgebungen gedacht, in denen sich gesundheitsschädliche Stoffe in der Luft befinden. Sie müssen mindestens 94 Prozent der in der Luft befindlichen Partikel bis zu einer Größe von 0,6 Mikrometer auffangen. Feinstaubmasken der Schutzklasse FFP3 bieten den größtmöglichen Schutz, sie müssen in der Lage sein, mindestens 99 Prozent der Partikel bis zu einer Größe von 0,6 Mikrometer aufzufangen. Damit ist klar: Für Schleifarbeiten an Holz ist eine Feinstaubmaske der Schutzklasse FFP2 notwendig.

Feinstaubmaske der Schutzklasse FFP2: Nicht so wirkungsvoll wie eine Absaugung, aber immerhin besser als nichts.

Einen Haken hat die Sache mit der Feinstaubmaske aber: Sie schützt zwar auf den ersten Blick die Gesundheit, aber die Umgebung wird trotzdem eingestaubt. Das ist nicht nur lästig und kostet durch die fällige Endreinigung Zeit. Es ist auch immer noch gesundheitsschädlich, da mit großer Wahrscheinlichkeit auch der Anwender – außerhalb der Feinstaubmaske – selbst mit eingestaubt wurde. Zudem sorgt eine gut funktionierende Absaugung auch dafür, dass sich zum Beispiel das Schleifmittel nicht so schnell mit dem Abrieb zusetzt – so hält es länger. Auch die Lebensdauer der Geräte kann es verlängern, denn neben Überhitzung ist Staub eine der häufigsten Geräte-Todesursachen. Daher unterziehen einige Qualitätshersteller zum Beispiel ihre Stichsägen dem Härte-Dauertest, Gipskartonplatten zu zersägen – etwas Staubigeres gibt es kaum. Und damit ein weiterer Vorteil der Absaugung: Die Sicht auf die Arbeitsfläche bleibt frei.

Hausstaubsauger

Seit September 2014 durfte die Leistungsaufnahme von Hausstaubsaugern schon nicht mehr höher als 1600 Watt sein. Seit dem 1. September 2017 gelten laut der »Energieverordnung für Staubsauger« noch schärfere Vorschriften: Die maximal erlaubte Leistungsaufnahme sank auf 900 Watt. Keine Angst, moderne Haushaltsstaubsauger saugen noch genauso gut wie die alten Leistungsfresser. Denn die Leistungsaufnahme allein sagt wenig über die Wirksamkeit eines Staubsaugers aus, da beispielsweise auch die Beschaffenheit der Düse, die Gestaltung des Luftstroms und die Durchlässigkeit der Filter wichtige Rollen spielen.

Ohne Schutzklasse, dafür mit Blasfunktion: Solche Sauger lassen sich sowohl im Haushalt als auch in der Hobbywerkstatt einsetzen.

	Kärcher WD 6 P Premium
Staubklasse	keine
Maximaler Volumenstrom	keine Angabe
Maximaler Unterdruck	keine Angabe
Maximale Leistungsaufnahme	1300 Watt
Behälterinhalt	30 Liter
Durchmesser Anschluss	35 Millimeter
Abmessungen (Länge x Breite x Höhe)	418 x 382 x 694 Millimeter
Gewicht	9,1 Kilogramm

Dennoch: Für Industriestaubsauger gilt diese Leistungsbeschränkung nicht.

Seit September 2017 darf der Schalldruckpegel von Hausstaubsaugern nicht lauter als 80 dB(A) sein. Wie ist das einzuordnen? 0 dB(A) entsprechen der menschlichen Hörschwelle. Eine normale Unterhaltung zwischen zwei Personen erzeugt einen Schallpegel von ungefähr 55 dB(A), in der Gruppe erhöht sich der Wert auf 60 dB(A). Ein in zehn Metern Entfernung vorbeifahrendes Auto erzeugt zwischen 60 und 70 dB(A), viele davon, nämlich starker Straßenverkehr, lärmen mit rund 75 dB(A). Ein vorbeifahrender Lastkraftwagen legt noch einmal mindestens 10 dB(A) drauf. Wichtig zu wissen: Erhöht sich der Schallpegel um 10 dB(A), wird das Geräusch als doppelt so laut empfunden.

Für Industriegeräte gibt es keine vorgeschriebene Grenze des maximalen Schallpegels. Dennoch müssen sie nicht unbedingt lauter als Haushaltsstaubsauger sein. Ganz im Gegenteil: So mancher moderne beutellose Haushaltsstaubsauger ist mit 78 dB(A) lauter als ein Industrieentstauber, den es durchaus auch mit 70 dB(A) gibt.

Industriestaubsauger im Haushalt?

Ist ein Entstauber der Staubklasse L vielleicht der bessere Hausstaubsauger? Der Gedanke ist nicht ganz von der Hand zu weisen. Die Möglichkeit, auch Flüssigkeiten aufsaugen zu können, macht ihn zum universellen Problemlöser. Mit seinem Saugschlauch mit meist 3,50 Metern Länge kommt man auch ohne Sauger überall hin, bei normalen Hausstaubsaugern sind die Schläuche mit 1,20 bis 1,50 Meter deutlich kürzer. Bei manchen Modellen kann man das komplette Zubehör, von dem es bei Industriesauger für Haushaltszwecke eine große Auswahl gibt, in einem Systainer auf dem Staubsauger lagern und so immer griffbereit haben.

Jetzt muss man diese Argumente nur noch überzeugend im Familienrat vortragen. Zumal – das ist im Haushalt mit mehreren Stockwerken ein wenig unpraktisch – da ein Industriesauger meist mindestens 10 Kilogramm wiegt. Und nicht so schnittig aussieht

Schnorchelset: Auch für Industriestaubsauger gibt es eine große Auswahl an Düsen, die auch für den Haushalt geeignet sind.

wie ein Haushaltsgerät. Und keine automatische Kabelaufrollvorrichtung hat. Aber eine Überlegung ist es trotzdem wert.

Darf's etwas mehr sein?

Für intensive Arbeiten zum Beispiel mit Holz, besonders im gewerblichen Bereich, ist ein Sauger der Staubklasse M ein Muss. Der Profi-Heimwerker wird in vielen Fällen auch mit einem vergleichbaren, aber günstigeren Entstauber der Klasse L gut bedient sein. Zumal die dort eingesetzten Filterelemente von ihrer Filterwirkung häufig denen der Klasse M entsprechen – nur, dass hier eben keine Überwachung des Volumenstroms stattfindet. Die Behältergröße ist ein Kompromiss zwischen selteneren Leeren des Geräts und seiner Handlichkeit.

Durch die Reibung der Staubpartikel im Inneren kann sich der Saugschlauch elektrisch aufladen – was für den Anwender unangenehme Stromschläge bedeuten kann. Abhilfe schafft hier die Verwendung eines antistatischen Saugschlauchs – recht teuer, aber wirkungsvoll.

Für ein langes Staubsaugerleben ...

››› nach jedem Aufsaugen von Leichtmetallstäuben muss der Behälter geleert werden. Käme nämlich beim nächsten Mal Wasser hinzu, könnte Wasserstoff entstehen, der zusammen mit Sauerstoff das explosionsfähige Gemisch Knallgas bilden kann,

››› nie ohne eingebauten Hauptfilter saugen, da dies den Motor schädigen kann,

››› Sauger nach der Arbeit innen und außen reinigen. Denn: Auch Sauger wollen gesaugt werden.

Ein guter Entstauber ...

››› hat eine Gerätesteckdose: Der Entstauber startet dann, wenn das Gerät eingeschaltet wird,

››› lässt sich auf verschiedene Schlauchdurchmesser einstellen,

››› hat einen Antistatik-Schlauch.

Eigentlich klar, aber ...

››› keine heißen Stäube oder Funken einsaugen,

››› Sauger nicht auf Stellung »Automatik« in der Garage stehen lassen – so ist er quasi noch angeschaltet,

››› keine brennbaren oder explosiven Stoffe wie Magnesium, Aluminium, Benzin, Verdünnung etc. einsaugen,

››› Filter setzen sich mit feuchten Stäuben schneller zu als mit trockenen,

››› für das Saugen von Flüssigkeiten speziellen Nassfilter verwenden,

››› Staubsammelbeutel aus Papier sind für das Aufsaugen von Flüssigkeiten nicht geeignet,

››› trockene Stäube mit Filtersack saugen, Flüssigkeiten ohne.

STICHSÄGEN.

Sie sind die Expertinnen für kurvige Schnitte. Besonders schnell sind sie dabei allerdings nicht.

Stichsägen sind vergleichsweise klein, leicht und handlich. Durch die riesige Auswahl an Sägeblättern werden sie zum Universalgerät für alle möglichen Schnitte in Holz, Metall oder Kunststoff, wenn sie nur nicht meterlang und dabei exakt gerade sein müssen. Für Stichsägen gibt es zwar Parallelanschläge, auch mit einer Führungsschiene kann man arbeiten – aber für lange gerade und schnelle Schnitte sind Kreissägen deutlich besser geeignet.

Das Funktionsprinzip einer Stichsäge entspricht dem einer Japansäge: bei der Auf- und Abwärtsbewegung des Sägeblatts wird auf Zug, hier also in der Aufwärtsbewegung, gesägt. So lässt sich die Stichsäge leicht führen, da die Grundplatte der Säge beim Hub des Blattes an die Oberfläche des zu sägenden Werkstoffs gezogen wird. Auch muss das Sägeblatt keinen Druck aushalten und kann daher im Betrieb nicht abknicken. Mit einer Steuerelektronik kann die Drehzahl des

Klein und handlich: Die raren Akkustichsägen mit 10,8 Volt Betriebsspannung eignen sich für den schnellen Schnitt zwischendurch.

Weit verbreitet: Die seitliche Führung des Sägeblatts übernimmt eine geschlitzte Rolle.

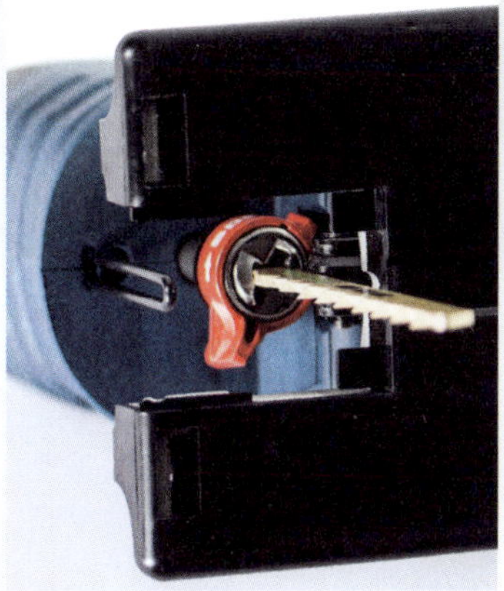

	Bosch GST 12V-70
Akkuspannung	12 Volt
Akku-Kapazität	2,5 Ah
Motor	non brushless
Leerlauf-Hubzahl	1500–2800 Hübe pro Minute
Hub	18 Millimeter
Schnitttiefe in Holz	70 Millimeter
Schrägschnitte	-45 bis +45 Grad
Gewicht (gerundet)	mit 2,5 Ah Akku 1550 Gramm

Motors und damit die Schnelligkeit der Auf- und Abwärtsbewegung des Sägeblatts (»Hubzahl«) eingestellt werden. Eine Konstantelektronik sorgt dafür, dass auch unter Last die vorgegebene Schnelligkeit eingehalten wird. Hier ist ein leistungsstärkerer Motor einem schwächeren gegenüber natürlich im Vorteil. Netzbetriebene Stichsägen gibt es mit Leistungen von 350 bis 800 Watt. Bei den netzunabhängigen Stichsägen sind die kleinen Geräte mit 10,8 Volt Betriebsspannung deutlich in der Unterzahl, hier dominieren die Geräte mit 18 Volt. Ob eine Stichsäge mit Strom aus der Steckdose oder dem 18-Volt-Akku betrieben wird, spielt für ihre Leistungsfähigkeit keine Rolle – die technischen Daten sind absolut vergleichbar.

Manche Stichsägen lassen sich ab Stillstand stufenlos anfahren, manche erst ab 500 oder 1500 Hüben pro Minute. Diese Regulierbarkeit ist wichtig, denn

Profi-Gerät mit allen Finessen: verschiebbarer Spanflugschutz, dreifache Sägeblattführung und werkzeuglos abnehmbarer Sägetisch. Außerdem beidseitiger Ein- und Ausschalter, Anlaufautomatik und Stroboskopbeleuchtung des Sägeblatts.

	Festool PSC 420 Li 5,2 EB-Plus SCA
Akkuspannung	18 Volt
Akku-Kapazität	5,5 Ah
Motor	brushless
Leerlauf-Hubzahl	1500–3800 Hübe pro Minute
Hub	26 Millimeter
Schnitttiefe in Holz	120 Millimeter
Schrägschnitte	mit Zubehör-Winkeltisch -45 bis +45 Grad
Gewicht (gerundet)	mit 5,2 Ah Akku 2500 Gramm

sie ermöglicht ein gefühlvolles Ansetzen der Stichsäge, außerdem verlangen verschiedene Werkstoffe auch nach verschiedenen Hubzahlen. Besonders gefühlvoll lässt sich eine Stichsäge mit Anlaufautomatik ansetzen. Die Säge läuft langsam an und geht erst dann auf die eingestellte Maximaldrehzahl, wenn die Steuerelektronik steigenden Widerstand am Sägeblatt registriert.

Je mehr Sägezähne pro Sekunde im Werkstoff im Eingriff sind, desto größer ist der Sägefortschritt. Diese Zahl wird geräteseitig – denn die Gestaltung des Sägeblatts spielt hier natürlich auch noch eine Rolle – von zwei Kenngrößen bestimmt: dem Hub und der Hubzahl. Der Hub (auch »Hubhöhe« genannt) ist der Weg des Sägeblatts zwischen ganz oben und ganz unten, typische Werte liegen zwischen 18 und 28 Millimeter. Die Hubzahl gibt an, wie viele Aufwärtshübe das Sägeblatt pro Minute macht, der Höchstwert liegt je nach Stichsäge zwischen 2700 und 3800 Hüben pro Minute. Aus diesen beiden Größen kann man die mittlere Sägegeschwindigkeit errechnen. »Mittlere« Geschwindigkeit deshalb, weil das Blatt nach oben beschleunigt wird, auf der Kehrtwende auf 0 km/h abgebremst wird, wieder nach unten beschleunigt, dort wieder abbremst – und immer so weiter. Eine Stichsäge mit einer Hubzahl von 3000 Aufwärtshüben pro Minute (in der Abwärtsbewegung wird ja nicht gesägt) und einer Hubhöhe von 25 Millimeter sägt also mit einer Geschwindigkeit von 1,25 Meter pro Sekunde.

Zum Mitrechnen: 3000 Hübe pro Minute sind 50 Hübe pro Sekunde, 25 Millimeter Hubhöhe entsprechen 0,025 Meter – macht miteinander multipliziert 1,25 Meter pro Sekunde. Das entspricht – mit dem Faktor 3,6 multipliziert – einer Geschwindigkeit von 4,5 Kilometer pro Stunde. Im Vergleich zu der Umfangsgeschwindigkeit einer Kreissäge von zum Beispiel 150 km/h hat die Stichsäge mit rund 5 km/h also nur das Sägetempo eines Spaziergängers. Mehr ist aber auch gar nicht notwendig, denn eine Stichsäge ist die Spezialistin für kurvige Sägeschnitte – da kommt es nicht auf hohe Geschwindigkeiten an. Man käme ja sonst mit dem kurvigen Sägen gar nicht hinterher.

Ist die Stichsäge in der Lage, der Aufwärtsbewegung des Sägeblatts noch eine leichte Vorwärtsbewegung hinzuzufügen, spricht man von einer Pendelstichsäge. Der Weg der Vorwärtsbewegung ist einstellbar – meist in drei Stufen. Wofür braucht man das? Der Pendelhub beschleunigt die Sägegeschwindigkeit, da er einen aggressiveren Eingriff der Zähne des Sägeblatts in den Werkstoff bewirkt. Außerdem sollte er bei dem Sägen von dickeren Hölzern zugeschaltet werden, weil das Blatt in der Abwärtsbewegung ja wieder nach hinten fährt und so den Abtransport der Späne erleichtert.
Die Kehrseite der Medaille: Beim Pendelhub verschlechtert sich wegen der schlechteren seitlichen Führung die Schnittgüte.

Stab oder Bügel? Das ist hier die Frage

Stichsägen gibt es in zwei Stabformen: mit Stabgriff oder mit Bügelgriff. Die Form mit Stabgriff ist bei professionellen Schreinern beliebter und erlaubt die Führung mit zwei Händen – eine Hand umfasst den Griff, der den Motor beherbergt. Die andere Hand führt und schiebt die Säge am dafür vorgesehenen Knebel. Die Führung einer Stichsäge mit Bügelgriff ist ähnlich wie die von einem Bügeleisen – nämlich einhändig. Die Leistungsfähigkeit einer Stichsäge ist aber nicht von ihrer Griffform abhängig, hier spielen Gewohnheit oder Geschmack die maßgebliche Rolle. Das ist auch der Grund, warum viele Hersteller die identische Technik in beiden Formen anbieten. In diesem Fall finden sich im Katalog zwei fast identische Typbezeichnungen, nur ein zusätzliches »B« kennzeichnet die Bügelform. Wer noch keine Gewohnheit und keinen Geschmack in punkto Stichsägen hat: Ein paar vergleichende Probesägungen im Fachgeschäft oder beim bestens ausgestatteten Nachbarn helfen sicher bei der Entscheidungsfindung weiter.

Bei Nicht-Schreinern verbreitet: die einhändig zu führende Bügelform.

Kampf den Ausreißern

Da eine Stichsäge bei der Aufwärtsbewegung sägt, erfolgt bei Arbeiten in Holz der Ausriss der Späne immer nach oben. Grundsätzlich ist dies also immer die unschönere Sägeseite. Dieser Tatsache kann man mit verschiedenen Maßnahmen begegnen.
Die gängigste Methode ist der Einsatz eines Spanreißschutzes, auch Splitterschutz genannt, sofern die Stichsäge dafür ausgerüstet ist. Entweder ist dieser schon vorgeschlitzt oder nicht. Zum Schlitzen schiebt man ihn bei ausgeschalteter Maschine bis hin zum Sägeblatt, schaltet dann die Maschine mit höchster Drehzahl ein und drückt den vorstehenden Spanreißschutz gegen eine ebene Fläche. Und zwar unbedingt gegen eine ebene Fläche – wegen der Verletzungsgefahr auf keinen Fall mit der Hand. Dabei wird der Spanreißschutz exakt auf das eingesetzte Sägeblatt eingeschlitzt, bis er bündig mit der Vorderkante des Sägetischs sitzt.

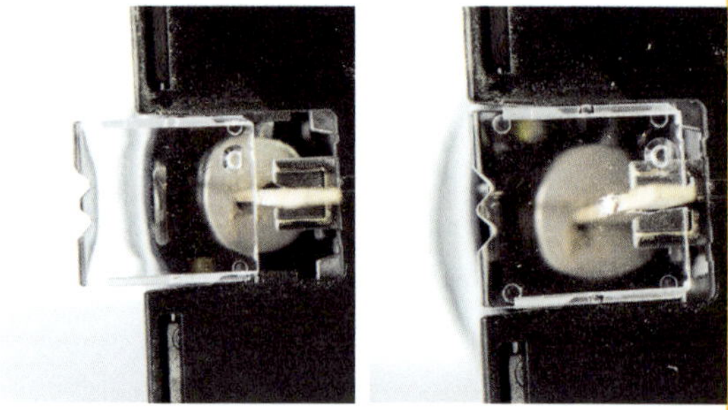

Passgenau eingeschlitzt: Der Spanreißschutz wird exakt vom verwendeten Sägeblatt eingesägt.

Segensreicher Spanreißschutz: Der rechte Schnitt ist dadurch eindeutig der beste.

Was zu beweisen war: Die Unterseite des Schnitts ist immer die schönere – egal, ob mit oder ohne Spanreißschutz.

Beim Sägen drückt der Splitterschutz fortan ganz eng beidseitig des Sägeblatts auf das Werkstück und macht es ihm so unmöglich, lange Splitter auszureißen. Übrigens: Der Spanreißschutz ist ein Verschleißteil und muss für ordnungsgemäße Funktion also hin und wieder ausgetauscht werden.

Wenn die obere Sägeseite die schlechtere ist, kann man aber auch einfach von unten sägen und von oben schauen. Das geht besonders gut, weil die Späne nach unten gezogen werden und so nicht die Sicht behindern können. Das Sägen von unten erfordert allerdings ein wenig Übung. Und mächtige

Bei Schreinern beliebt, für Anfänger gewöhnungsbedürftig: Beim Sägen von unten hat man immer freie Sicht auf die Schnittlinie.

Konzentration beim Anzeichnen, da man dabei anders herum denken muss. Beim Sägen von unten ist die Führung einer Stichsäge mit Stabgriff einfacher als von einer mit Bügelgriff – was vielleicht auch zu ihrer Beliebtheit bei Handwerkern beigetragen hat.

Als dritte Methode kann man ein spezielles Sägeblatt benutzen, das auf Druck sägt, damit werden die Späne nach unten ausgerissen. Mit solch einem Sägeblatt lässt sich die Säge allerdings nicht mehr so sicher führen, da die Stichsäge nicht nach unten gezogen wird, sondern bei jedem Sägedruck abheben möchte. Beim Einsatz eines solchen Sägeblatts muss der Pendelhub ausgeschaltet sein.

so kann ein Holzsägeblatt beispielsweise kein Metall sägen. Die Hersteller haben die Sägeblätter zwar nach Materialien farbcodiert, aber leider folgt jeder seiner eigenen Farbsystematik. Die Auswahl an Sägeblättern ist gigantisch: Es gibt solche aus Chrom-Vanadium (CV), hochlegierte Schnellarbeits-Stähle (HSS), Bimetall oder Hartmetall. Es gibt welche mit vielen oder mit wenig Zähnen. Bei der Verzahnung unterscheidet man zwischen der Normalverzahnung, bei der alle Zähne über die gesamte Sägeblattlänge gleich groß sind, der Varioverzahnung, bei der sich Gruppen von großen und kleinen Zähnen über die Sägeblattlänge abwechseln und der Progressivverzahnung, bei der das Blatt an der Maschinenseite mit kleinen Zähnen beginnt

Ausriss nach unten: Mit solch einem Spezialsägeblatt muss der Pendelhub ausgeschaltet sein.

Der Weg zum richtigen Sägeblatt

Das obere Ende des Sägeblatts nennt man »Einsteckende«. Weltweit ist das Einnocken-Einsteckende am verbreitetsten. Daneben gibt es noch das Zweinocken-Einsteckende, das Universaleinsteckende sowie ein Makita- und ein Fein-Einsteckende.

Das wichtigste Unterscheidungsmerkmal von Sägeblättern ist ihre Eignung für bestimmte Materialien –

und mit großen Zähnen unten endet. Die Varioverzahnung kommt meist bei Sägeblättern für Metall zum Einsatz. Die Progressivverzahnung dagegen macht ein Sägeblatt zum Universalisten für Schnitte in dünnem und dickem Material, ohne dabei das Blatt wechseln zu müssen.

Bei Schnitten in Holz längs der Faser entstehen lange Späne, weshalb hierfür Sägeblätter mit großen Zähnen

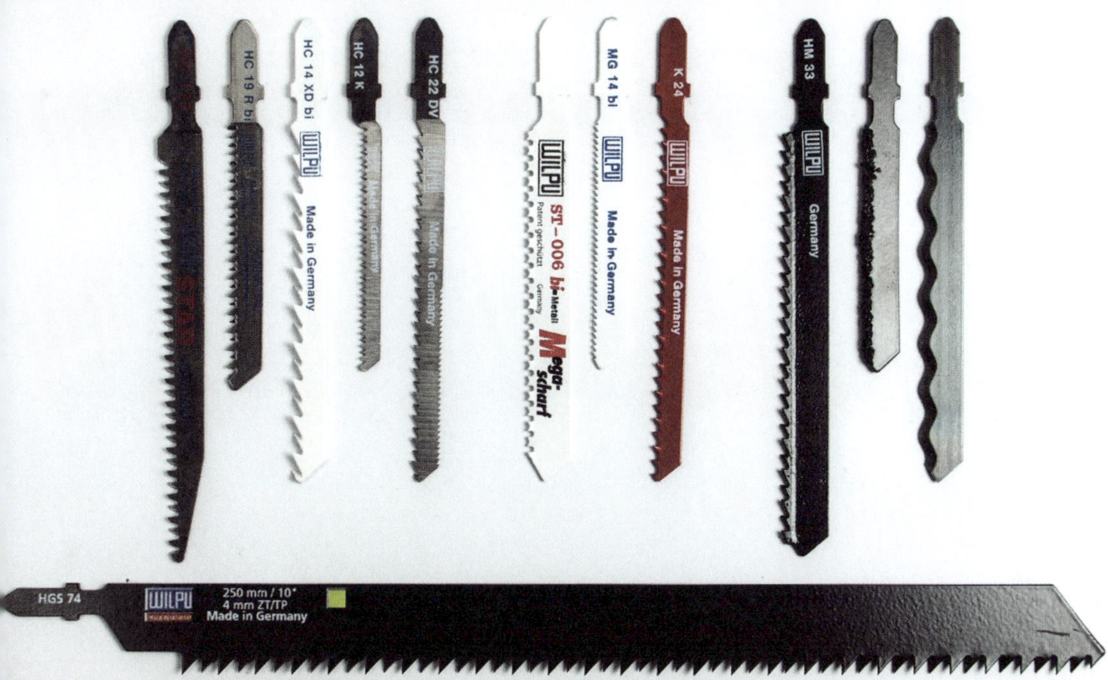

Große Vielfalt: Sägeblatt ist nicht gleich Sägeblatt. Für verschiedene Einsatzzwecke gibt es verschiedene Werkstoffe, Zahnungen und Abmessungen. Hier lohnt ein Blick in die Kataloge der Hersteller.

benutzt werden sollten. Quer zur Faser entstehen kurze Späne, daher ist hier ein Blatt mit kurzen Zähnen empfehlenswert. Generell gilt: Sägeblätter mit wenigen großen Zähnen kommen gut voran, erzeugen dafür aber keinen feinen Schnitt. Für Sägeblätter mit vielen kleinen Zähnen gilt entsprechend das Gegenteil.

Logisch: Breite Sägeblätter erlauben besonders gute gerade Schnitte, schmale Sägeblätter sind hervorragend für Kurvenschnitte geeignet. Diese Kurvenblätter sind manchmal sogar auch auf der Rückseite gezahnt, was besonders kleine Radien ermöglicht.

Die gebräuchlichsten Längen von Stichsägeblättern sind 75 und 100 Millimeter. Es gibt aber auch 50 Millimeter kurze Sägeblätter für Metall oder 200 Millimeter lange zum Sägen von weichem Dämmmaterial. Achtung: Mit einem 75 Millimeter langen Sägeblatt kann kein 75 Millimeter dicker Werkstoff geschnitten werden. Bei Holz beispielsweise sollte das Sägeblatt unten mindestens noch 25 Millimeter herausstehen, bei Metall lieber noch mehr.

Manche Sägeblätter sehen gar nicht aus wie eines: oben ein grobkörnig mit Hartmetall beschichtetes für Glas und Keramik, das mehr schleift als sägt. Unten eines, das mit seinem Wellenschliff eher schneidet als sägt, zum Beispiel für Leder, Gummi oder Teppich.

Angebrannt: Das erste Blatt hat im mittleren Bereich deutlich zu viel Hitze abbekommen, das darunter im oberen Bereich. Beide sind reif für die Tonne.

Im Eifer des Gefechts wird es gern vergessen: Das Stichsägeblatt sollte nicht nur für den Einsatzzweck geeignet und lang genug, sondern auch scharf sein. Mit stumpfen Sägeblättern kann auch die beste Stichsäge keine gute Arbeit leisten. Als Tipp: Die deutlich sichtbarste Abnutzung zeigt sich meist in der Mitte des Sägeblatts. Und wenn das Sägeblatt blau angelaufen ist, hat der Benutzer etwas falsch gemacht – nämlich die Stichsäge zu stark geschoben. Dadurch wurde das Blatt zu heiß und ist jetzt ausgeglüht – ab in den Müll damit.

Tipps und Tricks

Beim Ansetzen sollte man die Säge mit niedriger Drehzahl laufen lassen, eine Anlaufautomatik ist hier sehr hilfreich. Holzfaserplatten sägt man mit möglichst hoher Hubzahl, Kunststoff mit etwas weniger, Keramik und Aluminium mit noch weniger, und Stahl wird ganz langsam gesägt. Die Standfestigkeit der Metall-Sägeblätter wird deutlich erhöht, wenn man zwischendurch dem Blatt mit Schneidöl das Leben etwas leichter macht. Ansonsten kann man als Provisorium, wirklich nur als Provisorium, das Sägeblatt vorher auch mit Kerzenwachs einreiben. Und noch was Metallisches: Dünne Bleche lassen sich am besten sägen, wenn man sie zwischen zwei Sperrholzplatten packt und dann das gesamte Sandwich durchsägt. Auch bei sehr wertvollen Holzplatten kann durch die Verwendung zweier sogenannter »Opferplatten« der Ausriss komplett vermieden werden.

Für saubere Schnitte in dünneren oder faserigen Hölzern (und bei Metallen sowieso) schaltet man den Pendelhub aus. Bei Weichholz, Spanplatten und Holzfaserplatten sollte er dagegen auf höchste Stellung eingeschalten werden, auf mittlerer Stufe 2 bei Tischlerplatten, Sperrholz und Kunststoff und bei Hartholz auf der kleinsten Stufe.

Hin und wieder findet man den Hinweis, dass man mit einer Stichsäge zum Sägen eines Ausschnitts auch ohne Vorbohren direkt in das Holz eintauchen kann. Lieber nicht: Die meisten Stichsägeblätter sind nicht für diese Kraftrichtung konstruiert und können beim Eintauchen brechen – Verletzungsgefahr droht.

Die Ausrissneigung ist bei beschichteten Platten besonders groß und lässt sich manchmal auch durch den Einsatz eines Spanreißschutzes nicht ganz vermeiden. Wer den geplanten Sägeverlauf mit einem Klebeband abklebt und dieses mit durchsägt, erzielt auch beim Sägen von oben eine ausrissfreie Oberfläche. Zum Sägen in Furnier kann man die Sägelinie auch vorher mit einem Cuttermesser anritzen.

Für ein langes Werkzeugleben:

››› Regelmäßig von Staublagerungen befreien – besonders beim häufigen Sägen von Metallen,

››› Staubabsaugung verwenden.

Eine gute Stichsäge ...

››› hat einen mehrstufigen Pendelhub,

››› erlaubt einen werkzeuglosen Wechsel des Sägeblatts, vielleicht sogar der Grundplatte,

››› läuft möglichst leise und vibrationsarm. Ohne Sägeblatt auf einer ebenen Tischplatte laufen lassen ist ein aufschlussreicher Test,

››› führt das Sägeblatt sicher und formstabil,

››› entfernt den Staub von der Sägestelle, um immer freie Sicht auf die Schnittstelle zu haben – entweder durch Blasen oder, deutlich gesünder, durch Anschlussmöglichkeit eines Staubsaugers,

››› hat für verschiedene Griffpositionen auch beidseitige Ein- und Ausschalter, was auch dem Linkshänder bei der Bedienung entgegenkommt,

››› verfügt über einen Spanreißschutz,

››› ist im Sägewinkel verstellbar? Muss jeder selber wissen – diesen Einsatzzweck braucht man eher selten,

››› für denjenigen, der oft sehr kleine Kreise aussägt, schafft eine große Hubzahl: Je größer, desto kleiner der mögliche Kreis,

››› ist durch Zubehör wie wechselbare Laufsohlen zum Schutz der Oberfläche erweiterbar.

Eigentlich klar, aber ...

››› zu sägende Werkstücke mit Schraubzwingen fixieren,

››› immer ein geeignetes Sägeblatt verwenden,

››› das Sägeblatt wird heiß und ist scharf (sollte es zumindest sein) – zum Wechsel Schutzhandschuhe tragen,

››› das Sägeblatt muss fest sitzen,

››› das Sägeblatt muss so lang sein, dass es an jeder Stelle des Schnitts unten herausschaut. Viel länger sollte es aber auch nicht sein,

››› möglichst nicht über Kopf arbeiten. Und wenn doch, eine Schutzbrille tragen,

››› Staubabsaugung verwenden.

KREISSÄGEN.

Wenn der Trennschnitt durch das Holz schnell und schnurgerade vonstattengehen soll, kommt die Kreissäge zum Einsatz.

Ihr Name ist etwas irreführend, denn mit einer Kreissäge sägt man keinesfalls Kreise – ganz im Gegenteil. Namensgebend ist das kreisförmige Sägeblatt, an dessen Umfang die Sägezähne angeordnet sind. Durch das schnell rotierende Sägeblatt, meist mit zwischen 4000 und 5500 Umdrehungen pro Minute, sind viel höhere Schnittgeschwindigkeiten als zum Beispiel mit einer Stichsäge möglich. Dreht sich ein Sägeblatt mit 160 Millimeter Durchmesser an einer Kreissäge mit 5000 Umdrehungen pro Minute, errechnet sich die Umfangsgeschwindigkeit folgendermaßen: Umfang des Sägeblatts ist π * d, also 3,14 mal 0,16 Meter gleich rund 0,5 Meter. Umfangsgeschwindigkeit ist Drehzahl mal Umfang, also 5000 Umdrehungen pro Minute mal 0,5 Meter gleich 2500 Umdrehungen pro Minute. Dies entspricht 150 Kilometer pro Stunde. Während also die Stichsäge mit einer Sägegeschwindigkeit von rund 5 km/h der Fußgänger unter den Sägen ist, legt die Kreissäge ein Tempo vor, das auf deutschen Autobahnen nicht mehr oft erreicht werden kann.

Haubentaucher gibt es nicht

Bei Handkreissägen unterscheidet man zwischen der Pendelhaubensäge und der Tauchsäge. Bei einer Pendelhaubensäge ist die Einheit von Motor, Getriebe und Sägeblatt starr auf einer Grundplatte montiert. Diese Einheit kann in der Höhe und im Winkel zur Grundplatte verstellt werden. So ist eine Einstellung der Schnitttiefe und des Schnittwinkels (»Gehrungswinkel«) möglich. Das Sägeblatt rotiert nach der Einstellung der Schnitttiefe im konstanten Abstand zur Grundplatte. Ihren Namen hat sie von der Pendelhaube, die die Finger des Anwenders vor dem scharfen Sägeblatt schützt und erst dann das Sägeblatt freilegt, wenn es Kontakt mit dem zu sägenden Material bekommt.

Gut geschützt: Noch ist das Sägeblatt nahezu vollständig umschlossen.

Offen gelegt: Erst beim Einsägen fährt die Haube automatisch zurück.

Bei einer Tauchsäge ist die Einheit von Motor, Getriebe und Sägeblatt nicht starr, sondern kippbar montiert. Nach dem Aufsetzen der Grundplatte auf das Werkstück hat also zunächst das Sägeblatt noch keinen Kontakt, sondern erst dann, wenn der Anwender eine Sperre löst, um dann mit dem Sägeblatt in das Material einzutauchen. Im Gegensatz zur Pendelhaubensäge kann man also mit dem Schnitt mitten im Material beginnen. Aus Sicherheitsgründen sollte das aber nie ohne den Einsatz einer Führungsschiene bewerkstelligt werden. Außerdem ist bei Tauchsägen das Sägeblatt nahezu rundum gekapselt, was eine bessere Staubabsaugung als bei einer Pendelhaubensäge ermöglicht. Zudem lässt sie sich augenblicklich nach dem Sägen gefahrlos abstellen, da sich das Sägeblatt ja wieder nach oben vom Werkstück verabschiedet hat und dort in Ruhe ausrotieren kann. Bei einer Pendelhaubensäge muss man vor dem Abstellen warten, bis das Sägeblatt zur Ruhe gekommen ist.

Ist die Tauchsäge daher eine bessere Handkreissäge als die Pendelhaubensäge – bei der allerdings die Auswahl deutlich kleiner ist? Der Verdacht liegt nahe. Nur Anwender, die zum Beispiel vielfach Balken kürzen, werden sich darüber ärgern, dass sie dazu die Säge jedes Mal nach unten drücken müssen. Was also macht der Werkzeug-Liebhaber? Er kauft sich vorsichtshalber beide.

Appetit auf Energie

Die maximale Leistungsaufnahme bei netzbetriebenen Geräten beträgt meist zwischen 1000 und 2000 Watt – Kreissägen sind wahre Energiefresser. Dank der modernen Akkutechnik gibt es auch schon eine große Anzahl an potenten akkubetriebenen Geräten. Wer sich für ein Akkugerät entscheidet, sollte bei der Wahl des Akkupacks wegen des Stromhungers von Kreissägen zu einem möglichst dicken Kaliber greifen. Das erhöhte Gewicht des

	Bosch GKS 18V-57G
Akkuspannung	18 Volt
Akku-Kapazität	7,0 Ah
Motor	non brushless
Leerlauf-Drehzahl	3400 Umdrehungen pro Minute
Max. Schnitttiefe bei 90 / 45 Grad	57 / 42 Millimeter
Sägeblatt Durchmesser / Bohrung	165 / 20 Millimeter
Gewicht (gerundet)	mit 7,0 Ah Akku 4200 Gramm

Viel Leistungshunger: Bei einer Akku-Kreissäge sollte man zu einem möglichst großen Akkupack greifen. Man muss ihn ja nicht ständig tragen – nur schieben.

Völlig losgelöst: Die Stromversorgung per Akkupack ist bei einer Handkreissäge sinnvoll, weil man nicht auf das empfindliche Netzkabel achten muss.

	Metabo KS 18 LTX 57
Akkuspannung	18 Volt
Akku-Kapazität	5,2 Ah
Motor	non brushless
Leerlauf-Drehzahl	4600 pro Umdrehungen Minute
Max. Schnitttiefe bei 90 / 45 Grad	57 / 43 Millimeter
Sägeblatt Durchmesser / Bohrung	165 / 20 Millimeter
Gewicht (gerundet)	mit 5,2 Ah Akku 3500 Gramm

Akkupacks spielt hier ausnahmsweise keine Rolle, da die Kreissäge ja nicht ständig getragen werden muss, sondern lediglich über den Werkstoff geschoben wird. Die Versorgung per Akku ist bei einer Kreissäge sinnvoll, weil sie dann auch längere Bahnen an einer Führungsschiene unabhängig vom Netz bewältigen kann, ohne dass man dabei auf das empfindliche Netzkabel achten muss oder von einem zu kurzen Kabel gebremst wird. Allerdings: An einer Strippe, in diesem Fall an einem Schlauch, hängt die Kreissäge immer noch: Der verantwortungsvolle Anwender arbeitet immer mit einem angeschlossenen Staubsauger.

Handkreissägen haben üblicherweise maximale Schnitttiefen zwischen 50 und 85 Millimeter – Ausreißer nach oben oder unten bestätigen die Regel. Wer öfter Gehrungsschnitte, also in einem Winkel bis zu 45 Grad, machen möchte, sollte bedenken, dass sich hierbei die maximale Schnitttiefe verringert. Auch bei Verwendung einer Führungsschiene wird diese reduziert – nämlich um die Dicke der Schiene.

Aussterbende Art: Einen Spaltkeil (im Bild links hinter dem Sägeblatt) findet man nicht mehr an vielen Handkreissägen.

	Festool TS 75 EBQ
Betriebsspannung	230 Volt
Max. Leistungsaufnahme	1600 Watt
Motor	non brushless
Leerlauf-Drehzahl	1350–3550 Umdrehungen pro Minute
Max. Schnitttiefe bei 90 / 45 Grad	75 / 55 Millimeter
Sägeblatt Durchmesser / Bohrung	210 / 30 Millimeter
Gewicht (gerundet)	6200 Gramm

Spaltkeil – vom Aussterben bedroht

Wird Holz gesägt, das unter starker Spannung steht oder sich durch sein Eigengewicht verkantet, kann sich der Schnitt hinter dem Sägeblatt wieder schließen. Dann drückt das Holz auf das rotierende Sägeblatt. Im günstigeren Fall bringt dieser Druck die Handkreissäge nur zum Stillstand, oder vielleicht ist die Maschine auch mit einer automatischen Abschaltung ausgerüstet. Im ungünstigeren Fall schlägt die Säge in Richtung des Bedieners zurück – Verletzungen drohen. Ein Spaltkeil, der in Sägerichtung hinter dem Sägeblatt montiert ist, hält dem Sägeblatt sprichwörtlich den Rücken frei, denn er sorgt dafür, dass das Sägeblatt nicht eingeklemmt werden kann. Voraussetzung: Er ist ordnungsgemäß auf das verwendete Sägeblatt abgestimmt und somit dicker als die Stammblattbreite des Sägeblatts, aber schmaler als der Sägeschnitt.

Noch vor einigen Jahren war ein Spaltkeil für Handkreissägen Pflicht, doch eine EU-Verordnung hob diese Verpflichtung auf. Heute ist ein Spaltkeil nur noch für Tischkreissägen bindend. Dies hat zur Folge, dass nur noch wenige Hersteller ihre Handkreissägen freiwillig mit einem Spaltkeil ausrüsten. Was tun – denn nachrüsten lässt sich dieses Sicherheitsplus nicht? Da hilft nur improvisieren, indem man zum Beispiel hinter der Kreissäge einen Holzkeil oder einen dicken Schraubendreher in den Schnitt drückt, um den gleichen Effekt zu erzielen. Und immer die Kreissäge am vorderen Griff halten, um ein Rückschlagen möglichst zu vermeiden. Ja, Handkreissägen können tückisch sein und sollten nie unterschätzt werden.

Rückschläge vermeiden

Keiner mag Rückschläge. Im normalen Leben sind sie manchmal nur ärgerlich, beim Arbeiten mit einer Kreissäge aber brandgefährlich. Ein Rückschlag entsteht dann, wenn, statt wie vorgesehen, die Zähne an der Vorderseite des Sägeblattes das Werkstück von unten nach oben gegen die Grundplatte ziehen, die Zähne an der Rückseite des Blattes von oben nach unten auf das Material schlagen. Daher sollte man nie mit laufender Säge im Schnitt zurückfahren – schon ein leichtes Verkanten führt genau zu diesem »kick back«-Effekt. Dann kann die durchaus kräftige Säge in Richtung Bedienpersonal zurückspringen. Aber auch durch ein im Schnitt verklemmtes Sägeblatt (Stichwort Spaltkeil) kann ein Rückschlag entstehen. Rückschläge sind aber vermeidbar, hier einige Tipps zur Unfallvermeidung: Die Arme beim Sägen immer in eine Position bringen, mit der ein eventueller Rückschlag aufgefangen werden kann. Die Säge nicht frontal vor dem Körper führen, sondern seitlich. Große Platten beim Sägen abstützen, um ein Verklemmen des Sägeblatts zu verhindern. An Führungsschienen kann man für das Eintauchen zusätzlich einen Rückschlagstopp befestigen. Dafür sorgen, dass sich bei Holz unter Spannung der Schnitt nicht schließen kann (schon wieder Stichwort Spaltkeil).

Schnurgeradeaus

Fast jeder Handkreissäge liegt als Zubehör ein Parallelanschlag bei. Damit können aber, wie der Name sagt, nur parallele Schnitte durchgeführt werden. Und exakt parallel werden die auch nur dann, wenn der Anschlag über die gesamte Sägestrecke immer fest an der Außenkante anliegt. Das gelingt nicht immer. Damit das Abweichen der Säge vom geplanten Kurs keine irreparablen Schäden im Werkstück hinterlassen kann, sägt man also immer das Abfallstück mittels des Parallelanschlags ab. Kommt dann die Kreissäge vom rechten Weg ab, ist zwar das benötigte Werkstück immer noch nicht exakt auf Maß geschnitten, weil es zu breit ist. Aber das ist deutlich besser als zu schmal.

Falsch: Liegt der Parallelanschlag am Werkstück und die Kreissäge wandert ungewollt nach links, wird das Werkstück zu schmal – Pech gehabt.

Richtig: Liegt der Parallelanschlag am Abfall (hier schraffiert), kann nur der Abfall zu schmal werden. Das Werkstück ist dann immer noch zu breit, aber das ist reparabel.

Wie schneidet man das benötigte Werkstück nun fertig? Mit einer Führungsschiene – die man vielleicht schon besser von Anfang an hätte verwenden sollen. Führungsschienen gibt es in unterschiedlichsten Längen zwischen 80 Zentimeter bis über drei Meter, mittels Verbindungsstücken lassen sich die Schienen bei Bedarf zu verschiedenen Längen zusammenstecken. Auch hier ist der Name treffend: Dies ist eine Schiene, die die Maschine führt. Man kann die Schiene exakt und in aller Ruhe auf den geplanten Schnitt ausrichten und dann mit speziellen Schraubzwingen, die an der Unterseite der Schiene eingeschoben werden, am Werkstück befestigen. Dann lässt man völlig stressfrei die Maschine an der Schiene entlang sägen – mit dem beruhigenden Wissen, dass die Spur ganz sicher gehalten werden wird.

Ein Zusatznutzen der Führungsschiene: Das Sägeblatt sägt exakt an einer Gummilippe der Führungsschiene entlang. Diese Lippe übt Druck auf die Oberfläche der Schnittkante aus und vermindert so den Ausriss auf der Oberseite erheblich. Übrigens: Diese Gummilippe ist ein Verschleißteil und muss hin und wieder ausgetauscht werden, damit sie ihren Zweck erfüllen kann. Und noch ein Übrigens: Die Führungsschiene sollte an beiden Seiten so lang sein, dass sie eine Kreissägen-Länge über das zu sägende Werkstück hinaussteht. Nur so wird eine sichere Führung am Anfang und am Ende des Schnitts gewährleistet.

Bleibt als theoretisch dritte Möglichkeit noch das umgedrehte Einspannen der Handkreissäge in einen Sägetisch, wodurch man eine Tischkreissäge erhält. Für diesen Fall muss die Handkreissäge aber vom Hersteller ausdrücklich freigegeben sein – was längst nicht bei jeder Handkreissäge der Fall ist. Siehe oben: Für Tischkreissägen ist ein Spaltkeil vorgeschrieben – den aber die meisten Handkreissägen nicht mehr haben.

Beim Sägen mit einer Tischkreissäge muss man dann beachten, dass sich der sauberere Schnitt nun an der Oberseite des Werkstücks befindet. Auch hier ist die Genauigkeit des Schnitts vom unbeirrbaren Schieben des Werkstücks an der Führung entlang abhängig.

Bleibt festzuhalten: Für gerade und stressfreie Schnitte mit einer Handkreissäge kommt man um Führungsschienen (samt Schraubzwingen) nicht herum. Erfreulicherweise passen übrigens die Handkreissägen der Hersteller Bosch, Festool, Hilti, Hitachi, Makita und Metabo jeweils auf deren eigene Führungsschienen.

Fremdenführer: Bei vielen Herstellern passen die Kreissägen auf markenfremde Führungsschienen.

Das richtige Sägeblatt

Es gibt Sägeblätter mit vielen kleinen oder wenigen großen Zähnen. Außerdem unterscheiden sich Sägeblätter in der Stammblattbreite und in der Breite des Schnitts, in der Art ihrer Zähne, in der Größe Ihres Aufnahmelochs und im Durchmesser. Allein schon beim Durchmesser gibt es eine große Auswahl: Hier sind 85, 136, 160, 165, 190, 210, 230, 235, 270 und 355 Millimeter im Angebot.

Zur Herstellung eines Kreissägeblatts werden einem »Stammblatt« Schneiden aus Hartmetall aufgelötet. Übrigens: Höherwertigere Sägeblätter sind an einigen Stellen per Laser eingeschnitten. Diese Einschnitte reduzieren die Schwingungen des Sägeblatts, was das empfundene Geräusch gegenüber einem Sägeblatt ohne Einschnitte tatsächlich halbieren kann.

Dicke des Sägeblatts

Die Zahnspitzen von Kreissägeblättern sind grundsätzlich breiter als die Stammblattbreite des Sägeblatts. So wird der Schnitt breiter als der Grundkörper dick ist, was das Klemmrisiko und die Reibungshitze verringert. Typische Stammblattdicken für akkubetriebene Handkreissägen liegen je nach Durchmesser der Scheibe zwischen 1,4 und 1,8 Millimeter, auf netzbetriebene Geräte können oft auch Blätter mit einer Stammblattdicke von über 2 Millimeter montiert werden. Hintergrund: Ein dickerer Schnitt braucht auch mehr Power.

Zahl der Zähne

Bei einer Kreissäge trennen die Zähne des Blatts kleine Späne ab, die in den Raum zwischen den Zähnen gelangen. Sobald dieser sogenannte Spanraum aus dem Holz austritt, fallen die Späne heraus.

Grundsätzlich gilt: Je mehr Sägezähne pro Sekunde an der Schnittstelle werkeln, desto höher ist der Sägefortschritt. Die eingreifenden Zähne pro Sekunde sind allerdings nicht nur von der Zähnezahl des Sägeblatts, sondern auch von der Umfangsgeschwindigkeit des Sägeblatts und damit von der Drehzahl der Kreissäge abhängig. Allerdings gilt auch: Mit je mehr Zähnen ein Sägeblatt bewaffnet ist, umso langlebiger ist es, weil sich so die Sägeleistung auf mehr Schneiden verteilt.

Sägeblätter mit einer hohen Zähnezahl werden für Querschnitte in Massivholz, dem Sägen von Plattenmaterial oder – mit besonders vielen Zähnen – zum

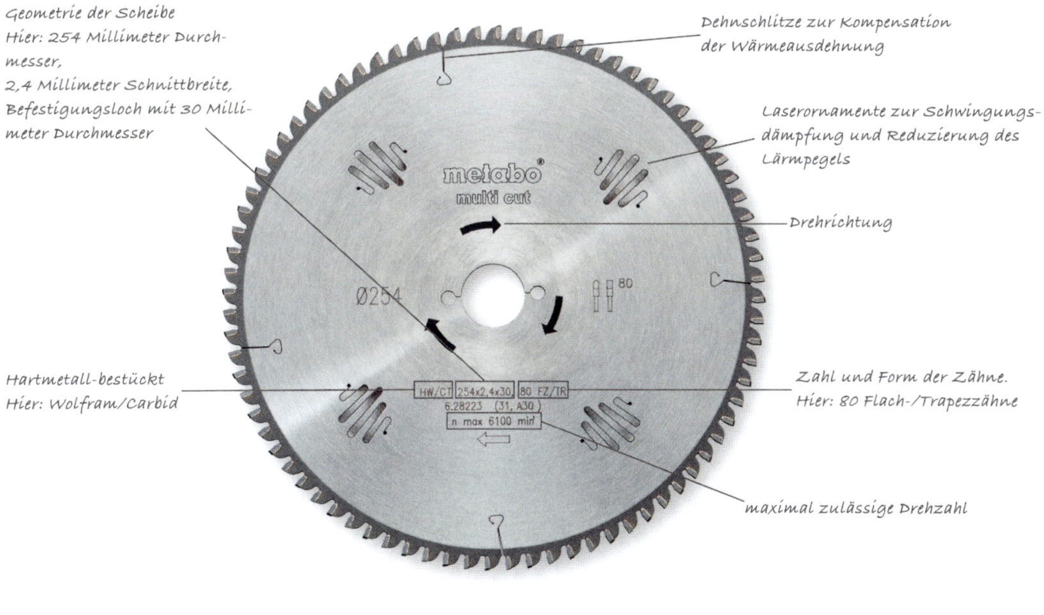

Sägen von Metall eingesetzt. Sägeblätter mit wenigen Zähnen und entsprechend großen Spanräumen braucht man für Längsschnitte in Massivholz oder für das Sägen von Spanplatten.

Art der Zähne

Die Zähne des Sägeblatts können die unterschiedlichsten Formen, Anordnungen und Winkel haben – was dann entscheidet, für welches Material das Sägeblatt geeignet ist. Eine theoretische Abhandlung über die möglichen Zähne eines Kreissägeblattes könnte jetzt mehrere Seiten füllen, hier nur eine kleine Kostprobe: Es gibt Trapezzähne (abgekürzt mit »TZ«), Flachzähne (»FZ«), Dachhohlzähne (»DH« oder »DHL«) und Wechselzähne (»WZ«). Daneben sind auch noch Mischformen gebräuchlich wie wechselseitige Anordnung von Flach- und Wechselzähnen oder eine Kombination aus Trapez- und Flachzähnen. Die einzelnen Zähne werden nicht nur durch ihren Schnittwinkel und Spanwinkel, sondern auch durch ihren Keilwinkel, Freiwinkel, ihre Zahnbrust und ihren Zahnrücken definiert. Gut, dass es in den Katalogen der Hersteller leicht verständliche Übersichten zur Auswahl des richtigen Kreissägeblatts gibt. Zur Vermeidung von teuren Fehlversuchen: Je teurer das Material ist, das man sägen möchte, desto mehr Zeit sollte man investieren, sich über das richtige Sägeblatt zu informieren.

Ein kleiner Säge-Ratgeber

Die Vorschubrichtung einer Kreissäge ist gegenläufig zur Drehrichtung des Sägeblatts, es sägt also von unten nach oben. Das Prinzip ist also wie bei einer Stichsäge: Das Werkstück wird an die Säge gezogen. Und so findet sich wie bei der Stichsäge auch der schönere Schnitt an der Eintrittsseite – bei der Handkreissäge also unten.

Das beste Schnittbild ergibt sich, wenn das Sägeblatt etwas weniger als eine volle Zahnhöhe aus dem zu sägenden Material herausschaut – was über die Schnitthöhenverstellung der Handkreissäge eingestellt werden kann und muss. In dieser Einstellung ist auch die Absaugung am wirkungsvollsten.

Sägen von **Holz**: Holz neigt bei hoher Temperatur zu Brandspuren. Die beim Schnitt entstehende Wärme muss also schnell abgeführt werden. Das geht nur durch einen schnellen Schnitt – und der wiederum ist nur mit einem scharfen Sägeblatt möglich. Andererseits: Ein zu starker Vorschub führt zu mehr Ausrissen. Beim Sägen quer zur Maserung entstehen viel weniger

Standard-Sägeblatt: für weiche Kunststoffe, Querschnitte in Vollholz, Tischler- und Hartfaserplatten. 12 Zähne.

Panther-Sägeblatt: für überraschend schnelle Längsschnitte in Vollholz. 14 Zähne.

Universal-Sägeblatt: für Querschnitte in Vollholz, Sperrholz, »MDF« (mitteldichte Faserplatten), rohe Spanplatten und Hartfaserplatten. 28 Zähne.

Feinzahn-Sägeblatt: für Querschnitte in Vollholz, furnierte Platten, Parkett, harte Kunststoffe, Tischlerplatten, Sperrholz, Acrylglas und MDF. 48 Zähne.

und kürzere Späne als beim Sägen in Längsrichtung. Bei Schnitten quer zur Holzfaser kommt es an den Enden des Schnitts meist zu hässlichen Ausrissen. Wenn das Werkstück längs und quer gekürzt werden soll: Immer zuerst den Querschnitt machen, mit dem folgenden Längsschnitt wird dann der Kantenausriss des Querschnitts abgeschnitten. Gibt es nur einen Querschnitt zu erledigen, hilft es, eine Leiste an der Austrittskante mit einer Schraubzwinge zu befestigen. Dann reißt nämlich nur diese Hilfsleiste aus.

Sägen von **Kunststoffen**: Bei einer zu hohen Schnittgeschwindigkeit schmelzen die Materialränder und die Späne, daher sollte man vorher unbedingt an einem Abfallstück einen Probeschnitt machen. Durch die Reibung des Sägeblatts können sich die Kunststoffspäne elektrostatisch aufladen, wodurch sie auch an der Kleidung des Anwenders kleben bleiben – sehr lästig.

Sägen von **Metallen**: Metalle sollten mit lediglich ungefähr der Hälfte der Schnittgeschwindigkeit von Holz gesägt werden. Ließe man die Maschine nun einfach mit halber Drehzahl laufen, würde es ihr bei hoher Belastung aber an Kühlluft mangeln. Besser ist es stattdessen, ein Sägeblatt mit kleinerem Durchmesser zu verwenden und die Maschine mit Vollgas laufen zu lassen. Harte Metalle bilden beim Sägen Späne, die den größten Teil der beim Sägen entstehenden Wärme abführen. Späne von Aluminiumlegierungen dagegen können sich an die Zähne des Sägeblattes dauerhaft anlagern und sie so stumpf machen. Das verringert die Schneidleistung und erhöht die Reibung – ein Teufelskreislauf. Damit es gar nicht erst so weit kommt, hilft nur die vorherige Behandlung des Sägeblatts mit einem speziellen Schneidfett.

Für ein langes Werkzeugleben:

››› Handkreissägen sind nicht billig, Sägeblätter aber auch nicht. Wer diesen ein langes Leben ermöglichen möchte, sollte folgendes beachten:

››› die Schneiden zweier Sägeblätter sollten sich nie berühren, da das Hartmetall sehr spröde ist,

››› Rückstände an den Sägeblättern sollten regelmäßig entfernt werden – Backofenreiniger zum Beispiel eignet sich sehr gut dazu,

››› Sägeblätter kann man nachschärfen lassen (kostet 10 bis 15 Euro, Adressen im Internet).

Eine gute Handkreissäge ...

››› die akkubetrieben ist, hat einen Energiespeicher mit möglichst vielen Ah,

››› kann stufenlos im Neigungswinkel verstellt werden,

››› die sehr gut sein möchte, hat eine regelbare Drehzahl und einen Spaltkeil.

Eigentlich klar, aber ...

››› Hände weg vom Sägebereich und dem laufenden Sägeblatt, auch nicht unter das Werkstück greifen.

››› Einfache Regel: Wenn beide Hände die Säge halten, können sie nicht vom Sägeblatt verletzt werden,

››› das zu sägende Werkstück sicher an einer stabilen Unterlage befestigen – zum Beispiel mit Schraubzwingen,

››› ausschließlich Sägeblätter in der richtigen Größe und mit passender Aufnahmebohrung verwenden,

››› bei der Montage eines neuen Sägeblatts Schutzhandschuhe tragen, die Schneiden sind scharf,

››› nie mit laufender Säge rückwärtsfahren,

››› bei der Arbeit Gehörschutz und Augenschutz tragen sowie für Staubabsaugung sorgen.

KAPP- / ZUG-SÄGEN.

Eine Kappsäge wird grundsätzlich ohne Mütze geliefert, und eine Kapp- / Zugsäge sollte nur beim Schieben sägen. Das Leben ist kompliziert.

Da liegen sie nun: unzählige Parkettdielen, die alle auf Maß gekürzt werden müssen. Wie macht man das am besten? Laminat-Cutter sind für echtes Parkett ungeeignet. Mit der Stichsäge wird der Schnitt vielleicht nicht ganz gerade. Mit der Handkreissäge, freihändig geführt, könnte der Schnitt zwar gerade, aber nicht rechtwinklig werden. Und bei jeder Diele eine Führungsschiene anbringen? Nein danke.

Für diesen Zweck ist eine Kappsäge bestens geeignet. Balken kürzen, Fußleisten zusägen, Vertäfelungen oder eben auch Parkettdielen zuschneiden – das alles lässt sich mit einer Kappsäge schnell und bequem erledigen. Und wenn man bei der Anschaffung nicht gespart hat, werden die Sägeergebnisse hochpräzise.

Das wird schon kappen

Das Funktionsprinzip ist einfach: Werkstück quer zum Sägeblatt an die Anschlagschienen legen, ausrichten, fixieren, Säge einschalten, auf Touren kommen lassen und dann den kippbar gelagerten Sägekopf langsam nach unten führen – rechtwinklige Kappung erledigt. Eine Kappsäge ist also eigentlich eine kippbare Handkreissäge an einem Gestell.

Kappsägen sind nur für eher längsförmige Werkstücke geeignet. Da das Sägeblatt wegen seiner eigenen Befestigung in der Mitte nicht mit vollem Durchmesser durch das Werkstück schneiden kann, ist nur der untere Teil des Blatts zum Sägen nutzbar. So lässt sich beispielsweise mit einem Sägeblatt mit 216 Millimeter Durchmesser nur eine Schnittlänge von 120 Millimeter und eine Schnitthöhe von 60 Millimeter erreichen, mit einem 305er-Blatt ist bei 200 Millimeter Länge und 80 Millimeter Höhe Schluss. Zur Einordnung: Da eine Parkettdiele – egal, ob Massiv- oder Fertigparkett – nicht stärker als 23 Millimeter ist, stellt die Schnitthöhe kein Problem dar. Die Schnittlänge unter Umständen aber schon: Parkettdielen gibt es mit einer Breite von 160 oder 180 Millimeter, eine handelsübliche Paneele ist 200 Millimeter breit und extra breite Landhausdielen messen 260 Millimeter. Und spätestens jetzt kommt die Kapp-/Zugsäge ins Spiel.

Alles Schiebung

Der Clou an einer Kapp-/Zugsäge ist, dass der Sägekopf nicht nur an einem fixen Drehpunkt befestigt ist, sondern sich dieser Drehpunkt zusätzlich auf zwei Gleitschienen verschieben lässt – was den Aktionsradius des Sägeblatts deutlich vergrößert. Heißt: Die mögliche Schnittlänge vergrößert sich, die Schnitthöhe aber nicht. Die Bezeichnungen der Hersteller für die beiden Bauarten von Kappsägen sind erstaunlich unterschiedlich: Die »Kapp- und Gehrungssäge« des einen Herstellers ist grundsätzlich verschiebbar, die des anderen nicht. Die »Paneelsäge« des anderen? Verschiebbar. Die »Kapp-/Zugsäge« eines weiteren Herstellers ist grundsätzlich verschiebbar, die eines anderen nur, wenn es sich um eine »Kappsäge mit Zugfunktion« handelt. Dabei warnen alle Hersteller in ihren Bedienungsanleitungen ausdrücklich davor, die Säge ziehend zu betreiben, da ansonsten das Sägeblatt am Werkstück aufsteigen und der Sägekopf eine ungesunde Beschleunigung Richtung Bediener aufnehmen könnte. Zum Sägen muss also unbedingt geschoben werden. Auch hier wieder der Vergleich zur Handkreissäge: Die zieht man auch nicht, sondern schiebt sie durch den Werkstoff. Da sich der Begriff »Kapp-/Zugsäge« aber eingebürgert hat und deutlich kürzer ist als die eigentlich korrekte Bezeichnung »Kapp- und Gehrungssäge mit Schiebefunktion«, bleibt es hier bei »Kapp-/Zugsäge«.

Um zu verhindern, dass man den Sägekopf zum Beispiel beim akkordartigen Sägen von Latten versehentlich doch schiebt, lässt er sich für derartige Arbeiten arretieren – so wird aus der Kapp-/Zugsäge wieder eine reine Kappsäge.

Gezogen, geschoben, gekappt

Sicher ist sicher: immer erst einmal das Werkstück fixieren.

Auf Startposition: Säge auf den Gleitschienen ganz nach vorne ziehen.

Im Einsatz: Säge einschalten, auf Touren kommen lassen, Sägeblatt in das Werkstück eintauchen und gefühlvoll durch das Werkstück schieben.

Zur Ruhe kommen: Hinten angekommen, Säge hochschwenken und dann erst Maschine ausschalten.

Hungrig, schwer und laut

Die maximale Leistungsaufnahme dieser Geräte liegt zwischen 1200 und 1800 Watt. Trotz des großen Leistungshungers gibt es mittlerweile auch Kapp-/Zugsägen mit Akkubetrieb, was sie noch mobiler macht. Stichwort Mobilität: Kapp-/Zugsägen zählen zu den sogenannten halbstationären Maschinen. Nach dem Transportieren von einem Ort zum anderen weiß man auch, warum sie so heißen: Die je nach Größe zwischen 15 und 35 Kilogramm schweren Geräte kann man zwar tragen – aber nicht sehr lang und nicht sehr gern. Reine Kappsägen wiegen mit 10 bis 15 Kilogramm deutlich weniger.

Kappsägen sind mit einem Schalldruckpegel von meist deutlich mehr als 90 dB(A) sehr laute Maschinen, weshalb man bei der Arbeit unbedingt einen Gehörschutz tragen sollte. Auch die Staubentwicklung beim Sägen ist beachtlich. Die manchmal mitgelieferten Staubbeutel können niemals das leisten, was der Anschluss einer Absaugung bewirkt – also sollte man unbedingt mit einem geeigneten Staubsauger arbeiten.

Welche Werkstoffe kann man mit einer Kappsäge sägen? Natürlich in erster Linie Holz und Faserwerkstoffe wie zum Beispiel MDF-Platten. Mit einem geeigneten Sägeblatt kann man aber auch Kunststoffe oder Profile aus Nichteisenmetallen wie Aluminium oder Kupfer sägen. Für diesen Verwendungszweck ist es dann sehr hilfreich, wenn sich die Drehzahl der Maschine einstellen lässt. Keinesfalls aber dürfen Eisenwerkstoffe auf den Sägetisch kommen. Der dabei entstehende Funkenstrahl würde nicht nur sämtliche Kunststoffbestandteile der Maschine in seiner Reichweite anschmelzen, der Eisenstaub würde auch die beweglichen Teile der Maschine blockieren und im schlimmsten Fall sogar einen Kurzschluss mit der Gefahr eines elektrischen Schlags verursachen.

Schlagseite: Hier ist die maximale Neigung von 45 Grad nur zu einer Seite möglich. Bei solchen Einstellungen nicht vergessen, die Anschlagschiene weit auszufahren – sonst wird auch sie mitgekappt.

Der Hersteller verspricht für die Akku-betriebene Säge eine Leistung, die der einer netzbetriebenen Kapp-/Zugsäge mit 1600 Watt entspricht.

	Bosch GCM 18V-216
Betriebsspannung	18 Volt
Akku-Kapazität	ab 8 Ah
Motor	non brushless
Leerlauf-Drehzahl	4600 Umdrehungen pro Minute
Sägeblatt Durchmesser / Bohrung	216 / 30 Millimeter
max. Schnittleistung	270 x 70 Millimeter
Drehtellerverstellung links / rechts	47 / 47 Grad
Sägeblatt Neigungswinkel links / rechts	45 / 0 Grad
Schnittlinienanzeige	Ein-Linien-Laser
Gewicht (ohne Akku)	14,7 Kilogramm

Schnittmuster

Die Begriffe »Schnittkapazität«, »Schnittleistung« oder »Schnitttiefe«, die sich in den Katalogen der Hersteller finden, meinen alle dasselbe, nämlich: Welche maximalen Abmessungen eines Werkstücks schafft die Säge in einem Schnitt? Die gängigen Sägeblätter messen 190, 216, 254, 260 oder 305 Millimeter im Durchmesser. Zum Einsatz kommen die gleichen Blätter, wie sie auch in Hand- oder Tischkreissägen verwendet werden. Als Anhaltspunkte: Mit einem 216er-Blatt schafft man schon, je nach Hersteller, maximal 305 Millimeter Schnittlänge bei 60 Millimeter Schnitthöhe. Mit dem nächstgrößeren Sägeblatt mit 254 Millimeter Durchmesser sind es 90 Millimeter Schnitthöhe, mit einem 305er-Blatt 105 Millimeter. Diese Werte gelten aber nur für den rechtwinkligen und senkrechten Schnitt.

	Metabo KGS 305 M
Betriebsspannung	230 Volt
max. Leistungsaufnahme	1600 Watt
Motor	non brushless
Leerlauf-Drehzahl	3700 Umdrehungen pro Minute
Sägeblatt Durchmesser / Bohrung	305 / 30 Millimeter
max. Schnittleistung	305 x 105 Millimeter
Drehtellerverstellung links / rechts	47 / 47 Grad
Sägeblatt Neigungswinkel links / rechts	47 / 2 Grad
Schnittlinienanzeige	Ein-Linien-Laser
Gewicht	19,6 Kilogramm

Für große Kaliber: Mit einem Sägeblatt von 305 Millimeter Durchmesser sind Schnitthöhen bis 105 Millimeter möglich.

Standard: Ein Verstellbereich des Drehtellers von 47 Grad nach rechts und links ist üblich.

Jetzt wird's schräg

Wer beispielsweise einen formschönen Rahmen bauen möchte, wird die Leisten mit einem Winkel von 45 Grad zuschneiden wollen. Für diesen sogenannten Gehrungsschnitt ist bei den Kappsägen der Drehteller in beiden Richtungen jeweils um mindestens 47 Grad dreh- und arretierbar. Häufig benutzte Winkel wie 22,5 oder 45 Grad haben Einrastpunkte.

Ein weiterer Fall für die Gehrungseinstellung: Wer ein neues Parkett verlegt hat, wird das schöne Erscheinungsbild mit großer Wahrscheinlichkeit zunichtemachen, indem er die neuen Fußleisten konsequent in einem 45-Grad-Winkel zusägt. Kaum eine Innen- oder Außenecke in einem Haus hat nämlich einen Winkel von exakt 90 Grad – das Resultat sind dann Fußleisten, die nicht richtig zusammenpassen.

Um diesen unschönen Blickfänger zu vermeiden, gibt es einen Trick. Es mag nicht auf Anhieb einleuchten, aber aus Sicht einer Fußleiste gibt es den Fall nicht, dass eine Wand gerade und die andere schief ist: Beide Wände stehen immer in einem Winkel zueinander. Werden nun die beiden Enden der Fußleisten in genau in der Hälfte dieses Winkels, der sogenannten Winkelhalbierenden, geschnitten, werden die Enden so zusammenpassen, als wäre die Fußleiste aus einem Stück geschnitzt. Aber wie kommt dieser halbe Winkel auf den linken und den rechten Anschlag der Säge?

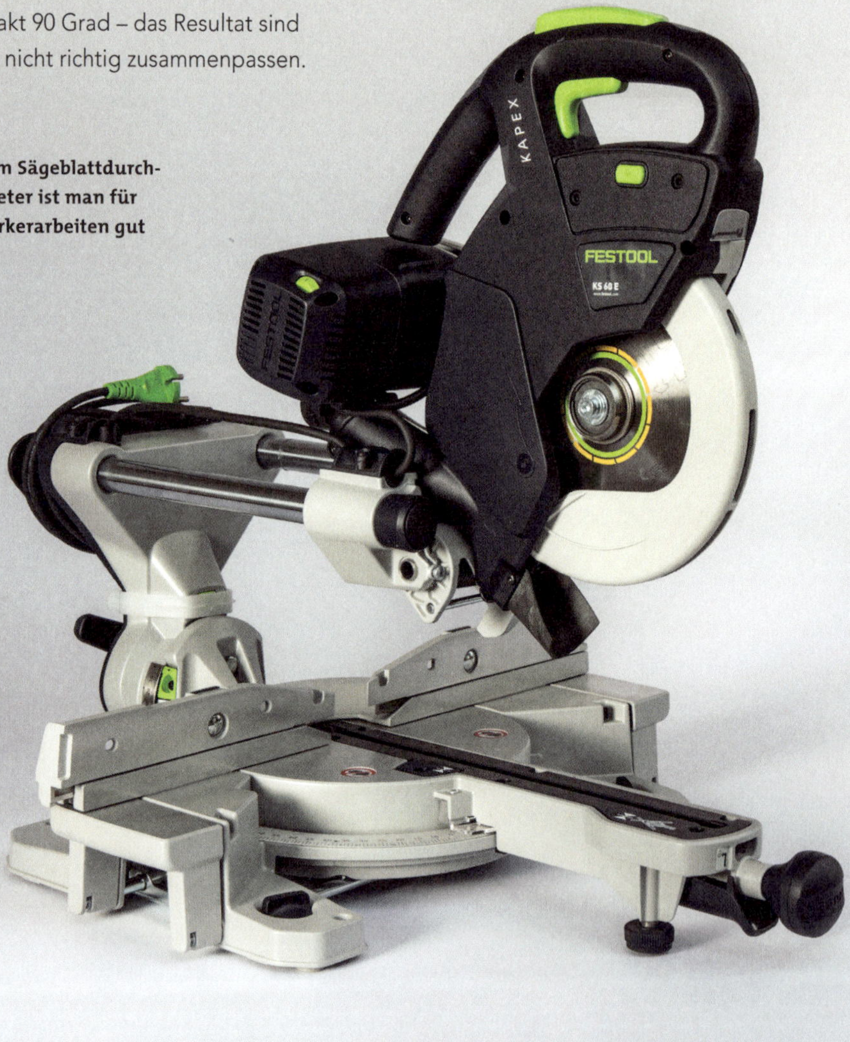

Für alle Fälle: Mit einem Sägeblattdurchmesser von 265 Millimeter ist man für alle gängigen Heimwerkerarbeiten gut gerüstet.

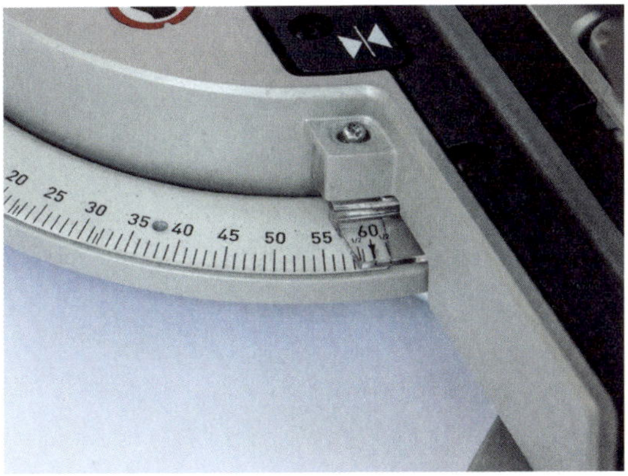

Sehr beweglich: Hier ist eine Verstellung des Drehtellers um 60 Grad nach links und rechts möglich.

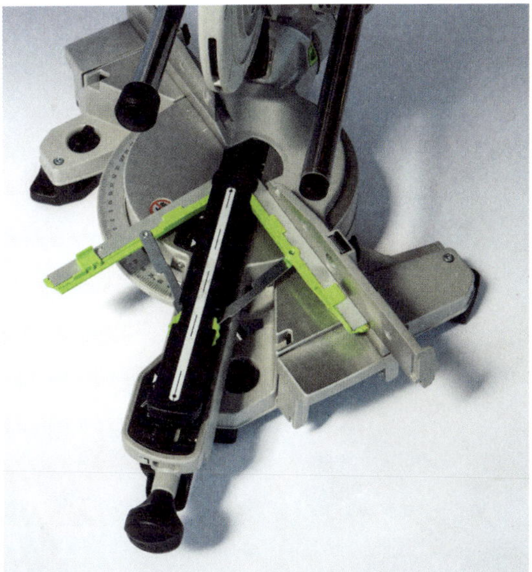

Winkelschmiege inklusive: Hilfsmittel gegen schlecht passende Fußleisten.

	Festool KS 60 E
Betriebsspannung	230 Volt
max. Leistungsaufnahme	1200 Watt
Motor	non brushless
Leerlauf-Drehzahl	1300–3500 Umdrehungen pro Minute
Sägeblatt Durchmesser / Bohrung	216 / 30 Millimeter
max. Schnittleistung	305 x 60 Millimeter
Drehtellerverstellung links/rechts	60 / 60 Grad
Sägeblatt Neigungswinkel links/rechts	47 /46 Grad
Schnittlinienanzeige	LED-Schlaglicht
Gewicht	17,8 Kilogramm

Zum Beispiel mit einer sogenannten Winkelschmiege und einem großen Geodreieck. Man passt die Schmiege in die Ecke ein, fixiert diesen Winkel, liest ihn mit dem Geodreieck ab, teilt ihn durch zwei, stellt die Schmiege auf diesen neuen Wert ein, überträgt ihn auf die Säge und sägt die erste Fußleiste. Das Gegenstück muss dann natürlich genau anders herum eingestellt und gesägt werden. Diese Methode funktioniert immer, ist aber umständlich, fehleranfällig und zeitraubend. Mit einer digitalen Winkelschmiege entfällt immerhin eine mögliche Fehlerquelle, da jetzt keine Werte mehr abgelesen werden müssen. Noch komfortabler geht es mit einer mechanischen Winkelschmiege, deren automatisch angezeigte Winkelhalbierende sich gleich auf die Säge übertragen lässt.

Übrigens: Man darf bei breiten Werkstücken nicht vergessen, dass bei Gehrungsschnitten zwar grundsätzlich die maximale Schnittlänge der Maschine erhalten bleibt, aber wenn der Schnitt in einem Winkel von 45 Grad erfolgt, kann das Werkstück beispielsweise nicht mehr 305, sondern nur noch maximal 215 Millimeter breit sein. Außerdem sollte man bei großen Gehrungswinkeln darauf achten, dass man die Anschlagschienen aus der Gefahrenzone des Sägeblatts bringt, weil sie ansonsten erbarmungslos mitgekappt werden.

Auf der schiefen Bahn

Im Normalfall sägt das Sägeblatt senkrecht von oben durch das Werkstück. Doch in manchen Fällen ist auch hier ein Winkel gewünscht. Zu diesem Zweck ist der Sägekopf im Neigungswinkel verstellbar. Entweder ganz komfortabel gleich weit in beide Richtungen, dann findet sich eine Angabe wie 47 / 47 oder 60 / 60 Grad im Datenblatt. Oder eben nicht symmetrisch wie 45 / 0 oder 47 / 2 Grad, dann ist wegen der Abkippmöglichkeit nach nur einer Seite beim Sägen mehr logisches Denken gefragt.

Ein Anwendungsfall für die Kippfunktion ist der sogenannte Hinterschnitt von ein bis zwei Grad. Diesen verwendet man zum Beispiel, damit bei der Verbindung zweier Platten, die verleimt werden sollen, an der Oberfläche keine Fuge zu sehen ist. Der Trick ist, dass sich der Leim in der eingesägten Fuge unter der Oberfläche breit machen kann, ohne an der Oberfläche sichtbar zu sein.

Und noch mehr Schreinerwissen zum Mitreden: Möchte man beispielsweise eine pyramidenförmige Lautsprecherbox bauen, müssen die Wände der Box gleichzeitig mit Gehrung und gekipptem Sägeblatt geschnitten werden – dies ist ein sogenannter »Schifterschnitt«.

Logisch, dass auch bei gekipptem Sägekopf die maximale Schnitttiefe geringer wird. Waren es beispielsweise bei senkrechtem Schnitt noch 60 Millimeter, reicht es bei einem um 45 Grad gekippten Sägekopf nur noch für ein 20 Millimeter starkes Werkstück.

Hier geht's lang:

Schnittlinienanzeige per Ein-Linien-Laser von Bosch ...

Wegweiser

Eine Kapp- oder Kapp-/Zugsäge, die etwas auf sich hält, bietet eine Schnittlinienmarkierung. Dafür projiziert sich die zukünftige Schnittkante entweder per Laser oder per Schlagschatten auf das Werkstück. Eine

Komplett schräg: Die Einstellung der Säge für einen Schifterschnitt sieht etwas merkwürdig aus, auch dessen Berechnung ist nicht ganz einfach.

So sieht's aus: das Ergebnis dieser Einstellung.

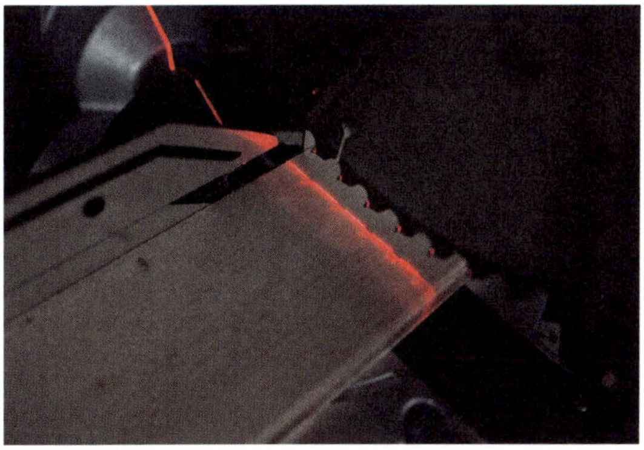

... und Metabo, ...

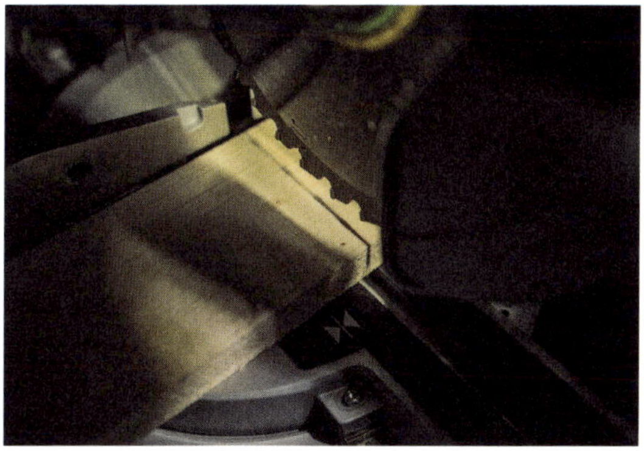

... per LED-Schlaglicht von Festool.

feine und praktische Sache. Allerdings sollte man, bevor man sich auf die Projektion verlässt, einmal einen Probeschnitt mit vorher angezeichnetem Bleistiftstrich machen und vergleichen, ob Vorhersage und Ergebnis übereinstimmen. Dies empfiehlt sich übrigens auch später von Zeit zu Zeit, da sich die Projektionseinheit verstellen kann und wieder neu justieren lässt.

Halbe Sachen

Mit einer Kapp-/Zugsäge kann man nicht nur durch-, sondern auch ansägen. Dies ist nützlich, wenn man Nuten einbringen möchte, setzt aber voraus, dass das Gerät über eine Begrenzung der Schnitttiefe verfügt. Setzt man mehrere Nuten sehr eng nebeneinander, kann man so auch breitere Aussparungen erzielen.

Für ein langes Werkzeugleben:

››› Gerät nach der Arbeit reinigen.

››› Maschine nur an den vorgesehenen Punkten fassen und in arretierter Transportstellung durch die Gegend tragen.

Eine gute Kapp-/Zugsäge ...

››› die sehr gut sein möchte, hat einen weich anlaufenden Motor, eine regelbare Drehzahl, eine stabile Erweiterung des Sägetischs, eine Schnitttiefenbegrenzung zum Nuten und eine integrierte Kabelaufwicklung.

››› hat einen Sägekopf, der sich ruckelfrei auf den Gleitschienen bewegen lässt.

››› bietet freie Sicht auf das Sägeblatt.

››› hat einen Drehteller, der sich leicht verstellen und exakt positionieren lässt.

››› markiert die Schnittlinie per Laser oder Schlagschatten

Eigentlich klar, aber ...

››› eigentlich auch wieder nicht: nicht ziehend, sondern schiebend sägen.

››› nicht zu kleine Stücke absägen – die können sich schnell verklemmen und dann durch die Gegend schießen.

››› eine Kapp-/Zugsäge ist kein Trennschleifer. Also nicht versuchen, Eisen damit zu sägen.

››› das zu sägende Werkstück sicher mit Schraubzwingen am Drehteller befestigen.

››› bei der Montage eines neuen Sägeblatts Schutzhandschuhe tragen, denn die Schneiden sind wirklich scharf (sollten sie zumindest sein).

››› Gerät bei dauerhaftem Nichtgebrauch vom Netz trennen.

››› bei der Arbeit Gehörschutz und Augenschutz tragen sowie für Staubabsaugung sorgen

OSZILLIEREN.

Dieses Werkzeug ist bemerkenswert. Nur etwas für seltene Anwendungsfälle? Wer einmal damit gearbeitet hat, merkt: Der Oszillierer fängt da an, wo alle anderen Werkzeuge aufhören.

Dieses Werkzeug hat viele Namen: Die Hersteller bezeichnen es als »Multi-Cutter«, »Multifunktionswerkzeug« oder »Multitool«. Wobei »Multitool« eigentlich zu dem multifunktionalen Taschenmesser mit Zange gehört, das sich der US-Amerikaner Timothy S. Leatherman 1980 patentieren ließ und seit 1983 in seiner Firma in Portland produziert. Technisch korrekt ist auf jeden Fall die etwas sperrige Bezeichnung »handgeführter Oszillierer«.

Der Kolibri unter den Elektro-Werkzeugen

Das Geheimnis des Oszillierers ist, dass das Werkzeug vorn am Gerät nicht etwa rotiert, sondern die Werkzeugaufnahme in einem sehr kleinen Winkelbereich hin- und herschwingt. 1,5 Grad sind das nur zu jeder Seite – aber das bis zu 20.000mal in der Minute, also 333mal in der Sekunde. Durch diese winzigen, kaum sichtbaren Bewegungen können oszillierende Werkzeuge auf allerengstem Raum und in den kleinsten Ecken eingesetzt werden. Winzige Bewegungen verlaufen auch nicht, ein Oszillierer ist also beim Ansetzen auf dem Werkstück sehr ortsstabil.

Vorwahl: Die Schwingungszahl ist für verschiedene Anwendungen einstellbar.

Das Original: Der Multimaster war lange Zeit das einzige oszillierende Werkzeug am Markt.

Um die Ecke: Die Werkzeuge lassen sich in verschiedenen Positionen anbringen.

	Fein AFMM18QSL
Akkuspannung	18 Volt
Akku-Kapazität	2,5 Ah
Schwingungen	11.000–18.500 pro Minute
Auslenkung	2 x 1,7 Grad
Werkzeug-Aufnahme	Starlock
Gewicht (gerundet)	mit 2,5 Ah Akku 1700 Gramm

Tauschware: Oft lassen sich die Werkzeuge für den Oszillierer auch an Geräten anderer Hersteller verwenden. Die Auswahl ist riesig.

Netzbetrieben: Jeder Gerätehersteller hat mittlerweile seinen eigenen Oszillierer im Angebot – manchmal wahlweise mit Akku- oder Netzbetrieb.

	Makita TM3010C
Betriebsspannung	230 Volt
Leistungsaufnahme	320 Watt
Schwingungen	6000–20.000 pro Minute
Auslenkung	2 x 1,6 Grad
Werkzeug-Aufnahme	Starlock
Gewicht (gerundet)	1600 Gramm

Heilig's Blechle: Heraustrennen von Karosserieblechen – kein Problem.

Lösungsmittel: Teppichkleber entfernen ganz ohne Chemie.

Macht hoch die Tür: bündige Rahmenkürzung bei Parkettverlegung.

Direkt an der Wurzel: bündiges Abschneiden – der Oszillierer macht's möglich.

Randnahes Schleifen: Was nicht rotiert, kann auch nicht abgestoßen werden.

Zwischenraumkaries: Reinigung von Fliesenfugen leicht gemacht.

Multi ohne Übertreibung

Diese Ortsstabilität ist bereits einer der Hauptvorteile eines Oszillierers: Holzsägeblatt angebracht, in den Schrank gerobbt, wo ganz unten, ganz hinten (warum auch immer) ein Ausschnitt gemacht werden muss, ohne Vorbohren eins, zwei, drei, vier Schnitte – und das Quadrat ist ausgesägt. Das geht mit keinem anderen Werkzeug. Etwas bündig abschneiden – kein Problem. Eine einzelne zerbrochene Fliese aus dem Badezimmer entfernen – geht. Silikonfuge abtrennen – na also. Fliesenfugen reinigen – wer hätte das gedacht. Die Ideen, was man mit diesem Werkzeug alles anstellen kann, vermehren sich im Laufe des Besitzes.

Vom Arzt zum Handwerker

Das oszillierende Werkzeug hatte seinen ersten Einsatz im medizinischen Bereich. Die schwäbische Firma Fein hatte ein Gerät auf den Markt gebracht, mit dem man gefühlvoll Gipsverbände auftrennen konnte, ohne dabei den Patienten anzuritzen. Im Lauf der Jahre entwickelte sich daraus über den Feinschleifer der von Fein patentierte MultiMaster.

Aufnahme läuft

Bei diesem schnell oszillierenden Werkzeughalter ist ein hundertprozentig sicherer Sitz des Werkzeugs wichtig, weil sonst die Wirkung der oszillierenden Bewegung verpufft. Als 2007 das Patent von Fein nach den üblichen 20 Jahren auf den Multimaster auslief, nutzten andere Hersteller ihre Chance und brachten eigene Oszillierer auf den Markt – mit oft auch eigenen Systemen für die Werkzeugaufnahme. Dem wirkte die Kooperation von Fein und Bosch entgegen, eine gemeinsame Werkzeugaufnahme zu entwickeln. Diesem »Starlock« genannten System, das Anfang 2016 auf den Markt kam, haben sich mittlerweile auch andere Hersteller von Oszillierern angepasst. Übrigens: Werkzeuge mit dem neuen Starlock-System passen auch auf die älteren Oszillierer, die älteren Werkzeuge jedoch nicht auf die neueren Geräte.

Gezielter Einsatz: herauslösen einzelner Fliesen.

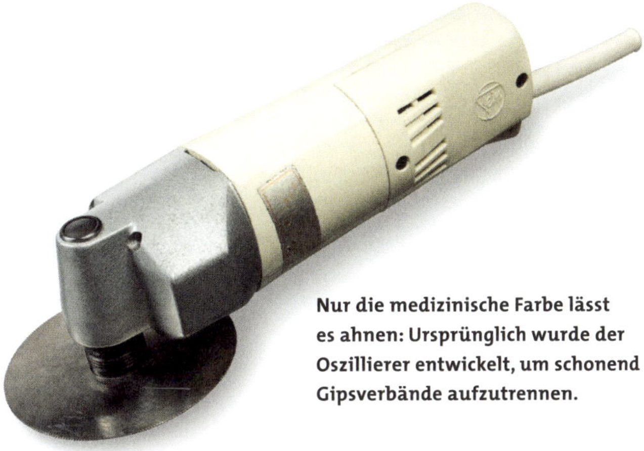

Nur die medizinische Farbe lässt es ahnen: Ursprünglich wurde der Oszillierer entwickelt, um schonend Gipsverbände aufzutrennen.

Nippel durch die Lasche: Bei der Vorgängerversion wurde ein Befestigungsbolzen durch das Werkzeug in den Oszillierer gesteckt und verriegelt. Beim Starlock-System genügt ein Druck mit dem Werkzeug auf die Werkzeugaufnahme.

Freiheit: Zur Entriegelung muss nur der Hebel umgelegt werden.

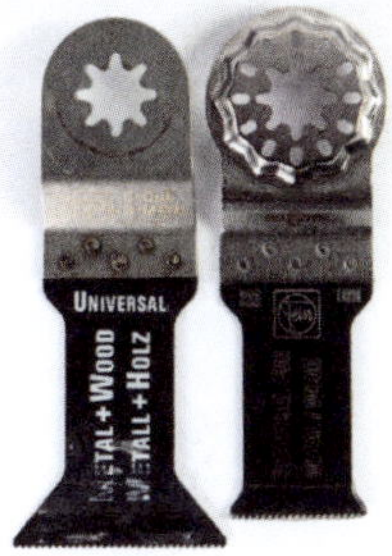

Kooperation der Hersteller: links die Vorgängerversion, rechts das »Starlock«-System.

Für ein langes Werkzeugleben:

››› regelmäßig die Lüftungsöffnungen mit nichtmetallischen Werkzeugen oder Druckluft reinigen – besonders nach der Bearbeitung von Metallen oder gipshaltigen Materialien.

Ein guter Oszillierer ...

››› liegt perfekt in der Hand. Im Fachgeschäft ruhig einmal das netzbetriebene und akkubetriebene Werkzeug vergleichen – falls es beide Varianten desselben Herstellers gibt,

››› bietet werkzeuglosen Wechsel der Einsatzwerkzeuge,

››› hat eine Werkzeugaufnahme, für die es eine große Auswahl an Einsatzwerkzeugen gibt,

››› vibriert möglichst wenig in der Hand,

››› bietet eine Drehzahlvorwahl,

››› lässt sich mit einer Staubabsaugung aus- oder nachrüsten.

Eigentlich klar, aber ...

››› nicht in das oszillierende Werkzeug greifen,

››› bei der Bearbeitung von Metallen wird nicht nur das Metall, sondern auch das Werkzeug heiß,

››› bei längeren Arbeiten Gehörschutz tragen, nie mit laufender Säge rückwärtsfahren,

››› bei der Arbeit Gehörschutz und Augenschutz tragen sowie für Staubabsaugung sorgen.

DÜBELFRÄSEN.

Zugegeben: Eine Dübelfräse ist schon ein ziemlich spezielles Werkzeug. Aber wer sich ernsthaft mit dem Bau von Möbeln beschäftigen möchte, wird irgendwann solch ein Gerät benötigen – und schnell lieben.

Runddübel als Verbindungselement haben einige Vorteile: Sie sind preisgünstig, und für den Einbau braucht man lediglich eine Bohrmaschine samt passendem Bohrer. Allerdings, und das kann zum Problem werden: Sie verzeihen keine Fehler. Sitzen sich die Löcher in den zu verbindenden Teilen nicht präzise gegenüber oder sind nicht exakt rechtwinklig gebohrt, hilft auch der Hammer nichts – die Bauteile passen nicht zusammen. Der Handel bietet für das korrekte Positionieren der Bohrungen zwar Spezialmaschinen (Duodübler von Mafell) oder vergleichsweise preisgünstige, aber meist recht umständlich zu handhabende Dübelhilfen für die Bohrmaschine an. Wer allerdings mit Runddübeln dünnere Spanplatten verbinden möchte, kann Probleme mit ausbrechenden Bohrlöchern bekommen. Aber bei dem Stichwort »Spanplatte« ist es erst einmal Zeit für einen kleinen Ausflug in die Geschichte der Holzverarbeitung.

Spanplatten nicht aus Spanien

Der Karlsruher Max Himmelheber meldete 1932 ein Patent für ein »holzähnliches Produkt sowie ein Verfahren zu dessen Herstellung« an. Bis zu diesem Zeitpunkt konnten nur rund 40 Prozent eines Baums zur Möbelverarbeitung genutzt werden. Dank des neuen Verfahrens wurden nun auch die Abfälle aus der Holzverarbeitung, nämlich die Späne, mitverwendet. Das war die Geburtsstunde der Spanplatte, eine Revolution für die Möbelbranche. Einen Nachteil hat sie allerdings: Eine Spanplatte ist nicht sonderlich stabil, denn sie ist außen härter und innen eher weich, und das erschwert den Möbelbau. Runddübel brechen schnell aus, und durchgehende Nutverbindungen schwächen den Werkstoff.

1955 kam der Schweizer Hermann Steiner (angeblich im leichten Fieberwahn) auf die Idee, Spanplatten nicht mit einer durchgehenden Nut und Feder zu verbinden, sondern stattdessen mehrere kleine Nuten zu fräsen. In jede Nut wurde ein Flachdübel, der »Lamello«, eingeleimt. 1958 kam die erste stationäre, 1968 die erste handgeführte Lamello Nutfräsmaschine auf den Markt. Diese Maschine gab es lange Zeit nur von der 1969 gegründeten Lamello AG. 20 Jahre später, nach Ablauf des Patentschutzes, zogen andere Hersteller nach und boten ähnliche Geräte an.

Fräsen unter Druck

Im Prinzip handelt es sich bei dieser Dübelfräse um einen Winkelschleifer, der statt mit einer Schleif- oder Trennscheibe mit einer Frässcheibe bestückt ist. Beim Betätigen kommt die rotierende Frässcheibe, die gegen Federdruck schiebbar auf einer Grundplatte montiert ist, ein Stück weit aus der Gerätefront heraus und fräst so einen abgerundeten Schlitz in das Werkstück. Wie weit der Fräser dabei aus dem Gerät herausschauen und damit, wie breit und wie tief der Schlitz werden soll, stellt man vorher an der Maschine ein. Auf dem Verstellknopf finden sich dazu die Markierungen »0«, »10« und »20«, die die Größen der Holzplättchen bezeichnen. Würde man ein Rechteck um die ellipsenförmigen Lamellos zeichnen, ergäben sich für die Größe 0 die Maße 47 x 15 Millimeter, 53 x 19 Millimeter für die Größe 10 und 56 x 23 Millimeter für die Größe 20. Die Größe 0 wird bei Holzstärken zwischen 8 und 12 Millimeter, die Größe 10 bei 12 bis 15 und die Größe 20 bei Holzstärken ab 15 Millimeter eingesetzt. Alle Plättchen sind vier Millimeter dick – was sinnvollerweise auch für die Frässcheibe gilt. Der für die Verbindung nötige Leim trägt nicht zusätzlich auf, sondern taucht in dafür vorgesehene Vertiefungen des Lamellos ab.

Dübelfräse und Lamellos: Mehr braucht es nicht für eine passgenaue Verbindung.

	Lamello Classic X
Betriebsspannung	230 Volt
max. Leistungsaufnahme	780 Watt
Motor	non brushless
Leerlauf-Drehzahl	10.000 Umdrehungen pro Minute
Fräser	100 x 4 x 22 Millimeter
Nutbreite	4 Millimeter
optionaler Fräser	100 x 8 x 22 Millimeter
max. Nutlänge	65 Millimeter
max. Nuttiefe	20 Millimeter
Gewicht	3,0 Kilogramm

Gefräst, gesteckt, verleimt – passt

Frei gelegt: Eine rotierende Frässcheibe erledigt den ovalen Schnitt.

Einzelgänger: ein einziger Einstellknopf reicht für alle Fälle.

Das erste Werkstück: sicher einspannen, und schon kann in die Stirnseite gefräst werden. Für die äußeren Schlitze legt man die Kante der Maschine bündig an die Werkstückkante, die Position der inneren Schlitze muss man dagegen an beiden Werkstücken identisch anzeichnen. Bei dünneren Werkstoffen wie hier arbeitet man mit einer Distanzplatte (Pfeil), damit der Schlitz mitten im Holz und nicht auf der Oberfläche landet. Durch den verstellbaren Winkelanschlag ließen sich auch Gehrungsverbindungen fräsen.

Das zweite Werkstück: Jetzt geht's senkrecht in die Fläche. Es empfiehlt sich, alle 10 bis 15 Zentimeter einen Flachdübel zu setzen. Bei dickeren Werkstücken würde man die Distanzplatte weglassen, bei noch dickeren Werkstücken (über 25 Millimeter) pro Verbindungsstelle zwei Lamellos übereinandersetzen.

Passt: Nach sorgfältigem Anzeichnen und Beschriften aller Werkstücke passen alle Verbindungen haargenau. Die Verbindungen sind sehr stabil, da sowohl die Lamellos als auch die Dominos Führungsrillen haben, in denen sich der Leim beim Einsetzen verteilt und die Dübel zusätzlich noch aufquellen lässt.

Lösungsmittel

Statt Werkstücke mithilfe von Lamellos zu verleimen, kann man auch lösbare Verbindungen herstellen. Dafür gibt es eine Markierung »D« auf dem Verstellknopf. Mit dieser Einstellung fräst man die Nut für so genannte Clamex Verbinder. Dies ist ein lösbarer Verbinder, von dem nach seinem Einbau lediglich ein Sechs-Millimeter-Löchlein für die Verriegelung sichtbar bleibt. Um solch einen Clamex Verbinder einzubauen, muss man die Maschine allerdings mit einer Acht-Millimeter-Frässcheibe bestücken. Außerdem braucht man eine Bohrlehre, um das Loch für die Verriegelungsbetätigung exakt zu positionieren.

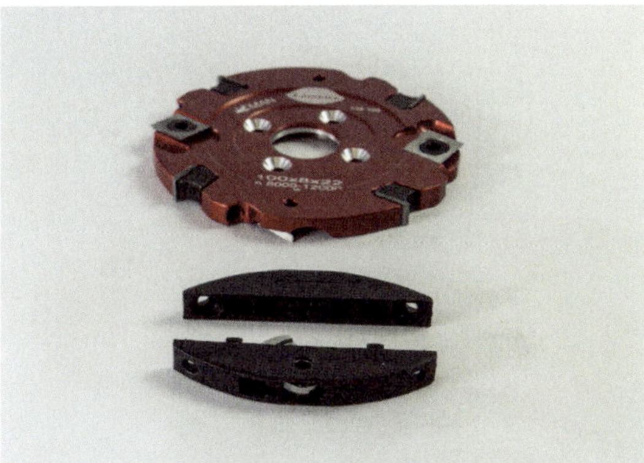

Dickes Ding: Acht-Millimeter-Frässcheibe für das Nuten von Clamex Verbindungen. Der Verbinder wird anschließend im Werkstück festgeschraubt.

In der Stellung »D« kann man mit der Vier-Millimeter-Frässcheibe außerdem die Schlitze für selbstspannende Einschlaglamellen fräsen, um Gehrungsverbindungen herzustellen oder Platten zu verlängern.

»S« kürzt Simplex ab, in dieser Stellung kann man die Fräsung für den Einbau von den gleichnamigen lösbaren Schiebeverbindern erledigen – beispielsweise zum Einhängen von Blenden oder Regalen. Diese Schiebeverbinder werden mit einem passenden Einschlagwerkzeug ins Holz getrieben.

»max« schließlich ist die Stellung für die Mutter aller Flachdübel, denn ein Rechteck um den vier Millimeter dicken »S6« misst beachtliche 85 x 30 Millimeter.

Solch ein Flachdübler ist sehr gut geeignet für Plattenverbindungen und breitere Rahmen. Bei schmalen Rahmen wird es aber sprichwörtlich eng, da schon der kleinste Lamello einen Einbauschlitz von 47 Millimeter Länge benötigt – mit dem beidseits nötigen Material geht also bei Rahmenhölzern unter 60 Millimeter nichts mehr. Könnte man den Lamello dagegen senkrecht einfräsen, wäre das anders. Und so ähnlich macht es eine Domino Fräse.

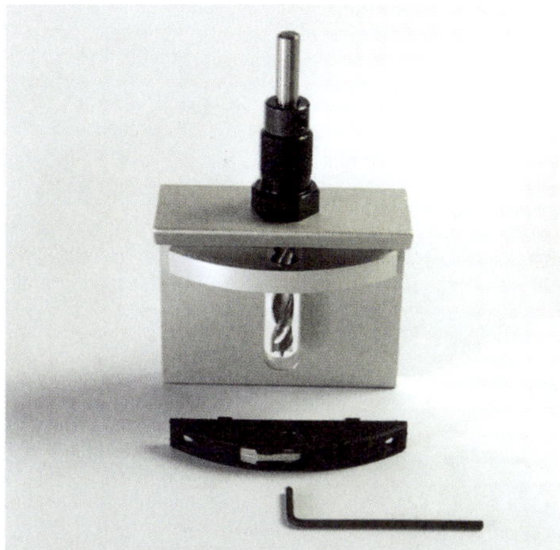

Einstiegshilfe: Damit man das Verriegelungsschräubchen erreichen kann, braucht man ein Loch. Für die korrekte Positionierung sorgt diese Bohrhilfe.

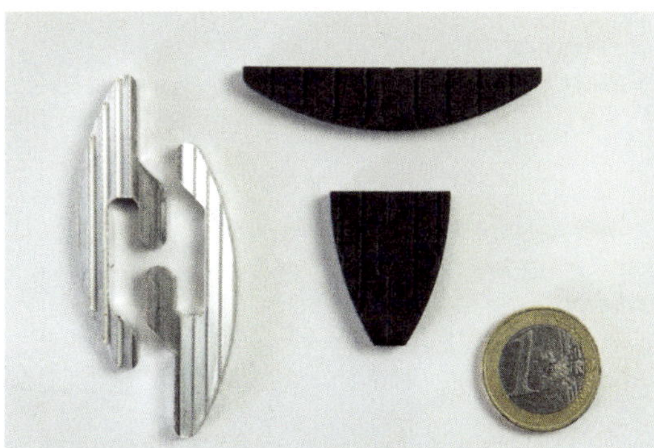

Lamello Einsatzkräfte: links Schiebeverbinder, oben Verbinder für breite, unten für schmale Gehrungsverbindungen – alles zum Einschlagen. Bis auf den Euro natürlich.

Flachdübel hochkant

Eine Domino Fräse stellt mit einem Fräsbohrer flachrunde Sacklöcher her, in die entsprechende Dübel gesteckt und verleimt werden. Das Dübel-Angebot aus Buchenholz umfasst die Größen 4 x 20, 5 x 30, 6 x 40, 8 x 40, 8 x 50 und 10 x 50 Millimeter, bis auf die Größe 4 x 20 Millimeter sind die Dübel auch aus witterungsbeständigem Mahagoniholz, dann »Sipo« genannt, lieferbar. Da die Dübel, ihrer Form entsprechend »Dominos« genannt, unterschiedlich dick sind, muss jeweils auch ein anderer Fräsbohrer verwendet werden.

Die Breite des Schlitzes ist einstellbar, womit man also die Wahl hat, ob der Domino später exakt passen oder der Schlitz in Sachen Toleranz mittelgroß oder groß ausfallen soll. Da die Dominos der unterschiedlichen Größen unterschiedlich lang sind, ist auch die Frästiefe einstellbar, außerdem die Dicke des Werkstücks, damit der Domino später mittig sitzt.

Dübelfräse und Dominos: Hier handelt es sich um eine echte Fräse, was man auch an der hohen Drehzahl erkennt.

	Festool Domino DF 500 Q
Betriebsspannung	230 Volt
max. Leistungsaufnahme	420 Watt
Motor	non brushless
Leerlauf-Drehzahl	25.500 Umdrehungen pro Minute
Durchmesser Fräser	5 Millimeter
Nutbreite	5 Millimeter
optionale Fräser	4, 6, 8, 10 Millimeter
max. Nutlänge	Durchmesser Fräser plus 23 Millimeter
max. Nuttiefe	28 Millimeter
Gewicht	3,2 Kilogramm

Ans Licht geholt: Wegen der unterschiedlichen Dicken der Dominos muss man manchmal den Fräser wechseln – was aber blitzschnell geht.

Ausschweifend: Über den Drehschalter kann eingestellt werden, ob der Domino exakt in den Schlitz passen soll (gut für den ersten Schlitz) oder etwas (gut für die weiteren Schlitze) oder gar viel Toleranz zugegeben werden soll.

Drei Demonstrationsschlitze: links exakt passend, rechts mit maximalem Spiel.

Tauchgang: Auch die Frästiefe kann eingestellt werden. Mindestens drei Millimeter Restmaterial sollten hinter dem Domino noch stehen bleiben.

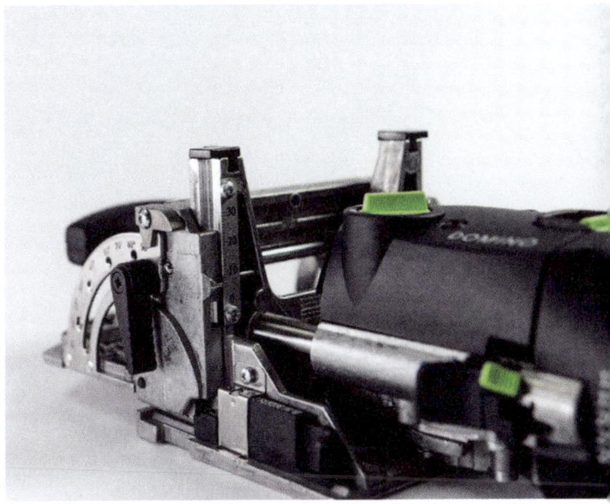

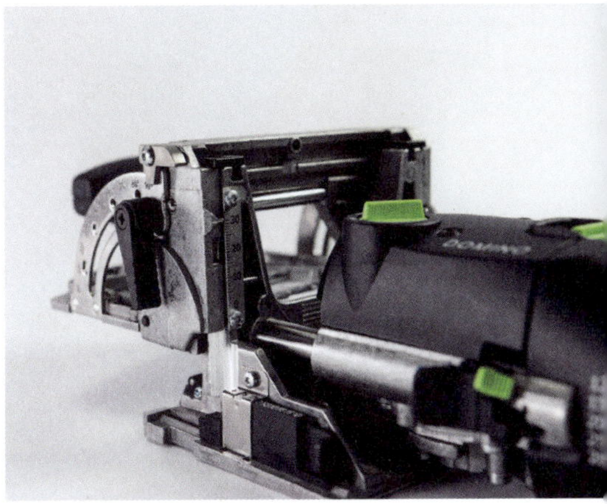

Unabhängige Wahl: Die Fräshöhe kann frei eingestellt oder mittels des schwarzen Blöckchens vorgewählt werden.

Spezialität: Durch Anschläge für Kant- oder Rundhölzer sind auch solche Verbindungen möglich.

Durch die zahlreichen Einstellungsmöglichkeiten ist die Domino Fräse, die es wegen des bestehenden Patentschutzes in dieser Form nur von der Firma Festool gibt, komplexer in der Handhabung. Während man bei einem Lamello Fräser lediglich die Frästiefe und damit gekoppelt auch die Fräsbreite durch Einstellung der Plättchengröße vorwählen muss, ist bei der Domino Fräse mehr Konzentration gefragt. Dafür ist sie aber auch universeller einsetzbar, da mit ihr neben Plattenverbindungen auch Verbindungen schmaler Bauteile wie zum Beispiel Rund- oder kleinerer Kanthölzer möglich sind.

Auf und zu

Auch mit einer Domino Fräse kann man lösbare Verbindungen herstellen. Dafür gibt es Eckverbinder für Seitenwände oder Durchgangsverbinder für Mittelwände – unterschieden nach Verbindungen von Domino zu Domino oder Domino zu Lochreihe. Lochreihe? Dazu ein kurzer

Zugverbindung: oben ein Durchgangsverbinder für eine Mittelwand mit Lochreihe, darunter für eine Mittelwand mit Domino Schlitzen. Auch für Seitenwand-Eckverbindungen gibt es Einsätze für Seitenwände mit Lochreihen oder für Seitenwände mit Domino Schlitzen (ganz unten).

thematischer Seitensprung: Im industriellen Möbelbau hat sich der Standard »System 32« eingebürgert. Grundlage dieses Systems sind Lochreihen in den Möbelseitenteilen, deren Löcher einen Mittenabstand von 32 (daher der Name) und einen Durchmesser von fünf Millimetern haben. Der Abstand der vorderen Lochreihe zur Vorderkante beträgt 37 Millimeter, die vordere und hintere Lochreihe sind ein Vielfaches von 32 Millimeter voneinander entfernt. Durch diese Vereinheitlichung passen zum Beispiel Türscharniere oder Schubkastenauszüge aller möglichen Hersteller problemlos in diese Schränke.

Treffsicher: Um das Loch für den Queranker (hier ohne Madenschraube) genau passend zu setzen, braucht man eine Bohrlehre.

Für ein langes Werkzeugleben:

- den Fräsvorgang zügig, aber nicht zu schnell durchführen.
- Beim Fräsen absaugen.
- Gerät nach der Arbeit reinigen.
- Motor öfter ausblasen.
- bewegliche Teile durch Ölen leichtgängig halten.

Eine guter Flachdübler ...

- schlitzt mit einem Scheibenfräser statt einfach mit einem dicken Sägeblatt.
- hat sauber einrastende Winkelstellungen für Gehrungen.
- lässt sich auch nach vielen Jahren noch mit Ersatzteilen in Schuss halten.

Eigentlich klar, aber ...

- Maschine an den isolierten Griffflächen halten, weil der Fräser aus Versehen sein eigenes Stromkabel anritzen könnte. Das bedeutet aber auch, das der dafür vorgesehene Griff montiert bleiben muss.
- Maschine immer mit beiden Händen führen.
- Fräser müssen mindestens für die angegebene Drehzahl ausgelegt sein, sonst können sie mit erheblicher Verletzungsgefahr brechen.
- kommt wirklich jemand auf diese Idee? »Den Fräser nach dem Ausschalten des Geräts abbremsen?« Wenn ja: nicht gut.
- eine stabile Verbindung kommt nur dann zustande, wenn die Bauteile unter Spannung verleimt werden.
- bei der Arbeit Gehörschutz und Augenschutz tragen.

ARBEITSTISCHE.

Platz ist in der kleinsten Hütte? Leider nicht überall – zumindest nicht für eine große Werkbank. Abhilfe schafft ein Arbeitstisch, den man wegräumen kann. Hier zwei grundverschiedene Vertreter dieser Gattung – es ist aufgetischt.

Selbst die besten Werkzeuge und Maschinen nutzen wenig, wenn man keine Werkbank hat. Manchmal muss man eben Werkstücke zum Bearbeiten irgendwo drauflegen oder festspannen und manchmal aus Gründen der Arbeitssicherheit auch Maschinen – wie zum Beispiel eine Kapp-/Zugsäge – befestigen. Perfekt, wenn man einen ausreichend großen Raum zum Aufstellen einer stationären Werkbank hat. Ist dies nicht der Fall, heißt die zweitbeste Lösung »mobiler Arbeitstisch«. Auch er erfüllt seinen Zweck und lässt sich vor allem nach der Arbeit wieder platzsparend verstauen. Die zweitbeste Lösung ist er deshalb, weil ein Arbeitstisch nicht ganz so unverrückbar wie eine echte Werkbank stehen kann und weil man ihn vor der Arbeit erst einmal aufstellen muss. Je schneller und einfacher das funktioniert, umso weniger wird der Arbeitseifer gebremst.

Faltiger Arbeitskollege

Vermutlich kennt nicht jeder den in Südafrika geborenen und später in Großbritannien lebenden Ron Hickman. Er war Autodesigner und entwarf zum Beispiel den Lotus Elan. Doch das ist nicht die Leistung, für die er in diesem Buch erwähnt wird. Hickman erfand Ende der 1960er-Jahre die kleine klappbare Werkbank »Workmate« (übersetzt »Arbeitskollege«), die später von der Firma Black + Decker millionenfach verkauft wurde. Die Werkbank wurde weltberühmt, und Ron Hickman starb im Jahr 2011 als reicher Mann.

Den Workmate kann man in ähnlicher Ausführung noch heute kaufen, er markiert das untere Ende des Preissegments.

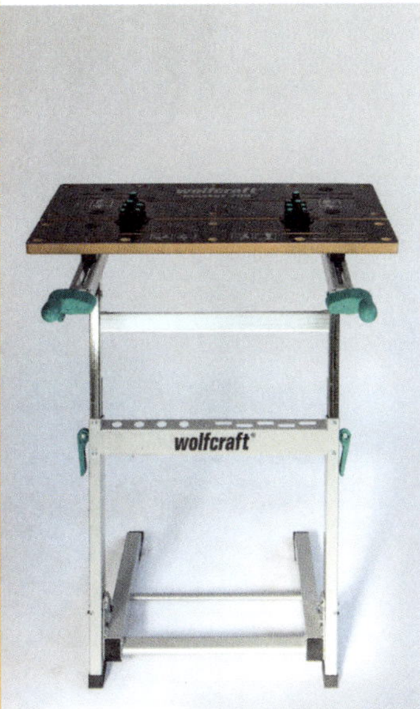

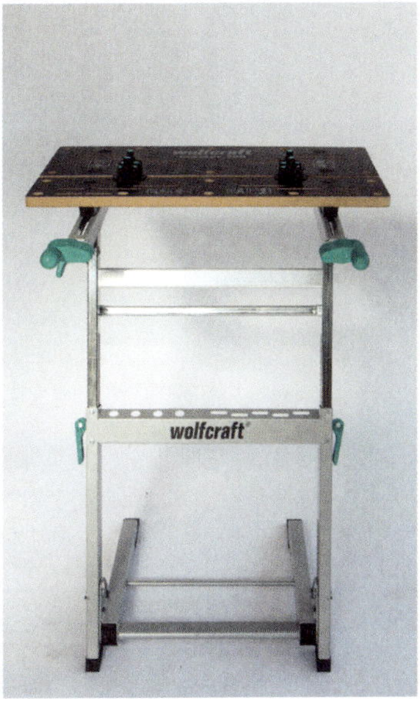

Liftboy: Die Arbeitshöhe ist stufenlos verstellbar.

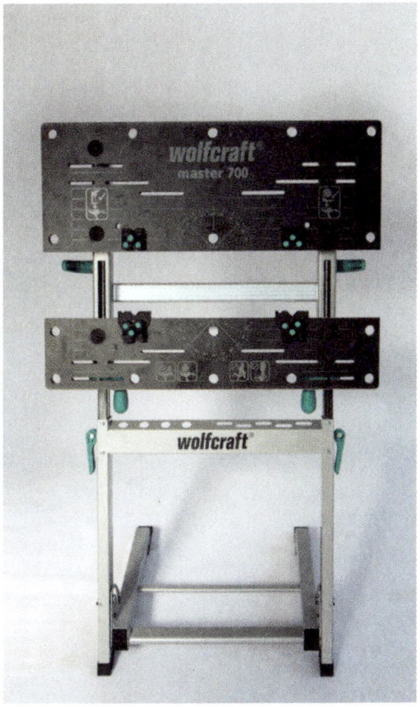

Spielfeld: Durch Versetzen der Spannbacken können auch größere Werkstücke eingespannt werden. Die Schlitze dienen zur Befestigung von stationären Maschinen.

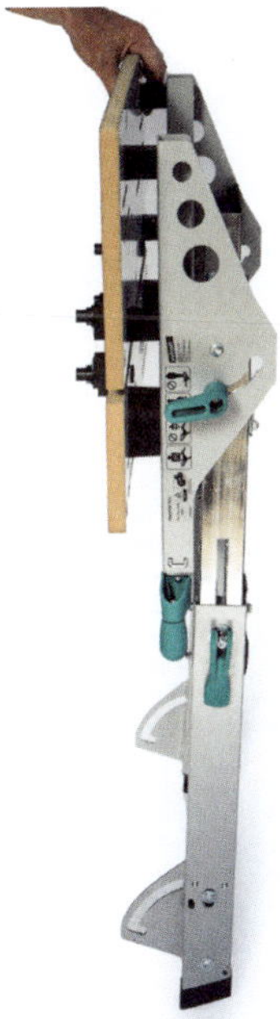

Flachmann: Zusammengeklappt nimmt so ein Tisch nur wenig Raum ein und kann leicht verstaut werden.

Besonders groß ist die Auswahl an klappbaren Arbeitstischen auf dem Markt nicht, und naturgemäß sehen sie sich auch alle etwas ähnlich. Oben eine teilbare Arbeitsplatte, zwischen deren Holzplatten Werkstücke eingespannt werden können. Größere oder runde Werkstücke lassen sich meist mit Hilfe von Spannbacken fixieren. Unten einzeln einklappbare Füße oder ein zusammenklappbares Gestell – fertig. Bei komfortableren Modellen lässt sich in gewissen Grenzen die Arbeitshöhe und die Neigung der Tischplatte verstellen.

	Wolfcraft Master 700
Arbeitshöhe	780–950 Millimeter
Arbeitsplatte	680 x 390 x 19 Millimeter
maximaler Neigungswinkel Arbeitsplatte	70 Grad
Spannweite einstellbar	130 Millimeter
Spannweite maximal (mit Spannbacken)	435 Millimeter
Abmessungen (L x B x H) aufgebaut	525 x 680 x 950 Millimeter
Abmessungen (L x B x H) zusammengeklappt	185 x 680 x 960 Millimeter
Tragkraft	150 Kilogramm
Gewicht	14 Kilogramm

Fertig zum Transport: Geräte-Systainer in Schubladen, die Tischerweiterung steht hinten senkrecht.

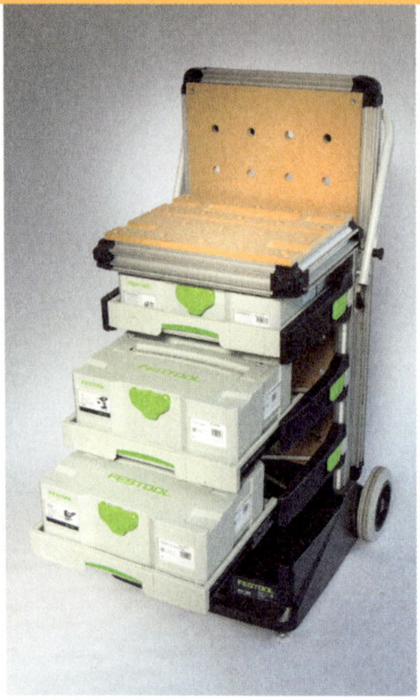

Sicherer Stand: Auf der Tischerweiterung haben auch halbstationäre Geräte ausreichenden Platz. Die umlaufenden Profilleisten ermöglichen es, Zwingen einzuschieben.

Rollende Werkstatt

Etwas völlig anderes ist eine mobile Werkstatt. Auf großen gummierten Rollen montiert, sind für den 34 Kilogramm schweren Korpus samt untergebrachten Maschinenkoffern (»Systainern«) auch Treppenstufen zu bewältigen. Soll die mobile Werkstatt von einem Ort zum anderen gebracht werden, helfen Kunststoffgleiter auf der Rückseite des Gestells, um die umgelegte Fuhre einzuladen und über den Boden des Transportfahrzeugs zu schieben. Wird der Transportgriff eingeklappt, steht er mit den Rollen senkrecht in einer Ebene, sodass sich der aufgestellte Korpus mit seiner Rückseite sicher an der Bordwand des Transporters verzurren lässt.

Am Zielort angekommen, wird die Tischerweiterung aus ihrer Halterung genommen und wahlweise an eine der vier Seiten angehangen – die Arbeit kann beginnen.

Natürlich muss man mit einer mobilen Werkstatt nicht zwangsläufig ständig unterwegs sein. Durch das Verstauen der Tischplatte lässt sich nach getaner Arbeit die Standfläche der Werkbank auf rund ein Drittel der Arbeitsfläche verkleinern.

	Festool MW 1000
Arbeitshöhe	900 Millimeter
Abmessungen (L x B x H)	641 x 600 x 1185 Millimeter
Arbeitsplatte	445 x 363 Millimeter
Anbautisch	1045 x 500 mm
Durchmesser Rollen	200 Millimeter
Tragkraft	100 Kilogramm
Gewicht	31 Kilogramm

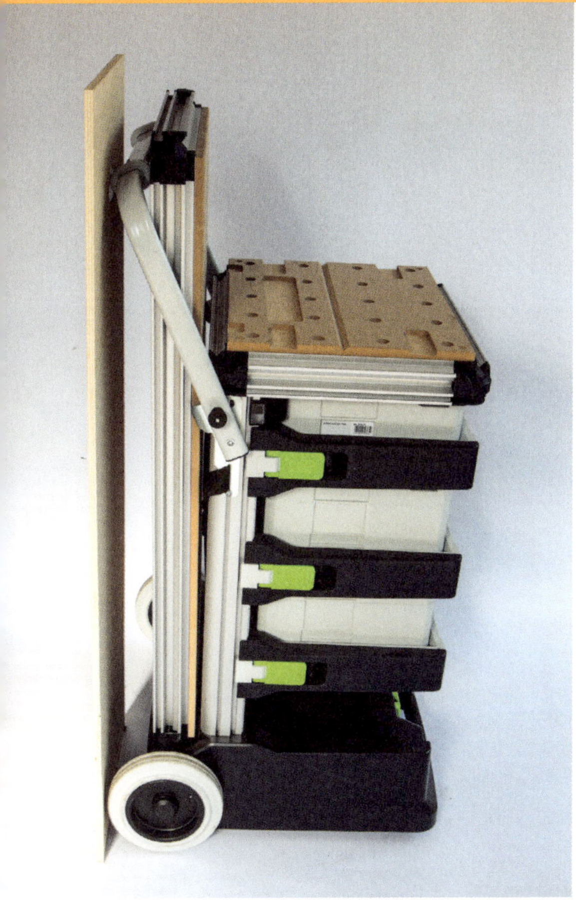

Linientreu: Bei eingeklapptem Transportgriff lässt sich die Fuhre sicher an der Bordwand des Transporters verzurren.

Guten Rutsch: Kunststoffgleiter erleichtern das Schieben im liegenden Zustand.

Solch eine mobile Werkstatt ist zwar schwerer als eine klappbare Werkbank, dafür steht sie aber auch stabiler. Mit ihrer Tischplatte lässt sich nichts direkt einspannen, aber die umlaufenden Profilleisten ermöglichen es, zum Beispiel Zwingen einzuschieben. Sie lässt sich nicht auf einen so kleinen Raum zusammenklappen, dafür ist ihre Arbeitsfläche größer. Größer ist allerdings auch das Loch, das sie bei der Anschaffung in der Haushaltskasse hinterlässt.

Für ein langes Werkzeugleben:

››› Den Tisch nach der Arbeit reinigen.

››› Bewegliche Teile sauber halten und öfter mal ölen.

››› Vor dem Sägen eines auf dem Tisch festgespannten Werkstücks beispielsweise mit einer Handkreissäge lieber zweimal kontrollieren, ob die Säge nur das Werkstück und nicht auch die Tischplatte erwischt.

Eine guter Arbeitstisch ...

››› lässt sich schnell und einfach aufstellen.

››› steht fest und sicher und hat dafür einen Höhenausgleich unter den Füßen.

››› hat eine stabile Arbeitsplatte aus mindestens 19 Millimeter starkem Holz, die mit 20-Millimeter-Bohrungen zum Befestigen von Zwingen oder Maschinen versehen ist.

Eigentlich klar, aber ...

››› auch wenn es etwas mühsam erscheint: Vor der Arbeit für einen sicheren Stand durch Einstellen des Höhenausgleichs sorgen.

››› alle schwenk- oder klappbaren Verbindungen ordentlich arretieren.

MUSIK hören.

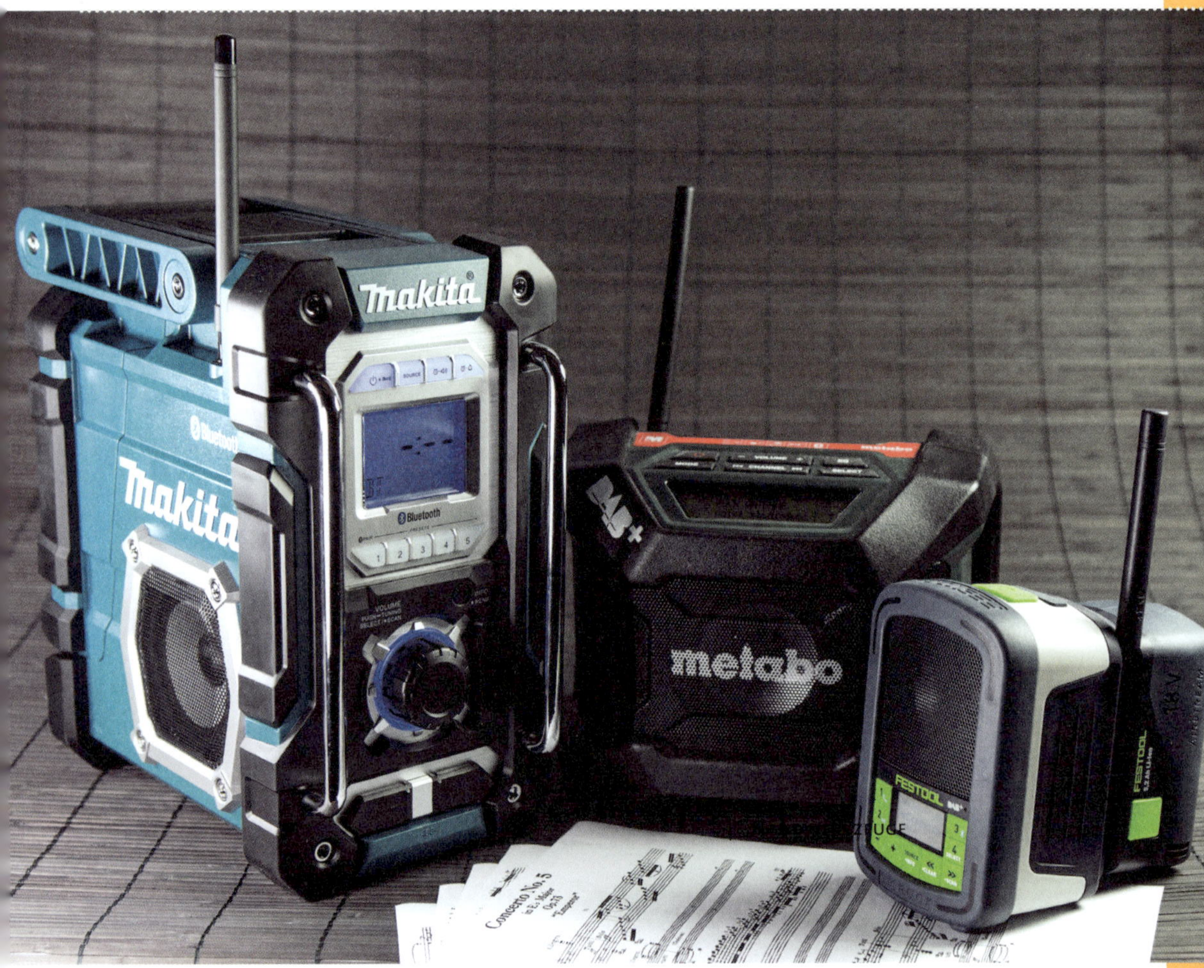

Musik bei der Arbeit kann belebend sein – je nach Genre. Radio hören kann bilden – je nach Sender. Also: Ein Baustellenradio muss her.

Manchen Menschen ist Musik so wichtig, dass es schon Handwerker gegeben haben soll, die die leeren Akkupacks ihres Baustellenradios gegen die noch halbvollen ihres Bohrschraubers tauschten. Lieber schraubten sie mühsam von Hand weiter, als auf das geliebte Radio bei der Arbeit zu verzichten.

Ob man ein Baustellenradio in der Größe eines 500-Gramm-Hackbratens oder annähernd der Größe einer Waschmaschine braucht, muss jeder selbst entscheiden. Auf jeden Fall aber sagt die schiere Größe allein weder etwas über die Klangqualität noch über die maximale Lautstärke aus.

Ein Baustellenradio soll zunächst nur eins: Musik wiedergeben, sei es per Radioempfang oder durch Abspielen der auf dem Handy gespeicherten Titel. Beim Radioempfang wiederum muss man unterscheiden: analog oder digital? Analog kennt jeder, das Stichwort lautet »UKW«. Aber digital?

DAB und DAB+ – was ist das?

DAB steht für »Digital Audio Broadcasting«, also für die Verbreitung von digitalen Audiosignalen über Antenne. In Deutschland nahmen bereits 1999 erste Radiostationen ihren digitalen Sendebetrieb auf. Allerdings stieß DAB nur auf wenig Gegenliebe in der Bevölkerung: zu lückenhaft war da noch die Abdeckung, und nur wenige Menschen wollten sich das nötige Empfangsgerät leisten.

Wer doch zugegriffen hatte, musste verärgert zuschauen, wie im August 2011 das Nachfolgesystem DAB+ begann, DAB abzulösen. Empfang von DAB+ mit einem DAB-Gerät? Fehlanzeige. Auch heute ist die Verbreitung von DAB+-Geräten immer noch recht übersichtlich, dafür ist die Signal-Versorgung in Deutschland bald vollständig: 97 Prozent der deutschen Fläche sollen abgedeckt sein.

Hat man Empfang von DAB+, hört man den Vorteil sofort: Die Wiedergabe ist glasklar und störungsfrei. Auch die Auswahl an digitalen Sendern ist mit oft über 100 Radiostationen so groß, dass eigentlich für jeden Hörgeschmack etwas dabei ist. Unterbricht der Empfang zum Beispiel wegen eines Standortwechsels, schaltet das Radio automatisch auf den guten alten UKW-Empfang um.

Hat man keinen Radioempfang, kann sich für keinen Sender entscheiden oder findet Radio hören generell zu altmodisch, kann man auch die Musik von seinem Handy abspielen. Und wieder gibt es zwei Möglichkeiten: Anschluss per Kabel oder in Verbindung mit Funk.

AUX oder Bluetooth

Einen AUX-Eingang, den Universaleingang für Tonquellen, gibt es schon seit Ewigkeiten an jeder Stereoanlage im häuslichen Wohnzimmer. Im Fall des Baustellenradios heißt das: 3,5-Millimeter-Klinkenstecker ins Radio, die andere Seite des Kabels ins Handy, Tonquelle (»Source«) auf AUX – und schon kommt Musik.

Bei der drahtlosen Musikübertragung per Bluetooth, einem Industriestandard für die Funkübertragung zwischen zwei Geräten über kurze Distanz, gilt es erst einmal, Radio und Handy miteinander zu koppeln, neudeutsch »pairen« genannt. Sind die beiden erst einmal funkmäßig verlobt, erkennen sie sich beim nächsten Mal ohne diese Prozedur wieder. Der Vorteil gegenüber AUX: Das Handy muss wegen der fehlenden Kabelverbindung nicht beim Radio liegen bleiben. Und: Die wiedergegebenen Titel werden im Klartext auf dem Display des Radios angezeigt. Das funktioniert beim Anschluss über den AUX-Eingang nicht.

Kleines Radio, viele Funktionen: Bei eingehenden Anrufen kann es sogar Freisprecheinrichtung sein.

Volle Kontrolle: Bei Kopplung über Bluetooth wird das Musikstück angezeigt.

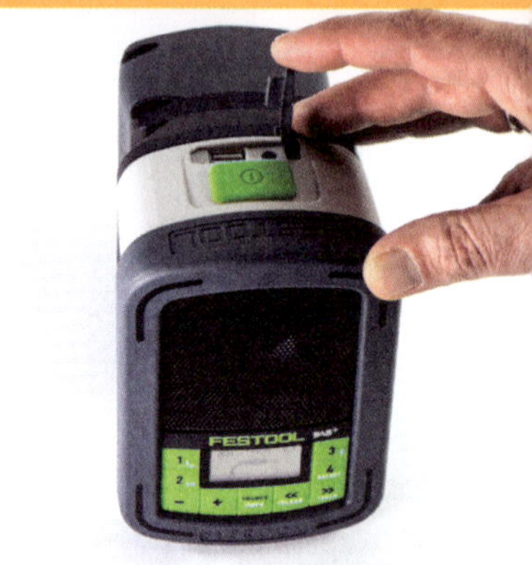

Tankstelle: Musik-Wiedergabe über die USB-Buchse geht nicht, das Handy laden aber schon.

Zwei Nummern größer: Dieses Radio wiegt stattliche 4,3 Kilogramm – da ist der Tragegriff schon sinnvoll.

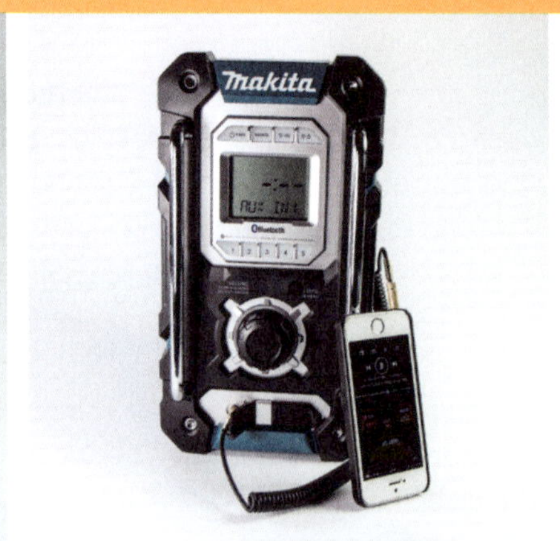

Musik rein: Hinter der linken Spritzwasserabdeckung verbirgt sich einer der beiden AUX-Eingänge.

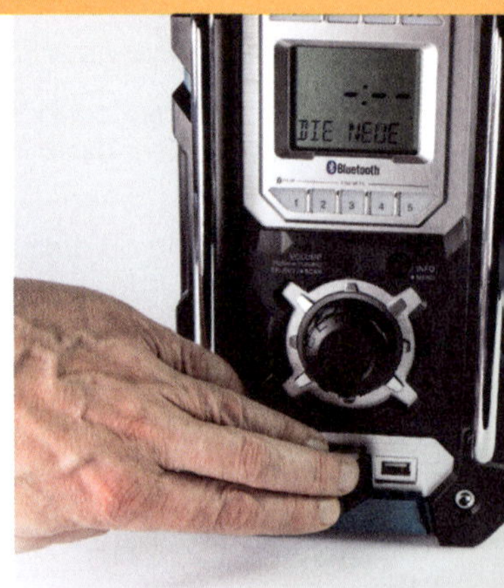

Strom raus: Auf der rechten Seite findet sich die USB-Buchse, um darüber beispielsweise ein Handy zu laden.

Kompakte Erscheinung: Dieses Radio gehört mit 1850 Gramm zu den Mittelgewichten.

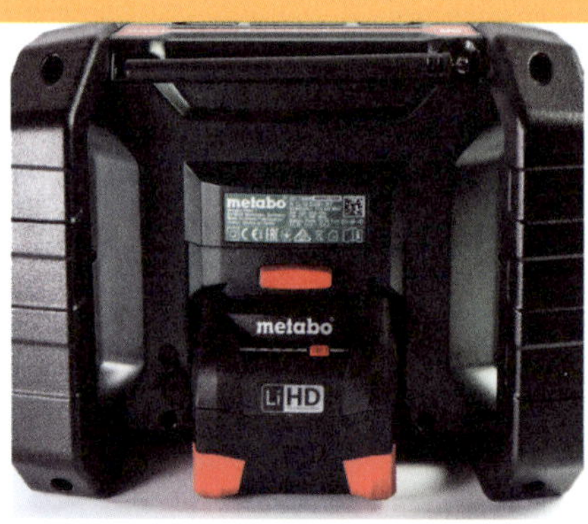

Blick hinter die Kulissen: Die Stromversorgung ist über Akkupacks verschiedener Spannungen oder Netzanschluss möglich.

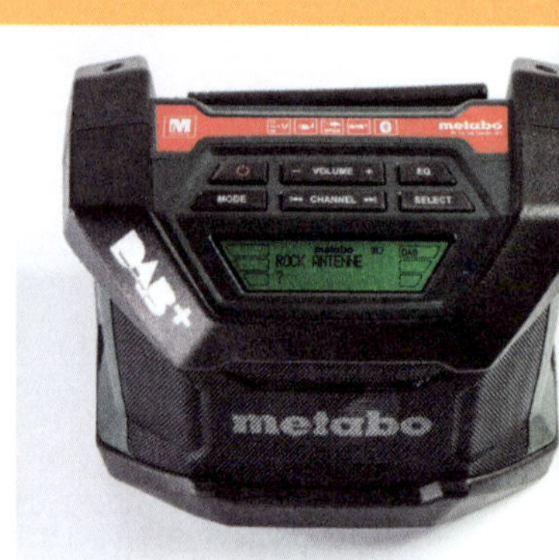

Gleich haben wir's: Bei DAB dauert das Laden der Titelinformationen immer ein Weilchen.

…nhänglich: Mit dem magnetischen Zubehör-…tativ sind zusätzliche Aufstellorte möglich.

	Festool Sysrock BR 10 DAB+
Betriebsspannung	Festool Akkupacks 10,8 bis 18 Volt, Netzadapter 230 Volt
Modi	DAB+, FM, AM, AUX-IN, Bluetooth
Funktionen	Freisprecheinrichtung für gekoppeltes Mobiltelefon, Laden eines USB-Geräts
Lautsprecher	1
Abmessungen (B x H x T)	100 x 150 x 105 Millimeter
Gewicht (ohne Akkupack)	640 Gramm

Klappe auf: Unter der Heckklappe sitzen die Anschlüsse für die zahlreichen Stromversorgungen. Und eine weitere AUX-Buchse.

	Makita DMR108
Betriebsspannung	Makita Einschubakkus mit 7,2 oder 10,8 Volt, Makita Aufsteckakkus mit 10,8, 14,4 oder 18 Volt, Netzadapter 230 Volt
Modi	FM, AM, 2 x AUX IN, Bluetooth
Funktionen	Wecker, Schlummerfunktion, Einschlaffunktion, Laden eines USB-Geräts
Lautsprecher	2
Abmessungen (B x H x T)	282 x 294 x 163 Millimeter
Gewicht (ohne externen Akkupack)	4300 Gramm

Wie zu Hause: Auch der Klang lässt sich einstellen.

	Metabo R 12-18 DAB+ BT
Betriebsspannung	Metabo Einschubakkus von 10,8 bis 18 Volt, Netzadapter 230 Volt
Modi	DAB+, FM, AM, Bluetooth
Funktionen	Klang in drei Stufen umschaltbar
Lautsprecher	1
Abmessungen (B x H x T)	235 x 185 x 180 Millimeter
Gewicht (ohne Akkupack)	1850 Gramm

Ein gutes Baustellenradio ...

››› ist stoßfest, staubdicht und spritzwassergeschützt,

››› kann das Handy laden,

››› wächst einem ans Herz. Und nach und nach trägt es auch beim Grillfest auf der Terrasse oder beim Sonnenbaden zur Unterhaltung bei.

Eigentlich klar, aber ...

››› mit Musik geht alles besser,

››› ein Baustellenradio sollte man probehören. Ein kleines Radio muss sich nicht zwingend schlechter, ein großes nicht unbedingt besser anhören ...

SICHERHEIT.

Der Heimwerker freut sich, wenn seine Elektro-Werkzeuge das tun, was sie sollen – nämlich tadellos und mit ausgezeichneten Ergebnissen funktionieren. Die Freude ist aber noch viel größer, wenn er bei deren Verwendung unverletzt und gesund bleibt.

Unter Beachtung aller Sicherheitsmaßnahmen und bei stets vollster Konzentration ist das Risiko, sich bei der Arbeit zu verletzen und auch sonst keine gesundheitlichen Schäden davonzutragen, gering. Ist man allerdings unvorsichtig oder abgelenkt, steigt das Verletzungsrisiko sprunghaft. Zum Glück denken manche Elektro-Werkzeuge mit.

Feinfühlige Tischkreissäge

Das Thema ist zu ernst, um hier Witze über die verbliebene Fingerzahl von Schreinern abzudreschen. In Deutschland ereigneten sich laut der Statistik »Arbeitsunfallgeschehen 2019« der Deutschen Gesetzlichen Unfallversicherung (DGUV) rund 3700 meldepflichtige Unfälle an stationären Sägen. Verletzungen zum Beispiel an Tischkreissägen erleiden also demnach auch Profis.

Die Firma Festool bietet seit Anfang 2020 die Tischkreissäge TKS 80 mit »SawStop-AIM-Technologie« an. Hier registriert ein elektrischer Sensor über eine Änderung der elektrischen Kapazität, wenn etwas, was wahrscheinlich lebendig ist, mit dem Sägeblatt in Berührung kommt. Im Testfall ist das ein Würstchen, im Ernstfall kann es ein Finger sein. Dann knallt's: Eine Patrone löst eine unter Spannung stehende Feder, die einen Alublock in die Zähne des Sägeblatts schießt – welches dadurch schlagartig blockiert wird. Gleichzeitig taucht das Sägeblatt aus dem

Knalleffekt: Eine Patrone löst bei Hautkontakt eine vorgespannte Feder, die einen Alublock ins Sägeblatt schießt, worauf es augenblicklich blockiert und in den Sägetisch abtaucht. Das Ganze dauert fünf Millisekunden – ein Lidschlag dauert im Vergleich dazu mit rund 300 Millisekunden ewig lange.

Gefahrenbereich in den Maschinentisch ab. Das Ganze passiert in fünf Millisekunden. Das ist so schnell, dass bei dem Versuch, ein Würstchen durchzusägen, lediglich seine Haut einen Kratzer davonträgt. Das Sägeblatt ist zwar hinterher nicht mehr zu gebrauchen, auch die Patrone muss ausgetauscht werden. Diese Teile kosten natürlich etwas – aber die Finger sind noch dran.

Schockstarrer Winkelschleifer

Bosch setzt in seinen neuen akkubetriebenen Winkelschleifern auf eine Sicherheitstechnik namens »Drop Control«. Diese Funktion schaltet das Gerät sofort ab und bremst zudem die Scheibe, sobald es nach einem Fall auf dem Boden auftrifft. Bei einem kraftvollen und hochdrehenden Werkzeug wie einem Winkelschleifer eine sinnvolle Einrichtung, um etwaige »Fast and Furious«-Einlagen zu vermeiden. Eine weitere Funktion namens »Kick-Back Control« stoppt den Motor augenblicklich, wenn sich die Scheibe verkantet und dadurch blockiert.

Rücksichtsvolle Bohrmaschine

Heutige Bohrmaschinen sind kräftig, wirklich sehr kräftig. Verkantet sich der Bohrer einmal, werden die Handgelenke des Anwenders dankbar dafür sein, wenn die Bohrmaschine dann den Motor sofort abschaltet oder auskuppelt. Das Verletzungsrisiko durch einen Rückschlag wird so minimiert.

Anhänglicher Staubsauger

Wer einmal mit einem Bohrhammer Löcher in den Beton der Zimmerdecke gebohrt hat, weiß: Mit Staubabsaugung hätte es deutlich mehr Spaß gemacht, denn Zimmer und man selbst wären sauber geblieben. Zudem ist das Einatmen des Staubs alles andere als gesund. Entweder verpflichtet man also eine Hilfskraft zum Absaugen des Bohrstaubs, oder man arbeitet allein und verwendet einen Bohrhammer, der über eine eigene Staubsaugung verfügt.

Ebenso wenig gesund ist es, wenn ein Bohrhammer die auftretenden Vibrationen schonungslos an den Benutzer weitergibt. Hier können ausgeklügelte Vibrationshemmer im Inneren des Geräts helfen.

Man sollte also bei der Anschaffung eines Geräts nicht nur auf die Leistungsdaten, sondern auch auf die eingebauten Sicherheitsfeatures achten. Der Vergleich wird allerdings dadurch erschwert, dass jeder Hersteller andere Bezeichnungen für seine Helferlein verwendet – wenn sie denn überhaupt vorhanden sind.

Schleifen kommt vor dem Fall: Stürzt dieser Winkelschleifer versehentlich auf den Boden, bleibt die Scheibe augenblicklich stehen.

Staubfänger: Trotz Schutzbrille würde das Bohren über Kopf ohne Staubabsaugung einfach keinen Spaß machen.

Spezialwerkzeuge für

FAHRZEUGE.

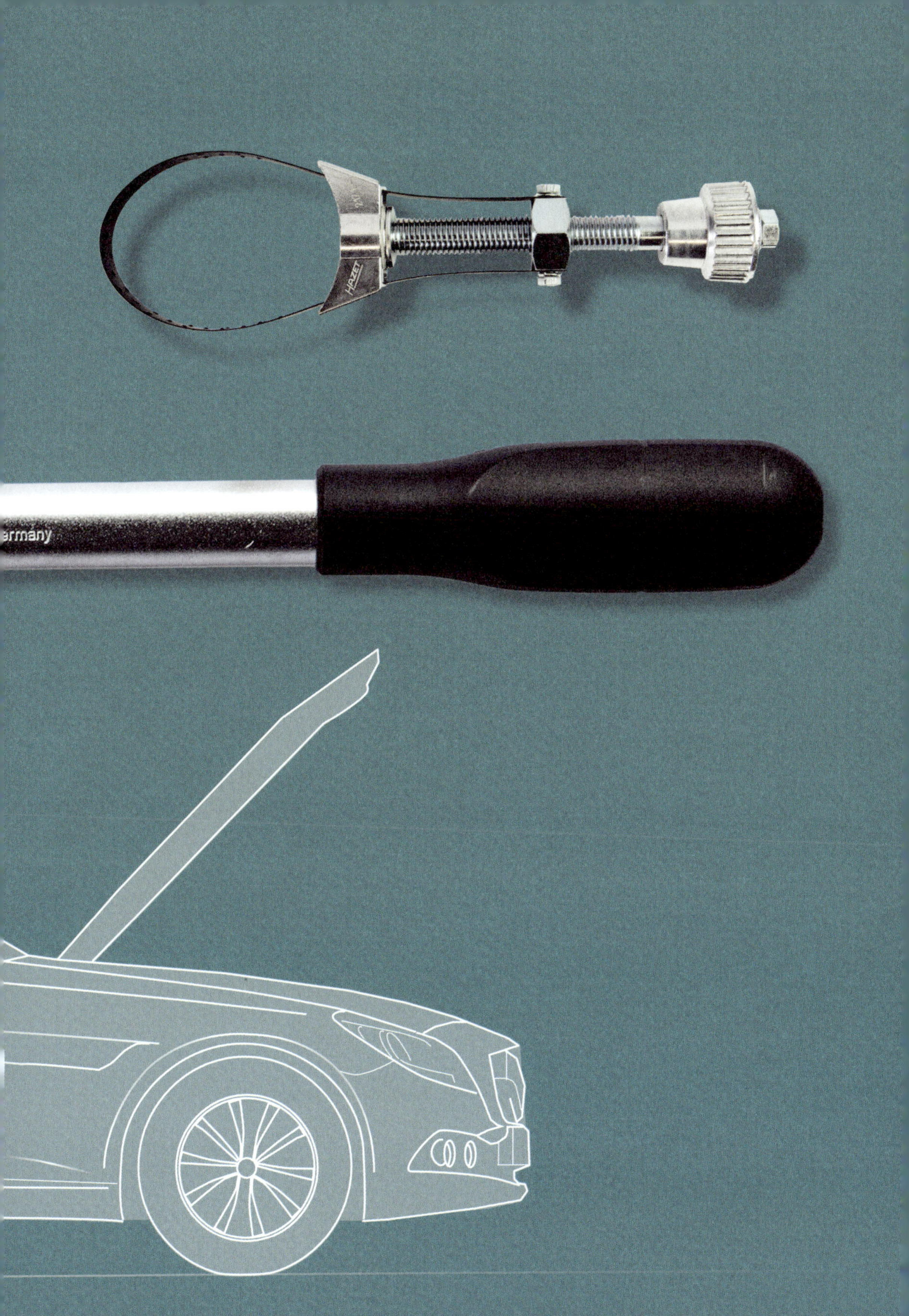

Für FAHRZEUGE.

Wer glaubt, er besäße bereits ausreichend Werkzeug, muss nur anfangen, am Auto, Motorrad oder Fahrrad zu schrauben. Er wird dann schnell eines Besseren belehrt.

Eine Binsenweisheit: Spezielle Arbeiten erfordern spezielles Werkzeug. Klar kann man sich nicht alle eventuell einmal benötigten Werkzeuge auf Halde legen – aber einige vielleicht schon. Nachfolgend nur ein winziger Ausschnitt der Spezialwerkzeuge für Fahrzeuge.

Drehmomentschlüssel

Wer ernsthaft an Fahrzeugen schrauben möchte, kommt um die Anschaffung eines oder gleich mehrerer Qualitäts-Drehmomentschlüssel nicht herum. Das korrekte Anzugsmoment der Befestigungsschrauben der Bremssättel eines Autos zum Beispiel ist extrem sicherheitsrelevant. Wer die Zylinderkopfschrauben eines Motorrads nicht nach Vorschrift anzieht, wird an seinem motorisierten Zweirad nicht mehr lange Freude haben. Und selbst am Fahrrad gibt es einige Schraubverbindungen, die mit dem korrekten Drehmoment angezogen werden müssen.

Ein Drehmomentschlüssel kann entweder das momentan anliegende Drehmoment nur anzeigen oder beim Festziehen einer Schraubverbindung beim Erreichen des vorher eingestellten Drehmoments auslösen. Entsprechend werden Drehmomentschlüssel in die Kategorien »anzeigend« und »auslösend« eingeteilt. Eine Mischform stellen elektronische Drehmomentschlüssel dar – die können nämlich anzeigen und auslösen.

Auch bei der Mechanik im Inneren gibt es Unterschiede. Da finden sich zum einen die weitverbreiteten Modelle mit Druckfeder, bei denen das gewünschte Auslöse-Drehmoment durch die Vorspannung einer Feder eingestellt wird. Dies geschieht durch das Drehen eines Rings am Griff oder des gesamten Griffs. Auf einer Skala im Schaft lässt sich dann das eingestellte Drehmoment ablesen. Manchmal befindet sich ein Nonius auf dem Einstellring, mit dem die Feineinstellung erfolgt. Bei den selteneren Drehmomentschlüsseln mit Biegestab wird zur Einstellung des Drehmoments die Länge des Biegestabs beeinflusst – dazu wird ein Schieber mit einer Skala im Schaft verstellt. Je kürzer die wirksame Länge des Biegestabs ist, desto höhere Kräfte müssen aufgebracht werden, um ihn bis zur Auslösung zu verbiegen. Bei den Modellen mit Druckfedern darf man nach deren

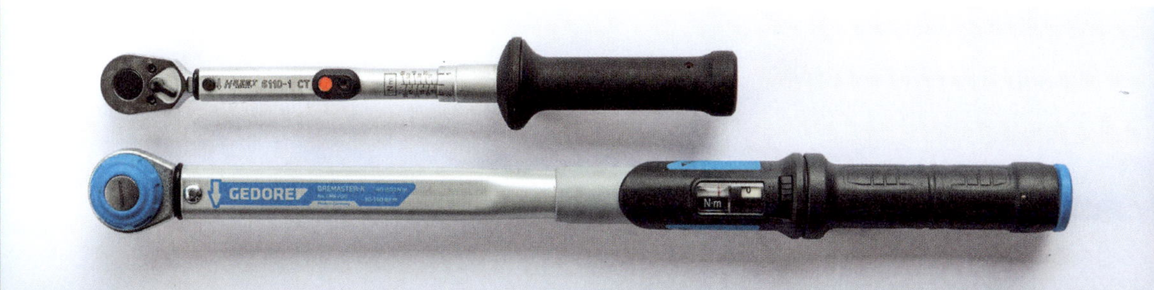

Große Bandbreite: Vor dem Kauf eines Drehmomentschlüssels sollte man sich genau überlegen, wofür man ihn überhaupt braucht. Oben ein Schlüssel mit einem Einstellbereich von 5 bis 60, unten mit 40 bis 200 Newtonmeter.

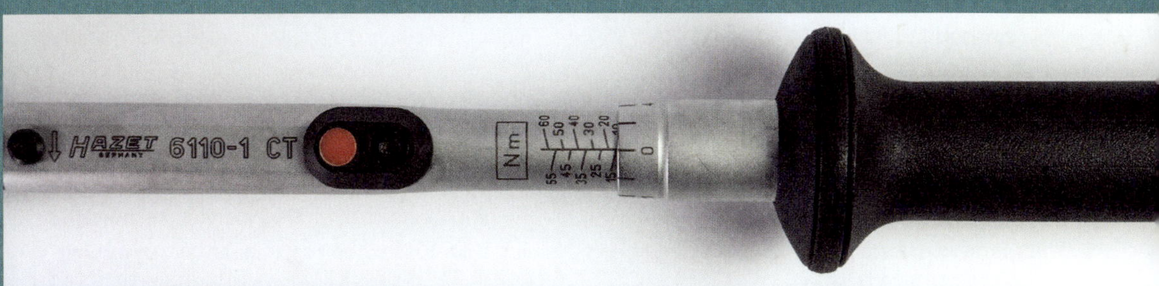

Optische Kontrolle: Bei Erreichen des eingestellten Drehmoments löst zusätzlich der rote Knopf aus – bei einer Genauigkeit von zwei Prozent.

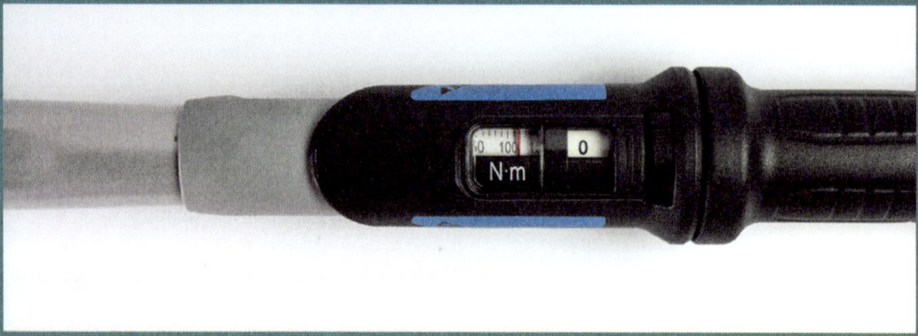

Wie man's braucht: Die Skala lässt sich umstellen – auf Newtonmeter …

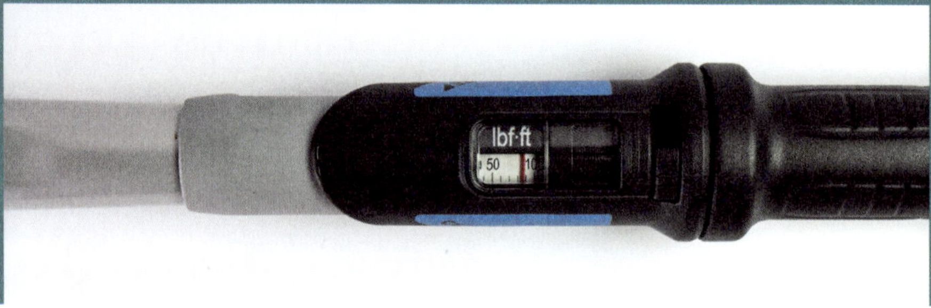

… oder auf lbf ft – was für inch pound-force steht.

Verwendung nicht vergessen, die Skala wieder auf Null zu stellen, damit die Feder nicht ermüdet. Das ist bei einem Drehmomentschlüssel mit Biegestab nicht notwendig, da der Biegestab nur im Moment des Anzugs belastet wird und in der restlichen Zeit spannungsfrei ist.

Auf den Skalen lassen sich meist die Einheiten Nm (Newtonmeter) und lbf ft (foot pound-force) ablesen. 1 Nm entspricht 0,738 lbf ft, umgekehrt entspricht 1 lbf ft 1,356 Nm. Für kleinere Drehmomente findet man noch die Maßeinheit lbf in (inch pound-force). 1 lbf in entspricht 0,113 Nm, da ein Fuß 12 Inch beinhaltet.

Die meisten Drehmomentschlüssel sind mit einer Anzeige- beziehungsweise Auslösegenauigkeit von 4 Prozent angegeben und entsprechen zumindest schon einmal in diesem Punkt den Anforderungen nach DIN EN ISO 6789 (»Handbetätigte Drehmomentwerkzeuge«). Es gibt aber auch noch genauere Exemplare mit einer Auslösegenauigkeit von 3, 2 oder gar nur 1 Prozent.

Es gibt kurze Drehmomentschlüssel für den Bereich von 1 bis 25 Newtonmeter, über einen Meter lange Monster für einen Bereich von 600 bis rund 3000 Newtonmeter oder für ganz kleine Werte Drehmoment-Schraubendreher. Was braucht man nun? Das hängt davon ab, woran gearbeitet werden soll. An Fahrrädern findet man erwartungsgemäß die Verschraubungen mit den niedrigsten Drehmomentwerten. Die meisten Arbeiten lassen sich hier mit einem Drehmomentschlüssel erledigen, an dem sich Drehmomente zwischen 5 und 25 Newtonmeter einstellen lassen. Drehmomentschlüssel dieser Größenordnung verfügen meist über einen 1/4-Zoll-Vierkant (6,3 Millimeter) zur Aufnahme der Stecknüsse. Aber auch am Fahrrad sind für die korrekte Befestigung einiger Bauteile höhere Drehmomente nötig, wie zum Beispiel die Kurbelschraube mit bis zu 50 Newtonmeter. Drehmomentschlüssel, die einen Einstellbereich von 5 bis 60 Newtonmeter haben, sind meist mit einem 3/8-Zoll-Vierkant (10 Millimeter) ausgestattet – und mit solch einem Schlüssel ist man auch schon für die meisten Arbeiten am Motorrad gut gerüstet. Für das Auto braucht man größere Kaliber mit

1/2-Zoll-Vierkant (12,5 Millimeter): Die Radschrauben eines Kleinwagens beispielsweise wollen meist mit 90 Newtonmeter angezogen werden, bei Vans oder Geländewagen kann dieser Wert auch schon einmal 160 Newtonmeter und mehr betragen.

In Internetforen kursieren sonderbare Fragen: »Ich habe keinen so großen Drehmomentschlüssel. Kann man erst mit 80 Newtonmeter anziehen und dann den Rest mit 40 Newtonmeter erledigen, um 120 Newtonmeter zu erreichen?« Die Frage schien durchaus ernst gemeint, aber – nein, kann man nicht. Für hohe Drehmomentwerte kommt man um die Anschaffung eines großen Drehmomentschlüssels nicht herum.

Wie geht man mit einem Drehmomentschlüssel um? Zunächst einmal: Drehmomentschlüssel sind Messwerkzeuge und müssen auch entsprechend vorsichtig behandelt werden. Ein Sturz von der Werkbank ist Gift für die Mechanik. Natürlich ist es verlockend, einen Drehmomentschlüssel wegen seines langen Hebels zum Lösen von hartnäckig festsitzenden Schrauben zu verwenden – aber das kann er übelnehmen. Auch grobe Verschmutzungen gehen zu Lasten der Anzeigegenauigkeit. Ein Hinweis in punkto Anzeigegenauigkeit: Bei professioneller Verwendung ist für Drehmomentschlüssel nach 5000 Anwendungen beziehungsweise einmal pro Jahr ein Service samt Kalibrierung, also Eichung, fällig.

Der genaue Anzug steht und fällt mit der Reibung zwischen Schraube und Gewinde: beide müssen absolut sauber und beschädigungsfrei sein. Das Anziehen der Schraubverbindung erfolgt langsam und gleichmäßig, keinesfalls ruckartig. Nach dem Auslösen darf man bei Modellen mit Druckfedern nicht weiterdrehen – aber warum sollte man auch?

Viele Schrauben im heutigen Maschinenbau sind so genannte Dehnschrauben, die erst mit einem vorgeschriebenen Drehmoment angezogen werden und anschließend um einen Drehwinkel bis hinein in ihren Grenzbereich, also ihren Streckbereich, angezogen werden. Eine typische Arbeitsanweisung für Zylinderkopfschrauben eines Autos lautet beispielsweise: »Schrauben einsetzen und handfest anziehen. In der gezeigten Anzugsreihenfolge wie folgt anziehen: Alle Schrauben mit 30 Newtonmeter anziehen. Anschließend alle Schrauben 90 Grad mit starrem Schlüssel weiterdrehen. Abschließend alle Schrauben nochmal 90 Grad weiterdrehen.« Es versteht sich übrigens von selbst, dass solche dauerhaft gedehnten Schrauben nach ihrem Ausbau nicht noch einmal verwendet werden dürfen.

Schlagschrauber-Nüsse

Zum Lösen festsitzender Radschrauben am Auto ist ein Schlagschrauber sehr hilfreich – egal, ob mit Druckluft oder Strom betrieben. Wichtig ist hierbei aber die Verwendung geeigneter Steckschlüssel. Normale Nüsse sind für solche schlagartigen Drehmomente nicht vorgesehen. Wenn es dumm läuft, können sie reißen, wenn es noch dümmer läuft, sogar platzen – gefährlich umherfliegende Bruchstücke inklusive. Da hilft nur die Verwendung von Schlagschrauber-Steckschlüsseln, die oft auch mit dem Zusatz »Impact« (englisch: Einschlag) versehen sind.

Schlagende Verbindung: Spezielle Schlagschrauber-Steckschlüssel halten was aus – hier farblich codiert.

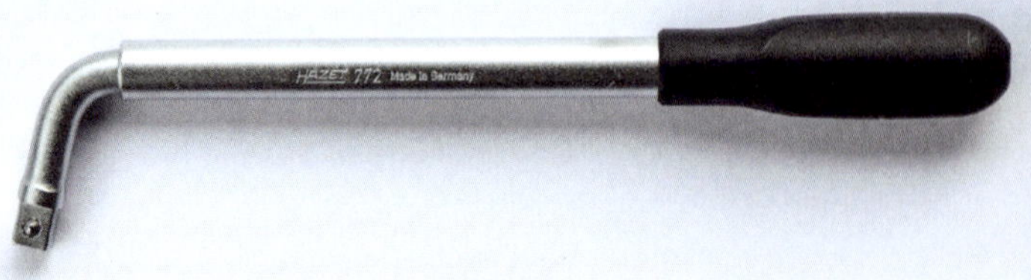

Verborgene Qualitäten: Solch ein Teleskop-Radmutterschlüssel bietet ausgefahren einen sehr langen Hebel, braucht eingefahren aber nur wenig Platz und ist daher eine gute Ergänzung des Bordwerkzeugs.

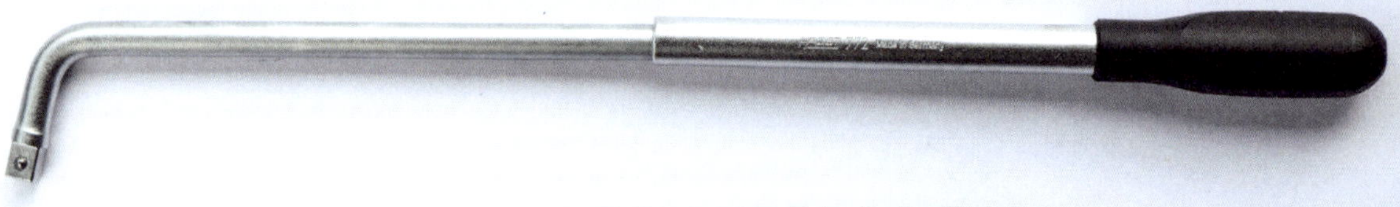

Teleskop-Radmutterschlüssel

Ist kein Schlagschrauber vorhanden, hilft nur ein langer Hebel. Am Radkreuz zur Verlängerung angesetzte Konstruktionen wirken meist aus Gründen der Arbeitssicherheit bedrohlich – besser ist ein für solche Zwecke konstruierter Teleskopschlüssel. Zusammengeschoben nimmt er wenig Platz ein, auseinandergezogen verlängert sich sein Hebel – und entsprechend steigt laut Hebelgesetz auch das Drehmoment bei identischer Körperkraft.

Spezial-Nüsse

Irgendwann kommt der Punkt, an dem man selbst mit noch so vielen prall gefüllten Knarrenkästen nicht mehr weiterkommt. Dann nämlich, wenn man auf eher exotische Schraubenköpfe stößt. So wird im Automobilbau zum Beispiel gern der Außen-TORX® verwendet. Es gibt aber natürlich auch noch einige andere Spezialköpfe. So wird sich im Lauf der Zeit, wenn man es ernst meint, ein buntes Sammelsurium an Profilen, Längen und Größen von Stecknüssen ansammeln.

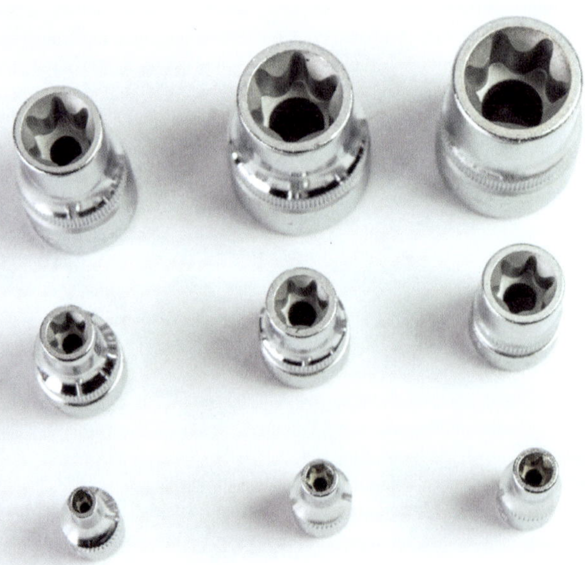

Überraschung: Im Automobilbau wird gern das TORX®-Profil verwendet – und manchmal sitzt es außen.

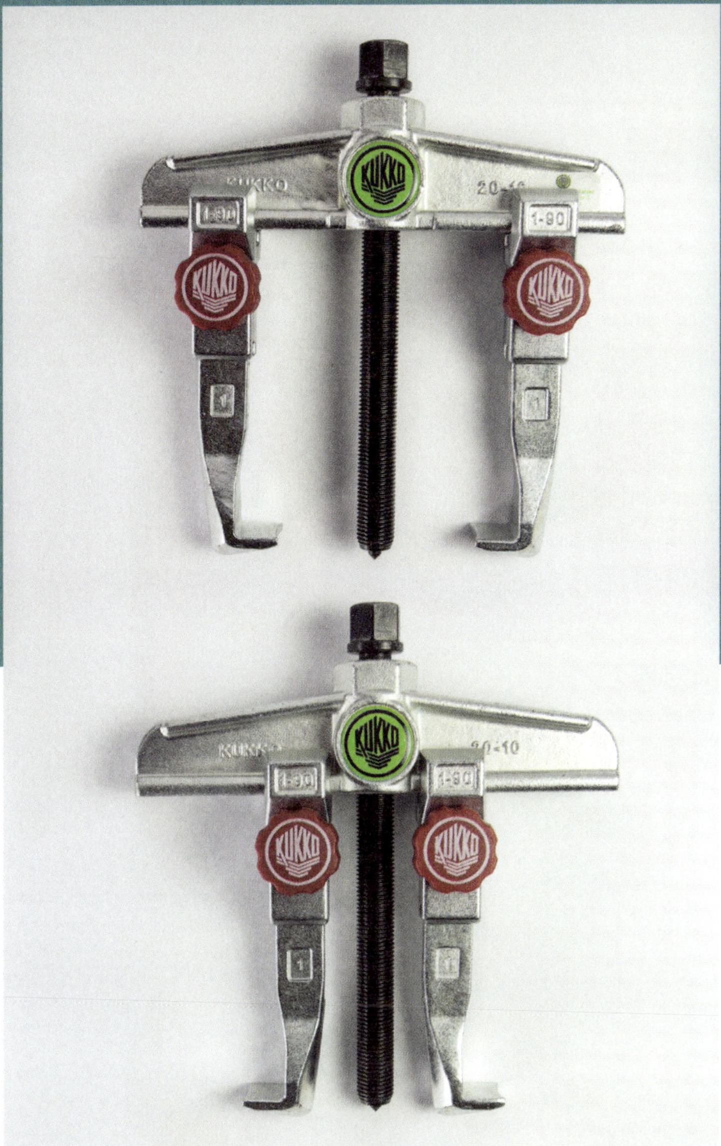

Universaltalent: Mit einem zweiarmigen verstellbaren Abzieher, bei dem sich die Haken wahlweise für den Außen- oder Innenabzug anbringen lassen, ist man schon für viele Fälle gerüstet.

Abzieher

Was haben Zahnräder, Kugellager und Riemenscheiben gemeinsam? Sie sitzen fest auf Wellen, Achsen oder ähnlich empfindlichen Teilen, die eine ruppige Behandlung mit dem Hammer sehr übelnehmen würden. Um sie herunterzubekommen, ist die sanfte Gewalt eines Abziehers gefragt.

Es gibt Spezial-Abzieher für Scheibenwischerarme, für Lenkräder, Radnaben, Batterieklemmen oder Polräder von Lichtmaschinen. Außerdem Außen-Abzieher, Innen-Abzieher, Trennabzieher und spezielle Kugellagerabzieher. Die bestmögliche Lastverteilung bieten dreiarmige Abzieher. Wer aber nur selten an motorisierten Fahrzeugen schraubt und dennoch für den Fall der Fälle gerüstet sein möchte, sollte sich einen zweiarmigen Universal-Abzieher in die Schublade legen – möglichst mit umkehrbaren Abzughaken, damit man ihn auch als Innenauszieher einsetzen kann.

Solche Zweiarm-Abzieher gibt es in einstellbaren Weiten von maximal 90 bis 750 Millimeter, der maximale Druck, der auf das Lager ausgeübt werden kann, beträgt dabei zwischen 4,5 und 15 Tonnen.

Wie geht man mit einem Abzieher um? Zum Abzug eines Lagers von einer Welle beispielsweise müssen die Abzughaken komplett und gerade unter dem Gehäuserand des Lagers positioniert werden. Danach erzeugt man eine Zugkraft durch das Anziehen der robusten Spindel mit Feingewinde, die sich auf der Welle abstützt. Übereinander aufgepresste Teile werden einzeln abgezogen. Wegen der besseren Kraftübertragung sollte man dafür immer einen Ringschlüssel und keinen Maulschlüssel verwenden. Das Anziehen erfolgt mit der Hand und keinesfalls mit einem Schlagschrauber. Durch die schlagartig auftretenden hohen Kräfte können sich Teile des Abziehers lösen und mit hoher Verletzungsgefahr durch die Gegend schießen.

Kurvenkünstler: links eine linksschneidende Schere, rechts eine für Bögen nach rechts.

Blechscheren

Für Karosseriearbeiten schneidet der Profi sich seine Bleche zurecht. Nein, jetzt folgt – allein schon aus Platzgründen – keine allgemeine Unterweisung in Reparaturarbeiten an der Karosserie. Aber es kann zumindest hilfreich sein, etwas über Blechscheren zu wissen. So gibt es rechte und linke Scheren. Diese Bezeichnung hat nichts damit zu tun, ob man Rechts- oder Linkshänder ist. Vielmehr sind rechte Scheren dafür ausgelegt, Bögen von links nach rechts zu schneiden, linksschneidende Scheren sind für Bögen von rechts nach links konstruiert. Geradeaus schneiden können beide. Beim Schneiden wird die Schere nie ganz geschlossen, da sich sonst hässliche Absetzpunkte bilden.

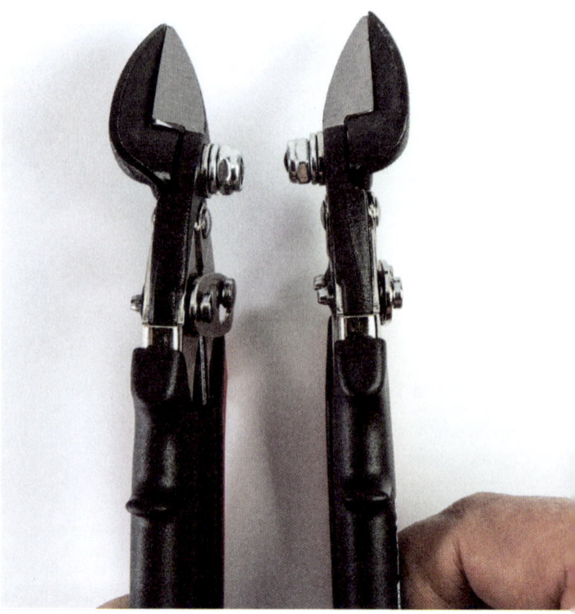

Schnabeltiere: links eine rechtsschneidende, rechts eine linksschneidende Blechschere.

Politik der kleinen Schnitte: Wer mit der Blechschere nur kleine Schneidebewegungen macht, erzielt einen sauberen Schnitt (links). Wer weit durchzieht, erzeugt Absetzpunkte (rechts).

Ölfilterschlüssel

Man kann eine ganze Menge Geld sparen, wenn man den fälligen Ölwechsel an seinem Auto selbst erledigt. Das größte Hindernis – neben dem umweltgerechten Auffangen und der anschließenden fachgerechten Entsorgung des Altöls – kann dabei das Lösen des vertrackten Ölfilters darstellen. Entweder sitzt das Filterelement in einem Kunststoffgehäuse – zum Ausbau des Gehäuses benötigt man dann nur einen großen Ringschlüssel oder eine Knarre mit entsprechender Nuss. Oder es muss die komplette Kartusche, also samt Gehäuse, gewechselt werden – und die hat keinen Sechskant. Natürlich gibt es auch hierfür ein Spezialwerkzeug: den Ölfilterschlüssel. Einfach die elastische Schelle um die runde Kartusche legen, festziehen – und schon kann gedreht werden. Solch ein Schlüssel eignet sich mit etwas Phantasie auch zum Fixieren anderer, ähnlich großer runder Teile.

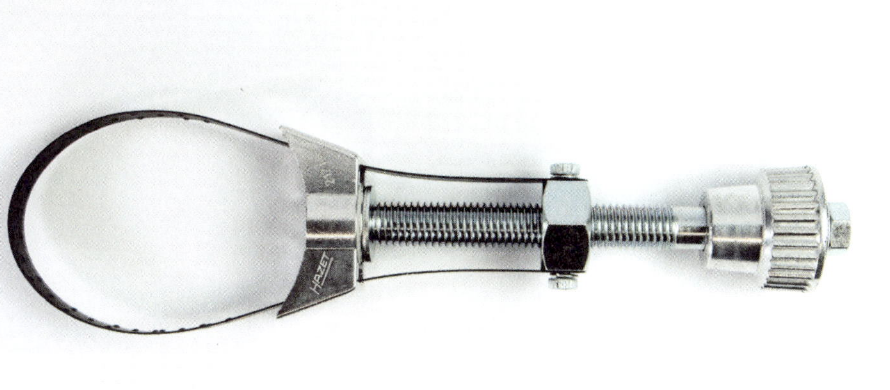

Dosenöffner: Ölfilter im Blechgehäuse ohne Sechskant kann ein verstellbarer Ölfilterschlüssel in den Griff bekommen.

Spreizzange: Mit solch einer flachen Türverkleidungszange kann man Halteclipse lösen. Die Nylonhebel erledigen den Rest.

Keile und Hebel

Wem Ölwechsel zu schmutzig sind, möchte eventuell nur im Innenraum seines Autos werkeln – vielleicht eine Türverkleidung entfernen, um einen neuen Fensterheber einzubauen. Dabei passiert oft etwas sehr Ärgerliches: Einige Halteclipse der Türverkleidung brechen ab. Grund dafür ist oft, dass mangels geeignetem Werkzeug zum Beispiel ein großer Schraubendreher verwendet wird – selbst obwohl die Klinge zum Schutz der Oberfläche listig mit Isolierband umwickelt wurde. Halteclipse leben länger, wenn geeignetes Werkzeug verwendet wird: zum Beispiel eine Türverkleidungszange.

Zum schonenden Abhebeln von anderen Verkleidungsteilen ist besagter großer Schraubendreher auch nicht das beste Werkzeug. Viel geeigneter dafür sind Keile aus Kunststoff. Übrigens: Bei ausdauerndem Gebrauch fransen diese Keile aus und bekommen scharfe Kanten. Diese sollten zum Schutz der Oberflächen wieder weggeschliffen werden.

Für alle Fälle: Mit solch einem Set von Kunststoffkeilen kann man hebeln, ohne dabei empfindliche Oberflächen zu beschädigen.

Widerstand zwecklos: Für Demontage-Arbeiten im Innenraum sind Kunststoffkeile bestens geeignet.

Crimpzange

Hin und wieder möchte man (oder muss) an seinem Fahrzeug vielleicht einen oder mehrere Kabelschuhe (korrekte Bezeichnung: »Flachsteckhülsen«) oder Steckverbinder anquetschen. Der Fachmann nennt diesen Vorgang übrigens »crimpen«, weil das englische »to crimp« mit »quetschen« oder »verpressen« übersetzt wird. Ist der Druck beim crimpen zu gering, kann sich die Leitung bei unpassender Gelegenheit wieder aus seiner Umklammerung befreien. Ist der Druck zu hoch, wird der Kabelschuh oder der Steckverbinder beschädigt. Für das Crimpen gibt es nun zwei Möglichkeiten. Die billige: Man kauft eine Quetschzange, die als Blechstanzteil diesen Namen eigentlich gar nicht verdient, und stellt damit fragwürdige Verbindungen her. Die können mit Glück auf Dauer sogar halten. Müssen sie aber nicht – und dann viel Spaß bei der Fehlersuche. Die teurere: Man kauft eine vernünftige Crimpzange, hat schon allein deshalb Spaß am Quetschen, weil das Ergebnis so professionell wird – und kann sich auf eine vernünftige elektrische Verbindung verlassen.

Üblicherweise kann man mit solch einer Zange rote, blaue und gelbe Steckelemente verpressen. Die roten sind für Leitungen der Querschnitte von 0,5 bis 1 Quadratmillimeter geeignet, die blauen für Querschnitte von 1,5 bis 2,5 und die gelben für Querschnitte von 4 bis 6 Quadratmillimeter.

Ich hab' den Kabelschuh schön: Mit einer Crimp-Zange quetscht man saubere Verbindungen.

Sicherungsring-Zange

Wer an Motoren schraubt, stößt wahrscheinlich schon ziemlich bald auf ein unscheinbares Bauteil, das ohne geeignetes Spezialwerkzeug weitere Arbeiten wirkungsvoll verhindert: den Sicherungsring. Solch ein Ring sitzt immer in einer Nut. Entweder zieht er sich mit seinem Innenrand auf einer Welle zusammen (»Außensicherung«), um zum Beispiel ein Lager an Ort und Stelle zu halten. Oder er macht sich in einer Nut mit seinem Außenrand (»Innensicherung«) breit, um beispielsweise das Herausrutschen eines Bolzens aus einer Bohrung zu verhindern. Entsprechend muss man solch einen Ring zu seiner Demontage entweder weiten oder im Durchmesser verkleinern. Genau zu diesem Zweck gibt es spezielle Zangen in drei verschiedenen Größen, die sich beim Zudrücken öffnen oder schließen. Sicherungsringe werden auch als »Nutenringe« oder oft als »Seeger-Ringe« bezeichnet, was vom 1927 angemeldeten Patent von Hugo Heiermann herrührt – einem Mitarbeiter der 1917 gegründeten Firma Seeger.

Keine Chance: Anders als mit einer Spezialzange sind Sicherungsringe kaum herunterzubekommen.

Gegensätzliche Konstruktionen: Sicherungsring-Zangen können sich beim Zudrücken öffnen oder schließen – links eine öffnende für Außensicherungen, rechts eine schließende für Innensicherungen.

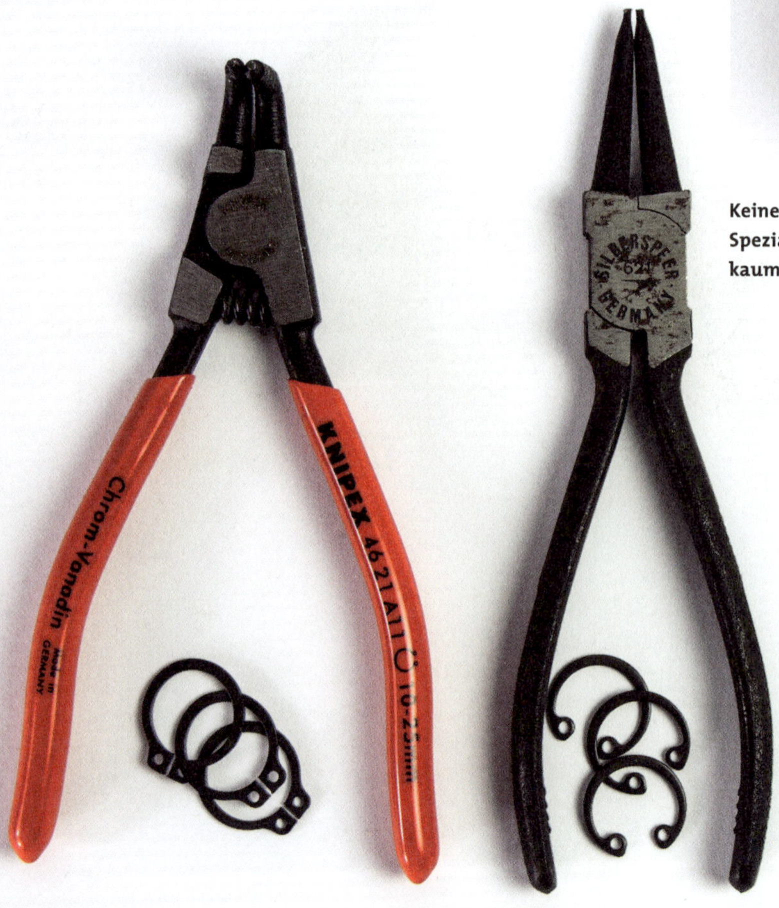

Schlagschrauber

Zugegeben, im Zeitalter von elektrischen Drehschlagschraubern wirkt ein manueller Schlagschrauber ein wenig antiquiert. Doch wer während der Restaurierung eines Oldtimers festgerostete Schraubverbindungen mit ausgenudelten Kreuzschlitz-Köpfen lösen muss (und das muss er mit ziemlicher Sicherheit), wird das Feingefühl schätzen, das solch ein Schlagschrauber ermöglicht. »Feingefühl« ist hier natürlich relativ, denn schließlich verwandelt der Schlagschrauber einen beherzten Hammerschlag in eine beherzte kleine Drehung. Das funktioniert auch deshalb gut, weil sich das Bit durch den Schlag genötigt fühlt, seinen Halt im Schraubenkopf zu vertiefen.

Ganz im Gegenteil: Wenn es nicht um schiere Gewalt, sondern um Gefummel wie das Einsetzen einer Mutter samt Unterlegscheibe an einer sehr schwer zugänglichen Stelle geht, ist so ein kleiner Festhalter sehr nervenschonend.

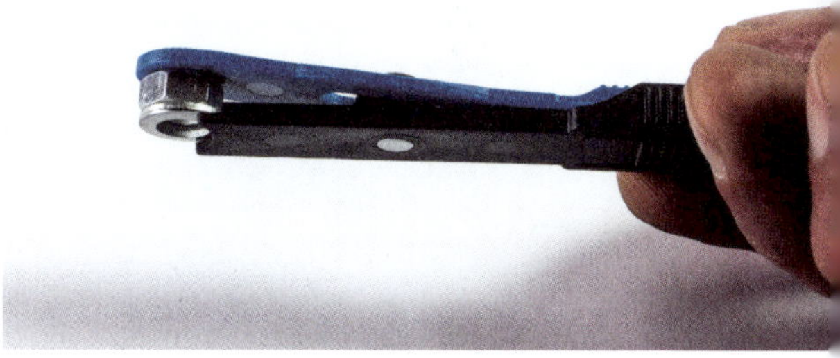

Altmodisch, aber immer noch wirkungsvoll: Ein Schlagschrauber wandelt einen Schlag in eine Drehung um.

Für alle Fälle

Erfahrungsgemäß passiert es immer Sonn- oder Feiertags, wenn alle Geschäfte geschlossen sind: Der Sicherungsring fliegt im hohen Bogen unrettbar in die Kanalisation, eine wichtige Blechschraube reißt ab oder der eingebaute kleine Gummidichtring lässt sich nicht noch einmal verwenden. Glücklich, wer einige Sortimente solcher Kleinteile in der Werkstatt hortet – zumal sie wirklich nicht viel kosten. Unglücklich, wer am nächsten Tag erst mal einkaufen muss.

Gummiringe: zum Abdichten

Splinte: zum Durchstecken

Sicherungsringe: zum Auf- oder Einsetzen

Kupferringe: zum Abdichten

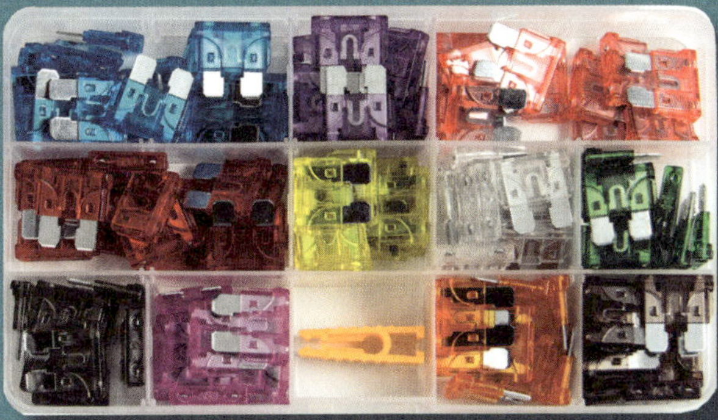

Stecksicherungen: für den Stromfluss

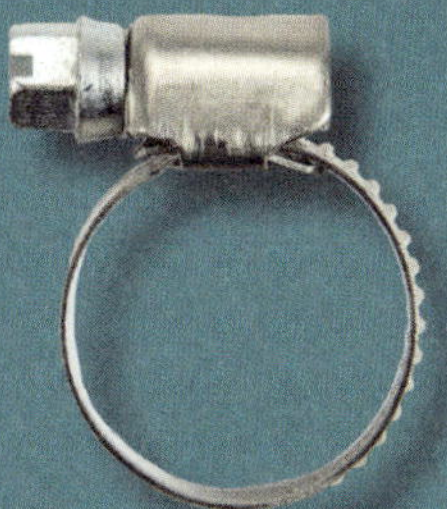

Schlauchschellen: zum Befestigen von Schläuchen

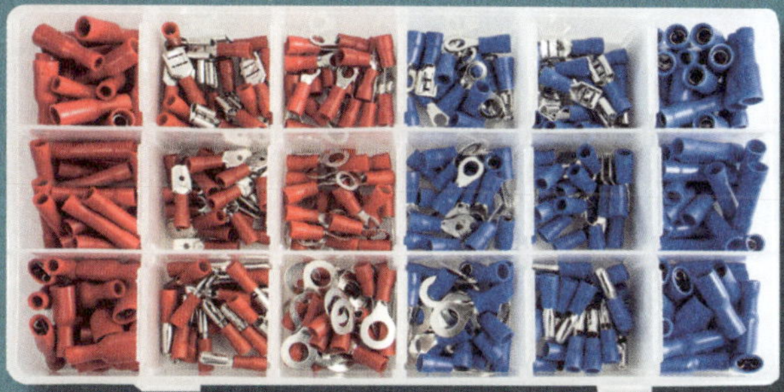

Kabelschuhe: für den Stromanschluss

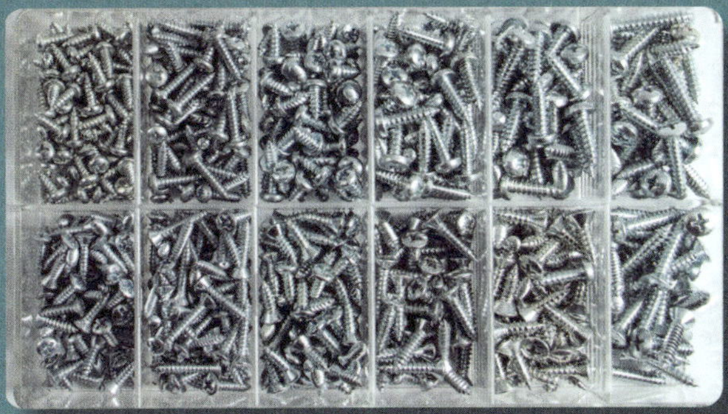

Blechschrauben: eigentlich für alles

SCHWEISSEN.

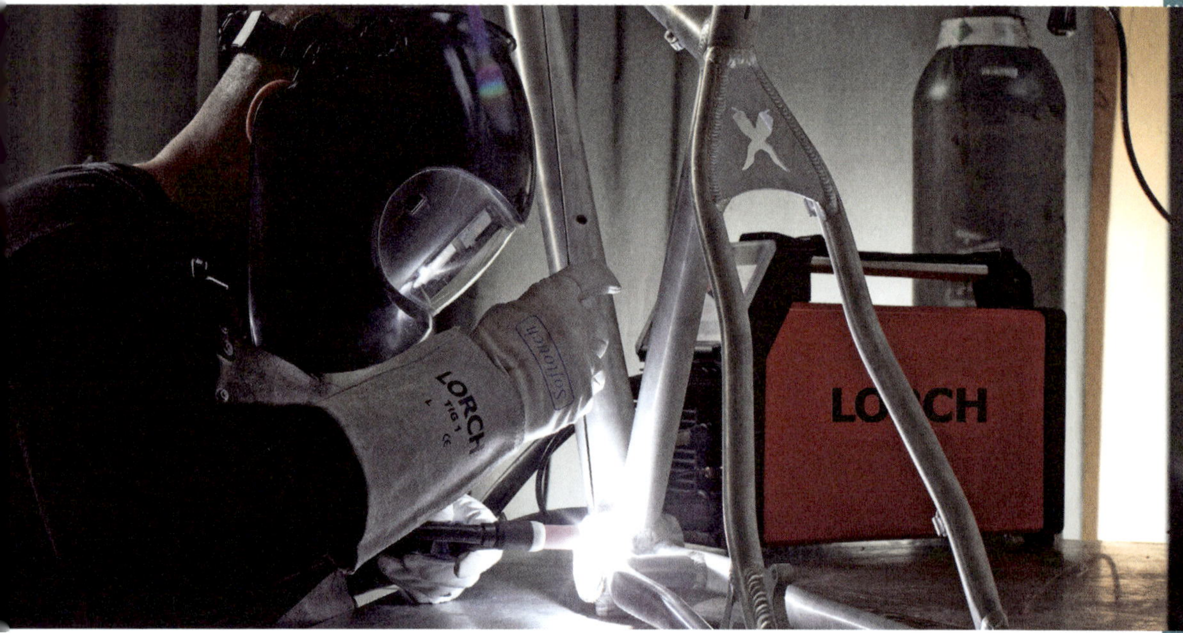

Kunstvolle Motorradrahmen aus Alurohr selbst anfertigen? WIG-Schweißen. Reparaturen an Motorgehäusen? MIG-Schweißen. Karosseriearbeiten? MAG-Schweißen. Was bedeutet das eigentlich alles, und was muss man sonst noch wissen?

Das deutsche Wort »schweißen« stammt angeblich vom althochdeutschen »sueizan« ab, was »erhitzen« bedeutete und demnach nur indirekt etwas mit »Schweiß« zu tun hat. Obwohl die Schmiede beim Erhitzen Ihrer Werkstücke in grauer Vorzeit sicher sehr viel davon vergossen haben.

Wie auch immer: Schweißen ist das Verschmelzen von Werkstücken miteinander – mit oder ohne Zusatzwerkstoffe. Dass das auch ohne feurige Hitzequellen funktioniert, wurde Anfang des 18. Jahrhunderts entdeckt.

Hier brennt die Luft

Hält man zwei Kohlestifte, die je mit einem Pol einer leistungsfähigen Stromquelle verbunden sind, kurz aneinander und zieht sie dann langsam auseinander, brennt zwischen den Polen sprichwörtlich die Luft – ein Lichtbogen entsteht. Dieses brennende Gasgemisch ist nicht fest, nicht flüssig und nicht gasförmig, sondern befindet sich im sogenannten Plasmazustand. Im Lichtbogen ist es mehrere tausend Grad heiß – heiß genug also, um beispielsweise Stahl zu schmelzen. Ende des

18. Jahrhunderts setzten sich statt der Kohleelektroden Metallstäbe durch, die gleichzeitig als Lichtbogenträger und Schweißzusätze dienten – im Gegensatz zu den Kohlestäben verbrauchten sie sich also.

Eine Frage der Polung

Im Plasmazustand herrscht atomare Aufruhr, denn negativ geladene Elektronen verabschieden sich aus den Atomen und drängen zum Pluspol. Die Folge: Der Pluspol erwärmt sich unter dem Elektronen-Beschuss, er wird beim Schweißen tatsächlich um einige 100 Grad heißer als der Minuspol. Die der Elektronen beraubten Rest-Atome (»Ionen«) sind nun nicht mehr elektrisch neutral, sondern positiv geladen, und daher zieht es sie zum Minuspol. Da Ionen deutlich schwerer als Elektronen sind, wird der Minuspol förmlich von ihnen bombardiert. Diesen Effekt nutzt man zum Beispiel zum Zertrümmern der Oxidschicht beim Aluminiumschweißen. Merke: Der Pluspol wird heißer.

Hüllenzauber

Das erste Patent über eine umhüllte Stabelektrode stammt aus dem Jahr 1908. Die Umhüllung schmilzt zusammen mit der Elektrode ab und bildet mit den freiwerdenden Gasen eine Schutzhülle, die das Schweißbad vor der Atmosphäre abschirmt. Damit wird verhindert, dass Sauerstoff als Brandbeschleuniger an die heiße Schmelze gelangen kann. Außerdem enthält die Umhüllung Legierungselemente, die das Schmelzbad qualitativ verbessern. Zudem legen sich die verbrannten Stoffe als Schlacke auf die Schweißnaht und verlangsamen damit so schonend das Abkühlen.

Mit diesen Vorteilen sind aber auch zwei Nachteile verbunden: Es qualmt und stinkt. Und wie die Schweißnaht gelungen ist, kann man erst nach der Arbeit – nämlich nach Entfernen der Schlacke – begutachten.

Der Kittel brennt: Die abbrennende Umhüllung der Elektrode schützt das Schweißbad vor dem schädlichen Sauerstoff. Auch wenn es die älteste Schweißmethode ist, kann sich eine gekonnte E-Hand-Schweißnaht durchaus sehen lassen.

E-Hand

Das Verfahren, mit dem man mit umhüllten Stabelektroden schweißt, wird als »E-Hand-Schweißen« bezeichnet (auch »Lichtbogenhandschweißen« oder umgangssprachlich »Elektrodeschweißen«). Oft findet man auch die Bezeichnung MMA, was die Abkürzung des englischen »Manual Metal Arc Welding« ist (Hand Metall (Licht)Bogen Schweißen).

Im Sprachgebrauch der Schweißer hat man es nicht mit Geräten, sondern mit Maschinen tun, die mit Stabelektroden schweißen. Sie transformieren die Wechselspannung von 230 Volt aus der Haushaltssteckdose oder die 400 Volt aus der Kraftstromsteckdose in eine viel geringere Gleichspannung und erhöhen dafür den Strom. Waren es früher schwere Schweißtransformatoren, sind es heute oft viel leichtere Inverter, die mit Elektronik statt mit viel Eisen und Kupfer arbeiten.

Ein E-Hand-Inverter hat nur wenige Systemkomponenten: einen Ein- und Ausschalter, eine Einstellknopf für die Stromstärke und eine Plus- und eine Minusbuchse. Meist verbindet die Stromleitung mit der Klemme die Plusbuchse mit dem Werkstück, die mit dem Elektrodenhalter kommt dann an die kältere Minusbuchse.

Beinahe alle schmelzbaren Metalle, können mit Stabelektroden geschweißt werden – egal, ob Baustahl, Gusseisen oder Edelstahl, sogar Nickel, Kupfer oder Aluminium funktioniert. Jetzt muss man die passende Elektrode in puncto Material, Umhüllung und Durchmesser ausfindig machen, ablesen, mit welcher Stromstärke und Polung sie geschweißt wird, die Maschine entsprechend einstellen – und los geht's.

Es hört sich simpel an: durch Tippen der Elektrodenspitze an das Werkstück den Lichtbogen zünden, Elektrodenspitze leicht abheben und losschweißen. Das ist in der Praxis aber gar nicht so einfach. Die größte Herausforderung liegt darin, dass die Stabelektrode durch das Schweißen ständig kürzer wird. Daher muss der Elektrodenhalter beim Schweißen gleichzei-

	Rehm Booster2 150
Betriebsspannung	230 Volt, Netzabsicherung 16 A
Leistungsaufnahme bei max. Schweißstrom	4,2 kVA
Einstellbereich	5 bis 150 A
Einschaltdauer 60 %	117 A
Einschaltdauer 100 %	100 A
Funktionen	Arcforce, Hotstart, Antistick, Intelligente Zündautomatik ICS, Lichtbogenstabilisator, Boost-Funktion
Gewicht	2,3 kg
Maße (L x B x H in mm)	275 x 120 x 185

Weight Watcher: Inverter wiegen einen Bruchteil der einst üblichen schweren Schweißtransformatoren – hier eine besonders leichte Maschine. Die Elektronik macht die Maschinen jedoch nicht nur leicht, sondern auch intelligent.

tig in Schweißrichtung und in Abbrandrichtung bewegt werden, um den Abstand zwischen Elektrodenspitze und dem flüssigen Schweißbad konstant zu halten. Erschwerend kommt hinzu, dass das Ganze mit möglichst gleichbleibender Geschwindigkeit, freischwebend mit rund zwei Millimetern Abstand und im Winkel von ungefähr 45 Grad erfolgen soll.

Alles Übungssache: E-Hand-Schweißen ist nicht so einfach wie sein Ruf, erst der Routinier schweißt einhändig. Wichtig ist jedenfalls immer eine gute Schutzkleidung.

Mal erlischt der Lichtbogen und die Elektrode klebt fest, mal wird das Werkstück durchgebraten – Möglichkeiten, sich zu ärgern, gibt es für den Juniorschweißer genug. Da hilft nur: im Sitzen, zweihändig und tiefenentspannt zu schweißen – und das der Übung wegen möglichst oft.

Hochwertige Inverter nutzen ihre elektronischen Fähigkeiten und bieten technische Hilfsmittel, die den Schweißer unterstützen. So zum Beispiel die Funktion »Antistick«, die das Festkleben und Ausglühen der Elektrode am Werkstück verhindert, wenn der Zündvorgang mal nicht gelingt. »Arcforce« erhöht den Strom automatisch und hält damit die Lichtbogenleistung konstant, wenn sich die Lichtbogenlänge durch eine unruhige Schweißerhand oder einen Tropfen unter der Elektrode ändert und zu erlöschen droht. »Hotstart« erleichtert ein sicheres Zünden auf dem noch kalten Grundwerkstoff und wärmt den Schweißnahtanfang schneller auf.

Die Spanne der maximalen Ströme von E-Hand-Schweißmaschinen reicht von 150 bis 400 Ampere – was braucht der Hobby-Schweißer? Wer ausschließlich Baustahl zwischen zwei und vier Millimeter Stärke schweißen möchte, käme schon mit einer Maschine aus, die 90 Ampere liefern kann. Für Arbeiten an Geländern und ähnlichem, was man rund um Haus und Garten an Schweißbarem findet, würde eine Schweißmaschine mit 110 Ampere reichen. Für Arbeiten an Baggerschaufeln und anderen robusten Gerätschaften braucht man eine Maschine mit 140 Ampere. Da aber meist schon die kleinsten Maschinen 150 Ampere liefern können, hat der Privatanwender damit ausreichend Leistungsreserven.

Die maximale Stromstärke ist jedoch nicht das einzige Leistungsmerkmal einer Schweißmaschine. Wichtig ist auch, wie lange sie welchen Strom abgeben kann. Diese sogenannte Einschaltdauer (ED) ist in der Norm IEC 60974-1 beschrieben und bezeichnet die mögliche ununterbrochene Betriebsdauer einer Schweißmaschine in einem Zeitraum von zehn Minuten. So bedeutet zum Beispiel die Angabe »150 A / 60 %«, dass die Schweißmaschine sechs Minuten lang (60 % von 10 Minuten) 150 Ampere Schweißstrom liefern kann, bevor die Maschine automatisch für vier Minuten zur nötigen Abkühlung abschaltet. Bei niedrigeren Stromstärken heizt sich die Maschine nicht so stark auf, somit steigt die mögliche Schweißdauer. Die Angabe »100 A / 100 %« besagt, dass 100 Ampere als Dauerstrom geliefert werden können.

Werkstücke für E-Hand-Schweißen müssen mindestens zwei Millimeter stark sein. Wer Karosseriebleche schweißen möchte, die meist um die 0,8 Millimeter dünn sind, muss auf die Schweißverfahren zurückgreifen, die in ein bisschen wie die Namen der drei Neffen von Donald Duck aus Entenhausen klingen: WIG, MIG und MAG.

WIG

WIG ist die Abkürzung für Wolfram-Inertgasschweißen, wurde 1936 in den USA unter dem Namen »Argonarc« bekannt und erst nach dem Zweiten Weltkrieg auch in Deutschland eingeführt. In den englischsprachigen Ländern heißt das Verfahren heute TIG nach »Tungsten« für Wolfram.

WIG ist die einzige Form des Schweißens mithilfe eines Lichtbogens, bei dem sich die Werkstücke auch ohne einen Zusatz miteinander verschmelzen lassen, weil die Elektrode nicht abschmilzt und ausschließlich für die Entstehung des Lichtbogens zuständig ist. Sie wird in einen Brenner eingespannt und besteht ganz oder überwiegend aus Wolfram. Die Auswahl der richtigen Elektrode in puncto Materialzusammensetzung und Durchmesser ist entscheidend für ein gutes Schweißergebnis. Beim Schweißen strömt zum Schutz vor der Atmosphäre inertes Schutzgas aus dem Brenner. Inerte Schutzgase, meist Edelgase wie Argon oder Helium, zeigen keinerlei Neigung, eine chemische Reaktion mit der Schmelze einzugehen. Wird ein Zusatzwerkstoff benötigt, kann er getrennt – mit der anderen Hand – zugeführt werden.

WIG-Schweißen ist die Königsdisziplin unter den Lichtbogen-Schweißverfahren. Mit Gleichstrom (DC) erzielt man sehr schöne Nähte an Stahl (auch an dünnen Blechen), Edelstahl, Kupfer oder Titan; mit Wechselstrom (AC) an Aluminium und Magnesium. Der Lichtbogen ist intensiv und sehr fokussiert, beim Schweißen entstehen keine Spritzer, und es bildet sich keine Schlacke.

Die Trennung von Stromstärke und Materialvorschub hat allerdings auch ihre Tücken, denn alles hängt vom Geschick des Schweißers ab. Das WIG-Schweißen erfordert einen kurzen Lichtbogenabstand, der beim Schweißen mit der brennerführenden Hand konstant gehalten werden will. Gleichzeitig muss die andere Hand den abschmelzenden Schweißzusatz nicht nur regelmäßig ins Schweißbad tupfen, ohne dabei die Elektrode zu berühren und ohne den schützenden Gasmantel zu verlassen – sondern mit der behandschuhten Hand auch noch nachführen. Das ist ziemlich viel auf einmal.

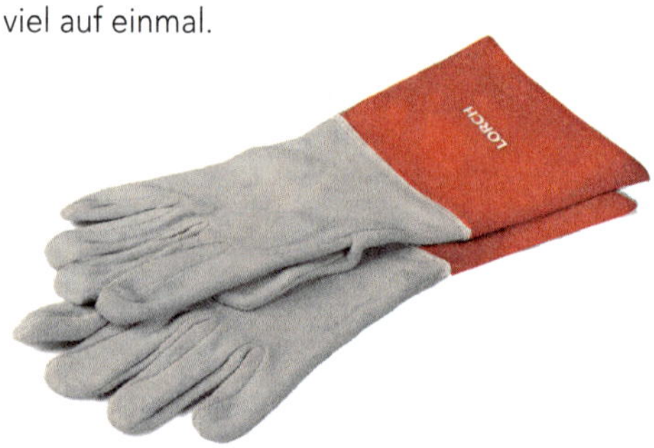

Gefühlsecht: Für das WIG-Schweißen sollte man spezielle, dafür vorgesehene Handschuhe verwenden. Die sind nämlich weicher und ermöglichen ein besseres Gefühl für den Drahtvorschub per Hand.

Wie beim E-Hand-Schweißen wird beim WIG-Schweißen die Elektrode an Minus angeschlossen, denn der Anschluss an den heißeren Pluspol würde der Wolframelektrode schnell den Garaus machen. Wegen dieser Gemeinsamkeit lässt sich mit einer E-Hand-Maschine grundsätzlich auch WIG-Schweißen (und umgekehrt), wenn man statt des Elektrodenhalters einen WIG-Brenner mit Gasventil und

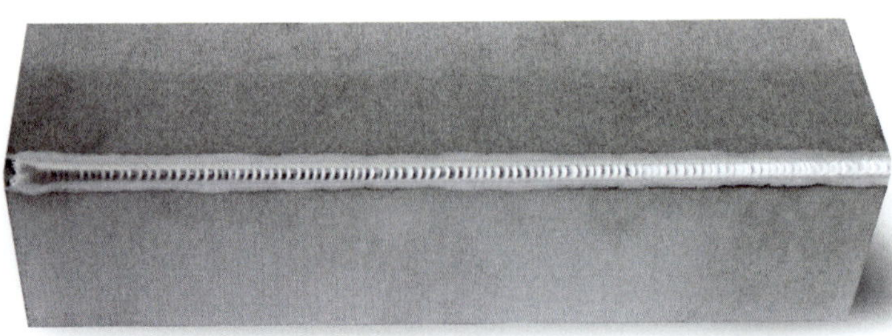

Kunstwerk: Der Profi schweißt mit WIG sehr schöne Nähte – hier eine Ecknaht an drei Millimeter starkem Aluminium mit mit Wechselstrom geschweißt.

angeschlossener Schutzgasflasche verwendet. Der wesentliche Unterschied besteht allerdings in der Zündung: Das E-Hand-mäßige Antippen der Elektrode auf dem Werkstück samt Kurzschluss tut der Wolframelektrode gar nicht gut. Daher hat eigentlich jede WIG-Maschine, die etwas auf sich hält, eine Hochfrequenz-Zündung, die ein kontaktloses Zünden ermöglicht – wenn nicht gerade eine Person mit Herzschrittmacher oder ein empfindliches elektronisches Gerät in der Nähe ist. Dann ist »LiftArc« die zweitbeste Lösung, hier erfolgt die eigentliche Zündung erst kurz nach dem Abheben der Elektrode.

Das Spektrum der WIG-Maschinen reicht von 180 bis 550 Ampere, für den Heimwerker sind 200 bis 230 Ampere ein guter Kompromiss.

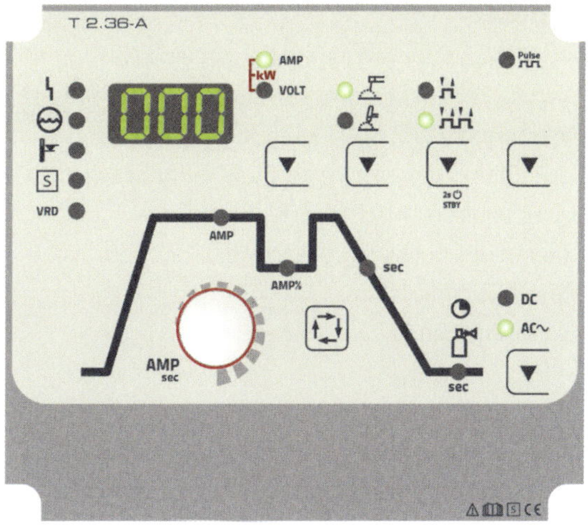

Mit allen Schikanen: Neben dem eigentlichen Schweißstrom ist hier so ziemlich alles einstellbar, was man an einer WIG-Schweißmaschine überhaupt einstellen kann.

	EWM Picotig 200 AC/CD puls TG
Betriebsspannung	230 Volt, Netzabsicherung 16 A
Leistungsaufnahme bei max. Schweißstrom	5,0 kVA
Einstellbereich	3 bis 200 A
Einschaltdauer 60 %	150 A
Einschaltdauer 100 %	140 A
Funktionen	Einstellbarer Arcforce, Hotstartstrom und -zeit einstellbar, HF-Zündung, einstellbare AC-Stromform und -frequenz, WIG- und E-Hand-Pulsfunktion, einstellbare Gasvor- und Gasnachströmzeit
Gewicht	16,5 kg
Maße (L x B x H in mm)	539 x 210 x 415

Doppelagent: Mit einer WIG-Schweißmaschine kann man auch immer E-Hand-Schweißen – und umgekehrt.

MIG/MAG

MIG/MAG, ebenfalls eine amerikanische Erfindung, kam um 1950 nach Europa. MIG kürzt Metall-Inertgasschweißen ab, MAG steht für Metall-Aktivgasschweißen. Während inerte Gase beim Schweißen passiv bleiben, mischen sich aktive Gase in die Chemie des Schweißprozesses ein. Ein gebräuchliches Mischgas ist das »M21«: Argon mit einem 18-prozentigen Schuss Kohlendioxid.

MIG wird überwiegend zum Schweißen von Nichteisen-Metallen oder stark legiertem Stahl eingesetzt und ist daher im Privatbereich nicht sehr verbreitet. MAG hingegen wird für leichtlegierte Stähle und dünnes bis mittelstarkes Blech verwendet und ist daher eine gute Wahl für Karosserieschweißungen. Das Schöne daran: MIG/MAG-Maschinen heißen so, weil sie beides können. Gasflasche und Schweißdraht gewechselt – und schon ist aus dem MIG- ein MAG-Gerät geworden.

Die Maschinen für E-Hand- und WIG-Schweißen enthalten keine mechanischen Komponenten. Das gilt nicht für eine MIG/MAG-Maschine: Während beim E-Hand-Schweißen eine Stabelektrode nach der anderen abgeschmolzen wird, zieht hier ein Motor den Schweißdraht von einer Rolle (»Spule«) und schiebt ihn quasi endlos durch das sogenannte Schlauchpaket zum Brenner. Im Schlauchpaket verlaufen die Versorgungsleitungen für Strom und Schutzgas, die Führungsspirale für den Schweißdraht und die Steuerleitung des Brenners. Kurz vor dem Austritt aus dem Brenner sorgt eine Stromdüse dafür, dass der Schweißdraht an seinem Ende mit Strom versorgt wird und so der Lichtbogen entstehen kann. Dabei strömt das Schutzgas aus einer Düse des Brenners, um das Schmelzbad vor der Luft zu schützen.

Der Schweißdraht ist auf einer Spule mit entweder 300 oder 200 Millimeter Durchmesser aufgewickelt.

Paketstation: Das Schlauchpaket wird an den sogenannten »Euro-Zentralanschluss« geschraubt. Links wird der Schweißdraht geführt, die beiden Buchsen oben sind die Steuerleitungen und rechts läuft die Schutzgasleitung.

Für den Heimwerker empfiehlt sich das kleinere Gebinde, da bei längerem Nichtgebrauch der Draht auch rosten kann. Seine Verkupferung dient nicht dem Korrosionsschutz, sondern sorgt für bessere Gleiteigenschaften im Schlauchpaket sowie stabilen elektrischen Kontakt in der Stromdüse.

Eine zentrale Rolle spielt der Drahtvorschub. Ihn gibt es in Ausführungen mit zwei oder vier Rollen – die Variante mit vier Rollen ist die bessere und wird in den teureren Maschinen verwendet.

Auch eine Synergiesteuerung findet sich nur in den anspruchsvolleren Maschinen. Diese nimmt dem Schweißer auf Wunsch die Überlegung, Erfahrung

Rollenspiel: Der aufwändigere Antrieb mit vier Rollen (rechts) spielt besonders bei weichem Schweißdraht seine Vorteile aus. Bei zwei Rollenpaaren nämlich verteilt sich der Anpressdruck auf zwei Stellen. Eine mögliche Deformation des Drahtes, die zu erhöhter Reibung in der Seele oder in der Stromdüse führen kann, wird so vermieden.

und die einzelnen Einstellungen ab, bei welchem Werkstoff welche Schweißspannung am besten zu welchem Drahtvorschub passt. Daher nennt man die Synergiesteuerung auch Einknopfbedienung. Dies ist nicht nur für den Anfänger eine sehr praktische Erfindung.

MIG/MAG ist das am schnellsten zu lernende Schweißverfahren mit Lichtbogen und auch das verbreitetste. Nicht nur der Anfänger freut sich darüber, dass der Abstand des Brenners zum Werkstück während der Schweißung gleichbleibt, da der Schweißdraht automatisch nachgeführt wird und einhändiges Schweißen (für den fortgeschrittenen Schweißer) möglich ist.

Die Spanne bei MIG/MAG-Maschinen reicht von 180 bis 600 Ampere, für den Privatanwender sind um die 200 Ampere eine gute Wahl. Auch bedenkenswert: Maschinen dieser Leistungsklasse benötigen noch keinen 400-Volt-Anschluss.

Stichwort Strom: Bei MIG/MAG kommt üblicherweise der heißere Pluspol an die Elektrode und der Minuspol an das Werkstück, wodurch eine hohe Schweißleistung entsteht. Zudem ist diese Polung sehr gut für das Schweißen von Aluminium geeignet, da so die Ionen die Oxidschicht zertrümmern. Besonders bei dünnen Blechen bis vier Millimeter funktioniert dies allerdings noch besser mit den viel teureren AC/DC-Maschinen.

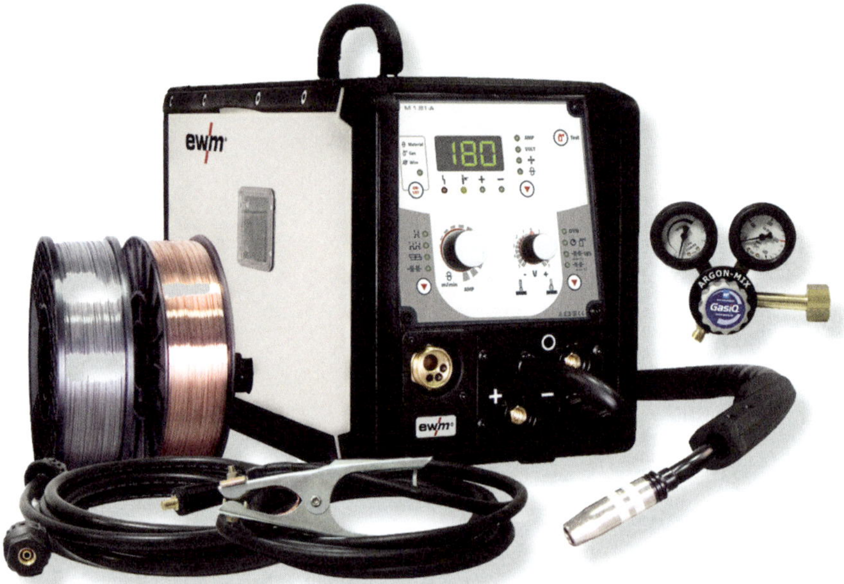

	EWM Picomig 180 puls
Betriebsspannung	230 Volt, Netzabsicherung 16 A
Leistungsaufnahme bei max. Schweißstrom	4,4 kVA
Einstellbereich	5 bis 180 A
Einschaltdauer 60 %	120 A
Einschaltdauer 100 %	100 A
Funktionen	Synergic-Kennlinien für Stahl, Edelstahl und Aluminium, Synergic oder manueller Schweißbetrieb, Intervall-Schweißen, 4-Rollen-Drahtvorschub, stufenlos einrstellbare Lichtbogendynamik, einstellbare Gasvor- und Gasnachströmzeit
Gewicht	16 kg
Maße (L x B x H in mm)	559 x 276 x 340

Kassensturz: Wenn nicht ausdrücklich von einem Set die Rede ist, bezieht sich der Preis meist lediglich auf die nackte Maschine. Hier ist alles dabei, was man braucht.

Ran an den Strom

Wer sich für Begriffe wie rutile oder basische Stabelektroden, Kurzlichtbogen oder Mischlichtbogen, Fülldrahtelektroden, stechende oder schleppende Brennerführung, Kehlnaht oder Ecknaht interessiert, wird sich außerhalb dieses Buchs weiterbilden müssen. An Informationsquellen mangelt es nicht: Ganze Bücher wurden nur über das Schweißen geschrieben, und auf *YouTube* gibt es viele und manchmal sogar richtig gute Video-Tutorials. In jedem Fall empfehlenswert ist ein Schweißkurs. Dabei kann man dann auch Folgendes hautnah erleben:

Höre das Licht

Ein erfahrener Schweißer kann die korrekte Einstellung seiner Maschine tatsächlich nach Gehör vornehmen. Beim E-Hand-Schweißen ist ein gleichmäßiges Brutzeln optimal, bei WIG ein Summen, bei MIG/MAG ein gleichmäßiges Knistern – knattert es, ist der Lichtbogen zu kurz, zischt es, ist er zu lang.

Großes Kaliber: Schweißmaschinen auf Rollen beherbergen immer die schweren Schweißtransformatoren. Die 60 bis 70 Kilogramm wären etwas mühsam zu tragen.

	Lorch M-Pro 250
Betriebsspannung	400 Volt, Netzabsicherung 16 A
Leistungsaufnahme bei max. Schweißstrom	9,4 kVA
Einstellbereich	30 - 250 A
Einschaltdauer 60 %	185 A
Einschaltdauer 100 %	150 A
Funktionen	Speichermöglickeit der Idealeinstellung bei wiederkehrenden Schweißaufgaben, Einstellautomatik, 4-Rollen-Drahtvorschub
Gewicht	71 kg
Maße (L x B x H in mm)	880 x 400 x 755

Eine gute Schweißmaschine …

››› lässt sich auch nach Jahren noch mit Ersatzteilen versorgen.

››› hat eine ausreichende Einschaltdauer.

››› verfügt über sinnvolle elektronische Helferlein wie Antistick, Arc-Force und Hotstart.

››› für MIG/MAG hat einen 4-Rollen-Drahtvorschub und eine Synergie-Steuerung.

Eigentlich klar, aber …

››› nie, wirklich niemals in den Lichtbogen schauen. Auch nicht nur ganz kurz. Immer ein Schweißschild oder – viel besser – einen automatischen Schweißhelm benutzen.

››› für eine gute Belüftung sorgen, Schweißdämpfe sind nicht gerade gesundheitsfördernd.

››› die Naht soll quer geschweißt zum Schweißer laufen.

››› Schweißen im Sitzen macht eine ruhigere Hand.

››› Schweißstrahlung auf nackter Haut verursacht Sonnenbrand, Schweißspritzer Schmerzen. Daher beim Schweißen immer schwer entflammbare Kleidung tragen.

WORKSHOP

GEWINDE schneiden.

Man kann alles Mögliche schneiden – Haare, Rasen, Filme oder Kurven. Manchmal muss es aber ein Gewinde sein. Hier eine Anleitung.

Kernspin: Für ein M8-Gewinde muss ein Kernloch mit 6,8 Millimeter gebohrt werden.

Komplettset: Zu den Gewindeschneidern gehören zwingend auch die passenden Bohrer.

Um ein Innengewinde zu schneiden, wo vorher noch keins war, muss man erst einmal ein Loch bohren, klarer Fall. Doch jetzt nicht vorschnell zum 8er-Bohrer greifen, weil man ein M8-Gewinde schneiden möchte. In dieses Loch könnte man dann zwar eine M8-Schraube stecken, aber nicht schrauben – das Loch für ein Gewinde, »Kernloch« genannt, muss kleiner sein. Da dies meist krumme Größen sind, für M8 beispielsweise misst das Kernloch 6,8 Millimeter, sind in einem Gewindebohrerset die entsprechenden Bohrer mit dabei.

Ein senkrechtes Loch zu bohren, ist freihändig mit einer Bohrmaschine, wenn überhaupt, nur mit viel Glück möglich. Hundertprozentig funktioniert das nur mit einer Standbohrmaschine

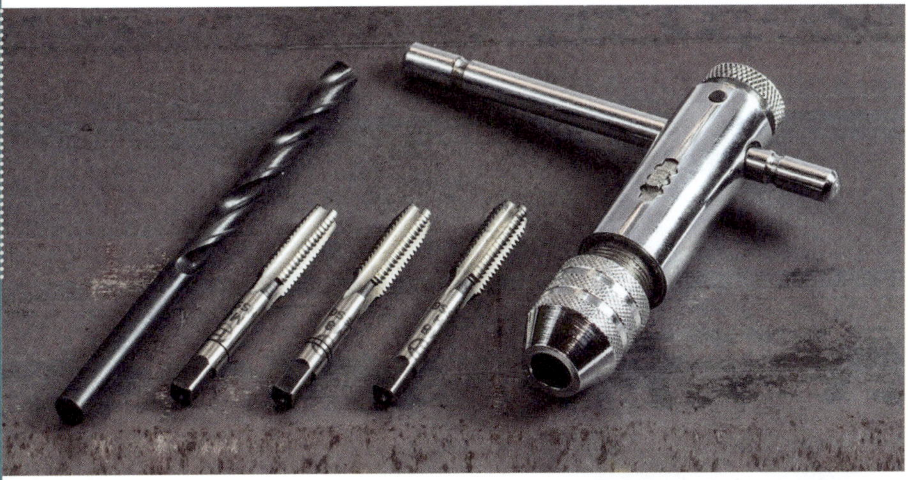

Operationsbesteck: Bohrer, Gewindeschneider und Werkzeughalter.

oder wenigstens mit einem Bohrständer. Dabei erhöht die Verwendung von Bohr- und Schneidöl die Standzeit der Metallbohrer deutlich.

Ist das passende Kernloch gebohrt, unter Umständen mit Vorbohren eines kleineren Durchmessers, kommen die Gewindebohrer zum Einsatz. Innengewinde schneidet man üblicherweise in drei Durchgängen, wobei bei jedem Durchgang die Gewindegänge immer schärfer konturiert werden. Der Gewindebohrer für den ersten Durchgang heißt Vorschneider und ist mit einem Ring gekennzeichnet. Er leistet die Führungsarbeit und schlitzt nur ein ganz grobes Gewinde in das Kernloch. Der Gewindebohrer für den zweiten Schritt nennt sich Mittelschneider, ist mit zwei Ringen markiert und lässt sich schon etwas schwerer drehen, weil er deutlich mehr Material abträgt. Das endgültige Gewinde schneidet der dritte Gewindebohrer, der daher Fertigschneider heißt. Erstaunlicherweise ist er manchmal nicht mit drei Ringen markiert, wie man es eigentlich erwarten würde, sondern mit gar keinem. Wenn man die drei Gewindebohrer nebeneinanderlegt, sieht man die Unterschiede aber auch sehr deutlich. Übrigens: Ein Gewindebohrersatz für ein Feingewinde besteht nur aus einem Vor- und einem Fertigschneider.

Unter der Lupe: von links nach rechts von stumpf nach scharf.

Die Gewindebohrer lassen sich mit einem Werkzeughalter oder einem sogenannten Windeisen drehen. So ein Werkzeughalter ist in zwei Größen für Gewindebohrer M3 bis M10 oder M5 bis M12 lieferbar. Er beinhaltet eine umschaltbare Knarre, die mit einem kleinen Schieber von Rechts- auf Linkslauf umgeschaltet werden kann. Warum umschaltbar? Weil man nach jeder halben Drehung den Gewindebohrer kurz zurückdrehen muss, um die Späne zu lösen – danach geht es nämlich wieder deutlich leichter voran. Durch seine Bauform eignet sich ein Werkzeughalter gut für den Vorschneider,

Reicht fürs Erste: Der Werkzeughalter taugt gut zum Ansetzen, ist dann aber wegen der dauernden Umschalterei lästig zu bedienen.

Großer Hebel: Mit dem Windeisen lassen sich die wachsenden Widerstände deutlich leichter bewältigen.

Vollbracht: Das M8-Gewinde ist fertig geschnitten.

weil man mit ihm gefühlvoll den ersten Durchgang ansetzen und schneiden kann und dafür noch keine große Kraft braucht.

Ab dem Mittelschneider wird's deutlich schwergängiger – jetzt ist das Windeisen geeigneter. Seine viel längeren Hebel ermöglichen ein leichteres Arbeiten, und die andauernde Umschaltung der Drehrichtung entfällt. Auch beim Gewindeschneiden erhöht der Einsatz von Bohr- und Schneidöl die Lebensdauer der Werkzeuge erheblich.

Außengewinde schneiden

Außengewinde werden in nur einem Durchgang mit lediglich einem Schneideisen geschnitten. Dazu wird das Schneideisen in einen Schneideisenhalter gelegt und mit Feststellschrauben in den dafür vorgesehenen Vertiefungen fixiert. Welche Seite dabei oben liegt, spielt keine Rolle, da die Schneideisen an beiden Seiten einen Anschnitt haben. Die außermittigen Löcher im Schneideisen heißen Spanlöcher, weil durch sie die Späne abgeführt werden – bei kleinen Größen sind mindestens drei davon vorhanden, je größer das Gewinde ist, umso mehr sind es.

Üblicherweise benötigt man einige Schneideisenhalter, wenn man Schneideisen für verschiedene Gewindegrößen einsetzen möchte, da die Außendurchmesser unterschiedlich sind. Nach DIN EN 22568 verlangen Schneideisen der Größen M4,5 bis M6 mit einem Außendurchmesser von 20 Millimetern nach einem Schneideisenhalter der Größe 2. Schneideisen für die Gewindegrößen M7 bis M9 haben einen Durchmesser von 25 Millimetern und benötigen einen Halter der Größe 3, und die 30 Millimeter messenden Schneideisen für die Gewindegrößen M10 bis M11 werden mit einem Halter der Größe 4 betätigt. Sätze, bei denen die Schneideisen alle die gleichen Durchmesser haben, sind oft Billigangebote, die qualitativ nicht viel hermachen.

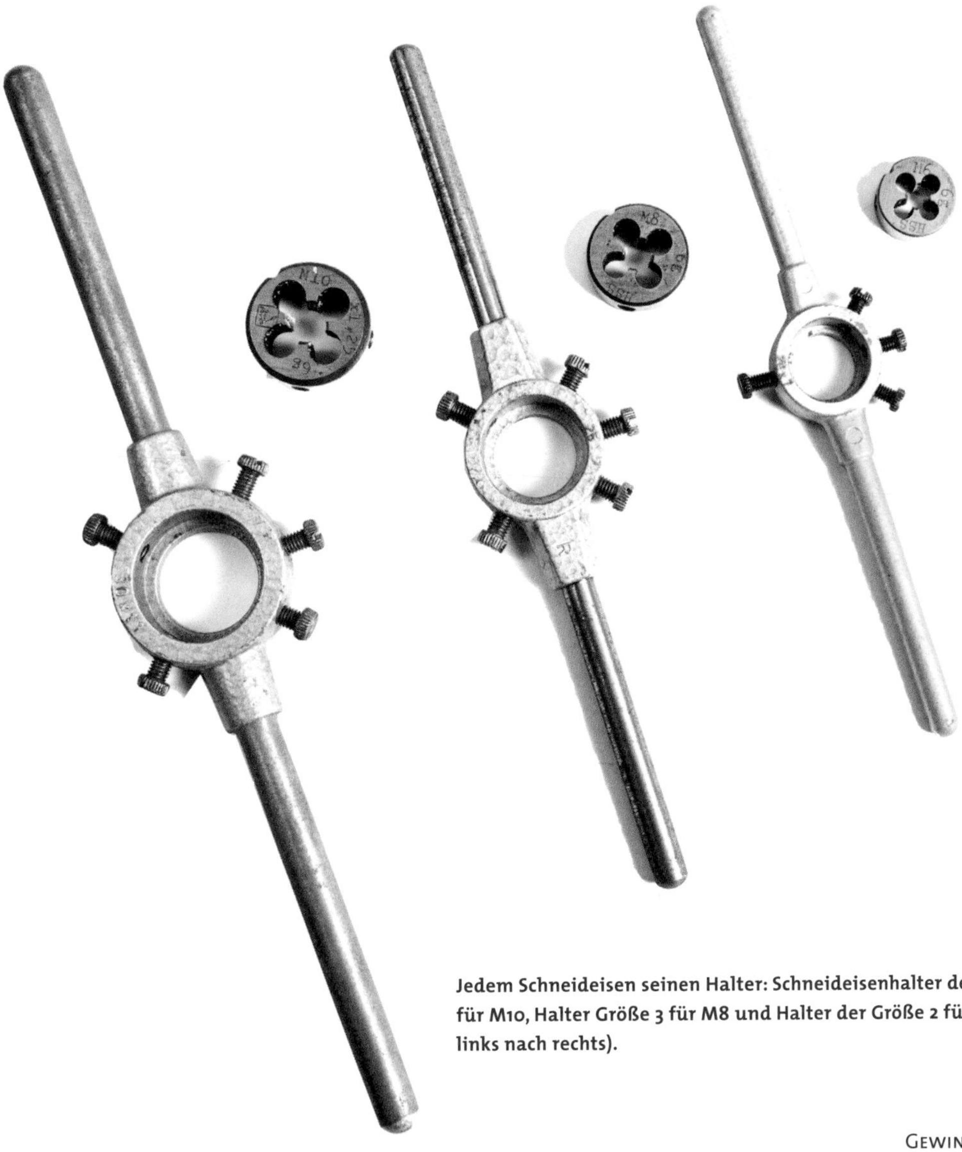

Jedem Schneideisen seinen Halter: Schneideisenhalter der Größe 4 für M10, Halter Größe 3 für M8 und Halter der Größe 2 für M6 (von links nach rechts).

WORKSHOP

GEWINDE reparieren.

Vielleicht musste man eine abgerissene Schraube ausbohren, vielleicht ist es einfach nur vermurkst – ärgerlich ist es auf jeden Fall, wenn ein Gewinde kaputt geht. Ärgerlich, aber nicht hoffnungslos, denn man kann es reparieren.

Fertig zum Einsatz: Bohrer, Gewindeschneider, Einschraubwerkzeug, Gewindeeinsatz und Durchtreiber.

Je weicher das Material ist, umso leichter passiert es: Die Gewindegänge sind kaum oder nicht mehr vorhanden. Keine Panik, das lässt sich reparieren. Das Reparaturprinzip ist, in das vermurkste Gewinde ein größeres zu schneiden, in das dann eine Hülse oder eine Art Spirale eingedreht wird, die ihrerseits wieder ein Innengewinde in der Größe des ursprünglichen Gewindes hat. Auf den folgenden Bildern ist das prinzipielle Vorgehen bei einem M6-Gewinde zu sehen.

Aufbohren: Der im Set enthaltene Bohrer mit dem Durchmesser 6,3 Millimeter erledigt die Vorarbeit. Achtung beim Bohren: Alu macht lange scharfe Späne.

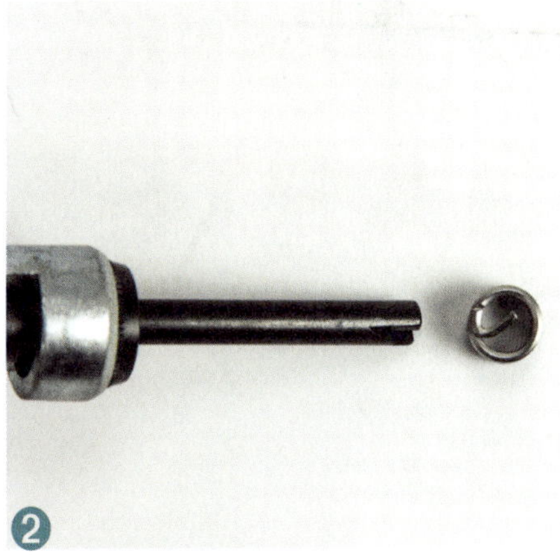

Klein und nützlich: Der winzige spiralige Einsatz kann Geld und Nerven retten.

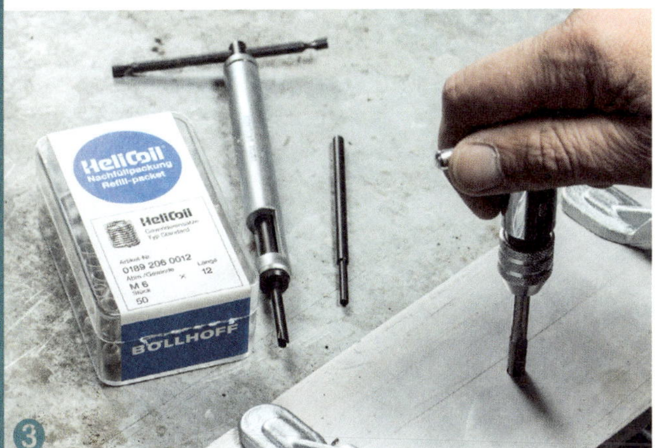

Einschneiden: Mit dem Werkzeughalter erledigt man die Vorarbeit für das Gewinde, mit dem Windeisen den Rest.

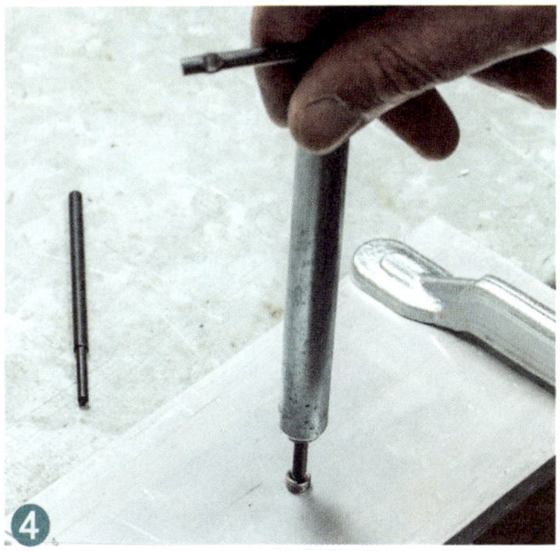

Eindrehen: Mit dem Einschraubwerkzeug wird der Gewindeeinsatz gefühlvoll eingeschraubt.

Abschlagen: Der querstehende Steg wird nach dem Einschrauben mit dem Durchtreiber entfernt.

Fertig: Die eingeschraubte Hülse hat wieder ein Innengewinde der Größe M6.

Werkzeuge für

GARTENARBEITER.

GARTENScheren.

Sie sind die wichtigsten Gerätschaften für die Pflege von Rosen, Gehölzen, Beeren, Sträuchern und Bäumen. Schere gut, alles gut – wenn einiges Wissenswertes beachtet wird.

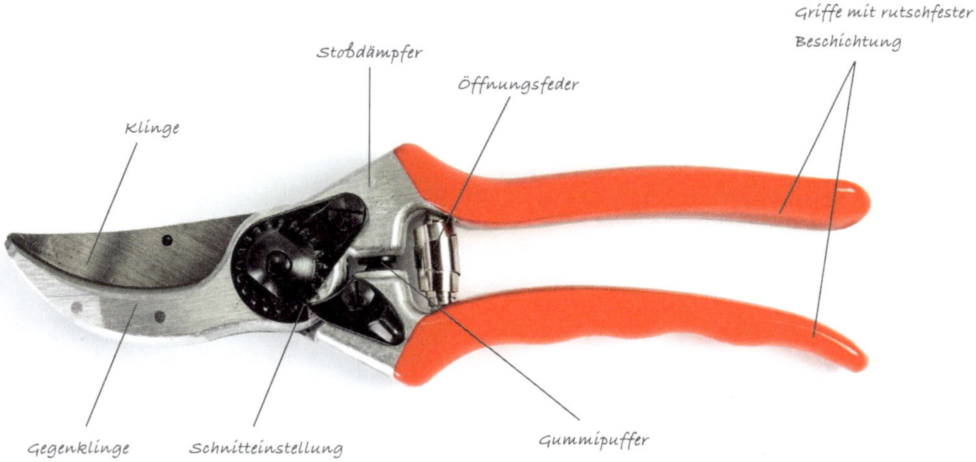

Es gibt große Hände, kleine oder mittlere, und es gibt Rechts- oder Linkshänder. Das Schöne: Für jeden gibt es trotzdem die perfekte Gartenschere. Natürlich findet man diese passende und langlebige Variante mit zukünftiger Ersatzteil-Versorgung nicht beim Discounter. Deren billige und oftmals sehr, sehr bunten Exemplare eignen sich hervorragend zum Wiederfinden im hohen Gras – weniger hingegen zum guten Schneiden.

Amboss oder Bypass

Zunächst aber einmal zu den groben Unterschieden bei Gartenscheren: Es gibt zum einen die Bypass-, zum anderen die Amboss-Gartenscheren. Bypass-Scheren kommen in der Regel bei frischem Holz und immer dann zum Einsatz, wenn präzise Schnitte gefragt sind. Diese Scheren haben nämlich zwei schneidende Klingen, die beim Schnitt aneinander vorbeigleiten und somit einen sehr genauen, glatten Schnitt ermöglichen.

Variantenreichtum: oben ein klassisches Modell für Rechtshänder mit großen Händen. In der Mitte ein Modell für Rechtshänder mit großen Händen. Unten ein ergonomisches Modell für Rechtshänder mit mittelgroßen Händen.

Bei den Amboss-Scheren hingegen schneidet lediglich eine Klinge, indem sie auf der gegenüber liegenden sogenannten Klingenplatte aufsetzt. Dies macht den Schnitt insgesamt etwas ungenauer; daher eignen sich Amboss-Scheren eher für gröbere Schnitte, dickeres sowie hartes, trockenes Holz.

Teamarbeit: Die beiden Klingen der Bypass-Scheren arbeiten aneinander vorbei.

Amboss, rollend oder nicht: Oben Modell mit Rollgriff für Rechtshänder mit mittelgroßen bis großen Händen. Unten Modell für Rechts- oder Linkshänder mit großen Händen.

Konfrontation: Bei den Amboss-Scheren wird eine schneidende Klinge durch die gegenüberliegende Klingenplatte im Schnitt gestoppt.

Ältere Amboss-Varianten werden von Baumpflegern und Gärtnern mittlerweile ausschließlich für das Schneiden von Totholz genutzt, da sie das Holz eher zerquetschten und damit das empfindliche Kambium (die Wachstums-Schicht bei Gehölzen) verletzten. Bei den neueren Modellen ist dies zwar nicht mehr der Fall, dennoch gelten die Bypass-Modelle mit ihren exakten Schnitten mittlerweile eher als die Standard-Gartenscheren.

Wegen der unterschiedlichen Handgrößen sollte man die Schere seiner Wahl unbedingt einmal in der Hand gehabt und ausprobiert haben – was ganz klar gegen einen Kauf im Internet spricht. Unterschiedlich sind nämlich nicht nur das Gewicht und die aufzubringenden Kräfte, sondern vor allem die Griffweiten. Eine Schere muss perfekt in die Dimensionen der Hand ihres künftigen Nutzers passen. Sie sollte keinesfalls zu klein sein, da es dann zu üblen Quetschungen kommen kann. Sie sollte aber auch nicht zu weit sein, da dann unnötig hohe Handkräfte aufgebracht werden müssen. Bei drei/vier Schnittchen mag dies nicht relevant sein; bei der Pflege eines ganzen Baumes oder Strauches mit gefühlten hundert Schnitten hingegen schon. Mittlerweile findet man im Internet auch Scherenberater, die eine ganz gute erste Orientierung über die eventuell passende Schere bieten. Auch die Hersteller geben auf ihren Internetseiten häufig gute Auswahlmöglichkeiten für Rechts- oder Linkshänder, kleine, mittlere oder große Hände und den dazu gegebenenfalls passenden Scheren.

Zu groß für die kleine Hand: Alle Finger sollten bei einer geöffneten Schere am Griff anliegen.

Zu klein für die große Hand: Zu kleine Scheren führen oft zu schmerzhaften Quetschungen.

So passt's: Nicht zu groß und nicht zu klein.

Scheren-Baukasten

Gute – und in der Regel leider nicht ganz günstige – Gartenscheren von Qualitäts-Herstellern kann man komplett auseinanderbauen, um sie bis in die kleinste Ritze reinigen und pflegen zu können. Das Schöne: Die Mechanik ist übersichtlich, und auch technisch eher unbegabte Menschen bekommen sie sogar wieder zusammengebaut. Für Menschen, die ihre Schere das erste Mal auseinanderbauen: Im Netz gibt es das eine oder andere Video, mit dem sowohl das Auseinander-, als auch das Zusammenbauen nebst Pflege zwischendrin gut klappen sollte.

Die wichtigste Einstellung bei Gartenscheren ist übrigens das Spiel zwischen Klinge und Gegenklinge. Es wird durch Verstellung der Schnitteinstellung geregelt, wobei sich als Faustformel die Klinge über zwei Drittel ihrer Länge an der Gegenklinge reiben sollte.

Damit es beim längeren Arbeiten mit den Scheren keine Blasen an den Händen gibt, sollte der Griff in jedem Fall ergonomisch angelegt und zudem rutschfest sein. Trotz Rutschfestigkeit sollte man aber bei jeder Arbeit mit der Gartenschere aus Sicherheitsgründen Arbeitshandschuhe tragen.

Um grundsätzlich den Kraftaufwand beim Schneiden zu reduzieren, sollten die Schneidköpfe der Scheren möglichst schräg gestellt sein. Einige Hersteller bauen zudem Dämpfungssysteme (meist in Form von Gummipuffern) an den Innenseiten der Scherenköpfe ein, die den Schnittschlag minimieren und damit die Belastung der Muskulatur verringern. Andere wiederum arbeiten mit Getriebemechanismen, die die Schneidleistung bis zu dreimal erhöhen und damit natürlich ebenfalls zur Entlastung der Muskulatur beitragen. Auch die Ersatzteilversorgung dieser etwas kostspieli-

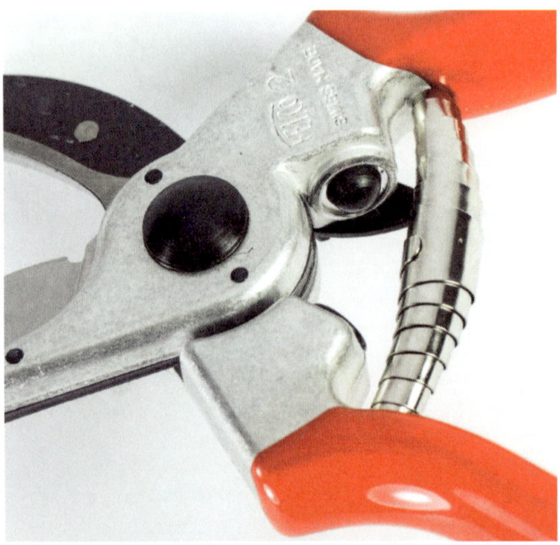

Abgeschwächt: Gummipuffer (und manchmal sogar auch noch Stoßdämpfer) minimieren den Schnittschlag und verringern so die Handbelastung.

geren Varianten ist meist gesichert: Von der kleinsten Schraube über die Feder oder die Klingen bis hin zum kompletten Griffteil (der aus Gewichtsgründen häufig aus gehärtetem Aluminium besteht) bleibt da kein Wunsch offen. Die häufigsten Verschleißteile sind übrigens die Verschlüsse, die Klingen oder die Federn. Und: Sogar die Griffüberzüge können ausgetauscht werden, wenn sie durch exzessives Schneiden zu stark abgenutzt sind. Man bekommt sie ganz einfach herunter, indem sie zwei Minuten in kochendes Wasser getaucht werden. Die neuen Überzüge klebt man anschließend mit einem geeigneten Kleber (zum Beispiel Loctite 415) wieder fest.

Baukasten: Bei hochwertigen Scheren ist die Ersatzteilversorgung gesichert.

Entspanntes Rollen

Wer zu Ermüdungs-Erscheinungen der Handmuskulatur und zum Abwinkeln des Handgelenkes neigt, dem seien die Gartenscheren mit einem Rollgriff ans Herz gelegt. Bei diesen Rollgriff-Scheren rollt der untere Griff beim Schneiden in der Hand. Dadurch werden bei jeder Bewegung sämtliche Finger belastet, was den Druck reduziert und gleichmäßig auf die

Let it roll: Der Griff einer Rollschere rollt sich beim Schneiden ein. Das ist gewöhnungsbedürftig und mag nicht jeder.

Hand verteilt. Außerdem bleiben die Handgelenke in einer neutralen Position und kippen nicht ab. Dies macht das Schneiden wesentlich leichter und wirkt den typischen Überlastungs-Krankheiten wie Karpaltunnel-Syndrom oder Sehnenscheiden-Entzündung bei vielem Schneiden entgegen. Aber: Bevor man sich solch eine (teure) Rollgriff-Schere kauft, sollte man sie unbedingt in der Hand gehalten und auch einmal damit geschnitten haben. Denn bei Rollgriff-Scheren gibt es nur zwei Möglichkeiten: Man arbeitet gerne mit ihnen – oder eben nicht.

Auf Messers Schneide

Das Wichtigste einer Schere sind ihre Klingen. In der Regel bestehen sie aus gehärtetem hochwertigem Stahl, zur leichteren Reinigung fast immer antihaftbeschichtet. Bei den Bypass-Scheren findet sich meist zum Abschneiden von Draht eine Aussparung in der Klinge. Bei einigen hochwertigen Modellen ist eine sogenannte Saftrille das Krönchen vom Ganzen. Sie ermöglicht das Ablaufen der Säfte und etwaiger Verschmutzungen beim Schneiden von Frischholz, vermindert damit das Verkleben der Klingen und spart so durch einen geringeren Reinigungsaufwand Zeit.

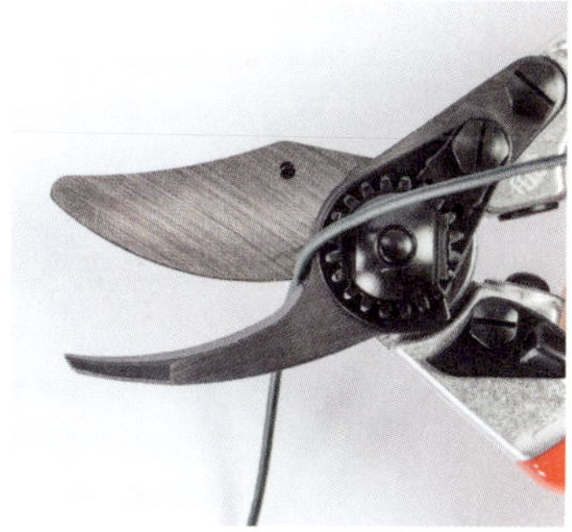

Schwer auf Draht: Mit der Aussparung in der Klinge kann man Draht kappen, ohne der Klinge Schaden zuzufügen.

Abfluss-Rinne: Die sogenannte »Saftrille« verzögert das Verkleben der Klingen.

Gute Pflege, Herr Doktor

Eine gute Pflege der ans Herz gewachsenen Lieblings-Gartenschere verlängert den gemeinsamen Weg durchs Leben – einhundertprozentig. Daher sollte sich jeder Scherenbesitzer in der Ruhephase der Schneidezeit – Weihnachten bietet sich wunderbar an, da hat man vielleicht ein bisschen Langeweile, zudem steht die neue Schnitt-Saison unmittelbar vor der Tür – unbedingt der Pflege seiner Scheren widmen. Grundsätzlich benötigt man für die Pflege lediglich einen passenden Schraubendreher, ein feuchtes sowie ein nasses Tuch, gegebenenfalls Waschbenzin bei Verharzungen sowie ein gutes Pflegeöl. Ballistol (das weltbekannte Waffen- und Pflege-Öl) oder WD40 gehen wunderbar, da sie beide nicht verharzen. Empfehlenswert ist es aber auch, sich an die Pflegeöle der Scheren-Hersteller zu halten, denn sie sollten schließlich wissen, was ihre Klingen brauchen.

Gleitzeit: Pflegeöle für Gartenscheren sollten keinesfalls verharzen.

So nicht: Das kommt davon, wenn man mit seiner Schere ausschließlich schneidet und die Pflege vergisst.

Scharf ist gut, schärfer ist besser

Damit die Scheren stets einsatzbereit sind, sollten sie aber nicht nur gereinigt, sondern auch regelmäßig anständig geschärft werden. Die meisten Hersteller bieten geeignete Schleifsteine für ihre Scheren an. Sie können beispielsweise aus gehärtetem Stahl mit einer Diamantbeschichtung, aus geschmiedetem Aluminium mit einem Wolfram-Carbid-Schleifkopf, aus einer Spezial-Keramik oder aus hochreinem Korund (mit mittel- und feinkörnigen Seiten) bestehen. Man merkt: Es gibt unzählige Varianten an Schleifwerkzeugen. Am besten ist es, sich in diesem Fall auf die empfohlenen Schärfer der Hersteller zu verlassen.

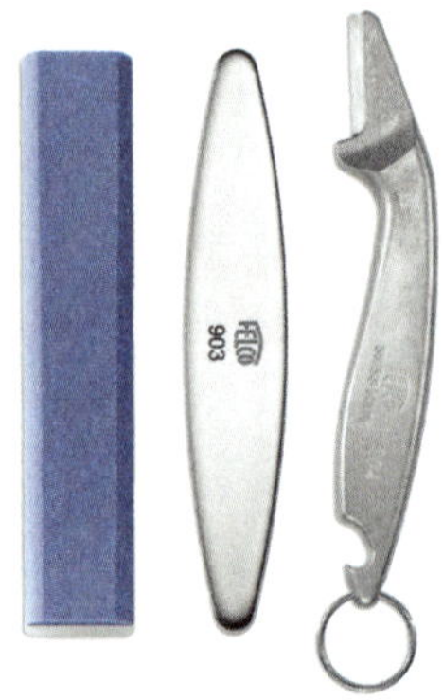

So unterschiedlich können Schleifsteine aussehen.

Gut verstaut

Die meisten Hersteller bieten praktische Gürtel-Taschen für ihre Gartenscheren an. Die häufig aus Leder, strapazierfähigem Stoff oder Kunststoff gefertigten Holster sind die Anschaffung wert: Zum Beispiel hoch oben auf der Leiter stehend, hat man sofortigen Zugriff auf die seitlich in der Schutzhülle sicher aufgehobene Schere. Mittlerweile gibt es sogar Modelle, die zwei Scheren und sogar noch den Schleifstein beherbergen können.

Gürteltiere: Drei Gürtel-Taschen-Varianten, mit denen die Gartenschere stets griffbereit ist.

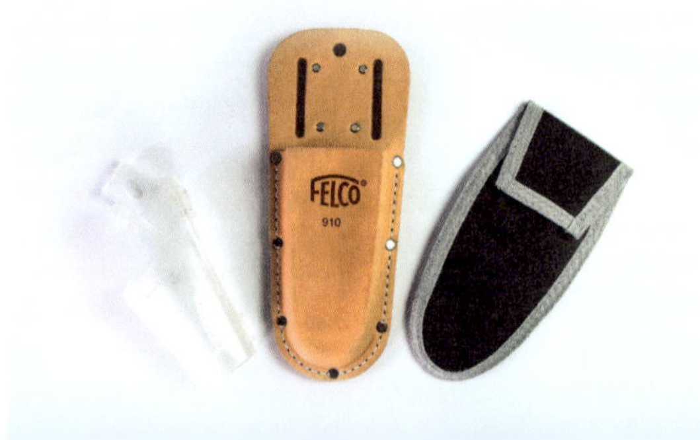

Kraftprotze: links Amboss-Astschere mit Getriebeübersetzung (80 Zentimeter lang). Zweite von links: Bypass-Astschere mit Getriebeübersetzung und Stoßdämpfern (80 Zentimeter lang). Zweite von rechts: Amboss-Astschere mit Getriebeübersetzung, gebogenem Amboss und hohlgeschliffener Klinge (80 Zentimeter lang). Rechts: Bypass-Astschere mit Getriebeübersetzung (65 Zentimeter lang).

Dem Hebel sei Dank

Natürlich ist es wesentlich angenehmer, lediglich einhändig mit der Gartenschere den Ästen an die Borke zu gehen, und das nicht nur auf der Leiter stehend. Mancher Ast ist aber für das filigrane Gartenscherchen einfach zu dick. Dann müssen stärkere Geschütze aufgefahren werden: Eine vernünftige Astschere mit ihrem längeren Hebel muss her.

Wie bei den Gartenscheren, unterteilt man auch die Astscheren in solche mit Amboss- und mit Bypass-Klingen. Die Längen dieser zweihändig zu bedienenden Scheren variieren zwischen 40 und 80 Zentimeter; bei Teleskop-Ausführungen können sie sogar bis zu 90 Zentimeter Länge erreichen. Wobei selbst die sehr langen Modelle erstaunlich leicht daherkommen: Von knapp 400 bis an die 2000 Gramm findet garantiert jeder Nutzer ein geeignetes Modell.

Um auch bei den größeren Ausführungen noch kräftesparend arbeiten zu können, bedarf es der Verwendung leichter und dennoch stabiler Materialien. In der Regel kommen geschmiedete Aluminium-Hebelarme, ovale, witterungsbeständige Aluminium-Hebelarme (zur Gewichts-Minimierung gern als Hohl-Griff-Variante) oder für den besonders anspruchsvollen Nutzer ultraleichte Ausführungen aus Karbonfasern zum Einsatz. Die immens schweren Stahlrohr-Hebelarme gehören eher der Vergangenheit an.

Außerdem haben schlaue Werkzeugmacher mittlerweile vielen Astscheren ein Getriebe verpasst, welches den erforderlichen Kraftaufwand für den Schneidenden erheblich verringert. Der Schneidende hat dann bis zu 3, bei manchen Modellen sogar bis zu 3,5mal mehr Kraft als ohne einen Getriebe-Mechanismus. Durch diesen Mechanismus müssen diese Scheren weit, teilweise sehr weit geöffnet werden. Dadurch wird die für den Schnitt aufzubringende Kraft auf einen längeren Weg verteilt. Und genau dieser längere Weg erspart viel Muskelarbeit.

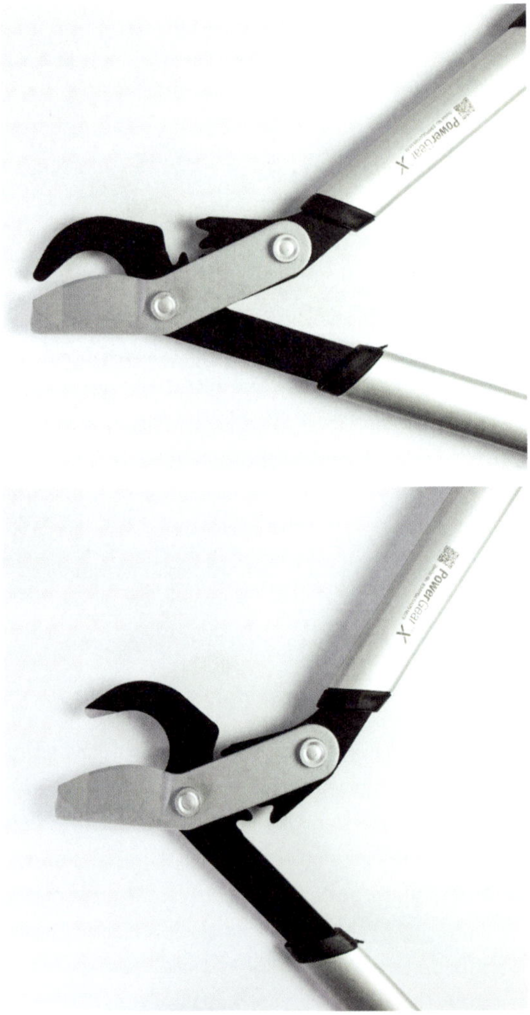

Effizient: Durch die Verwendung eines Getriebes ist man bis zu 3,5 mal stärker.

Wie jetzt – Hebel?

Das Hebelgesetz wurde bereits in der Antike entdeckt und zwar von keinem geringeren als dem weltberühmten Archimedes von Syrakus, einem griechischen Mathematiker, Physiker und Ingenieur. Das Hebelgesetz unterliegt der »Goldenen Regel der Mechanik«, die besagt: Je länger der Weg, desto kleiner die benötigte Kraft. Wenn man also beispielsweise den Weg verdoppelt, halbiert sich die aufzubringende Kraft. Vervierfacht man die Länge des Weges, benötigt man entsprechend lediglich noch ein Viertel der Kraft.

Noch etwas weiter gehen Scheren mit einer eingebauten Ratsche oder einem sogenannten »Stufenmechanismus«. Sie zerschneiden den Ast durch mehrfaches Zudrücken der Schere. Ein Nachteil der eingebauten Ratschen liegt darin, dass die Hebelarme der Scheren sehr weit geöffnet werden müssen. Dadurch werden sie bei engen Platzverhältnissen (zum Beispiel in einem dicht gewachsenen Busch oder Baum) gern etwas unhandlich.

Strotzen vor Kraft

Die meist präzisionsgeschliffenen Klingen nebst geschmiedeter Zangenblätter dieser Kraftpakete – sie schneiden in der Regel Äste bis zu einem Durchmesser von bis zu 50 Millimeter mühelos durch – sind häufig aus gehärtetem, korrosionsbeständigen Präzisionsstahl, manchmal aber auch aus sogenanntem SK5-Kohlenstoffstahl.

Eine inzwischen bei fast bei allen Modellen vorhandene Antihaftbeschichtung (»Gleitbeschichtung«) der Klingen sorgt zum einen für einen sauberen Schnitt und damit für geringere Verletzungen am Ast, zum anderen für eine leichtere Reinigung. Häufig unterstützen drehpunkt-stabile Bolzen und Führungsschienen gegen Schräganschnitt diesen sauberen Schnitt noch zusätzlich.

SK5-Stahl?

SK5-Kohlenstoffstahl (auch Karbonstahl genannt) ist ein meist in Japan hergestellter Kohlenstoffstahl, der vor allem für Sägen, Messer, Scheren und Schwerter eingesetzt wird. Er zeichnet sich vor allem durch seine Zähigkeit, seine gute Abriebfestigkeit und damit einhergehende sehr geringe Abnutzung aus. Er besteht aus prozentual unterschiedlichen Kombinationen von Kohlenstoff und Mangan. Der Vorteil dieses Kohlenstoffstahls: Er lässt sich leichter schmieden und schärfen als der rostfreie Stahl. Sein Nachteil: Er rostet wesentlich schneller. Allerdings wird dieser Rostneigung in der Regel mit einer Antihaft-Beschichtung entgegengewirkt.

Her mit den Kontrasten

Einige Hersteller bieten statt der glatten Gegenklinge eine hakenförmig gebogene Variante. Diese sorgt für einen sicheren Halt des zu schneidenden Astes beim Schneiden und verhindert, dass man durch Abrutschen der Klinge dem Ast mehr Verletzungen zufügt als unbedingt notwendig.

Andere wiederum arbeiten bei den Amboss-Modellen mit einem gebogenen Amboss und einer hohlgeschliffenen Klinge. Dies bietet den Vorteil, dass der Ast nah der Zentralachse des Schneidkopfes gehalten und dadurch der Kraftaufwand beim Schneiden minimiert wird.

Haken dran: Die hakenförmige Gegenklinge einiger Modelle gibt dem Ast sicheren Halt beim Schnitt.

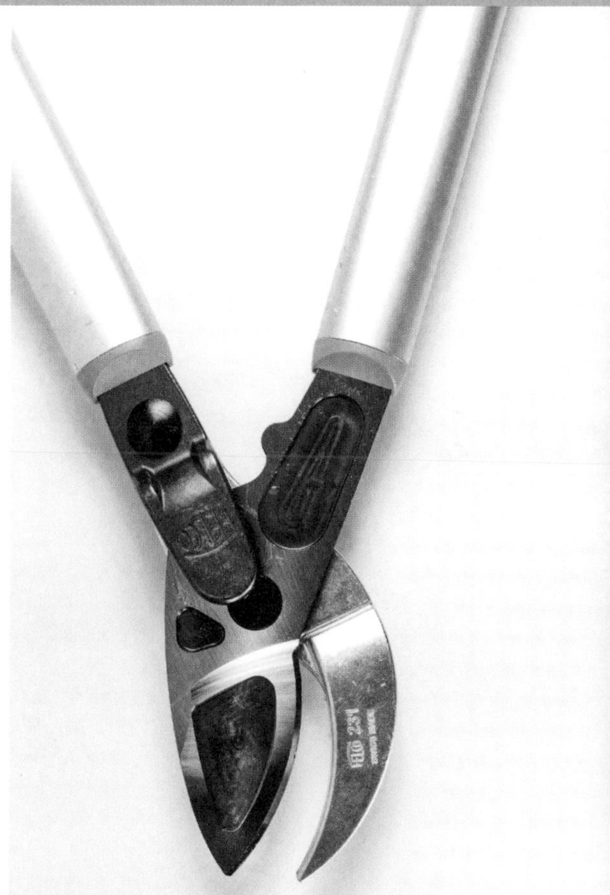

Krummschnabel: Ein gebogener Amboss mit hohlgeschliffener Klinge minimiert den Kraftaufwand beim Schneiden.

Gesenkgeschmiedet?

Die Gegenplatten vieler Amboss-Ast-Scheren bestehen häufig aus gesenkgeschmiedetem, hochwertigem Aluminium. Für den, der alles wissen will: Beim Schmieden unterscheidet man zwischen Freiform- und Gesenkschmieden. Beim Freiformschmieden wird das Schmiedestück zwischen einem Hammer und einem Amboss wie bei einem klassischen Schmied verformt.

Im Gegensatz dazu wird beim Gesenkschmieden das Schmiedestück komplett oder nur zum Teil von gegeneinander bewegten Form-Werkzeugen (den Gesenken) umschlossen. Eine in das Gesenk eingebrachte Gravur ergibt die Form des fertigen Schmiedestückes.

Zur Verminderung des Schnittschlages bauen einige Hersteller – wie bei den Rebscheren – Stoßdämpfer in die Astscheren ein. Allerdings liegt das nicht jedem Nutzer, weil die Schere nachfedert. Da hilft erneut nur: ausprobieren.

Eine wichtige Kleinigkeit stellen ergonomisch geformte, rutschfeste Griffe dar, die dafür sorgen, dass die Astschere auch bei nassem Wetter fest und sicher in der Hand liegt. Die Griffe haben in der Regel einen rutschfesten Überzug aus Glasfaser verstärktem Kunststoff oder aus Gummi. Sie erleichtern die Arbeit, entlasten die Hand- und Armmuskulatur und lassen somit einfach länger durchhalten.

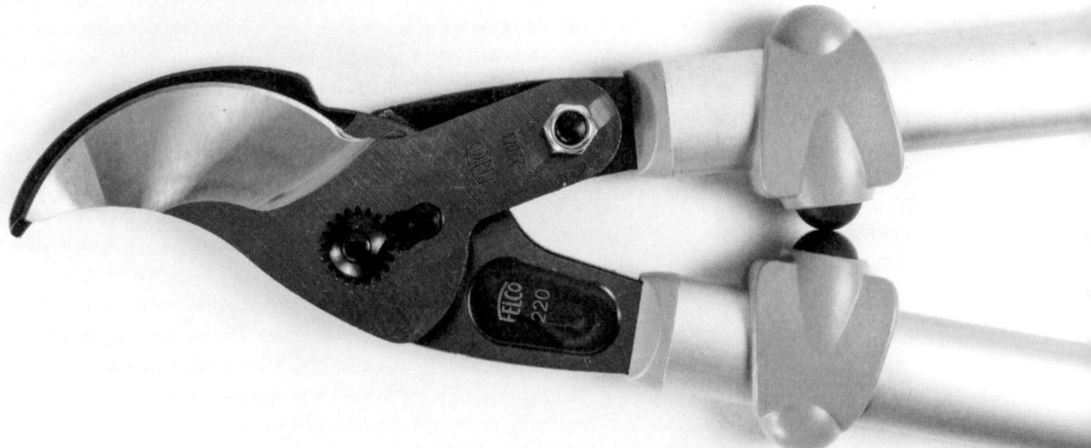

Sanftmütig: Eingebaute Stoßdämpfer vermindern den Schnittschlag und schonen damit die Kräfte.

Eignungstest

Bei der Vielfalt der Astscheren auf dem Markt bleibt die Qual der Wahl: Dem einen gefällt die knallige Variante besser, dem anderen die dezentere. Hauptsache ist, man kauft Qualitätswerkzeuge, die zu den Dimensionen des Schneidenden passen: Man sollte in jedem Fall ausprobieren, ob die Arme lang genug sind, um die komplett geöffnete Schere auch wieder schließen zu können. Ist das nicht der Fall, kommt ein kleineres Modell dran. Auch wenn selbst die größten Astscheren wahre Leichtgewichte sind – wer nicht schon nach wenigen Schnitten eine Stärkungspause einlegen möchte, darf auch das Gewicht nicht aus den Augen verlieren.

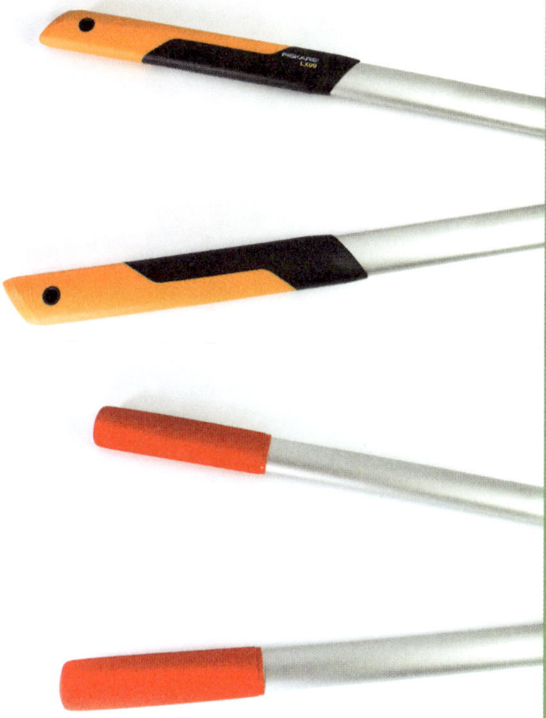

Griffig: Ergonomische, rutschfeste Griffe entlasten die Hand- und Armmuskulatur – oben aus Glasfaser verstärktem Kunststoff, unten aus Gummi.

Eine gute Gartenschere ...

- ››› hat man in jedem Fall vor dem Kauf probeweise einmal in der Hand gehalten,
- ››› passt in der Griffweite genau,
- ››› hat ergonomische, rutschsichere Griffe,
- ››› lässt sich nach starker Beanspruchung mit Original-Ersatzteilen wieder in einen neuwertigen Zustand versetzen,
- ››› für präzise Schnitte ist eine Bypass-Variante.

Eine gute Astschere ...

- ››› sollte ebenfalls ergonomische, rutschfeste Griffe haben,
- ››› sollte zu den Dimensionen und den vorhandenen Kräften des Schneidenden passen,
- ››› kann zur Arbeits-Erleichterung mit einer Übersetzung oder Ratsche ausgestattet sein.

Eigentlich klar, aber ...

- ››› gute Pflege mit Wasser, Seife und Trockentuch nebst Pflege-Öl ist die Lebensverlängerung jeder Garten- und Astschere,
- ››› der passende Scheren-Schärfer findet sich meist im Zubehör-Sortiment der Hersteller,
- ››› Arbeits-Handschuhe sind ein Muss für jede Art von Gartenarbeit – schließlich sind auch die Handgeräte von nicht zu unterschätzender Schärfe,
- ››› sollte man einmal mit seinem Talent am Ende sein und keinen guten Schnitt mehr hinbekommen, bieten die Qualitätshersteller auf ihren Internetseiten (meist unter der Rubrik »FAQ«) Erste Hilfe,
- ››› bei der Baumpflege sollte stets überlegt werden, ob statt einer Ast-Schere nicht lieber doch eine Baumsäge zum Einsatz kommen sollte – Sägen machen einen deutlich saubereren Schnitt und minimieren damit die Gefahr des Eintritts von Pilzen und Bakterien.

TELESKOP-ASTScheren.

Eine überaus praktische Erfindung: die Teleskop-Astschere. Sie kombiniert quasi eine Gartenschere mit einem Teleskop-Griff und einem Zugseil, um die Schere am weit entfernten Ende des Teleskops zu betätigen. Für Menschen, die beim Baumschneiden nicht so wirklich gern in luftiger Höhe stehen, eine hervorragende Alternative zur Leiter.

Höchstwahrscheinlich wurde die Teleskop-Astschere, die manchmal auch Schneidgiraffe oder Raupenschere genannt wird, von Menschen mit Höhenangst oder ausgesprochen wenig Zeit erfunden. Fakt ist: Den sperrigen Transport der Leiter, die zahlreichen Aufstiege in luftige Höhen und das lästige Umsetzen der Leiter kann man sich mit einer Teleskop-Astschere in vielen Fällen sparen.

Volle Peilung: Eine auffällig gefärbte Klingenstütze erleichtert das genaue Ansetzen der Klinge auch in weiter Entfernung.

Deren schlanke Scherenform eignet sich hervorragend, um auch bei engen Verhältnissen hoch im Baum präzise schneiden zu können. Mal ganz davon abgesehen, dass durch den ausgeklügelten Übersetzungs- oder Getriebe-Mechanismus im Vergleich zu herkömmlichen Baumscheren bis zu 12mal mehr Kraft aufgebracht werden kann. Damit sind selbst in weiter Entfernung – die Kurzform dieser Scherenart mit einer Länge von 1,60 Metern ermöglicht Schnitte in bis zu 3,50 Meter, die gängige 4-Meter-Variante gar bis zu 6 Meter – Schnitte an Ästen bis maximal 40 Millimeter Durchmesser kein Problem.

Da mit diesen Scheren fast ausschließlich frisches Holz geschnitten wird, sind die Schneidköpfe in den meisten Fällen Bypass-Ausführungen, die präzise Schnitte ermöglichen. Allerdings gibt es nach wie vor noch einige Amboss-Modelle, die aber für den Schnitt von frischem Holz weniger gut geeignet sind, da sie das empfindliche Wachstumsgewebe (das Kambium) eher quetschen als schneiden und damit dem Gehölz größere Wunden zufügen, die wiederum schlechter verheilen.

Die Schneidköpfe dieser Bypass-Scherenart bestehen in der Regel aus zwei unterschiedlichen Klingen: Die obere ist meist aus gehärtetem Präzisionsstahl gefertigt und mit einer Antihaftbeschichtung versehen. Die untere Klinge ist häufig aus gehärtetem, rostfreiem Stahl.

Einen großen Vorteil bietet eine an der Klinge angebrachte Klingenstütze oder auch Zielhülse, die ein präzises Steuern der Klinge und damit den Schnitt an der gewünschten Stelle des Astes ermöglicht. Ist diese gegebenenfalls zudem noch auffällig gefärbt, erkennt man selbst in sechs Metern Höhe noch gut, wo man die Klinge ansetzt.

Ein Hoch auf den Leichtbau

Eine Teleskop-Astschere sollte in jedem Fall leicht daherkommen. Daher sind die Teleskopstangen mittlerweile meist aus hochfestem Aluminiumrohr gefertigt. Manche Hersteller verwenden allerdings nach wie vor Stahlrohre, um die Teleskope besonders robust zu machen. Der Preis der Robustheit ist das Gewicht: Ein Alu-Modell mit einer Reichweite von sechs Metern bringt lediglich knapp 2000 Gramm auf die Waage; ein vergleichbares Modell aus Stahl wiegt gern schon mal 3500 Gramm.

Daher lohnt es sich, die Teleskop-Schere einmal in der Hand gehalten und vielleicht sogar einige Schnitte damit gemacht zu haben. Schließlich ist nur eine solche Schere von Nutzen, die man problemlos und ohne größere Verschnaufpausen über einen längeren Zeitraum mühelos bedienen kann.

Weit, weit weg

Die Reichweiten (oder besser Reichhöhen) der Teleskop-Astscheren hängen natürlich von der Länge des Teleskop-Stieles ab: Mit einer kurzen Variante von 1,60 Metern (nicht teleskopierbar) erreicht man mühelos Zweige in 3,50 Metern Entfernung. Mit einer vier Meter langen Ausführung erreicht man auch noch Äste in sechs Meter Höhe.

Die meisten Teleskope sind stufenlos verstellbar. Das erspart das lästige Finden der Arretier-Stufen während der Arbeit (was mit Arbeitshandschuhen schon zur echten Herausforderung werden kann).

Durchaus anpassungsfähig

Der Schneidkopf der Teleskop-Astschere sollte möglichst flexibel sein, da sonst das Arbeiten in weiter Entfernung oder großer Höhe immens erschwert wird. Die Modelle der Hersteller variieren da von »lediglich seitlich abkippbar«, über »180 bis 200 Grad abwinkelbar«, bis hin zu »230 Grad kippfähig«. Die Krönung sind solche Modelle, die zudem auch noch stufenlos arretierbar sind – sprich: Man kann den Schneidkopf bis zu 230 Grad variabel in jedem gewünschten Winkel feststellen. Diese stufenlose Fixiermöglichkeit ist nicht bei allen Herstellern gegeben, aber vielleicht auch nicht für jeden Nutzer ein Muss. Da hilft es wieder einmal nur, die verschiedenen Modelle auszuprobieren. Ganz nebenbei: Eine gute Gelegenheit dazu ist ein Baum-Schnittkurs. Diese Kurse werden in der Regel von den örtlichen Obst- und Gartenbauvereinen angeboten, und dort tauchen meinst sehr viele unterschiedliche Teleskop-Astscheren, Sägen und Gartenscheren auf.

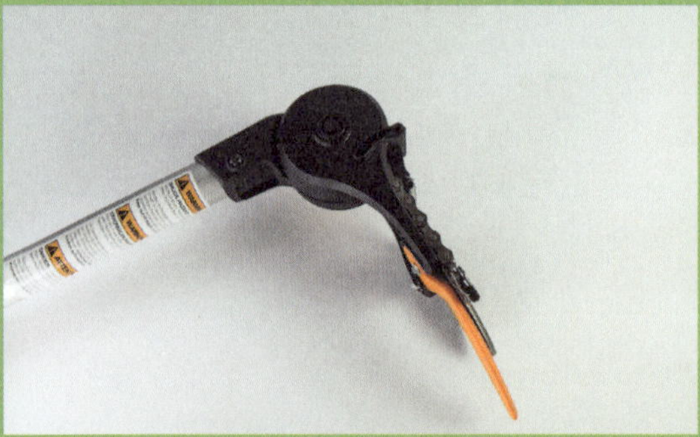

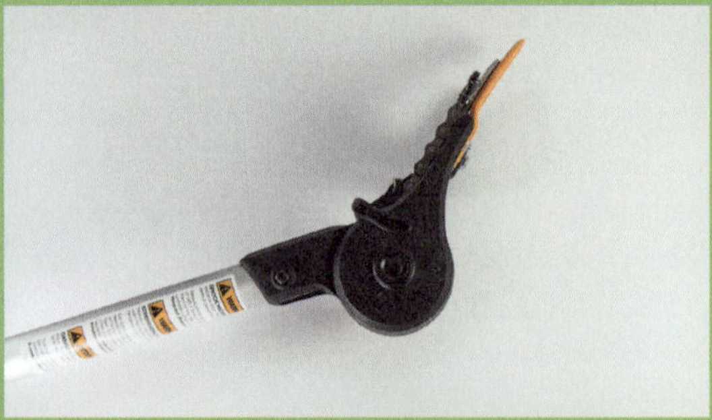

Schwanenhals: Ein stufenlos fixierbarer Schneidkopf lässt sich auf alle Gegebenheiten einstellen.

Gut verstaut: Verlaufen die Zieh-Schnüre innen, können sie sich nicht im Astgestrüpp verheddern.

Komfort-Zone

Die meisten Modelle der Teleskop-Scheren kommen mit außenliegenden Zugseilen daher. Nicht immer die praktischste Variante, da diese sich gern im engen Geäst des Baumes verheddern. Wesentlich komplikationsloser sind die Modelle, bei denen die Seile im Innern des Stieles verlaufen.

Da bekanntlich nicht nur bei schönstem Wetter geschnitten wird, sollten die Griffe der Teleskope in jedem Fall rutschfest sein; ein zusätzlicher Abrutsch-Stopp verhindert, dass einem bei feuchter Witterung ununterbrochen der Stiel entgleitet.

Antischlupf-Regelung: Eine rutschfeste Beschichtung und ein Abrutsch-Stopp am Ende des Stieles sorgen für einen sicheren Griff auch bei Nässe.

Außerdem ist es von großem Vorteil, wenn sowohl am Ende als auch in der Mitte des Teleskops eine Zugmöglichkeit besteht. Das spart immens Kräfte und Zeit, da nicht für jeden Schnitt die Teleskoplänge verändert werden muss.

Doppeltes Lottchen: Zwei Zug-Möglichkeiten, in der Mitte und am Ende des Teleskopes, sparen viel Zeit.

Nützliche Anbauten

Besonders praktisch ist es, wenn die Teleskop-Ast-Schere gleichzeitig noch mit verschiedenen anderen Gerätschaften wie Obst-Pflücker, Baumsäge oder Schüttel-Haken kombiniert werden kann. Viele Anbieter haben inzwischen solche Kombi-Geräte im Angebot.

Eine Ersatzteilversorgung mit den verschleißfreudigsten Teilen (in diesem Fall sind das meist die Feder sowie die Schneidklinge) ist bei allen namhaften Herstellern dieses Qualitäts-Werkzeuges Standard.

Wie bei nahezu allen Werkzeugen, bieten die Hersteller auch für die Teleskop-Scheren auf ihren Internetseiten hilfreiche Tipps und Tricks zum Auswechseln der defekten oder abgenutzten Teile.

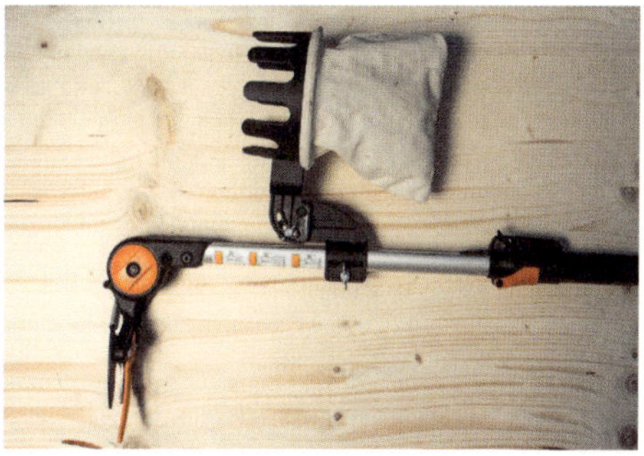

Äpfel sind gesund: Obst-Pflückkorb an Teleskop-Astschere – schneiden und pflücken in einem Rutsch.

Kombi-Präparat: Adapter-Baumsäge auf Teleskop-Astschere – ermöglicht sowohl sägen als auch schneiden mit einem Gerät.

Eine gute Teleskop-Astschere ...

- ist vor allem leicht,
- sollte für präzise Schnitte als Bypass-Schere ausgelegt sein,
- hat eine weitere Anbringungsmöglichkeit für eine Baumsäge und/oder eines Obstpflückers,
- hat ein Zugseil, dass sich sowohl in der Mitte als auch am Ende des Teleskops betätigen lässt und das innerhalb des Teleskops verläuft,
- stammt von einem Hersteller, der auch später noch Ersatzteile liefern kann – zum Beispiel Feder, Ersatzklinge, Zugseile und Umlenkrollen.

Eigentlich klar, aber ...

- niemals versuchen, eine verklemmte Klinge mit den Händen zu lösen – die Schere schnappt so schnell zu, dass man sich übelst verletzen kann,
- gute Arbeits-Handschuhe sind bei diesen scharfen Geräten Pflicht,
- da ein Ast von hoch oben auf dem Kopf landen könnte, ist es ratsam einen Kopfschutz zu tragen – und damit ist keine Mütze gemeint,
- gute Pflege mit Wasser, Seife und Trockentuch nebst Pflege-Öl wirkt auf die Klingen der Teleskop-Astscheren lebensverlängernd.

GARTENSÄGEN.

Astsägen sind für die Pflege von Obst- und Ziergehölzen ein Muss. Spätestens, wenn die Zweige des Baums vor dem Haus das Küchenfenster verdunkeln, wird es Zeit, sich eine vernünftige Ast- oder Baumsäge anzuschaffen.

Gartenscheren können schon ganz ordentliche Kaliber von Ästen kappen. Fachleute bevorzugen aber bereits bei Ästen ab einem Durchmesser von drei Zentimeter eine Säge, da sie wesentlich sauberere Schnitte hinbekommt. Das ist im Obstbau enorm wichtig, denn je feiner der Schnitt, desto geringer ist die Eintrittsfläche am Holz für Pilze und Bakterien. Und was noch für Astsägen als Handgeräte spricht: Sie sind leise, stinken nicht – und machen schöne Oberarme.

Auf den Zahn gefühlt

Mittlerweile verfügen nahezu alle gängigen Astsägen über eine Japan-Zahnung und arbeiten daher auf Zug. Das heißt: ziehen mit maximaler Kraft (um »Meter zu machen«), schieben als Entspannung für die malträtierte Muskulatur. Eine Ausnahme: Die gute alte Baum-Bügelsäge hat nach wie vor in der Regel Sägeblätter, mit denen man sowohl auf Zug als auch auf Schub arbeitet.

Markante Beißerchen: Mit einer Japan-Zahnung (oben) arbeitet man ausschließlich auf Zug, eine Bügel-Baumsäge sägt sowohl auf Zug als auch auf Schub.

Die Blätter der Japan-Sägen sind gerade einmal 1,2 oder 1,3 Millimeter stark und am Rücken dünner geschliffen, was dem Blatt mehr Flexibilität verleiht. Die Zähne des Sägeblatts sind etwa auf einem Drittel – manchmal gar bis zur Hälfte – ihrer Länge abwechselnd nach rechts und nach links gebogen. Diese sogenannte Schränkung macht den Schnitt breiter als das Blatt und verhindert das lästige Festklemmen der Säge im Holz. Eins ist klar: Die Sägen sind superscharf – unachtsam gesetzte Finger sind schneller angesägt, als man gucken kann. Daher sind Arbeitshandschuhe beim Sägen absolute Pflicht.

Bei pfleglicher Behandlung bleiben die Blätter von Zugsägen vier- bis fünfmal länger scharf als die herkömmlicher Sägen. Ist aber das Blatt einer gehärteten Säge einmal stumpf, hilft nur noch der Ersatz durch ein neues – schärfen lassen sich diese Blätter in der Regel nicht mehr. Achtung: Im Fachjargon heißt dies oftmals »wartungsfrei«.
Apropos scharf bleiben: Nahezu eine Todsünde ist es, mit einem normalen Sägeblatt in die Erde zu sägen, denn das ist der Garant für in Nullkommanix stumpfe Sägeblätter. Muss man nah am Erdreich sägen, empfiehlt es sich, hierfür eine spezielle Wurzelsäge zu verwenden. Um Sand, Erde und Steinchen zu trotzen, haben deren Zähne einen weiteren Abstand, und ihre Spitzen sind zudem noch extra gehärtet.

Für alle Sägen gilt: Je härter das Schnittgut, desto feiner sollte die Zahnung sein; je dicker das Holz, desto gröber sollte sie ausfallen. Somit kommt die feine Zahnung beispielsweise beim Schnitt von hartem Trockenholz zum Einsatz. Für lebendes Holz und stärkere Pflegeschnitte an Obst- und Gartengehölzen ist dann die Grobzahnung das Blatt der Wahl. Ein Sägeblatt hat eine Feinzahnung, wenn die Zähne einen Abstand von 2,5 bis 3,5 Millimeter Abstand haben, bei einer Grobzahnung sind es 4,0 bis 5,2 Millimeter. Manche Hersteller bezeichnen das anders: Dann befinden sich bei einer Feinzahnung 13 Zähne auf 3 Zentimetern und bei einer Grobzahnung 6 bis 7,5 Zähne auf drei Zentimetern.

Eine Sonderform stellt ein Sägeblatt mit Räumschlitzen (manchmal einfach nur »Räumer« genannt) dar. Hier folgt einer bestimmten Anzahl von Zähnen eine tiefere und breitere Lücke im Sägeblatt. Sie dient – ganz simpel – der besseren Müllabfuhr: Durch die längeren und breiteren Räumschlitze wird das Schnittmaterial (Sägemehl, Moose, Flechten und sonstiger Abfall) zügig vom Sägeblatt weggeschafft. Dadurch verkleben oder verharzen die Zähne weniger schnell und bleiben länger scharf, was vor allem bei vielen Schnitten in feuchtem oder stark harzendem Holz sehr von Vorteil ist. Dies macht sich allerdings auch im Preis für ein Ersatz-Sägeblatt bemerkbar.

Zahnkunde: oben Feinzahnung, Mitte Grobzahnung, unten Zahnung mit Räumschlitzen.

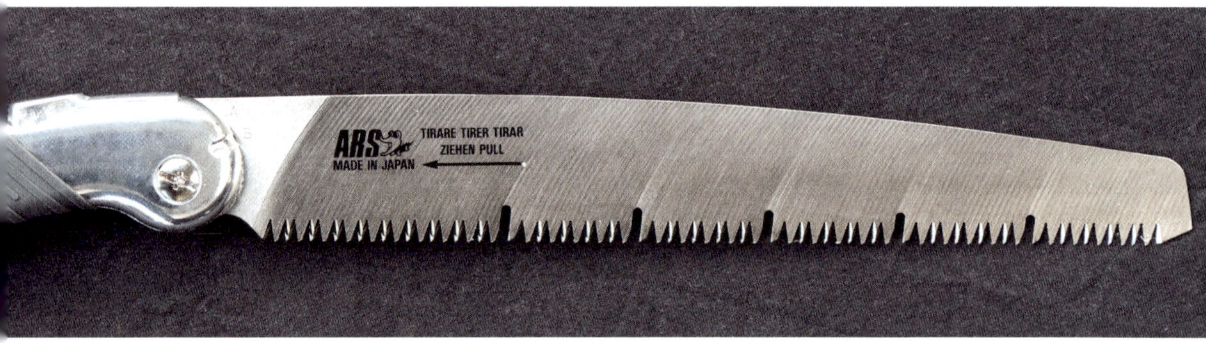

Müllabfuhr: Räumschlitze halten den Sägeweg frei.

Gut behütet: Klapp- und Einschubsägen

Die Vorteile dieser Sägen: Sie sind klein und leicht. Mit 23 bis maximal 50 Zentimetern Gesamtlänge und 130 bis maximal 180 Gramm Gewicht passen sie quasi in jede Seitentasche einer Arbeitshose. Dadurch sind sie auch auf der Leiter stehend schnell und sicher greifbar, ohne im Eifer des Gefechts mit den Fingern in die scharfen Zähne der Säge zu greifen. Die Sägeblätter sind zwischen 15 und 25 Zentimeter lang und schaffen problemlos Äste bis zu einem Durchmesser von 6,5 Zentimeter.

Klappsägen sind schnell aus- und eingeklappt. Das ausgeklappte Sägeblatt muss natürlich fixiert werden: Der eine Hersteller arbeitet hier mit einer Haken-Arretierung, der andere zieht einen Feststellhebel oder einen Druckknopf vor – Geschmackssache.

Der Vorteil einer Einschub-Säge liegt eindeutig darin, dass man sich kaum die Finger verletzen kann. Der Nachteil: Man muss das ausgefahrene Blatt mittels Schraube fixieren – was mit behandschuhten Fingern und bei feuchter Witterung eine Herausforderung darstellen kann.

Die ergonomischen Griffe der »Passt-in-jede-Tasche«-Sägen bestehen meist aus gummiertem Kunststoff oder Leichtmetall. Viele verfügen zum besseren Fingerschutz über ein gebogenes Griffende (manchmal als »Nasengriff« bezeichnet). In diesem Fall befindet sich am Griffende eine Wulst oder eine Biegung, die das Entgleiten der Säge bei Nässe verhindert.

Systemfrage: klappen oder schieben? Oben Klappsäge mit Druckknopf-Arretierung, darunter Einschubsäge, dann Klappsäge mit Haken-Arretierung, unten erneut Klappsäge mit Druckknopf.

Bis hierhin und nicht weiter: Ein Abrutsch-Stopp am Griffende verhindert das Entgleiten der Säge bei Nässe.

So sieht's aus: Das Sägeblatt wird einfach aus- oder eingefahren und in seiner Stellung mittels Drehschraube fixiert.

Western-Feeling: Mit Fixierungen an Gürtel und Bein bleibt der Köcher genau da, wo man ihn braucht.

Zieh: Köcher-Sägen

Dickere Äste verlangen nach längeren Sägen. Je nach Hersteller gibt es diese Sägen in sehr unterschiedlichen Gesamtlängen: von 330 bis 650 Millimeter liegt nahezu alles drin. In der Regel haben sie starre Sägeblätter und kommen mit einem Köcher daher, den man am Gürtel befestigen kann. Sollte der Köcher nicht im Lieferumfang enthalten sein: gleich mitbestellen, denn zum sicheren Arbeiten beispielsweise auf der Leiter ist er unerlässlich. Meist weist der Köcher eine weitere Schlaufe im unteren Bereich auf, mit der man ihn mittels Beingurt oder Schnur zusätzlich am Bein fixieren kann.

Die Blätter dieser Sägen arbeiten – wie die Klappsägen auch – alle auf Zug. Die Sägeblätter: sind zwischen 180 und 520 Millimeter lang. Diese große Auswahl ist sinnvoll, denn der Sägeweg ist ja allein schon durch die Armlänge des Anwenders begrenzt. Eine zu lange Säge für kurze Arme ist zwar nicht schlimm, nervt aber gegebenenfalls beim Gehen, wenn man sie – wie vorgesehen – im Köcher an Gürtel und Bein befestigt hat. Tipp: Ein passendes Geschäft aufsuchen, Säge mit Köcher an den Gürtel schnallen und ein wenig im Laden umherspazieren. Sieht vielleicht ein wenig merkwürdig aus, aber auf diese Weise merkt man ganz schnell, ob die Länge passt.

Weniger Augenmerk muss man bei diesen Sägen auf das Gewicht legen: Selbst bei den längsten Ausführungen hält sich das Gewicht mit 420 Gramm in Grenzen. Die kürzeren Modelle wiegen häufig nur schlanke 150 bis 250 Gramm. Die wenigsten schaffen nur Schnitte bis zu acht Zentimeter, die meisten dieser Holzbeißer kappen mühelos und glatt wie ein Baby-Popo Äste bis zu 10 oder gar 12 Zentimeter.

Rechtshänder tragen den Köcher üblicherweise auf der linken Seite, wobei der Griff nach vorn gerichtet ist, Linkshänder entsprechend auf der rechten Seite. Das erleichtert vor allem bei den längeren Ausführungen das Herausziehen und Hineinschieben in den Köcher.

Die Materialien der Köcher sind je nach Hersteller und Modell unterschiedlich: Es gibt kunststoffverstärkte Textil-Modelle, reine Kunststoff-Köcher, Varianten aus Leder oder gar aus Holz. Manche sind mit einer oder zwei sogenannten Einschubhilfen (»Gleitkontrollen«) versehen, die die Säge leichter in die Hülle führen und sowohl die Zähne als auch den Köcher schützen.

Köcher-Sägen sind meist mit ergonomischen, rutschfesten Griffen aus Kunststoff oder Gummi ausgestattet. Manche Hersteller haben auch handfreundlichere Holzgriffe aus Buchen- oder Eschenholz in ihrem Portfolio. Am allerwichtigsten ist aber, dass eine Astsäge angenehm in der Hand liegt. Ob es denn ein edler Holzgriff sein muss (der bei Nässe eventuell rutschig sein kann) oder die Kunststoff-Variante reicht, ist reine Geschmackssache.

Ein spezieller Holzgriff wurde von der Profi-Baumpflegerin Paloma Ziegelmeier entwickelt – daher liebevoll »Paloma-Griff« genannt. Dieser ergonomisch geformte Griff (meist aus geöltem Sperrholz, aus Buchen- oder Eschenholz) ist durch seine charakteristische Form nicht nur ein Hingucker. Vielmehr ermöglicht er viele Sägestellungen, ohne dass dabei das Handgelenk besonders stark abgeknickt wird – was beim Sägen die Kräfte schont.

Länger durchhalten: Mit dem speziellen Palomagriff sägt es sich sowohl von oben als auch von unten handentspannt.

Wie es Euch gefällt: Es gibt Köcher aus Holz, Kunststoff, Textil oder Leder.

Schonzeit: Einschubhilfen schützen Zähne und Köcher.

Astsägen gibt es mit geradem oder gebogenem Blatt. Gebogene Blätter schmiegen sich leichter an die runden Äste; dies ermöglicht das Sägen mit weniger Druck, was wiederum eine schonendere Behandlung für den Ast darstellt. Vor allem im Obstbau kommen daher sehr gern diese geschwungenen Sägen zum Einsatz.

Nicht ohne meinen Bügel

Bis vor wenigen Jahren waren Bügel-Sägen nahezu ausgestorben: Außer einigen älteren Herren auf den älteren Bäumen nutzte keiner mehr diese Form der Obstbaumsäge. Jeder trug die neuen, auf Zug arbeitenden, aber relativ breiten Köchersägen am Gürtel. Doch über Nacht waren die Bügelsägen vom Opa plötzlich wieder in Mode. Und das aus gutem Grund: Durch ihre schmalen, bis um 360 Grad verstellbaren Hochleistungs-Sägeblätter – meist mit grober Zahnung für weiches Holz – kommt man mit ihnen ganz einfach selbst in die engsten Astwinkel eines Baumes. An den Gürtel schnallen kann man sie zwar nicht – dafür aber einfach an die Leiter oder einen nahen Ast hängen. Per Schnellspannung ist das Blatt ruckzuck dem Winkel angepasst, der für den Schnitt gerade benötigt wird. Das meist 35 Zentimeter lange Blatt (es gibt auch 40 Zentimeter lange, aber die sind nicht so beliebt) arbeitet sowohl auf Schub als auch auf Zug. In der Regel ist es gegen das lästige Verhaken geschränkt, die Zähne sind fast immer speziell gehärtet. Da der Sägebogen oftmals aus einer gehärteten, rostfreien Aluminium-Legierung besteht, sind Bügelsägen mit 500 bis 600 Gramm relativ leicht. Oftmals sind sie zum besseren Kälteschutz der Hand mit einem Holz- oder Kunststoff-Griff versehen.

Bei der Stange halten

Ist man nicht wirklich ein Held auf der Leiter, können die sogenannten »Adapter-Baumsägen« garantiert weiterhelfen. Diese Sägen werden einfach auf passende Gestänge montiert, und schon kann man auch in luftigen Höhen ohne Schwindelanfälle sägen.

Je nach Bedarf gibt es die Gestänge in verschiedenen Längen: Im Angebot sind 80, 130, 160, 175, 180, 240 und 350 Zentimeter – viele Modelle sind zudem noch ausfahrbar. Diese teleskopierbaren Varianten können eine Länge bis zu 550 Zentimeter erreichen. Rechnet man den Anwender hinzu, sind so tatsächlich Schnitte in bis zu 7,40 Meter Höhe möglich. Außerdem macht sich bei solchen Längen das Hebelgesetz sehr deutlich bemerkbar, daher bestehen die Teleskope aus Gewichtsgründen meist aus hochfestem Leichtmetall.

Einige Hersteller nutzen runde Gestänge, andere schwören auf ovale Querschnitte und begründen dies mit einer höheren Stabilität. Bei den Arretierungen sind ebenfalls unterschiedlichste Formen auf dem Markt:

Schmalhans: Bügelsägen kommen dank schmalem Sägeblatt und Schnellverschluss problemlos selbst in die engsten Astwinkel.

Die einen haben ausschließlich Rasterleisten oder Rasterleisten gekoppelt mit Klemmhebeln, andere haben eine Druckknopf-Arretierung mit oder ohne Klemmhebel, und dann gibt es noch die reinen Klemmhebel-Modelle – manchmal mit Klemmhebeln aus Kunststoff, manchmal aus Metall. Kurzum: Man sollte ausprobieren, welche Variante einem am besten liegt – funktionieren tun sie alle. Komfortabel und zeitsparend ist es in jedem Fall, wenn die Arretierung stufenlos erfolgt: Dann braucht man kein Knöpfchen suchen, dass in ein Löchlein passen muss.

Überaus angenehm ist ein Kälteschutz am Gestänge, der mittlerweile bei fast allen Qualitäts-Stielen vorhanden ist. In der Regel handelt es sich um eine Gummi-Isolierung an der Stange, die zudem den Händen mehr Grip verleiht.

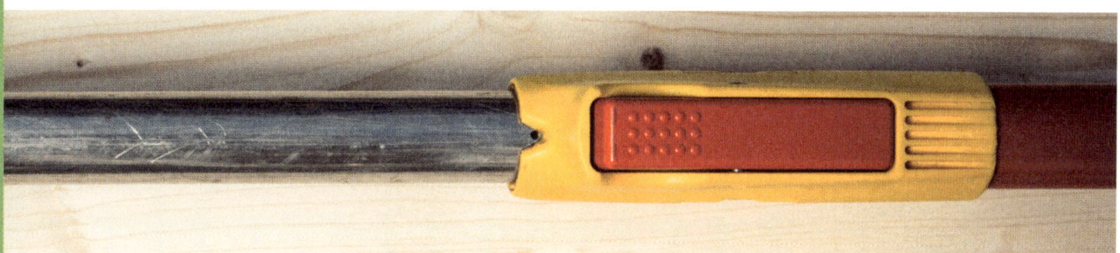

Wo ist es denn? Lediglich das kleine Loch im gelben Ausschnitt zeigt die Bereitschaft zum Verriegeln an – das kann schlechte Augen schnell an ihre Grenzen bringen.

Stufenlos verstellbar: Hebel nach oben, Teleskop in die gewünschte Länge ziehen, Hebel nach unten – los geht's. Unten funktioniert's von Loch zu Loch: Hebel nach oben, Arretierknöpfe auf beiden Seiten drücken, Teleskop auf die gewünschte Länge einstellen, Hebel wieder nach unten – arretiert.

Auch die Blätter dieser Sägen arbeiten auf Zug, sind mit einem Hochleistungsschliff versehen und grobzahnig ausgelegt (Zahnabstand 4 oder 4,5 Millimeter). Mit 1,5 bis 1,6 Millimeter fallen sie minimal dicker aus als die Blätter von Köcher-Sägen. Je nach Bedarf kann man zwischen den Blattlängen 33, 34, 40, 47 oder 50 Zentimeter wählen. Im Gegensatz zu den Köcher-Sägen sind die Teleskop-Baumsägeblätter fast ausschließlich in der gebogenen Form erhältlich. Es gibt Modelle mit oder ohne Räumschlitze, mit oder ohne Hakenspitze sowie mit oder ohne Stoßmesser. Ein Haken an der Spitze des Blattes verleiht Stabilität und verhindert das Herausrutschen aus dem Sägeschnitt. Ein Stoßmesser ist für das Durchtrennen der Rinde unterhalb des Astes gedacht und sollte daher in seiner Schärfe nicht unterschätzt werden. Außerdem ist es ganz praktisch, wenn sich die Säge einmal im Dickicht enger Ästchen verhakt hat: Ein, zwei kräftige Stöße und die Säge ist wieder frei. Ist das Sägeblatt sowohl mit einem Haken als auch mit einem Stoßmesser ausgestattet, spricht der Fachmann übrigens von einer »Wertastungssäge«.

Welches Sägeblatt man auswählen sollte, ist zum einen Geschmackssache, zum anderen natürlich davon abhängig, wofür die Säge am häufigsten eingesetzt werden soll. Wer sich nicht sicher ist, kommt um eine fundierte Beratung im Fachgeschäft kaum herum. Es sei denn, man begibt sich auf den einen oder anderen Altbaum-Schnittkurs. Denn dort werden garantiert zahlreiche unterschiedliche Teleskop-Sägen verwendet, die man bestimmt auch mal testen darf.

Das Gestänge wird in ein rohrförmiges Verbindungsteil der Säge gesteckt, welches der Fachmann »Dülle« nennt. Dieses Teil besteht meist aus lackiertem Metall. Manche Hersteller haben aber auch ihre eigenen, ausgeklügelten Befestigungssysteme beispielsweise aus Glasfaser verstärktem Kunststoff.

In jedem Fall sollte man das Gesamtpaket Säge und Gestänge im ausgefahrenen Zustand einmal in den Händen gehabt haben. Dann merkt man ganz schnell, welche Teleskop-Länge oder -Ausführung mit welcher Säge noch schmerzfrei und für längere Zeit beherrschbar ist. Trotz der Leichtbauweise aller Hersteller sind die Unterschiede im Gewicht nicht zu verachten. Schließlich sollte ja auch noch Muskelkraft für die Sägearbeit übrigbleiben.

Zubehör

Selbstverständlich bieten die Hersteller von Qualitätsprodukten sämtliche Verschleißteile im Zubehörsortiment als Ersatz – allen voran die Sägeblätter, gefolgt von den Befestigungsschrauben am Griff bis hin zu zerschlissenen kompletten Handgriffen oder Düllen.

Basis- und Vollausstattung: Oben geschwungenes Sägeblatt mit feiner Zahnung und leichter Hakenspitze, unten mit grober Zahnung, Räumschlitzen, Hakenspitze und Stoßmesser. Letzteres nennt der Fachmann »Wertastungssäge«.

Außerdem haben einige Hersteller noch pfiffige Zusatz-Gerätschaften für die Teleskope in ihrem Programm: beispielsweise Obstpflückkörbe, Köcher, Schüttel- oder Fäll-Haken oder einen Haken zum Aufhängen der Teleskopsäge im Baum.

Apropos Haken – ein kleiner Tipp für das einfachere Sägen mit den meterlangen Teleskopsägen: Teamarbeit ist hier ungeheuer nützlich. Wenn ein Helfer den ausgeguckten Ast mit einem Teleskop-Haken fixiert, sägt es sich wesentlich einfacher und kraftschonender – versprochen.

Teamwork ist gefragt: zu zweit sägt es sich nicht nur einfacher, sondern auch wesentlich kommunikativer.

Stielfrage: Wie bezeichnet man ein rohrförmiges Teil eines Werkzeuges, in dem ein Stiel befestigt werden kann? Antwort: als »Dülle« oder »Tülle«.

Gut gepflegt, länger gesägt

Um ein möglichst langes bissiges Sägenleben zu verbringen, darf die Pflege nach dem Einsatz nicht zu kurz kommen: Nach der Arbeit sollte das Blatt zunächst gut abtrocknen. Grober Schmutz kann dann mit einer weichen Bürste entfernt werden. Sollten sich Verharzungen am Blatt festgesetzt haben, hilft ein weicher Lappen und ein bisschen Waschbenzin sowie ein nicht verharzendes Pflegeöl. Dieses Öl findet man beim Sägenhersteller – Ballistol geht aber auch immer. Keinesfalls sollten aggressive Mittel zum Einsatz kommen, da sie die Gummi- oder Kunststoff-Teile der Sägen angreifen können.

Eine gute Ast- sowie eine gute Baumsäge ...

- hat einen ergonomischen und rutschfreien Griff, um die Handkräfte optimal zu übertragen und gleichzeitig zu schonen,
- lässt sich auch lange nach dem Kauf mit Ersatzteilen am Leben erhalten,
- hat für harte Hölzer eine Feinzahnung, für weiche eine grobe,
- ist für häufige Schnitte in feuchtem Holz grob verzahnt und gegebenenfalls mit Räumschlitzen ausgestattet.

Eigentlich klar, aber ...

- die scharfen Sägen nehmen keine Rücksicht auf zarte Haut: Arbeitshandschuhe sind ein Muss,
- Sägen sollten beim Transport nicht scharf sein. Also: zum Schutz vor Verletzungen immer in einem Köcher transportieren, Klappsägen einklappen, Einschubsägen einfahren,
- wo gesägt wird, fallen Späne: daher beim Sägen über Kopf Augenschutz tragen, um Verletzungen zu vermeiden.

ÄXTE UND BEILE.

»Verfluchte Axt« oder »Verdammte Hacke«: Damit es nicht zu solch – regional unterschiedlichen – Wutausbrüchen kommt, ist gutes Werkzeug für die grobe Holzbearbeitung erforderlich.

Axt und Beil werden hin und wieder verwechselt. Dabei ist die Unterscheidung ganz einfach: Äxte sind größer und schwerer als Beile und werden beidhändig geführt, beispielsweise zum Brennholzspalten. Die kleineren Beile werden fast immer einhändig genutzt – zum Beispiel zum Herstellen von Anzündholz.

Beide Gerätschaften haben neben der friedlichen auch eine kriegerische Historie, man denke nur an das Beil als Hiebschwert (altenglisch »bil«) oder die aus blutrünstigen Wikinger-Filmen bekannte Streitaxt.

Der Schaft macht´s

Die meisten Äxte und Beile sind mit einem Stiel (auch Schaft genannt) aus Holz ausgestattet. Wie bei Hämmern ist das langfaserige, bruchfeste Hickory-Holz die erste Wahl. Eschenholz ist kurzfaseriger und weniger bruchfest, erfüllt aber laut DIN 5131 die »Mindestqualität für Werkzeugteile«. Klarer Fall: Hickory ist besser, Esche kostet weniger.

Da rohe Kräfte walten, muss der Kopf der Axt oder des Beils absolut sicher mit dem Stiel verbunden bleiben. Für diese Sicherheit sorgt ein Holzkeil, der, je nach Durchmesser des Stiels, mit ein oder zwei eingeschlagenen Ringkeilen fixiert wird. Bei manchen Fabrikaten sorgt eine darin versenkte Schraube samt Platte für zusätzliche Sicherheit.

Einen Sonderweg geht hier Fiskars, bei deren »FiberComp«-Patent wird der Kopf von einem Stiel aus Glasfaserverstärktem Kunststoff umschlossen. Der GfK-Stiel selbst steht seinen natürlichen Artgenossen in Sachen Stabilität und Haltbarkeit in nichts nach. Die beim Schlag auftretenden Vibrationen werden hier durch eine Gummierung im Griffbereich gedämpft.

Nur mit etwas Routine trifft beim Hacken jeder Schlag. Um eine Beschädigung des Stiels unterhalb des Kopfes zu vermeiden, versehen daher manche Hersteller die Holzstiele ihrer Äxte an dieser Stelle mit einer metallenen Schutzhülse. Da diese bis zu 300 Gramm wiegen kann, sorgt sie für zusätzliches Gewicht im Bereich des Kopfes – was die Kopflastigkeit und damit die Schlagenergie erhöht. Andere Hersteller schützen den Stiel mit einer Ummantelung aus dickem Leder. Auch dieses schützt den Stiel vor Beschädigungen und kann nach dem Einsatz abgenommen werden, damit das Holz darunter gut abtrocknet.

In guten wie in schlechten Zeiten: Die Bindung sollte ewig halten. Von links: Holzkeil mit einem und mit zwei Ringkeilen, zusätzliche Schraube mit Sicherungsplatte, vom Stiel umschlossener Kopf.

Gut verpackt: oben Stahlhülse als Stielschutz, unten verwegen aussehende Ledermanschette.

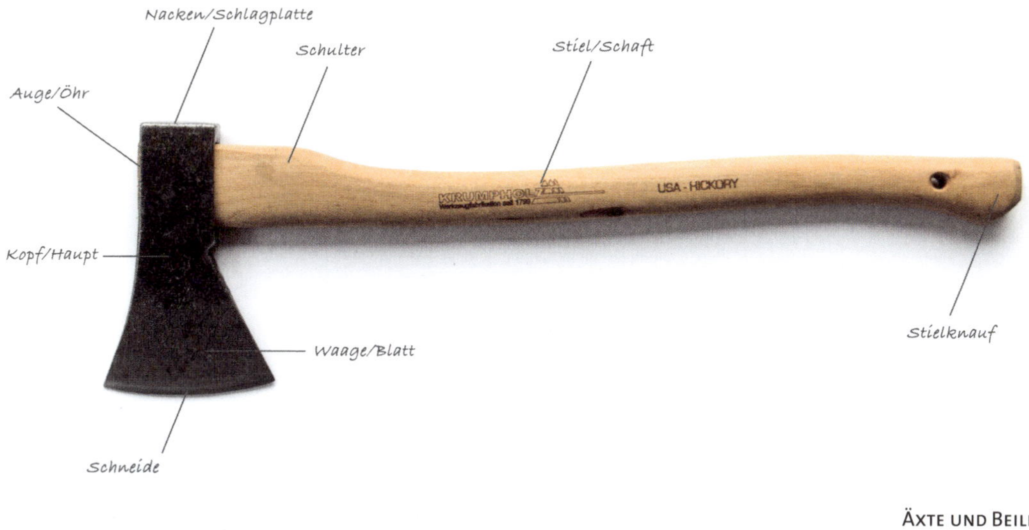

Alles Äxte: oben 2150 Gramm schwere Spaltaxt mit 700-Millimeter-Stiel, Mitte Forstaxt (1400 Gramm, 600 Millimeter), unten Universalaxt (1200 Gramm, 355 Millimeter).

Gewichtsklassen

Wie für fast jedes Werkzeug gilt auch für die Axt: Es gibt eine Menge von speziellen Ausführungen. So findet man beispielsweise Forstäxte für Fäll- und Entastungsarbeiten, Spaltäxte zum Spalten von Holz bis 40 Zentimeter Durchmesser und Spalthämmer für noch dickere Kaliber. Und dann gibt es natürlich auch Universal-Äxte, die von allem etwas können.

Die Kopfgewichte der Universal-Äxte reichen von 1000 bis zirka 1600 Gramm – sie sind die Leichtgewichte unter den Äxten. Der Kopf einer Spaltaxt wiegt zwischen 1200 und 2800 Gramm; die Gewichtsklasse der Spalthämmer beginnt bei rund 3000 Gramm.

Das Gewicht ist oft in den Stahl des Kopfes eingeprägt und bezeichnet tatsächlich nur das Kopfgewicht; hinzu kommt dann noch das Gewicht des Stiels und eventuell der Schutzhülse, sodass das Komplettgewicht einer Forstaxt mit einem 1250 Gramm schwerem Kopf und einem 800 Millimeter langen Stiel 1850 Gramm betragen kann. Bei Spalthämmern wird's richtig schwer, denn ausgewachsene Exemplare können fünf Kilogramm auf die Waage bringen.

Aus diesen Werten lässt sich schon erkennen, dass die theoretische Erhöhung der Schlagenergie durch ein hohes Gewicht des Kopfes nicht allein entscheidend ist – das Werkzeug muss vom Nutzer auch körperlich beherrscht werden können. Ein kürzerer, nicht im Fitness-Studio gestählter Mensch wird mit einer schweren, langstieligen Axt überfordert sein; ein Hüne dagegen kann mit einer zu kleinen und leichten Axt seine Körperkraft nicht voll zur Geltung bringen.

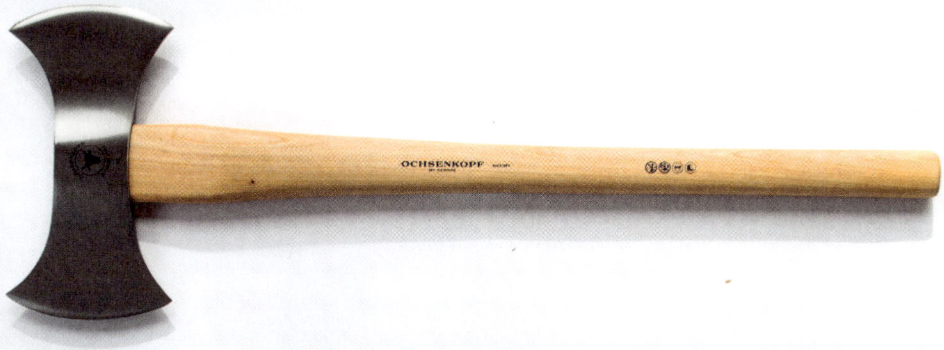

Schleudertrauma: Solch eine rund zwei Kilogramm schwere Wurfaxt ist ein ganz spezieller Fall und nicht zum Hacken geeignet. Dafür aber zum zielgenauen Werfen auf eine 6,10 Meter entfernte Zielscheibe, in der das Blatt der Axt steckenbleiben muss, um Punkte zu erzielen. Solche Wettbewerbe werden mittlerweile in vielen Ländern angeboten. Mehr unter www.axethrowingsociety.com

Die Köpfe der Äxte unterscheiden sich aber nicht nur durch ihr Gewicht, sondern auch durch ihre Form. Ein schmaler Kopf mit scharfer Schneide kann gut schneiden, taugt also zum Beispiel zum Fällen und Entasten. Zum Spalten von Holz dagegen ist ein von der Schneide breit auslaufender Kopf von Vorteil, die Schärfe der Schneide spielt hier eine eher untergeordnete Rolle. Scharf geschliffene Äxte haben übrigens meist eine gebogene, Äxte zum Spalten eine gerade Schneide.

Wie die Form des Kopfes gestaltet ist, kann der Fachmann am sogenannten Keilwinkel erkennen. Der Keilwinkel für Spaltäxte liegt zwischen 20 und 30 Grad. Die Keilwinkel der schmaleren Schneidäxte ähneln denen von Beilen und liegen bei weniger als 10 Grad. Schneidäxte beziehungsweise -beile werden oft im Forst oder von Holzbildhauern genutzt.

Ich glaub', es hackt

Als Grundlage zum Holzhacken benötigt man zunächst einen soliden Hackklotz. Der sollte etwa kniehoch sein und idealerweise einen Durchmesser von 50 bis 60 Zentimeter haben. Das ist schon ein schweres Stück Holz, besonders, wenn es aus langlebigem Eichenholz besteht. Das ist optimal, denn das hohe Eigengewicht sorgt für einen sicheren Stand des Klotzes.

Das zu spaltende Holzstück wird auf den hinteren Teil des Hackklotzes gestellt, damit bei einem zu kurzen Schlag die Axt in den Hackklotz geht. Breitbeinig hinstellen, die rechte Hand umfasst das Stielende, die linke Hand greift den oberen Teil des Stiels (bei Linkshändern umgekehrt). Jetzt holt man aus, und beim Zuschlagen rutscht die linke Hand entlang des Stiels nach hinten zur rechten Hand.

Die besten Ergebnisse erzielt man, wenn man das Holzstück im Mark treffen kann. Große Holzstücke werden von den äußeren Kanten aus gespalten. Knorrige Stücke mit Astansätzen werden in Wuchsrichtung aufgestellt. Gelingt das Spalten nicht beim ersten Hieb und die Axt steckt im Holz, hilft ein Trick: Die Axt samt Holzstück wird einfach umgedreht. Jetzt trifft der Nacken der Axt zuerst auf den Hackklotz und das Holzstück spaltet sich durch sein Eigengewicht quasi selbst. Aber Vorsicht: Hierbei kann sich das Holzstück von der Axt lösen und zum unberechenbaren Flugobjekt werden.

Zurück zum Hackklotz: Warum soll der gerade kniehoch sein, und warum ein so großer Durchmesser? Die Höhe ergibt sich daraus, dass der Stiel der Axt beim Auftreffen auf das zu spaltende Holz ungefähr waagerecht stehen soll. Die große Breite hat gleich zwei Gründe: Zum einen geht die Axt, wenn mal ein

Alles Beile: oben Spaltbeil (1950 Gramm, 500-Millimeter-Stiel), Mitte Freizeitbeil (1100 Gramm, 400 Millimeter), unten Handbeil (1000 Gramm, 380 Millimeter).

Schlag daneben geht, in den Klotz und nicht in den Boden (schlecht für die Schneide) oder gar ins Bein (schlecht für den Nutzer). Zum anderen kann man einen alten Autoreifen waagerecht auf den breiten Klotz legen und das Holz dann darin spalten. So nämlich bleiben die gespaltenen Stücke schön im Gummiring und fliegen nicht durch die Gegend. Außerdem muss man sich dann nicht mehr so tief bücken.

Beilzeitjob

Der Kopf eines handelsüblichen Beils wiegt zwischen 330 und 1250 Gramm. Und was macht man mit einem handelsüblichen Beil? Zum Beispiel kleine Anzündhölzer herstellen oder Bäume entasten. Übrigens: Wer mit einem Beil einen dicken Ast durchtrennen möchte, kommt zum Ziel, wenn er nicht senkrecht auf den Ast hackt, sondern sich wie ein Biber von beiden Seiten der angepeilten Schnittstelle durch den Ast knabbert.

Aber es gibt natürlich noch viel mehr Sorten: Der Waidmann verwendet ein Jägerbeil, mit dem er Tiere abhäutet, Wild zerlegt oder Knochen zerteilt. Mit einem Tischler- oder Schreinerbeil kann man Holz behauen, mit einem Gartenbeil Bäumchen entasten oder mit einem Schnitzbeil Kunstwerke anfertigen. Weniger schön: Früher wurden Beile auch zum Köpfen genutzt (Henkers- oder Richtbeil).

Ein kurzer Ausflug zum Camping- oder Freizeitbeil, weil es so ungemein praktisch ist: Kopf und Stiel sind meist aus einem Stück geschmiedet. Dann kann beim Schlagen zwar von Vibrationsdämpfung nicht die Rede sein, dafür darf man neben der Holzbearbeitung mit einem Ganzstahlbeil auch das machen, was man mit einem handelsüblichen Beil oder einer Axt niemals tun sollte – nämlich Heringe und Ähnliches einschlagen. Außerdem sind Campingbeile so klein und kompakt, dass sie in jedem Rucksack Platz finden.

Maulkorb und Rüstung

Ein Schutz für die Schneide ist gleich doppelt nützlich: Der meist aus Leder bestehende Überzieher schützt zum einen die scharfen Schneiden vor Kratzern und Abstumpfung, zum anderen wird aber auch der Nutzer des Werkzeuges vor eben diesen scharfen Schneiden geschützt. Bei Nichtnutzung des Werkzeugs also: Maulkorb anlegen.

Spezialfälle: oben Gartenbeil zum Beispiel zum Bäumchen-Entasten, unten Campingbeil auch zum Einschlagen von Heringen (hier keine Ganzstahlausführung).

Hegen und Pflegen

Nach dem Gebrauch sollte sowohl die Schneide als auch der Schneidenschutz gereinigt werden. Verharzungen an der Schneide lassen sich beispielsweise mit Waschbenzin und einem weichen Lappen entfernen. Anschließend sollte die Schneide mit Fett, Öl oder Bienenwachs eingerieben werden, bevor der Schneidenschutz aufgezogen wird. Köpfe, die nicht so behandelt wurden, rosten hundertprozentig, da allein schon die Luftfeuchtigkeit für einen Rostbefall ausreichend ist.

Scharfmacher

Äxte und Beile mit einem balligen Schliff und einem großen Keilwinkel brauchen seltener einen Nachschliff als ihre scharfen Artgenossen. Zum Nachschliff sind ein Winkelschleifer oder ein Schleifbock ungeeignet, da sie durch ihre hohe Drehzahl die Schneide zum Glühen bringen können, wodurch das Metall spröder und damit bruchempfindlich wird. Die richtigen Hilfsmittel sind Schleifsteine oder spezielle Schärfgeräte, die meist von den Herstellern angeboten werden. In der Regel bestehen sie aus zwei Seiten: eine für den Grobschliff (zum Beispiel 120er-Körnung) und eine für den Feinschliff (zum Beispiel 320er-Körnung). Eine abschließende Feinpolierung per Abziehen über einen Lederriemen sowie eventuell noch eine Lage Klarlack über den kompletten Kopf senken das Rost-Risiko ganz erheblich. Wer sich nicht allein ans Schärfen herantraut, sollte in seinem Umfeld nach einem Werkzeugmacher Ausschau halten oder sich direkt an den Hersteller des Hackwerkzeuges wenden.

Eine gute Axt und ein gutes Beil ...

- hat einen ergonomischen oder rutschfreien Griff, um die Kräfte optimal zu übertragen und Schwingungen zu vermindern,
- hat eine optimale Gewichts-Verteilung zwischen Kopf und Stiel,
- hat eine unlösbare Verbindung zwischen Kopf und Stiel,
- ist mit einem Stielschutz ausgestattet, der so passgenau sitzt, dass garantiert keine Feuchtigkeit darunter gelangen kann,
- wird mit einem Schneidenschutz ausgeliefert.

Eigentlich klar, aber ...

- vor jedem Gebrauch muss das Werkzeug auf Materialrisse oder Beschädigungen an Kopf und Stiel überprüft werden,
- nur Original-Ersatzstiele verwenden, da Kopf und Stiel perfekt miteinander verbunden sein müssen,
- Äxte und Beile sind für das Hacken ausgelegt – daher erst gar nicht auch nur auf den Gedanken kommen, damit zu hebeln,
- Äxte und Beile müssen nach dem Gebrauch gut abtrocknen; erst danach kann gepflegt werden,
- bei Nichtgebrauch sollten Äxte und Beile trocken gelagert werden, um Rostansätze zu vermeiden. Zu trocken aber auch nicht, da sich sonst das Holz zusammenziehen kann,
- niemals Stahl auf Stahl schlagen (Hammer oder Axt gegen Axt); es kann zu Metallabsplitterungen führen und schwere Unfälle verursachen.

RASENMÄHEN.

Hand-, Elektro-, Akku- oder Motormäher; Spindel- oder Sichelmäher, Mulcher oder Fangkorb-Gerät oder gar ein Aufsitzmäher? Bei den zunehmend kleiner werdenden Hausgärten bietet sich das Einfachste an: ein Spindel-Handmäher.

Mäher im Wandel der Zeiten: Der erste Spindelrasenmäher aus dem Jahr 1855 und ein moderner Vertreter.

Wer hat´s erfunden? Im Fall des ersten Rasenmähers war es ausnahmsweise einmal kein Schweizer, sondern – wie sollte es auch anders sein – ein Engländer. Der in der Textilbranche tätige Ingenieur Edwin Beard Budding stand an einer Stoffschneidemaschine und dachte sich, dass dieses Prinzip bestimmt auch beim Grasschnitt funktionieren könnte. Und ja – es tat. Und tut es auch heute noch. Budding entwickelte den ersten Spindel-Handrasenmäher, testete und nutzte ihn und wurde trotz des Funktionierens dieses Gerätes zunächst heftig belächelt. Schließlich wurden die unzähligen und großen Parks bis dato ausschließlich mit Sensen gemäht. Somit mähte er fortan seinen Rasen nur noch nachts und wurde als mondsüchtig abgetan.

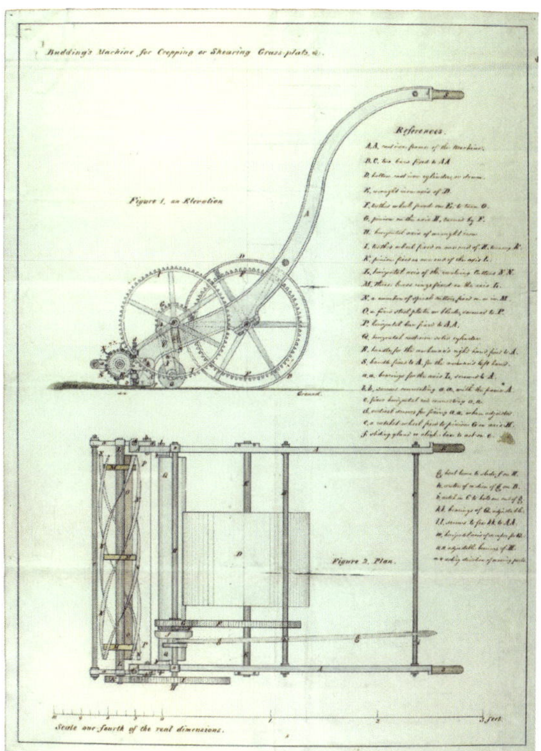

Wie alles begann: Buddings Zeichnung seines Spindelmähers für die Anmeldung zum Patent.

Unbeirrt dessen, ließ sich Budding das Gerät im Jahr 1830 patentieren. Vor allem, da bereits zu diesem Zeitpunkt klar war, dass durch den Einsatz des Spindelmähers zahlreiche Gärtner zur Rasenpflege eingespart werden konnten. Einige Jahre später verkaufte Budding das Patent an die Firma Ransomes (nicht zu verwechseln mit der Punkband »Ramones«), die umgehend mit der Fabrikation dieser Präzisions-Rasenmäher begann – bis heute.

Der erste »Budding« hatte eine 480 Millimeter breite, feste Klinge. Mangels bis dato erfundener Kette erfolgte die Kraftübertragung über gusseiserne Zahnradwerke. Diesem Prinzip folgen die heutigen Spindel-Mäher nach wie vor. Lediglich die Zahnräderwerke wurden durch eine Kette ersetzt – nachdem sie erfunden worden war. Allerdings: In Europa konnte sich diese Form des Rasenmähers nie wirklich durchsetzen – stets wurden die rotierenden Sichelmäher bevorzugt. In England, dem Land des perfekten Rasens, sind hingegen nach wie vor die präziser schneidenden Spindelmäher die erste Wahl.

Einfach und gut

Die Funktionsweise der Spindelmäher ist absolut simpel und entspricht dem Prinzip unserer Scheren: Eine waagerechte, rotierende Spindel ist in ihrem Umfang mit leicht schraubenförmig verdrehten Schnittmessern versehen. Diese laufen an einem parallel zur Achse verlaufendem, feststehenden Messer vorbei, berühren sich aber nicht. So wird der Grashalm zunächst gepackt und dann erst abgeschnitten. Der Schnitt ist sehr genau und es entstehen keine Ausfransungen an den Grashalmen: Der Rasen wirkt frisch und grün. Voraussetzung hierfür ist natürlich, dass das Messer scharf ist. Im Gegensatz dazu werden die Grashalme beim rotierenden Sichelmäher eher abgeschlagen – sie wirken dadurch gräulich und zerrupft. Die Schnitthöhe – bei allen modernen Mähern verstellbar – richtet sich nach dem Abstand des feststehenden Gegenmessers zum Boden. Das Gras sollte

Hoch- und Tiefbau: Moderne Spindelrasenmäher sind meist zwischen 2,5 bis 10 Zentimeter höhenverstellbar.

für ein gutes Schnittergebnis allerdings nicht über die Hälfte des Spindel-Durchmessers hinausgehen; damit sind Grashöhen von 2,5 bis 10 Zentimeter möglich.

Die heutigen Modelle dieser umwelt- und grasschonenden, nicht stinkenden oder lärmenden muskelbetriebenen Mäher unterscheiden sich in der Anzahl der Messer, der Schnittbreite und natürlich auch in den verarbeiteten Materialien wie Kunststoff oder Metall. Bei den reinen Handgeräten variieren die Schnittbreiten von 35 bis 50 Zentimeter. Die breiteren Schnitte bis 75 Zentimeter sind eher den motor- oder akkubetriebenen Geräten vorbehalten. Für ganz große Flächen gibt es sogar Geräte mit mehreren nebeneinander arbeitenden Spindeln. Der Spindelmäher an sich ist das Gerät der Wahl für den klassischen Zierrasenliebhaber, da das Gras sattgrün und gesund wirkt. Möchte man etwas Design in die Rasenfläche bringen, fährt man die Bahnen in unterschiedlicher Richtung und erhält mühelos das klassische Wembley-Rasen-Bild. Entsprechende Mäh-Anleitungen gibt es meist im Mäher-Paket.

Bodybuilding

Der perfekte Rasen möchte mindestens zweimal pro Woche gemäht werden. Das Mähen ist anstrengend. Was bedeutet das? Muskeltraining. Neben der Armmuskulatur Musculus biceps brachii und Musculus triceps brachii (Bizeps und Trizeps) sowie dem Musculus trapezius (Trapezmuskel) und dem Musculus latissimus dorsi (Breitester Rückenmuskel) sowie dem Musculus deltoideus (Deltamuskel) wird besonders der größte Muskel des menschlichen Körpers, der Musculus gluteus maximus trainiert. Ein schöner Rasen nebst kräftigen Armen und schönem Po? Chapeau.

Danke

Erhellende Tätigkeit: Vater und Sohn bei der Arbeit.

Ein großes Dankeschön an meine Frau Antje, die das Kapitel über Gartenwerkzeuge schrieb (sie kennt sich aus, denn sie ist diplomierte Gartenarchitektin), alle anderen Texte kritisch Korrektur las und nie schimpfte, wenn der Mann wegen dieses Buches mal wieder keine Zeit hatte. Ein mindestens genauso großes Dankeschön geht an meinen Sohn Finn, der unzählige Wochenenden damit verbrachte, Werkzeug mit seinem Vater als Assistenten zu fotografieren. So ist dieses Buch nicht nur ein Werkzeug-Almanach, sondern wegen unseres gemeinsamen Nachnamens auch ein »Allnermach« geworden.

Danke in den Norden an Andreas Lindlahr, Fotograf aus Hamburg und gefühlt Ranglistenerster im Photoshop. Er legte feintunend seine kundige Hand an die Bilder (www.andreaslindlahr.com).

Die Stunden mit Gerhard Grebing von Festool waren für mich ebenso lehrreich wie anstrengend – dieser Mann weiß alles über Elektro-Werkzeuge. Aber auch Danke an Gerda Maier-Stoll, Peter Maier, Julia Kaiser, Silvia Pirro, Sabrina Stängle und Alexander Vogel.

Danke auch für die praktischen Unterweisungen von Jürgen Lennartz und Stefan Rübenacke von Bosch Power Tools. Und Christoph Bühlen, auch an Dich ein großes Danke.

In ihrem Element: Antje bei der Apfelernte.

Besonders geplagt mit meinen Anfragen habe ich in alphabetischer Reihenfolge ihrer Arbeitgeber Carsten Scholz von Hazet, Christin Rabitz von Klingspor, Sarah Ockenfels und Natalie Reinking von Knipex, Clarissa Bucher von Metabo, Christine Jansen und Ernst-Henning Sager von Rhodius, Roger Hermes von Wera und Anne Jakubowski von Wiha.

Außerdem möchte ich mich bei all den anderen Kolleginnen und Kollegen aus den Presse- und Marketingabteilungen, den Chefinnen und Chefs, Produktmanagerinnen und Produktmanagern sowie Assistentinnen und Assistenten bedanken, die mit Rat und Tat zum Entstehen dieses Buchs beigetragen haben. Jetzt haben Sie erstmal Ruhe vor mir.

Ganz am Ende, aber nicht zuletzt, möchte ich mich bei Ulrike Ruh, Programmleiterin beim Pietsch Verlag für die intensive und gute Betreuung dieses Buches bedanken. Und bei Kornelia Erlewein, die dieses Buch nicht nur layoutet, sondern ihm seinen ganz speziellen schönen Stil mit auf den Weg gegeben hat.

Und da ich nicht davon ausgehe, dass Sie als Appetithappen in der Buchhandlung ausgerechnet die Danksagung dieses Buches lesen: Danke, dass Sie dieses Buch gekauft haben.

Bezugsquellennachweis

ARS (TIGER GmbH)
Vogesenstraße 8
D-79346 Endingen
Tel.: 0 76 42 / 93 05 05
www.tiger-pabst.de

Augusta Heckenrose
Werkzeugfabriken GmbH & Co. KG
Sportfeldstraße
D-14959 Trebbin
Tel.: 03 37 31 / 23 23 16
www.augusta-heckenrose.de

Bahco SNA Europe (Deutschland)
Willetstraße 10
D-40822 Mettmann
Tel.: 0 21 04 / 83 38 3-0
www.bahco.com

BESSEY Tool GmbH & Co. KG
Mühlwiesenstraße 40
D-74321 Bietigheim-Bissingen
Tel.: 0 71 42 / 4 01-0
www.bessey.de

BMI Messzeuge (Bayerische Messindustrie A. Keller GmbH)
Rosengasse 12
D-91217 Hersbruck
Tel.: 0 91 51 / 73 01-0
www.bmi.de

Bosch Power Tools (Robert Bosch Power Tools GmbH)
Max-Lang-Straße 40-46
D-70771 Leinfelden-Echterdingen
Tel.: 07 11 / 75 8-0
www.bosch-professional.com

DICTUM GmbH
Gottlieb-Daimler-Straße 3
D-94447 Plattling
Tel.: 0 99 31 / 40 58-100
www.dictum.com

EWM AG
Dr. Günter-Henle-Straße 8
D-56271 Mündersbach
Tel.: 0 26 80 / 1 81-0
www.ewm-group.com

FEIN (C. & E. Fein GmbH)
Hans-Fein-Straße 81
D-73529 Schwäbisch Gmünd-Bargau
Tel.: 0 71 73 / 1 83-0
www.fein.com

FELCO Europe GmbH
Ludwigsburger Straße 71
D-71691 Freiberg/Neckar
Tel.: 07 41 /6 85 75-75
www.felco.com

Felo-Werkzeugfabrik
Holland-Letz GmbH
Emil-Rössler-Str. 59
D-35279 Neustadt
Tel.: 0 66 92 / 88-0
www.felo.com

Festool GmbH
Wertstraße 20
D-73240 Wendlingen a. N.
Tel.: 0 70 24 / 80 4-0
www.festool.com

Fiskars Germany GmbH
Kölner Straße 10
D-65760 Eschborn
Tel.: 08 00 / 00 51 81-0
www.fiskars.com

FLEX-Elektrowerkzeuge GmbH
Bahnhofstr. 15
D-71711 Steinheim/Murr
Tel.: 0 71 44 / 8 28-0
www.flex-tools.com

GEDORE Werkzeugfabrik GmbH & Co. KG
Remscheider Str. 149
D-42899 Remscheid
Tel.: 0 21 91 / 5 96-900
www.gedore.com

Halder (Erwin Halder KG)
Erwin-Halder-Straße 5-9
D-88480 Achstetten-Bronnen
Tel.: 0 73 92 / 70 09-0
www.halder.com

HAZET (Hermann Zerver GmbH & Co. KG)
Güldenwerther Bahnhofstraße 25-29
D-42857 Remscheid
Tel.: 0 21 91 / 7 92-0
www.hazet.com

HEYCO Qualitätswerkzeuge GmbH & Co. KG
Birgden III/1
D-42855 Remscheid
Tel.: 0 21 91 / 2 05-0
www.heytec-tools.de

Kärcher (Alfred Kärcher Vertriebs-GmbH)
Friedrich-List-Straße 4
D-71364 Winnenden
Tel.: 0 71 95 / 90 3-0
www.kaercher.com

Klingspor AG
Hüttenstraße 36
D-35708 Haiger
Tel.: 0 27 73 / 9 22-0
www.klingspor.de

KNIPEX-Werk C. Gustav Putsch KG
Oberkamper Straße 13
D-42349 Wuppertal
Tel.: 02 02 / 47 94-0
www.knipex.com

Krumpholz (Claus Krumpholz Krumpholz-Werkzeuge e.K.)
Guttenbergerhammer 2
D-95356 Grafengehaig
Tel.: 0 92 55 / 36-2
www.krumpholz1799.de

KUKKO Werkzeugfabrik
Kleinbongartz & Kaiser oHG
Heinrich-Hertz-Straße 5
D-40721 Hilden
Tel.: 0 21 03 / 97 54-300
www.kukko.com

Lamello GmbH
Herrenstraße 4
D-79539 Lörrach
Tel.: 0 76 21 / 4 22 03 80
www.lamello.de

Lorch Schweißtechnik GmbH
Im Anwänder 24–26
D-71549 Auenwald
Tel.: 0 71 91 / 50 3-0
www.lorch.eu

Makita Werkzeugfabrik GmbH
Makita-Platz 1
D-40885 Ratingen
Tel.: 0 21 02 / 10 04-0
www.makita.com

MATADOR GmbH & Co. KG
Morsbachtalstraße 17
D-42855 Remscheid
Tel.: 0 21 91 / 97 43–0
www.matador-website.de

Metabowerke GmbH
Metabo-Allee 1
D-72622 Nürtingen
Tel.: 0 70 22 / 72-0
www.metabo.com

NWS Germany Produktion W. Nöthen e.K.
Röntgenstraße 12-18
D-42719 Solingen
Tel.: 02 12 / 2 40 00-0
www.nws-tools.de

Ochsenkopf (GEDORE Werkzeugfabrik GmbH & Co. KG)
Remscheider Str. 149
D-42899 Remscheid
Tel.: 0 21 91 / 596-0
www.ochsenkopf.com

Paloma-Säge (Grünwuchs Baum und Garten)
Ristle 10
D-82401 Rottenbuch
Tel.: 08867/9127422
www.gruenwuchs.de

Pferd-Werkzeuge (August Rüggeberg GmbH & Co. KG)
Hauptstraße 13
D-51709 Marienheide
Tel.: 0 22 64 / 9-0
www.pferd.com

PICARD GmbH
Rottsiepen 15
D-42349 Wuppertal
Tel.: 02 02 / 2 47 54-0
www.picard-hammer.de

Rehm GmbH & Co. KG Schweißtechnik
Ottostraße 2
D-73066 Uhingen
Tel.: 0 71 61 / 30 07-0
www.rehm-online.de

RHODIUS Schleifwerkzeuge GmbH & Co. KG
Brohltalstraße 2
D-56659 Burgbrohl
Tel.: 0 26 36 / 9 20-400
www.rhodius-abrasives.com

Starmix (ELECTROSTAR GmbH)
Stuttgarter Str. 36
D-73262 Reichenbach/Fils
Tel.: 0 71 53 / 9 82-0
www.starmix.de

Testboy GmbH
Beim Alten Flugplatz 3
D-49377 Vechta
Tel.: 0 44 41 / 8 91 12-10
www.testboy.de

TINA-Messerfabrik
Friedrich Schwille
Am Heilbrunnen77/79
D-72766 Reutlingen
Tel.: 0 71 21 / 49 15 34
www.tina-messerfabrik.de

Wera Werkzeuge GmbH
Korzerter Straße 21-25
D-42349 Wuppertal
Tel.: 02 02 / 40 45-0
www.wera.de

Wiha Werkzeuge GmbH
Obertalstraße 3-7
D-78136 Schonach
Tel.: 0 77 22 / 9 59-0
www.wiha.com

Wilpu (Wilh. Putsch GmbH & Co. KG)
Kaiser-Wilhelm-Straße 29
D-42855 Remscheid
Tel.: 0 21 91 / 98 88-0
www.wilpu.com

wolfcraft GmbH
Wolffstraße 1
D-56746 Kempenich
Tel.: 0 26 55 / 51-0
www.wolfcraft.com

Bildnachweis

Alle Fotos stammen von Finn Allner mit Ausnahme folgender Herstellerbilder, mit freundlicher Genehmigung von:

KNIPEX-Werk C. Gustav Putsch KG: Seite 30, 35
GEDORE Werkzeugfabrik GmbH & Co. KG: Seite 48 (4), 49
HAZET (Hermann Zerver GmbH & Co. KG): Seite 55
BMI Messzeuge: Seite 75

Bosch Power Tools: Seite 4, 105, 107, 126, 141, 143, 151 156, 229 (2)
Metabowerke GmbH: Seite 107, 111, 125, 134, 138 (2), 144 (2), 195
Festool GmbH: Seite 110, 112, 158, 173 (2), 177, 182, 183, 187, 192, 196 (4), 228 (2)
FEIN (C. & E. Fein GmbH): Seite 115, 210 (6), 211 (2)
Kärcher (Alfred Kärcher Vertriebs GmbH): Seite 176
Starmix (ELECTROSTAR GmbH): Seite 174
Klingspor AG: Seite 148, 157, 160, 165, 167, 168
FLEX-Elektrowerkzeuge GmbH: Seite 161 (2), 164
RHODIUS Schleifwerkzeuge GmbH: Seite 165, 167
Wiha Werkzeuge GmbH: Seite 212
Alle Warnsymbole mit freundlicher Genehmigung der **Wolk AG**

Kukko: Seite 237 (2)
EWM AG: Seite 247, 249, 250, 251 (2), 254
Lorch Schweißtechnik GmbH: Seite 246, 250, 253 (2), 255
Rehm GmbH & Co. KG Schweißtechnik: Seite 248

FELCO Europe GmbH: Seite 268, 269, 270
Grünwuchs Baum und Garten: Seite 285 (2)
Museum in the Park, Stroud, UK: Seite 297 (2)

Abgebildete Werkzeuge

Hier findet man die genauen Bezeichnungen der in diesem Buch abgebildeten Werkzeuge, soweit dies nicht schon aus den Datenkästen hervorging. Wenn nicht anders beschrieben, erfolgt die Auflistung in den einzelnen Bildern von links nach rechts beziehungsweise von oben nach unten.

HANDWERKZEUGE.

Schraubendreher.

Seite 12: Wera 336 Stubby (5,5 mm); Wera 2035 Micro (0,23 x 1,5); Wera 335 (2,5 mm); Wera 367 K (TX15); Wera 165 iSS PZ/S VDE-isoliert (#2); Wera 932 SPZ (PH2); Wera 932 AS (7,0 mm); Wera 350 (PH2, 200 mm)
Seite 13 oben: Felo Halte-Schraubendreher 522 (PH2)
Seite 13 unten: Wera 391 Schlauchklemmen-Schraubendreher (8,0 mm)

Seite 14: Wiha 530HK6 Soft-Finish (0,6x3,5x75; 0,8x4,5x90; 1,0x5,5x100; 1,2x6,5x125; PH1x80; PH2x100)
Seite 15: Wera 932 AS mit Wera Zyklop Speed-Knarre (1/4«, 6,3 mm)

Seite 16: Felo Ergonic 412 (PH2); Wiha 531 SoftFinish (PH2); Hazet 802 (PH2); Matador 2K-Schrauben- dreher (PH2); Wera 350 SK (PH2)
Seite 17: Wera 932 AS (7,0 mm)

Seite 18 oben: Wiha 26one (mit 26 Bits: Schlitz 4,0 u. 6,0. PH0, PH1, PH2, PH3. PZ1, PZ2. T10, T15, T20, T25, T27, T30. Innensechskant 3, 4, 5, 6 sowie zöllig 3/32«, 7/64«, 1/8«, 9/64«, 5/32«, 3/16«, Vierkant 1 und 2)
Seite 18 unten: Felo Smart (mit 12 doppelseitigen Teilen: PZ 1 und 5,0, PZ 2 und 6,0, PZ 3 und 7,0. PH 1 und 4,0, PH 2 und PH 3. 3 und 4 mm, 5 und 6 mm, T6 und T7, T8 und T9, T10 und T15, T20 und T25, T30 und T40)
Seite 19 oben: Wera Kraftform Micro-Set/12 SB (PH00x60, PH0x60, TX5x40, TX6x40, 6 x Schlitz, 3 x Innensechskant)
Seite 19 unten: Wera 350 (PH2)

Zangen.

Seite 25: Knipex Spitz-Kombizange mit Schneide (145 mm); Wiha Flachrundzange Professional electric mit Schneide (160 mm); Knipex Flachrundzange mit Schneide (200 mm)

Seite 26: Knipex Kombizange 160 mm
Seite 26, 27: Hazet Kombizange 1850 hochglanzverchromt (190 mm); Knipex Kombizange (160 mm); NWS Kraft-Kombinationszange CombiMax mattverchromt (180 mm); Wiha Kombizange Professional mit extra langer Schneide (180 mm); Gedore Kombizange (200 mm); NWS Kraft-Kombinationszange CombiMax Titan finish (180 mm)
Seite 27 unten: Knipex Kombizange (160 mm); Wiha Kombizange Professional mit extra langer Schneide (180 mm); Gedore Kombizange (200 mm)

Seite 28 oben: NWS Kraft-Kombinationszange CombiMax mattverchromt (180 mm)
Seite 28 unten: NWS Kraft-Kombinationszange ErgoCombi mattverchromt (200 mm)
Seite 29: NWS Kraft-Kombinationszange ErgoCombi mattverchromt (200 mm); Gedore gewinkelte Kombinationszange (160 mm)
Seite 31 oben: Knipex Kompakt-Bolzenschneider CoBolt XL (200 mm); NWS FantasticoPlus mit Hebelübersetzung (180 mm)
Seite 31 unten: Knipex Seitenschneider (140 mm); Knipex Seitenschneider für Kunststoff (125 mm)

Seite 32: Knipex Flachrundzange mit Schneide (200 mm); Knipex Mechanikerzange (200 mm)
Seite 33 oben: Hazet Kombizange 1850 hochglanzverchromt (190 mm), Hazet Kombizange 1850 M poliert und gestrahlt (190 mm)
Seite 33 unten: Knipex Kneifzange (210 mm) mit Kunststoff überzogen

Seite 34, 35: Knipex Seitenschneider (140 mm); NWS

FantasticoPlus mit Hebelübersetzung (180 mm); Wiha BiCut mit umschaltbarer Hebelübersetzung (200 mm); Knipex Kompakt-Bolzenschneider CoBolt XL (200 mm)
Seite 35 oben: Knipex Wasserpumpenzange Cobra (250 mm)
Seite 35 unten: Knipex Wasserpumpenzange Cobra (300 mm) mit Kunststoff überzogen

Seite 36 oben: Knipex Wasserpumpenzange Mini Cobra (125 mm); Knipex Wasserpumpenzange Cobra (300 mm)
Seite 36 unten: Knipex Wasserpumpenzange Cobra (300 mm); Knipex Rohrzange schwedische Form 90 Grad (420 mm)
Seite 37: Knipex Schraubzange Raptor (250 mm)

Schraubenschlüssel.

Seite 39: Gedore No. 2 Doppelringschlüssel 20 x 22; Hazet 600 Doppelringschlüssel 20 x 22 (alt)

Seite 40 oben: ; Gedore No. 2 Doppelringschlüssel 12 x 13; Hazet 610 N Doppelringschlüssel 12 x 13
Seite 40 unten: Satz Gedore No. 2 Doppelringschlüssel
Seite 41: Hazet 450 N Doppelmaulschlüssel 12 x 13

Seite 42: Hazet 440 Doppelmaulschlüssel 13; Hazet 450 N Doppelmaulschlüssel 12 x 13
Seite 43: Heyco verstellbarer Einmaulschlüssel 150 mm (bis SW 34); Knipex Zangenschlüssel 150 mm (bis SW 27 in 14 Positionen

Seite 44 oben: Hazet 450 N Doppelmaulschlüssel 12 x 13; Hazet 600 N Ring-Maulschlüssel 13; Gedore No. 2 Doppelringschlüssel 12 x 13
Seite 44 unten: Hazet 600 N Ring-Maulschlüssel 13; Hazet 600LG Ring-Maulschlüssel 13
Seite 45: Gedore No. 2 Doppelringschlüssel 12 x 13
Seite 45: Heyco Ring-Maulschlüssel 400 12 x 13
Seite 45: Wera Joker Knarren-Ring-Ratschen-Maulschlüssel 13
Seite 45: Gedore No. 7R Maulschlüssel mit Ringratsche 13
Seite 45: Wera Joker Knarren-Ring-Ratschen-Maulschlüssel 13
Seite 46: Hazet 606 Knarren-Ring-Maulschlüssel 13; Gedore No. 2 Doppelringschlüssel 12 x 13
Seite 46, 47: Hazet 606 umschaltbarer Knarren-Ring-Maulschlüssel 8, 10, 12, 13, 17, 19
Seite 47: Hazet 606 Knarren-Ring-Maulschlüssel 13; Gedore No.7R Maulschlüssel mit Ringratsche 13

Seite 48: Gedore 400 offener Doppelringschlüssel 14 x 17; Gedore 304 Starter-Block-schlüssel 13 x 17; Gedore 133 Schlag-Maulschlüssel 75 (bis 250 lieferbar); Gedore 306 G Schlag-Ringschlüssel gekröpft
Seite 49: Gedore No. 2A Zugringschlüssel 95 mit 2AR Aufsteckrohr 860 mm

Steckschlüssel.

Seite 51: Hazet Umschaltknarre 863P (6,3 mm, 1/4 Zoll); Heyco Umschaltknarre 40-00-10 (10 mm, 3/8 Zoll); Hazet Umschaltknarre 916HP (12,5 mm, 1/2 Zoll)

Seite 52: Wera 8100 SA 6 Zyklop Speed-Knarrensatz 1/4 Zoll-Antrieb (6,3 mm)
Seite 53: Heyco Steckschlüssel-Garnitur 10 mm (3/8«) 41-0010-M

Seite 54: Hazet Steckschlüsselsatz 953HP
Seite 55: Hazet Steckschlüsselsatz 1100 Z (25 mm, 1 Zoll)

Seite 56 oben: Hazet Umschaltknarre 916HP (12,5 mm, 1/2 Zoll)
Seite 56 unten: Heyco Umschaltknarre 40-00-10 (10 mm, 3/8 Zoll)
Seite 57 oben: Gedore Durchsteckknarre Z-94 (6,3 mm, 1/4 Zoll)
Seite 57 unten: Hazet Steckschlüssel-Einsatz 900-17

Seite 58 oben: diverse Spezial-Stecknüsse und Rohrsteckschlüssel aus der Sammlung des Autors
Seite 59 oben: Wera Winkelschlüssel für Innensechskant 6 aus Winkelschlüsselsatz 950 SPKL/9
Seite 58, 59: Wiha Stiftschlüsselsatz ErgoStar SB 369RE9F; Wera Winkelschlüsselsatz 950 SPKL/9

Hämmer.

Seite 61: Picard Ganzstahl-Latthammer mit Ledergriff, leichte Ausführung; Wiha Elektrikerhammer

Seite 62: Picard Schlosserhammer SecuTec (300 Gramm); Picard Schlosserhammer SecuTec (500 Gramm)
Seite 62, 63: Gedore Schlosserhammer 4H (500 g)
Seite 63: einfacher Keil (Ramschkiste des Autors); Ringkeil (Grabbelkiste des Autors); verschraubter Ringkeil (Picard); mit verschraubter Abdeckkappe (Gedore)

Seite 64 oben: Halder BLACKCRAFT Schonhammer rückschlagfrei (60 mm); Halder SecuTec Fäustel (1000 Gramm)
Seite 64 unten: Picard Holzhammer (70 x 140 mm); Picard Gummihammer (115 x 65 mm)
Seite 65: Wiha Schonhammer Safety weich/mittelweich (40 mm); Halder BASEPLEX Schonhammer hart/hart (40 mm); Halder SECURAL Schonhammer rückschlagfrei (30 x 40 mm); Halder SUPERCRAFT Schonhammer rückschlagfrei (50 mm)

Zwingen und Gripzangen.

Seite 67 und 68: Bessey Temperguss-Schraubzwinge TG 20-2K (Zwei-Komponenten-Griff, max. Spannweite 200 mm, ca. 1100 Gramm)
Seite 69 links: Bessey Ganzstahl-Schraubzwinge GZ 20 (Holzgriff, max. Spannweite 200 mm, 950 Gramm)
Seite 69 rechts: Bessey KliKlamp KLI 20 (max. Spannweite 200 mm, ca. 310 Gramm)

Seite 70 links: Bessey Duoklamp Einhandzwinge DUO 30-8 (max. Spannweite 300 mm, ca. 720 Gramm)
Seite 70 rechts: Bessey GRZ 10 verstellbare Parallel-Gripzange (max. Spannweite 100 mm, ca. 950 Gramm); No-Name-Gripzange aus der Sammlung des Autors
Seite 71: Heyco Mobiles Gripsystem, zwei Gripzangen mit Klemmvorrichtung (max. Spannweite ca. 55 mm)

Messwerkzeuge.

Seite 73: BMI Metall-Maßstab 961, besonders geeignet für Linkshänder, da die rote Skala von rechts nach links geteilt ist

Seite 74 vorne: BMImeter, Zollstock von der Rolle 2 m (Edelstahlbandmaß); hinten: BMI Taschenbandmaß 411 Vario Standard 5 m (Stahl weißlackiert)
Seite 75: BMI Taschenbandmaß 411 Vario; BMI Taschenbandmaß 407 Top mit Lupeneffekt

Seite 76 oben: bmi Wasserwaage Ultrasonic 20 cm mit Kopflibelle
Seite 76 unten: bmi Taschenbandmaß Pico mit Magnet (Edelstahlbandmaß)
Seite 77: Testboy Laser-Entfernungsmesser TV 610, Messbereich 0,3 bis 60 m, Genauigkeit +/- 1,5 mm. Flächenmessung, Volumenmessung, Zwei- und Dreipunktmessung, indirekte Messung, Addition und Subtraktion von Messwerten, Minimal- und Maximal-Erfassung, Speicherung von Messwerten möglich

Feilen und Raspeln.

Seite 81: Pferd Werkstattfeilen 200 mm Hieb 3, 2 und 1

Seite 82: Pferd Holzraspel 200 mm halbrund Hieb 2

Seite 83 oben: Satz Pferd Werkstattfeilen 532 WR (200 mm Hieb 2)
Seite 83 unten: Satz Pferd Holzraspeln (200 mm Hieb 2)

Seite 84: Drahtbürste aus der Grabbelkiste des Autors; Pferd Feilenbürste
Seite 85: Satz Pferd Schlüsselfeilen 265 B (100 mm

Handsägen.

Seite 87: Bahco Metallsägebogen 268, 150 mm; Bahco Metallsägebogen 319, 300 mm

Seite 88: Vergrößerung Bahco Metallsägebogen 319, 300 mm
Seite 88, 89: Augusta-Heckenrose umlegbare Feinsäge 250 mm; Bahco Fuchsschwanz Ergo Superior 2600-19-XT-HP, 475 mm

Seite 90, 91 oben: Dictum Dozuki Universal 240, Power Grip
Seite 90, 91 unten: Dictum Kataba Super Hard 240, Power Grip

Seite 92, 93 oben: Augusta-Heckenrose Traditionelle Ryoba 250 mm; Dictum Ryoba Komane 240
Seite 92, 93 unten: Dictum Dozuki Universal 240, Power Grip; Augusta-Heckenrose Traditionelle Ryoba 250 mm; Dictum Kataba Super Hard 240, Power Grip

WERKZEUGE FÜR STROM.

Seite 95: NWS Multifunktionale Abisolierzange MultiCutter VDE, 180 mm; Hazet Abisolierzange 1861-1, automatisch einstellend für Drähte 0,3 bis 1,2 mm² (älteres Modell)

Seite 96: Wiha Aderendhülsenzange Classic, Z 60 0 01, 145 mm, für Aderendhülsen der Querschnitte 0,25, 0,75, 1,0, 1,5 und 2,5 mm². Wiha Crimpwerkzeug automatisch, Z 62 0 06, Sechskant-Pressung für Aderendhülsen mit Querschnitten von 0,08 bis 16 mm²
Seite 97: Testboy TB 313, vierstellige, 37 mm hohe und beleuchtete LCD-Anzeige. Messbereiche: Spannung AC 2, 20, 200 und 600 Volt, Spannung DC 200 mV, 2, 20, 200 und 600 Volt. Strom AC und DC 2, 20, 200 mA und 10 A. Frequenz 0 bis 20 kHz, Kapazität bis 20 μF, Widerstand 200 Ω, 2 kΩ, 20 kΩ, 200 kΩ, 2 MΩ und 20 MΩ. Durchgangstest, Temperatur -10 bis +50 Grad Celsius. Abmessungen 200 x 89 x 38 mm, Gewicht 380 g

Seite 98 oben: links Testboy TB Pocket 100, vierstellige LCD-Anzeige, automatische Messbereichswahl. Messbereiche: Spannung AC 0 bis 600 Volt, Spannung DC 0 bis 600 Volt, Frequenz 0 bis 10 MHz, Kapazität 0 bis 60 mF, Widerstand 0 bis 60 Ω, Durchgangstest mit Signalton. Abmessungen 133 x 62 x 27 mm, Gewicht 115 Gramm

Seite 99: Hazet Spannungsprüfer 839-1 mit extra langem Griff für 230 bis 250 Volt AC. Felo Spannungsprüfer für 150 bis 250 Volt AC. Testboy TB 114, berührungsloser Spannungstester mit optischer und vibrierender Anzeige für 12 bis 1000 Volt AC, integrierte LED-Taschenlampe

Seite 100: Wiha Flachrundzange Professional electric, mit Schneide, gerade Form, 160 mm; Felo Kombizange VDE geprüft, 180 mm; Wiha Stubby slimVario SoftFinish electric mit drei 75 mm langen Einsätzen: Schlitz 3,5 mm, PH 2 und PZ2 PlusMinus PZ; Wiha Schraubendreher SoftFinish electric slimFix, PZ 2, 100 mm
Seite 101 oben: Knipex Elektro-Installationszange, glatte Greifflächen an der Spitze, markante Außenbacken zum Bearbeiten der Löcher in Kunststoffdosen, Abisolieren von Leitern der Querschnitte 0,75 bis 1,5 mm² und 2,5 mm², Crimpen von Aderendhülsen 0,5 bis 2,5 mm², kräftige Kabelschere, VDE-geprüft bis 1000 Volt
Seite 101 unten: Felo E-smart, VDE geprüft, Einsätze Schlitz 2,5 x 0,4 mm, 3,0 x 0,5 mm, 3,5 x 0,6 mm, 4,0 x 0,8 mm, 5,5 x 1,0 mm, 6,5 x 1,2 mm. Einsätze Kreuzschlitz PH 1 und PH 2, Einsätze Torx 10, 15 und 20. Wiha Schraubendreher LiftUp electric mit 6 slimBits im Magazin, je 75 mm lang: Schlitz 2,5, 3,0, 4,0 und 5,5, Kreuzschlitz PH 1 und PH 2

ELEKTROWERKZEUGE.

Akkus.
Seite 106: Bosch Akkupack GBA 3,6 V, 2,0 Ah; GBA 12 V, 2,0 Ah; GBA 18 V, 5,0 Ah
Seite 107 links: Bosch Akkupack, 18 V, 12 Ah

Seite 108: Bosch Ladegerät GAL 1880 CV mit Akkupack GBA 18 V 5,0 Ah; Fein Ladegerät ALG 50 mit Akkupack 18 V, 2,5 Ah; Festool Ladegerät SCA 8 mit Akkupack 18 V, 5,2 Ah

Elektromotoren.
Seite 110: Festool Exzenterschleifer ETS EC 125 mit EC-Motor

Seite 112, 113: Festool Exzenterschleifer ETS EC 150/3 EQ mit EC-Motor

Bohren und Schrauben.
Seite 126, 127: Bosch Set Impact Control mit schlagfesten Bohrern und Bits, 35teilig

Bits.
Seite 132 links: Wiha Bit T25 49 mm, Wiha Bit T25 25 mm
Seite 132 rechts: Wiha Bit Set FlipSelector Y Bits 25 mm
Seite 133 links oben: Wiha Bit Set FlipSelector T-Bits 25 mm
Seite 133 links unten: Wiha Bit Set BitBuddy TY-Bits 49 mm
Seite 133 rechts: Felo Bits 35

Bohrer.
Seite 135: S&R Metallbohrerset HSS-KM-Co5, kobaltlegiert, 19teilig mit rundem Schaft

Seite 136: Tivoly HSS- Holzbohrerset, 10teilig, mit rundem Schaft
Seite 137: kwb Super Rocker Beton- und Steinbohrersatz, 4teilig, mit Sechskantschaft
Seite 139 oben links: Gedore Körner 100 A mit Gedore Schlosserhammer 4H 500 g; darunter Gedore Automatik-Körner 101
Seite 139: Sonax Bohr- und Schneidöl

Schleifen.
Seite 158: Festool Netzschleifmittel Granat

Trennen, Schleifen und Schruppen.
Seite 165 links: Rhodius FT 38 Top 125x2,0x22,23; Rhodius XTK 6 Exact 125x0,6x22,23
Seite 165 rechts: Klingspor Diamant-Trennscheibe DT 500 AC, Turboverzahnung, optimierte Schnittleistung für Akku-Winkelschleifer

Seite 166 links: Rhodius XTK 35 Cross 125x1,9x22,23
Seite 166 oben rechts: Bosch X571 Best for Metal; Rhodius Jumbo Speed Extended 125x22,23;
Seite 166 unten rechts: Rhodius VSK Vision 125x22,23

Saugen.
Seite 173 unten: Festool doppellagiger Sicherheitsfiltersack, Staubklasse H
Seite 175: Dräger partikelfiltrierende Halbmaske X-plore 1320 V FFP2
Seite 177: Festool Cleantec Kompakt-Reinigungsset 10teilig

Stichsägen.
Seite 185 oben: (alle Stichsägeblätter von Wilpu): HC 123 Star (für schnelle Schnitte in allen Hölzern und Kunststoffen); HC 19 R bi Laminator (konisch geschliffen, Zahnung auf Stoß, für beschichtete Hölzer, Laminat und Parkett); HC 14 XD bi (extra dickes Blatt für rechtwinklige Schnitte in Holz bis 50 mm); HC 12 K (für Kurvenschnitte in Weichholz, Sperrholz und beschichteten Platten bis 15 mm); HC 22 DV (konisch geschliffen und beidseitig verzahnt, für Kurvenschnitte in Laminat, Parkett, Weichholz, Spanplatten, kunststoffbeschichteten Platten und Multiplexplatten); ST 006 bi (für schnellen Schnitt besonders in Metallen); MG 14 bi (für Stahl und rostfreie Stähle); K 24 (für Kurvenschnitte in Buntmetall, Aluminium, Stahl und Kunststoffen); HM 33 (für GFK, Epoxy und Mineralwerkstoffe wie Varicor und Corian); HWL 100 (mit Wellenschliff für Dämmmaterialien, Leder, Gummi, Styropor und Teppich); D1 (grobkörnig mit Hartmetall beschichtet, für Glas, Keramik und GFK). **Unten quer:** HGS 74 (250 mm, für schnelle, gerade und winkelgenaue Schnitte)
Seite 185 unten: HWL 100 (mit Wellenschliff für Dämmmaterialien, Leder, Gummi, Styropor und Teppich. Schneidet, statt dass es sägt); D1 (grobkörnig mit Hartmetall beschichtet, für Glas, Keramik und GFK. Schleift, statt dass es sägt)

Kreissägen.
Seite 194: Metabo Führungsschiene FS 160

Dübelfräsen.
Seite 215 links: Lamello Fräser 8 mm für Clamex S (Art.Nr. 132108) mit lösbarem Verbinder Clamex S-18

Seite 215 rechts oben: Lamello Bohrlehre für Clamex S-18

Seite 215 rechts unten: links Lamello Simplex, oben Lamello E20- L, darunter E20-H

Seite 218 oben: Anschläge für Festool Domino DF 500, links Leistenanschlag LA-DF 500/700, rechts Rundanschlag RA FR 500/700

Seite 218 unten: lösbare Verbinder von Festool von oben nach unten Mittelseitenverbinder MSV-LR32 D8/25 (Domino LR 32), Mittelseitenverbinder MSV D8/25 (Domino / Domino), Eckverbinder KV-LR32 D8/50 (Domino / LR 32), Eckverbinder KV D8/50 (Domino / Domino)

Seite 219: Festool Bohrschablone BS-KV D15 für die Queranker der lösbaren Verbinder

Sicherheit.
Seite 228: Festool Tischkreissäge TKS 80 EBS

Seite 229 links: Bosch Winkelschleifer GWS 18V-125 SC

Seite 229 rechts: Bosch Akku-Bohrhammer GBH 18V-26 F mit Absaugung GDE 18V-16

FÜR FAHRZEUGE.

Seite 233: Hazet 6110-1 CT, 5–60 Nm, auslösend mit Signalknopf, umschaltbare Knarre, Vierkant 3/8 Zoll (10 mm), 335 mm lang, Auslöse-Genauigkeit +/- 2 %. Darunter und auf Seite 218 Gedore Dremaster-K, 40–200 Nm, auslösend mit integrierter Knarre, Vierkant 1/2 Zoll (12,5 mm), 514 mm lang, Auslöse-Genauigkeit +/- 3 %

Seite 235: Hazet 903 SPC/3, Sechskant-Steckschlüssel-Einsätze 1/2-Zoll (12,5 mm) für Schlag- und Maschinenschrauber, 17, 19 und 21 mm. Mit Kunststoff-Einsätzen zum Schutz der Radschrauben-Oberflächen, auswechselbare Kunststoff-Hülsen außen zum Schutz der Felgen

Seite 236 oben: Hazet 772, ausziehbarer Radmuttern-Schlüssel mit 1/2-Zoll (12,5 mm)-Vierkant, Länge eingeschoben 303 mm, ausgezogen 535 mm. Ausziehteil aus dem Vollen geschmiedet
Seite 236 unten: Hazet 1557/9, neunteiliger Werkzeugsatz Torx. 1/4 Zoll (6,3 mm): E 4, E 5, E 6. 3/8 Zoll (10 mm): E 8, E 10, E 12. 1/2 Zoll (12,5 mm): E 14, E 18, E 20
Seite 237: Kukko 20-10+, zweiarmiger Universal-Abzieher mit schnellverstellbarem Abzug, maximale Auszugstiefe 100 mm, maximale Abzugskraft 4,5 Tonnen

Seite 238: Bessey Allround-Blechschere D15AL mit doppelter Hebelübersetzung für gerade Schnitte und Radien von rechts nach links; D15A für gerade Schnitte und Radien von links nach rechts.
Seite 239: Hazet Ölfilterschlüssel 2171-5, durch Drehknopf oder 13er-Sechskant im Durchmesser verstellbar zwischen 65 und 105 mm

Seite 240 oben: Gedore Türverkleidungszange mit Nylonhebelsatz KL-0194-18. Zange zum Lösen von Verkleidungsteilen wie mit Kunststoffstopfen befestigten Türverkleidungen, Zierleisten oder Stoßstangengummis
Seite 240 unten: Gedore Kunststoffkeile-Satz KL-0194-130 A, für Karosseriearbeiten wie Aus-und Einbau von Zierleisten, Türverkleidungen oder Türclips

Seite 241: Würth Crimpzange, älteres Modell Art.-Nr. 558110
Seite 242: Knipex Sicherungsringzange für Außenringe (10 bis 25 mm) auf Wellen; ältere Zange von Silberspeer für Innenringe
Seite 243 rechts: Gedore 639 Kombi-Haltewerkzeug, zum Festhalten von Mutter und Unterlegscheibe an unzugänglichen Schraubstellen, für Muttern und Scheiben von M3 bis M8
Seite 243: Heyco 3310-ST, Schlagschraubendrehersatz mit 15 Bits. Für Schlitzschrauben: 6 x 1,0 mm, 8 x 1,2 mm, 9 x 1,6 mm und 12 x 2,0 mm. Für Kreuzschlitzschrauben PH 2, PH 3 und PH 4. Für Innensechskantschrauben: 5, 6, 8 und 10 mm. Für Torxschrauben: T 30, T 40, T 45 und T 50

Schweißen.
Seite 249: EWM Pico 160 cel puls: Betriebsspannung 230 Volt, Netzabsicherung 16 A, Einstellbereich 5 bis 150 A, Einschaltdauer 60 % 120 A, Einschaltdauer 100 % 110 A. Funktionen: Arcforce, Hotstart, Antistick, Liftarc, Pulsfunktion. Gewicht 4,9 kg, Maße (L x B x H in mm) 370 x 129 x 236

Seite 250: Lorch WIG-Schweißhandschuhe aus geschmeidigem Leder, lieferbar in den Größen M und L

Seite 253: 2- und 4-Rollenvorschub aus der Lorch M-Serie

WERKZEUGE FÜR GARTENARBEITER

Gartenscheren.
Seite 265 oben: Felco 2
Seite 265 unten: Bypass-Scheren für Rechtshänder (von oben): Felco 2, klassisches Modell für große Hände, 240 Gramm, schneidet bis zu 25 mm Durchmesser; Fiskars Profi-Modell P90, 265 Gramm, schneidet bis zu 26 mm Durchmesser; Felco 6, ergonomisches Modell für mittelgroße Hände, 210 Gramm, schneidet bis zu 20 mm Durchmesser

Seite 266 links: Amboss-Scheren für Rechtshänder (von oben): Fiskars Rollgriffschere PX93 für mittelgroße und große Hände, schneidet bis zu 26 mm Durchmesser; Felco 31, klassisches Modell für große Hände, 225 Gramm, schneidet bis zu 25 mm Durchmesser

Seite 266 oben rechts: Felco 2
Seite 266 unten rechts: Fiskars PX93
Seite 267 oben links: Felco 2
Seite 267 oben rechts: Felco 6
Seite 267 unten: Felco 2

Seite 268 beide Bilder: Felco 2
Seite 269 oben: Fiskars PX93

Seite 269 unten: Klingen-Aussparung zum Drahtkappen und Saftrille (Felco)

Seite 270 unten: Felco Bypass-Astschere 200/4

Seite 270 oben rechts: Schleifstein-Varianten von Felco
Seite 270 unten rechts: Scheren-Gürteltaschen; links: durchsichtiger Kunststoff (Fiskars); Mitte: Felco 910 in Leder; rechts: Stoff-Kunststoff-Mix
Seite 271: Fiskars Amboss-Getriebe-Astschere LX99-L (80 cm lang, 1360 Gramm, schneidet bis zu 55 mm Durchmesser); Felco 220 Bypass-Getriebe-Aststchere (80 cm, 1340 Gramm, schneidet bis zu 40 mm Durchmesser); Felco 231 Amboss-Getriebe-Astschere (80 cm, 1150 Gramm, schneidet bis zu 40 mm Durchmesser); Fiskars LX94 Bypass-Getriebe-Astschere (64 cm, 1200 Gramm, schneidet bis 50 mm Durchmesser)

Seite 272: Getriebe-Astschere Fiskars LX94-M

Seite 273 links: Fiskars LX94-M
Seite 273 rechts: Felco 231

Seite 274: Felco 220

Seite 275 oben: Handgriff Fiskars Astschere PowerGear LX99-L
Seite 275 unten: Felco 220

Teleskop-Astscheren.
Seite 277: Fiskars UPX86 Teleskop-Schneidgiraffe

Seite 278: Fiskars UPX86, 230 Grad stufenlos verstellbarer Klingenkopf, innen verlaufende Zieh-Schnüre, rutschfeste Griffe und Abrutsch-Stopp

Seite 279: Fiskars UPX86 mit

Zugmöglichkeit sowohl mittig als auch am Ende, mit Obstpflückkorb und Adapter-Baumsäge

Gartensägen.
Seite 281 oben: Japanzahnung ARS PPS-32LL; unten Zahnung Tina-Bügel-Baumsäge

Seite 282 oben: oben ARS PM-21 mit Feinzahnung (Klappsäge mit zweifach verstellbarem gummierten Leichtmetallgriff, Arretierung per Knopfdruck am Feststellhebel, 180 Gramm schwer, 210 mm Blattlänge, 1,3 mm Blattstärke, Zahnweite 3 mm. Mitte ARS CT-37 Pro mit Grobzahnung (gekrümmte Handsäge mit gummiertem Griff, 335 Gramm schwer, 370 mm Blattlänge, 1,8 mm Blattstärke, Zahnweite 4,5 mm, inklusive Kunststoffköcher mit doppelten Gleitrollen und wechselbarer Gürtelschlaufe für Rechts- beziehungsweise Linkshänder). Unten ARS TL-27 mit Räumschlitz-Zahnung (zweifach verstellbarer gummierter Leichtmetallgriff, 200 Gramm schwer, 270 cm Blattlänge, 1,2 mm Blattstärke, Zahnweite 3,5 mm mit Räumschlitzen, inklusive Kunststoffköcher mit Einschubrollen und Arretierung)
Seite 282 unten: ARS TL-27 mit Räumschlitz-Zahnung

Seite 283 oben links: Baco-Klappsäge 396-HP mit Druckknopf-Arretierung (200 Gramm, Klingenlänge 190 mm, Feinzahnung); zweite von oben Einschubsäge Fiskars SW73 mit Drehknauf-Fixierung (130 Gramm, Blattlänge 160 mm, Grobzahnung); dritte von oben Felco 60 mit Haken-Arretierung (Klingenlänge 160 mm, Grobzahnung); unten Hebel-Arretierung ARS PM-21 (180 Gramm, Feinzahnung, Blattlänge 210 mm). Die Felco 60 ist nicht mehr lieferbar, aber das Blatt der Felco 600 passt auch zu diesem älteren Modell
Seite 283 rechts: oben ARS CT-37 PRO (ergonomisch gekrümmte Handsäge mit gummiertem Griff mit leichtem Nasenstopp, Blattstärke 1,8 mm, Zahnweite 4,5 mm, Blattlänge 370 mm, Gesamtlänge 600 mm, Gewicht 335 Gramm); unten ARS PS-32 LL (mit großem Buchenholzhakenheft, ausgeprägtem Nasen-Stopp und extra großer Zahnweite von 5,2 mm, Blattstärke 1,3 mm, Blattlänge 320 mm, Gesamtlänge 550 mm, Gewicht 230 Gramm)
Seite 283 unten: Einschub-Säge Fiskars SW73

Seite 284: Felco 611 mit Kunststoff-Köcher für Rechts- und Linkshänder (Blattlänge 330 mm, Grobzahnung, Gesamtlänge 500 mm, Gewicht 370 Gramm)

Seite 285 oben: Säge mit Palomagriff
Seite 285 unten: Köcher-Varianten in Holz (ARS), Kunststoff (ARS und Felco), Leder (ARS) und Kunststoff (ARS)

Seite 286: Tina Bügelsäge (350 mm Sägeblatt auf Zug und Schub sägend, Holzhandgriff, Schnellverstellung des Sägeblattes bis 360 Grad, Sägebogen aus Aluminium-Legierung)

Seite 287 oben: Teleskop Wolf multi-star Vario ZM-V 3 (minimal 170 cm lang, Arbeitshöhe bis 470 cm, Gewicht 965 Gramm, rundes Kunststoff-Gestänge mit Lochrasterung)
Seite 287 Mitte: Fiskars UPX86 (minimal 250 cm lang, Arbeitshöhe bis 600 cm, Gewicht 1900 Gramm, ovales Alu-Gestänge mit stufenloser Arretierung)
Seite 287 unten: ARS EXP-2.3 Gestänge (minimal 130 cm lang, maximale Arbeitshöhe 420 cm, leichtes, ovales Aluminium-Gestänge mit stufenloser Höhenverstellung)

Seite 288 oben: Fiskars Baumsäge mit speziellem Befestigungs-Mechanismus für Teleskop-Astscheren UPX82 und UPX86 (Grobzahnung, sägt bis zu 80 mm Durchmesser); unten: ARS Wertastungssäge UV-47 mit Metall-Dülle zur Montage auf einem Teleskopgestänge (Sägeblattstärke 1,5 bis 1,6 mm, Sägeblatt 47 cm lang, Zahnabstand 4 bis 4,5 mm mit Räumschlitzen, Hakenspitze und Stoßmesser)
Seite 289: Metall-Dülle für ARS-Aufstecksägen (in 34, 40 oder 47 cm Blattlänge, stets mit Räumschlitzen und Hakenspitze, aber nicht immer mit Stoßmesser)

Äxte und Beile.
Seite 290: Krumpholz Handbeil, 380 mm Eschen-Stiel, 800 g Kopfgewicht, 1000 g Gesamtgewicht; Fiskars Norden N10 Universalaxt, 355 mm Hickory-Stiel, 1200 g Gesamtgewicht; Ochsenkopf Spalt-Fix-Beil Rotband-Plus, 500 mm Hickory-Stiel, 1250 g Kopfgewicht, 1950 g Gesamtgewicht; Krumpholz Forstaxt, 600 mm Hickory-Stiel, 1000 g Kopfgewicht, 1400 g Gesamtgewicht; Ochsenkopf Spalt-Fix-Axt Rotband-Plus, 700 mm Hickory-Stiel, 1250 g Kopfgewicht, 2150 g Gesamtgewicht; Fiskars Spaltaxt X21, 650 mm GfK-Stiel, 1090 g Kopfgewicht, 1600 g Gesamtgewicht

Seite 291 links: Krumpholz Freizeitbeil, 400 mm Hickory-Stiel, 700 g Kopfgewicht, 1100 g Gesamtgewicht; Krumpholz Forstaxt, 600 mm Hickory-Stiel, 1000 g Kopfgewicht, 1400 g Gesamtgewicht; Ochsenkopf Spalt-Fix-Beil Rotband-Plus, 500 mm Hickory- Stiel, 1250 g Kopfgewicht, 1950 g Gesamtgewicht; Fiskars Spaltaxt X21, 650 mm GfK-Stiel, 1090 g Kopfgewicht, 1600 g Gesamtgewicht

Seite 291 rechts: Krumpholz Forstaxt, 600 mm Hickory-Stiel, 1000 g Kopfgewicht, 1400 g Gesamtgewicht; Ochsenkopf Spalt-Fix-Beil Rotband-Plus, 500 mm Hickory-Stiel, 1250 g Kopfgewicht, 1950 g Gesamtgewicht

Seite 292: Ochsenkopf Spalt-Fix-Axt Rotband-Plus, 700 mm Hickory-Stiel, 1250 g Kopfgewicht, 2150 g Gesamtgewicht; Krumpholz Forstaxt, 600 mm Hickory-Stiel, 1000 g Kopfgewicht, 1400 g Gesamtgewicht; Fiskars Norden N10 Universalaxt, 355 mm Hickory-Stiel, 1200 g Gesamtgewicht

Seite 293: Ochsenkopf Wurfaxt, 750 mm Hickory-Stiel, 1200 g Kopfgewicht, 2000g Gesamtgewicht

Seite 294: Ochsenkopf Spalt-Fix-Beil Rotband-Plus, 500 mm Hickory-Stiel, 1250 g Kopfgewicht, 1950 g Gesamtgewicht; Krumpholz Freizeitbeil, 400 mm Hickory-Stiel, 700 g Kopfgewicht, 1100 g Gesamtgewicht; Krumpholz Handbeil, 380 mm Eschen-Stiel, 800 g Kopfgewicht, 1000 g Gesamtgewicht;

Seite 295: Krumpholz Gartenbeil, 360 mm Hickory-Stiel, 330 g Kopfgewicht, 570 g Gesamtgewicht; Fiskars X5 Campingbeil, 231 mm fK-Stiel, 560 g Gesamtgewicht

Rasenmäher.
Seite 297 rechts: Fiskars StaySharp Max Spindelmäher (Schnittbreite 46 cm, variable Schnitthöhe von 2,5 bis 10 cm, berührungsloses Schneid-System, Messer aus gehärtetem Stahl, höhenverstellbarer Griff, Gesamtlänge 122 cm, Gewicht 23,5 kg, spezielle Getriebeübersetzung erleichtert das Mähen, Grasfangkorb im Zubehör)

Seite 298 und 299: Fiskars StaySharp Max Spindelmäher

Stichwortverzeichnis

G

H

I

J

K

L

T

U

V

W

Z

Zum SCHLUSS.

Nach der Lektüre dieses Buches werden Sie sich vielleicht nicht selber Lautsprecherboxen bauen …

… oder die defekte Zylinderkopfdichtung eines Autos wechseln können.

Dafür werden Sie wissen, welche Werkzeuge es wofür gibt, in welchen Größen man sie braucht, wie sie funktionieren, wie man gutes von weniger gutem Werkzeug unterscheiden kann und …

… worauf man beim Kauf achten muss und wie man mit diesen Werkzeugen umgeht.

Viel Spaß dabei.